U0323852

高等院校应用型本科规划教材

冷库技术

（第二版）

主　编　周　前　刘恩海
副主编　于海龙
主　审　王政伟　郑慧凡

中国矿业大学出版社

内 容 提 要

本书是高等院校应用型本科规划教材,是在《冷库技术》第一版的基础上,总结近年来教学成果修订而成。本书从制冷的基本热力学原理出发,将冷库制冷负荷的计算、设备的选型计算、制冷系统方案的确定、管径计算及管道布置、机房和库房布置、施工图纸的阅读和绘制、冷库建筑施工、制冷机与制冷设备的安装等内容作为重点来编写,同时还系统地介绍了制冷的基本知识、制冷剂和载冷剂的基本知识、制冷系统的操作运行管理与维护、冷库的安全技术以及主要经济指标分析等方面内容。本书内容全面具体、系统性强,对近年来冷库制冷方面的新技术、新设备和新的研究成果都做了较充分的介绍。

本书可作为普通高等院校能源与动力工程、低温制冷等专业的教学用书,亦可作为从事制冷空调工作的工程技术人员的参考用书。

图书在版编目(C I P)数据

冷库技术/周前,刘恩海主编. —2版. —徐州:中国矿
业大学出版社,2018.9
　ISBN 978 - 7 - 5646 - 4030 - 9

　Ⅰ.①冷… Ⅱ.①周… ②刘… Ⅲ.①冷藏库-制冷技术-高
等学校-教材 Ⅳ.①TB657.1

　中国版本图书馆 CIP 数据核字(2018)第155094号

书　　名	冷库技术
主　　编	周　前　刘恩海
责任编辑	何晓明　杨　洋
出版发行	中国矿业大学出版社有限责任公司
	（江苏省徐州市解放南路　邮编221008）
营销热线	(0516)83885307　83884995
出版服务	(0516)83885767　83884920
网　　址	http://www.cumtp.com　E-mail:cumtpvip@cumtp.com
印　　刷	江苏淮阴新华印刷厂
开　　本	787×1092　1/16　**印张** 21.25　**字数** 530 千字
版次印次	2018 年 9 月第 2 版　2018 年 9 月第 1 次印刷
定　　价	39.80 元

（图书出现印装质量问题,本社负责调换）

再 版 说 明

本书自 2009 年出版以来,受到广大读者欢迎,出版社为满足读者需要再次重印。但是,随着我国制冷行业相关标准的制定与完善,为适应现代制冷行业的实际需要,也为了全面提高本书的质量,修改本书中的部分错误,我们对全书进行了一次修订与补充。除了订正原书的错误与疏漏之外,还吸收了一些新的科研成果,充实本书的内容。关于《冷库技术(第二版)》的具体修订工作,特做以下几点说明:

1. 基本保持第一版的体系、整体结构不变;

2. 除订正原书的错误与疏漏之外,还吸收了一些新的科研成果,强调突出能力培养,体现应用特色,立足专业前沿;

3. 更新了规范标准的数据,对教材中的相关内容做了一些补充说明。

本书再版坚持原书的指导思想,面向培养工程应用型人才的一般院校,以满足高等院校学生掌握冷库技术的教学需要。

本书由河南城建学院周前副教授、常州大学刘恩海副教授共同担任主编;常州大学于海龙教授担任副主编。

本书由常州大学王政伟教授、中原工学院郑慧凡教授担任主审。

我们本着对读者负责和精益求精的精神,对原书通篇进行字斟句酌的思考、研究,力求防止和消除一切瑕疵和错误。但由于水平所限,书中难免还会出现缺点和错误,敬请读者批评指正。同时借此机会,向使用本教材的广大师生,向给予我们关心、鼓励和帮助的同行、专家学者致以由衷的感谢。

编 者
2018 年 4 月

第二版前言

进入 21 世纪以来,随着社会的进步与发展,人们对其生活质量与品质要求越来越高,从而促进了冷藏业的发展。冷库的数量和容量每年都在迅速增长。冷库是发展冷藏业的基础设施,也是在低温条件下储藏货物的建筑群。目前由于制冷业的发展,需要很多从事制冷、冷藏、冷库行业的高等人才。为培养高等工程技术人才,特组织从事多年一线教学工作的教师及专家参与本书的编写。

《冷库技术》(第二版)是为普通高等院校能源与动力工程、低温制冷等专业编写的专业课教材,亦可供从事制冷空调工作的工程技术人员自学和参考使用。

本课程是在学生已经学习了低温制冷原理、制冷原理与设备等专业理论基础课程的前提下,从实践的角度出发,去分析和阐述实际工程中的问题。本书重视冷库制冷工艺的理论基础知识培养,主要介绍冷库的制冷工艺设计方法和程序,包括制冷负荷的计算、机器设备的选型计算、制冷系统方案的确定、管径计算及管道布置、机房和库房布置、施工图纸的阅读和绘制、冷库建筑施工、制冷机与制冷设备的安装等内容。另外,就制冷系统的操作运行管理与维护、冷库的安全技术以及主要经济指标分析等方面内容也做了相应介绍。本书内容全面具体,系统性强,对近年来冷库制冷方面的新技术、新设备和新的研究成果都有较充分的介绍,便于读者自学设计与研究。

本书由河南城建学院周前副教授、常州大学刘恩海副教授,共同担任主编;常州大学于海龙教授担任副主编。

全书共分十三章,第二章、第三章(第一节)、第六章由河南城建学院周前编写;第三章(第三、四、七、八、九节)、第七章、第八章、第九章由常州大学刘恩海编写;第三章(第五节)及附录 1 由常州大学于海龙编写;第十章、第十二章由河南城建学院虞婷婷编写;第四章由中建中原建筑设计院有限公司鲁海方编写;第三章(第二节)、第五章及附录 2 由机械工业第六设计研究院有限公司石卫光编写;第一章、第三章(第六节)、第十一章由中原工学院杨凤叶编写;第十三章由河南城建学院蒋建飞编写。

本书由常州大学王政伟教授、中原工学院郑慧凡教授担任主审,并提出了许多宝贵的意见和建议,在此向他们表示衷心的感谢!

承蒙王政伟教授、郑慧凡教授仔细审阅,感谢他们对书稿提出了许多宝贵的意见和建议。

在编写《冷库技术》(第二版)的过程中,参阅了大量相关书籍和资料,借此向这些作者和单位表示衷心的感谢,并致以诚挚的谢意! 同时,在编写过程中得到了《冷库技术》(第一版)的王增欣、邢燕、王万召、宋艳苹和王红阁等编者的大力支持和帮助,他们对《冷库技术》(第二版)书稿提出了许多很好的宝贵意见和建议,在此向他们表示衷心的感谢!

由于编者编写水平和实践经验有限,在选材和撰写上难免有错误与疏漏之处,恳请读者批评指正,以便再版修改完善。

编　者

2018 年 4 月

目　　录

第一章　制冷的基本知识

第一节　制冷的基本原理和方法

一、概述

制冷技术是冷库技术的基础,通过采用人为的方法,借助于制冷装置消耗一定的外界能量,迫使热量从需要冷却的物质转移给温度较高的周围介质,从而获得人们所需要的各种低温的过程称为制冷过程,简称为"制冷",其相对应的技术即为"制冷技术"。冷库是制冷方面的应用,可分为冷却、冷藏和冷冻三种形式:① 冷却是把高温物体降温到常温的状态;② 冷藏是指使物体的温度低于常温下保存;③ 冷冻是指从物体吸走热量,使物体中水分成为冻结状态。

制冷技术的发展与应用源远流长。早期的制冷是利用天然冷源制冷,即利用天然冰的融化吸热和低温深水井的吸热升温,使环境中的介质冷却下来。天然冷源的制冷受到地区、季节和储存条件的限制,难以实现 0 ℃以下的制冷要求,使用局限性大。随着工农业的发展和科学技术的进步,人工制冷的方法代替了天然冷源制冷,得到了越来越广泛的应用。目前,冷库技术中的冷源均为人工制冷。

人工制冷的方法很多,常见的有液体汽化制冷、气体膨胀制冷、涡流管制冷和热电制冷。其中液体汽化制冷的应用最为广泛,它是利用液体汽化时的吸热效应而实现制冷的。蒸汽压缩式、吸收式、蒸汽喷射式和吸附式制冷都属于液体汽化制冷方式。由于蒸汽压缩式制冷具有制冷设备体积较小、调节控制方便、运行可靠、制冷量较大等特点,因而是冷藏、冷冻中的主要制冷方式。

二、蒸汽压缩式制冷原理

液体汽化形成蒸汽。当液体处在密闭的容器内时,若容器内除了液体及液体本身的蒸汽外不存在任何其他气体,那么液体和蒸汽在某一压力下将达到平衡,这种状态称为饱和状态。此时容器中的压力称为饱和压力,温度称为饱和温度。饱和压力随温度的升高而升高。如果将一部分饱和蒸汽从容器中抽出,液体中就必然要再汽化一部分蒸汽来维持平衡。液体汽化时,需要吸收热量,该热量称为汽化潜热。液体所吸收的热量来自被冷却的对象,因而使被冷却的对象变冷,或者使它维持在环境温度以下的某一低温。

为了使上述过程能够连续进行,必须不断地从容器中抽走蒸汽,再不断地将液体补充进去。通过一定的方法把蒸汽抽走,并使它凝结成液体后再回到容器中,就能满足这一要求。若容器中的蒸汽自然流出,直接凝为液体,则要求冷却介质具有的温度比液体蒸发的温度还要低,这种冷却介质显然无法寻觅,所以我们希望蒸汽的冷凝过程在常温下进行,产生制冷效应,又在常温、高压下冷凝,向环境温度的冷却介质排放出热量。由此可见,液体汽化制冷循环由工作介质(简称工质)低压下汽化、蒸发升压、高压气体液化和高压液体降压四个基本过程组成。

蒸汽压缩式制冷系统如图 1-1 所示。系统由压缩机、冷凝器、膨胀阀和蒸发器组成,用管道将其连成一个封闭的系统。工质在蒸发器内与被冷却对象发生热量交换,吸收被冷却对象的热量并汽化,产生的低压蒸汽被压缩机吸入,经压缩后以高压排出。压缩过程需要消耗能量。压缩机排出的高温高压气态工质在冷凝器中被常温冷却介质(水或空气)冷却,凝结成高压液体。高

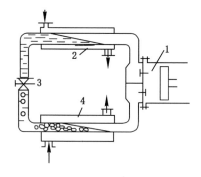

图 1-1　蒸汽压缩式制冷系统
1——压缩机;2——冷凝器;3——膨胀阀;4——蒸发器

压液体流经膨胀阀时节流,变成低压、低温湿蒸汽,进入蒸发器,其中的低压液体在蒸发器中再次汽化制冷,如此周而复始。

在蒸汽压缩式制冷系统中,制冷剂从某一状态开始,经过各种变化状态,又回到初始状态。在这个周而复始的热力过程中,每一次都消耗一定的机械能(电能)从低温物体中吸出热量,并将此热量转移到高温物体。改变制冷剂状态,完成制冷剂作用的全过程被称为制冷循环。

① 蒸发过程——节流降压后的制冷剂液体(混有饱和蒸汽)进入蒸发器,从周围介质吸热蒸发成气体,实现制冷。在蒸发过程中,制冷剂的温度和压力保持不变。从蒸发器出来的制冷剂已成为干饱和蒸汽或稍有过热度的过热蒸汽。物质由液态变成气态时要吸热,这就是制冷系统中使用蒸发器吸热制冷的原因。

② 压缩过程——压缩机是制冷系统的心脏,在压缩机完成对蒸汽的吸入和压缩过程中,把从蒸发器出来的低温、低压制冷剂蒸汽压缩成高温、高压的过热蒸汽。压缩蒸汽时,压缩机要消耗一定的外能,即压缩功。

③ 冷凝过程——从压缩机排出来的高温、高压蒸汽进入冷凝器后与冷却介质进行热交换,使过热蒸汽逐渐变成饱和蒸汽,进而变成饱和液体或过冷液体。冷凝过程中制冷剂的压力保持不变。物质由气态变为液态时要放出热量,这就是制冷系统要使用冷凝器散热的道理。冷凝器的散热常采用风冷或水冷的形式。

④ 节流过程——从冷凝器出来的高压制冷剂液体通过减压元件(膨胀阀或毛细管)被节流降压,变为低压液体,然后再进入蒸发器重复上述的蒸发过程。

上述四个过程依次不断循环,从而达到制冷的目的。

第二节　制冷的热力学基础和计算

一、热力学状态参数

自然界的物质的基本状态分为气态、液态和固态三种,它们在一定的条件下可以相互转化。气体是物质三种基本状态中的一种。为了描述气体的各种特征,必须用某些物理量来确定和描述气体的性质,这些物理量称为气体的状态参数。热力学中常用的状态参数有温度、压力、体积、内能、焓、熵。其中,温度、压力和体积是基本状态参数,它们在制冷技术中有

着非常重要的意义。

1. 温度

温度是物体冷热程度的度量,它取决于物体内部分子运动的速度。分子运动的速度越快,物体的温度就越高。表示温度的标尺称为温标,常用的有摄氏温标、华氏温标和热力学温标。

(1) 摄氏温标 t,单位是℃,把标准大气压下纯水结冰时的温度定义为 0 ℃,沸腾的温度定义为 100 ℃,中间作 100 等分,每一等份称为 1 ℃。

(2) 华氏温标 t_F,单位是℉,把纯水在标准大气压下的冰点定义为 32 ℉,沸点定义为 212 ℉,中间作 180 等分,每一等份称为 1 ℉。华氏温标分度较细,欧美国家采用较多。

华氏温标与摄氏温标之间的换算关系为:

$$t = \frac{5}{9}(t_F - 32) \tag{1-1}$$

(3) 热力学温标 T,又称开氏温标,单位是 K。热力学温标选用水的气、液、固三相平衡共存的状态点为基准点,并规定其温度为 273.15 K。其分度与摄氏温标基本相同,将纯水的冰点和沸点之间的温度分为 100 等份,每一等份称为 1 K。即摄氏温度的零点($t = 0$ ℃)相当于热力学温度的 273.15 K,而沸点($t = 100$ ℃)相当于 373.15 K,两种温标的温度间隔完全相同。根据热力学理论,0 K 时物质内分子热运动的速度为零。通用的国际单位制温度以开尔文(K)表示。

开氏温标与摄氏温标之间的换算关系为:

$$T = t + 273.15 \tag{1-2}$$

2. 压力

压力是均质流体对其容器壁的单位面积所施加的垂直作用力,又称压强。在国际单位制中,压力的单位为 Pa(帕斯卡),1 Pa = 1 N/m²。

大气层中的空气由于其重量而产生的施加在地球表面上的压力,称为大气压(p_b)。一个标准大气压(1 atm)一般用施加在海平面上的大气压力来衡量,经过测量得出这个数值大约等于 1.01×10^5 N/m²。容器内工质的实际压力称为绝对压力,以 p 表示。热力计算中所用到的压力均为绝对压力。测量压力的仪器通常是用来测量流体的压力与大气压之间的差值,而不是流体的绝对压力。测出的高于大气压的压力称为表压力(p_g)。绝对压力、表压力和大气压三者之间的关系为:

$$p = p_b + p_g \tag{1-3}$$

当流体产生的压力低于当地大气压时,这个压力与大气压之间的差值就称为真空度(p_v)。绝对压力、大气压和真空度三者之间的关系为:

$$p_v = p_b - p \tag{1-4}$$

任何气体在分子运动时都具有一定的压力。湿空气由干空气和水汽组成,它们都具有各自的压力,叫作分压力,二者之和组成空气的总压力。水汽分压力的大小反映了空气中含水汽量的多少,水汽的最大压力称为对应温度下水汽饱和压力。空气温度越高,则空气中水汽的饱和压力越大。空气中水汽达到饱和分压力,则空气不再吸收水分,称为饱和空气。

3. 比容和密度

比容 v 指单位质量工质所占据的容积,单位是 m³/kg;密度 ρ 是某种物质单位体积的质量,单位是 kg/m³。

$$v = \frac{V}{m} \tag{1-5}$$

$$\rho = \frac{m}{V} \tag{1-6}$$

式中,V 为体积;m 为工质质量。

物质的密度和比容会随着温度和压力的变化而变化,尤其是液体和气体。

4. 内能

内能就是物质内部的能量。广义地说,它包括分子的内位能、内动能、原子能、化学能、电能等。就热力学的范围来说,内能就是分子的内动能与内位能之和。内动能是分子由于运动而具有的能量,只与物质的温度有关。内位能是分子间由于相互作用而具有的能量,主要与物质的比体积有关。由于理想气体的分子间没有作用力,所以理想气体的内能只取决于气体的温度。

内能的单位是 kJ。单位质量工质的内能称为比内能,用 U 表示,单位是 kJ/kg。内能的绝对值无法测定,在热力计算中也并不需要。工程上常把某一温度,如 0 K 或 0 ℃时气体的内能定为 0,以此进行内能变化时的计算。

5. 焓

焓(H)是物质所含有的内能和推动功(压力位能)之总和。它是一个复合的状态参数,对于描述流动工质的能量关系非常有用,是一个非常重要的概念。焓的单位是 J 或 kJ。单位质量工质的焓称为比焓(h),单位是 kJ/kg。

$$H = U + pV \tag{1-7}$$

$$h = u + pv \tag{1-8}$$

式中,pV 为推动功;pv 为比推动功。

由焓的定义可知,当 1 kg 工质通过一定的界面流时,如热力系统,储存于它内部的内能 U 和它从后面获得的推动功 pV 一起都被带进了系统,也就是带进了焓,而不仅仅是内能。在热力设备中,工质总是不断地从一处流到另一处,所以在热力工程的计算中,焓比内能有更加广泛的应用。

与内能一样,在热力过程的计算中,焓的绝对值无关紧要,也无法计算,只计算其变化值。

6. 熵

熵(S)是一个导出的状态参数,在热力学中熵的定义式为:

$$ds = \frac{dq}{T} \tag{1-9}$$

式中,ds 为可逆过程的比熵变化量;dq 为可逆微元过程的传热量;T 为工质绝对温度。

式(1-9)表明,在微元过程中,工质熵的变化等于工质在微元可逆过程中与外界交换的热量与传热时工质的热力学温度的比值,表征了工质状态变化时其热量传递的程度。熵是热力状态自发实现可能性的度量,也用来度量工质不可用能的大小。

二、物态、状态及其变化

1. 物态及其变化

物质有三种不同的存在形式(也称作相):固态、液态和气态。在一定的条件下,三态

(相)之间可以互相转化,这就是物态变化。通常气体变为液体的过程称为冷凝或液化,并在过程中放出热量;液体变为固体的过程称为凝固,同样放出热量;固体变为液体的过程称为熔(融)化或熔解,并伴随吸收热量;液体变为气体的过程称为汽化或蒸发,汽化过程也是吸热过程;固体直接变为气体的过程称为升华,升华过程也伴随吸热。因此,物质在状态变化过程中总伴随着吸热或放热现象。

汽化有蒸发和沸腾两种方式。液体表面的分子由于热运动而离开液面,逸入空间,称为蒸发。液体的蒸发在任何实际条件下均能发生。液体表面和内部的分子同时发生汽化的现象,称为沸腾。这种现象只有在分子热运动的平均动能达到一定强度,即液体的温度达到沸点时才会发生。在不同压力下,有不同的沸腾温度。液体在一定压力下,加热到一定温度时发生沸腾,此时所对应的温度称为相应压力下的饱和温度。液体在沸腾过程中温度始终不变。

冷凝与蒸发是工质相反的两个可逆过程。在同一条件下,冷凝潜热等于汽化潜热。气体在冷凝过程中温度始终不变。同一物质在同一压力条件下,气体的冷凝温度即液体的蒸发温度,譬如在蒸发过程中,水蒸气压力为 1 个标准大气压时,100 ℃既是蒸发温度,也是冷凝温度。

2. 饱和、过冷和过热状态

发生沸腾的温度和压力条件称为饱和状态,沸点从技术角度而言指的就是饱和温度和饱和压力。在饱和状态下,物质存在的状态可以是液体、蒸汽或气液混合物。在饱和状态下的蒸汽称为饱和蒸汽,饱和状态下的液体称为饱和液体。

饱和蒸汽是处于沸腾温度时的蒸汽,饱和液体是处于沸腾温度时的液体。饱和液体与饱和蒸汽的混合物称为湿蒸汽。饱和蒸汽在湿蒸汽中的质量比例,称为干度。当蒸汽的温度高于饱和温度(沸点)时,就称为过热蒸汽,而当液体温度低于饱和温度时就称为过冷液体。过热蒸汽与饱和蒸汽温度之差称为过热度。

对于给定的压力,过热蒸汽和过冷液体可以处于许多不同的温度,但是,饱和蒸汽或液体对于给定的压力只存在一个对应的温度值。

工程上已经制作了许多物质的饱和参数表,列出了这些物质的饱和温度和相应的饱和压力以及其他一些饱和状态的参数。水的饱和参数表常被称作饱和蒸汽表,书后附录中可以查到水的饱和参数表。

三、热力学基本定律

1. 热力学第一定律

热力学第一定律是能量守恒和转换定律在热力学中的具体体现和应用,是热力学基本定律之一。热力学第一定律说明了热能和机械能之间相互转换的关系,其意义是:在所有情况下,当一定量的热能消失时,则必定产生一定量的机械能,反之亦然。也就是说,能量的形式可以相互转换,其总量保持不变。

热力学第一定律指出了热力过程中能量平衡的基本关系,是进行热力分析和计算的基础。

2. 热力学第二定律

热力学第二定律的表述方法有很多种,常见的有两种:

(1) 克劳修斯说法:不可能把热从低温物体传到高温物体,而不引起其他变化。克劳修斯的表述也相当于:不可能制造出这样一台机器,在一个循环动作后,只是将热量从低温物体传送到高温物体而不产生其他影响,这种机器就是制冷机。

(2)开尔文说法:不可能从单一热源吸取热量使之完全变成功,而不发生其他变化。从单一热源吸热做功的循环热机称为第二类永动机,所以开尔文说法的意思是第二类永动机无法实现。

以上两种叙述,由于观察的现象不同,一个是热能的转移,一个是能量的转换,形式虽然不同,但其实质都是一样的,阐明的都是能量存在着质的差别和能量的质的变化规律。

在制冷工程中,正是按照热力学第二定律所揭示的原理,消耗一定的能量(机械能、电能或其他形式能量),使得热量从低温热源(蒸发器)转移到高温热源(冷凝器)的。

四、热效率和制冷系数

根据热力学第二定律可知,当以热能转为机械能做功时(即热机或发动机),总要损失一定的热量。如果消耗了热量 Q,其中转换成机械功为 W,可建立式(1-10)。

$$\eta = \frac{W}{Q} \tag{1-10}$$

式中,η 称为热机的热效率,η 总是小于 1,是评价热机工作性能好坏的重要参数。

对于反向工作的制冷机来说,如果制冷机将 Q_c 的热量从低温物体中排至高温物体中,消耗的机械功为 W,则可建立式(1-11)。

$$\varepsilon = \frac{Q_c}{W} \tag{1-11}$$

式中,ε 称为制冷机的制冷系数,可大于 1,也可小于或等于 1,是衡量制冷循环和经济性的重要指标。

第三节　湿空气的物理性质

当周围的空气是由干空气和水蒸气组成的混合物时,称为湿空气。用湿空气作干燥介质时,湿空气应是不饱和的热空气,其水汽分压低于同温度下的饱和蒸汽压。干燥操作压力通常都较低(常压或减压操作),可将湿空气按理想气体处理。在对流干燥中,湿空气中水蒸气的含量是随干燥过程的进行逐渐增加的,但其中的干空气的数量是不变的,因而湿空气的性质都以单位质量干空气为基准进行计算。

1. 绝对湿度

绝对湿度 ρ_w 表示 1 m^3 的湿空气中所含水分的质量,常用单位为 g/m^3。绝对湿度只能说明湿空气中实际所含水蒸气的多少,而不能说明湿空气所具有的吸收水蒸气的能力大小。

$$\rho_w = \frac{1}{\upsilon_w} = \frac{p_w}{R_w T} \tag{1 12}$$

式中　p_w——湿空气中水蒸气的分压力,Pa;

υ_w——湿空气的比容,m^3/kg;

T——湿空气的绝对温度,℃;

R_w——水蒸气的气体常数,$R_w = 461.5\ J/(kg \cdot K)$。

由于在湿空气的状态变化过程中,其体积和质量是变化的,即使湿空气的水汽含量不变,由于温度变化其体积也会随着变化,绝对湿度用体积作为参数,所以绝对湿度也随着变化,这样就不能反映空气中的水汽含量的多少。

绝对湿度的最大限度是饱和状态下的最高湿度。绝对湿度只有与温度一起才有意义,因为空气中能够含有的湿度的量随温度而变化。在不同的高度,绝对湿度也不同,因为随着高度的变化,空气的密度也在变化。但绝对湿度越靠近最高湿度,随高度的变化就越小。

2. 相对湿度

相对湿度 ϕ 又称相对湿度百分数,是指在一定总压下,湿空气中水蒸气分压 p 与同温度下的饱和水蒸气压 p_s 之比,称为湿空气的相对湿度:

$$\phi = \frac{p}{p_s} \times 100\%$$

(1-13)

相对湿度表明了湿空气的不饱和程度,反映了湿空气吸收水分的能力。ϕ 值越大,表示空气越潮湿,吸收水分的能力越差。$\phi = 100\%$ 时,空气已被水蒸气饱和,不能再吸收水汽。ϕ 越小,即 p 与 p_s 差距越大,表示湿空气偏离饱和程度越远,空气越干燥,能够吸收越多的水分。$\phi = 0$ 时,为干空气。

通常可用干球温度 t、湿球温度 t_w 来确定湿空气的相对湿度。

用普通温度计测得的湿空气的温度称为干球温度,用 t 表示,单位有℃或 K。干球温度为湿空气的真实温度。

用水润湿的纱布包裹温度计的感温球,湿纱布的一端浸入水中,使之始终保持湿润,这样就构成湿球温度计。将它置于一定温度和湿度的流动的空气中,达到稳态时所测得的温度称为空气的湿球温度,以 t_w 表示。湿球温度是说明湿空气所处状态的物理量,不代表湿空气的真正温度。

根据测得的干球温度和湿球温度,可用式(1-14)计算出空气的相对湿度:

$$\phi = \frac{p_{w.b} - A(t - t_w)p}{p_b}$$

(1-14)

式中　$p_{w.b}$ ——湿球温度 t_w 下的饱和蒸汽分压力,Pa;

　　　p_b ——干球温度 t 下的饱和蒸汽分压力,Pa;

　　　p ——测量地点实际大气压力,Pa;

　　　A ——干湿球温度计系数,可按照式(1-15)计算。

$$A = 0.000\,01\left(65 + \frac{6.75}{w}\right)$$

(1-15)

式中,w 为流过湿球表面的风速,m/s。

3. 含湿量

湿空气的含湿量 d,指 1 kg 干空气中所含的水蒸气质量,表示湿空气的湿度:

$$d = 1\,000\,\frac{m_w}{m_a} = 1\,000\,\frac{\rho_w}{\rho_a}$$

(1-16)

式中　m_w ——湿空气中含有的水蒸气的质量,kg;

　　　m_a ——湿空气中含有的干空气的质量,kg;

　　　ρ_w ——水蒸气的密度,kg/m³;

　　　ρ_a ——干空气的密度,kg/m³。

当空气在含湿量不变的情况下进行冷却,因为表面的空气含湿量超过了饱和含湿量,空气中的水凝结出来,直到 $\phi=100\%$ 时,所对应的温度即为露点温度。显然,空气的露点温度只取决于空气的含湿量。含湿量不变,露点温度也不变,含湿量降低,露点温度也降低。常采用冷冻水的温度低于空气的露点温度,将空气中的水蒸气凝结出来,以达到干燥空气的目的。

4. 湿空气的密度

湿空气的密度用 1 m³ 湿空气中含干空气的密度和水蒸气的密度的总和来表示。当大气压力和绝对温度 T 不变时,湿空气的密度将永远小于干空气的密度,即湿空气比干空气轻。同时,湿空气的密度随着相对湿度的增大而减小。

5. 湿空气的焓

湿空气的焓为 1 kg 干空气的焓与其所带 0.001d kg 水蒸气的焓之和,单位为 kJ/kg。湿空气的焓近似为:

$$h=h_a+0.001dh_v=1.005t+0.001d(2\,501+1.89t) \tag{1-17}$$

式中　h_a——1 kg 干空气的焓;

　　　h_v——1 kg 水蒸气的焓;

　　　d——湿空气的含湿量;

　　　t——温度,℃。

湿空气各性质参数之间相互关联,因而可以用曲线在坐标轴上表示其相互关系,所得坐标图在工程上称为湿空气的湿度图。用焓—湿度图可以确定空气状态点,查取湿空气的状态参数。

第四节　制冷用传热学基础知识

温差是推动热量传递的动力。凡是有温度差的地方,就会有热量自发地从高温物体传向低温物体,或是从物体的高温部分传到物体的低温部分。自然界中温差无处不在,所以热量传递就是自然界和生产技术中一种普遍存在的现象。自然界中存在三种基本的热量传递方式:热传导、热对流和热辐射。这三种方式可能单独存在,也可能以不同的组合形式存在。

一、热传导(导热)

热传导指物体各部分无相对位移或不同物体直接接触时依靠分子、原子以及自由电子等微观粒子热运动而进行的热量传递现象。

当物体内部存在温度差(也就是物体内部能量分布不均匀)时,在物体内部没有宏观位移的情况下,热量会从物体的高温部分传到低温部分。此外,不同温度的物体互相接触时,热量也会在相互没有物质转移的情况下,从高温物体传递到低温物体。

热传导可以在固体、液体、气体中发生。在引力场下,单纯的导热一般只发生在密实的固体中,这是因为在有温差的情况下,液体和气体有可能出现热对流而难以维持单纯的导热。

傅里叶定律是分析研究导热问题的基础。傅里叶定律的数学表达式为:

$$\boldsymbol{q}=-\lambda\operatorname{grad}t=-\lambda\frac{\partial t}{\partial n}\boldsymbol{n} \tag{1-18}$$

或

$$\boldsymbol{\varPhi}=-\lambda A\operatorname{grad}t=-\lambda A\frac{\partial t}{\partial n}\boldsymbol{n} \tag{1-19}$$

式中　grad t——空间某点的温度梯度；

　　　　n——通过该点的等温线上的法向单位矢量，并指向温度升高的方向；

　　　　q——为该点的热量密度矢量，单位时间内通过单位面积的热量，W/m^2；

　　　　Φ——热流量，单位时间内通过某一给定面积的热量，W；

　　　　A——垂直于导热方向的面积，m^2；

　　　　λ——材料的导热系数（或称热导率），代表单位温差、单位厚度在单位时间内所传导
　　　　　　的热量，$W/(m \cdot K)$。

负号代表热流密度与温度梯度的方向刚好相反。傅里叶定律直接给定了热流密度和温度之间的关系。

导热系数 λ 表示材料导热能力的大小，是物理参数，其数值一般由实验确定。不同的物质有不同的导热系数，即使是同一种材料，还与温度、湿度、密度等因素有关。一般说来，良导电体也是良导热体，金属的导热系数最高，液体的导热系数次之，气体的导热系数最小。例如，20 ℃时，纯铜的导热系数是 398 $W/(m \cdot K)$，水为 0.6 $W/(m \cdot K)$。由此可见，不同形态的物质的导热系数的量级不一样。

把导热系数小的材料称为保温材料（或隔热材料、绝热材料）。我国规定，凡是平均温度不高于 350 ℃时导热系数不大于 0.12 $W/(m \cdot K)$ 的材料称为保温材料。

下面介绍常用的导热公式。

通过多层大平壁的导热公式：

$$q = \frac{t_1 - t_{n+1}}{\sum\limits_{i=1}^{n} \dfrac{\delta_i}{\lambda_i}} \tag{1-20}$$

式中　q——热流密度，单位时间内通过单位面积的热流量，W/m^2；

　　　　λ_i——第 i 层平壁的导热系数，$W/(m \cdot K)$；

　　　　δ_i——第 i 层平壁厚度，m；

　　　　t_1、t_{n+1}——多层平板两侧温度，℃。

通过多层圆筒壁的导热公式：

$$\Phi = \frac{t_1 - t_{n+1}}{\sum\limits_{i=1}^{n} \dfrac{1}{2\pi\lambda_i l}\ln\dfrac{d_{i+1}}{d_i}} \tag{1-21}$$

式中　l——圆筒壁长度，m；

　　　　d_i、d_{i+1}——第 i 层圆筒壁的内、外径，mm。

二、热对流和对流传热

由于流体的宏观运动，从而使流体各部分之间发生相对位移，冷热流体相互掺混所引起的热量传递过程称为热对流。热对流仅发生在流体中。由于流体中不可避免地存在温差，对流的同时必伴随着导热现象。流体总是要和固体壁面相接触，在工程中应用最广的是流体与固体壁面直接接触时的换热过程，称为对流传热。

由于流动起因的不同，对流传热可以区别为强制对流传热与自然对流传热两大类。强制对流中流体的流动是由于泵、风机或其他外部动力源所造成的；而自然对流是由于流体内部的密度差所引起。两种流动的成因不同，流体中的速度场也有差别，所以换热规律不一

样。在换热过程中,如果流体发生相变,则为有相变的对流传热,若沸腾或凝结,流体相变热(潜热)的释放或吸收起主要作用。无相变的对流传热,其热量交换过程由于流体显热的变化而实现的。

计算对流传热热流量的基本关系式为牛顿冷却定律:

$$q = h\Delta t \quad \text{或} \quad \Phi = Ah\Delta t \tag{1-22}$$

式中　h——比例系数(表面传热系数),$W/(m^2 \cdot K)$。

　　　Δt——壁面温度与流体温度的差值,取正值,℃。

表面传热系数为单位温差作用下通过单位面积的热流量。表面传热系数的大小与传热过程中的许多因素有关。它不仅取决于物体的物性、换热表面的形状、大小相对位置,而且与流体的流速有关。

一般地,就介质而言,水的对流传热比空气强烈;就换热方式而言,有相变的对流传热强于无相变的;强制对流传热强于自然对流。对流传热的这些规律在制冷技术中得到了广泛的应用。各种泵和风机就是用来加快流体流速、增大表面传热系数的常用设备。

三、热辐射和辐射传热

物体通过电磁波来传递能量的方式称为辐射。因热的原因而发出辐射能的现象称为热辐射。辐射与吸收过程的综合作用造成了以辐射方式进行的物体间的热量传递,称为辐射换热。辐射换热是一个动态过程,当物体与周围环境温度处于热平衡时,辐射换热量为零,但辐射与吸收过程仍在不停地进行,只是辐射热与吸收热相等。

只要温度大于零就有热辐射,物体的辐射能力与其温度性质有关。热辐射不需中间介质,可以在真空中传递,而且在真空中辐射能的传递最有效,又称为非接触性传热。在辐射换热过程中,不仅有能量的转换,而且伴随着能量形式的转化。在辐射时,辐射体内热能转换为辐射能;在吸收时,辐射能转换为受射体的体内热能,因此,辐射换热过程是一种能量互变过程。

把吸收率等于1的物体称为黑体,它是一种假想的理想物体。黑体在单位时间内发出的辐射热量服从于斯特藩-玻尔兹曼定律,即:

$$\Phi = A\sigma T^4 \tag{1-23}$$

式中　Φ——物体自身向外辐射的热流量,而不是辐射换热量;

　　　T——黑体的热力学温度,K;

　　　σ——斯特藩-玻尔兹曼常数(黑体辐射常数),5.67×10^{-8} $W/(m^2 \cdot K^4)$;

　　　A——辐射表面积,m^2。

实际物体的辐射热流量根据斯特藩-玻尔兹曼定律的经验修正形式求得:

$$\Phi = \varepsilon A\sigma T^4 \tag{1-24}$$

式中,ε 为实际物体的发射率(黑度),其大小与物体的种类及表面状态有关。

要计算辐射换热量,必须考虑投到物体上的辐射热量的吸收过程,即收支平衡量。

四、传热过程

热量由壁面一侧的流体通过壁面传到另一侧流体中去的过程称为传热过程。对于稳态的传热过程,当固体壁面为平壁时,其计算公式为:

$$\Phi = \frac{A(t_{f1} - t_{f2})}{\dfrac{1}{h_1} + \dfrac{\delta}{\lambda} + \dfrac{1}{h_2}} \tag{1-25}$$

当固体壁面为圆筒壁时,其计算公式为:

$$\Phi=\frac{t_{f1}-t_{f2}}{\dfrac{1}{h_i\pi d_i l}+\dfrac{1}{2\pi\lambda l}\ln\dfrac{d_0}{d_i}+\dfrac{1}{h_0\pi d_0 l}} \tag{1-26}$$

式中 t_{f1}、t_{f2}——壁面两侧流体温度;

h_1、h_2——壁面两侧流体与壁面的表面传热系数;

d_i、d_0——圆筒壁的内、外直径。

式(1-25)和式(1-26)可写成:

$$\Phi=kA\Delta t=kA(t_{f1}-t_{f2}) \tag{1-27}$$

式(1-27)称为传热方程式,为传热过程的基本计算公式。

其中,k 为传热系数,对于平壁其表达式为:

$$k=\frac{1}{\dfrac{1}{h_1}+\dfrac{\delta}{\lambda}+\dfrac{1}{h_2}} \tag{1-28}$$

对于圆筒壁,以管外侧面积为基准面的传热系数计算公式为:

$$k=k_0=\frac{1}{\dfrac{d_0}{h_i d_i}+\dfrac{d_0}{2\lambda}\ln\dfrac{d_0}{d_i}+\dfrac{1}{h_0}} \tag{1-29}$$

传热系数是用来表征传热过程强烈程度的指标。表明单位壁面积上,冷、热流体间每单位温度差可传递的热量。数值上,它等于冷、热流体间温差 $\Delta t=1$ ℃,传热面积 $A=1\ m^2$ 时热流量的值。k 值越大,传热过程越强;反之,则越弱,其大小受较多因素的影响。在实际的运行过程中,管内、外常常会积起各种污垢,所以计算传热系数时,要加上污垢热阻。

复习思考题

1. 制冷可分为哪几种形式?人工制冷中最常用的方法是什么?
2. 简述蒸汽压缩式制冷的原理。
3. 气体最基本的热力学状态参数有哪些?
4. 常用的温标有哪些?如何进行换算?绝对压力、真空度与表压力之间有什么关系?
5. 湿空气的湿度的表示方法有哪些?

第二章　制冷剂和载冷剂

第一节　制冷剂的种类和性质

制冷装置必须有压缩机、冷凝器、蒸发器和节流装置这四大基本部件才能组成一个制冷系统,但是仅有这四大基本部件,制冷系统仍然不能正常工作。系统里必须还要充注一定量专用的工作介质,制冷装置才能工作,而且充注的工作介质不同,制冷装置制冷的效率也有很大的不同。这个工作介质就是我们所称的制冷剂,因此制冷剂在制冷装置中起着极其重要的作用。

一、制冷剂的作用

制冷剂是制冷机中的工作介质,称为制冷剂或制冷工质,在制冷系统内部循环流动,在被冷却对象和环境介质之间传递热量,并最终把热量从被冷却对象传给环境介质,从而实现制冷的目的。

在蒸汽压缩式制冷循环中,制冷剂在低温、低压下汽化,从被冷却物体中吸收热量,从而实现制冷,然后又在高温、高压下把热量传递给周围环境,把制冷剂冷凝释放的热量释放到环境介质(如空气、冷却水等)中去,如此不断循环进行制冷。所以制冷剂必须在工作温度范围内能够汽化和冷凝。在制冷系统中如果没有制冷剂,制冷装置就无法实现制冷。当然制冷系统中选用的制冷剂不同,制冷装置的运行性能也不同。

二、对制冷剂的要求

制冷剂应具备安全、可靠、易得、价低等特点。一般要求制冷剂应满足下列要求:

(1) 临界温度较高,在常温或制冷温度下能够液化。一般来说,制冷循环越接近临界温度,节流损失越大,制冷系数越小。

(2) 在蒸发器和冷凝器内制冷剂的压力要适中,即要求在蒸发器内制冷剂的压力最好和大气压力相近并稍高于大气压力。因为当蒸发器中制冷剂的压力低于大气压力时,外部的空气会从密封不严密处进入系统中,进入的空气不但会降低制冷装置的制冷能力,而且空气中的水蒸气进入制冷系统后还会对设备和管路产生腐蚀;同时在低温部分的节流孔口处还可能发生"冰塞"现象。

在冷凝器中制冷剂的压力不应过高,这样可以减少制冷设备承受的压力,同时可降低对冷凝器密封性的要求,从而减少金属消耗量和降低制冷剂渗漏的可能性。如果压力过高,不仅制冷剂有向外渗漏的可能,而且还会增加循环中功的消耗。冷凝温度是根据冷却介质的温度和冷凝器的构造来确定的。

(3) 单位容积制冷量 q_v 要大。对于一台压缩机,在一定的工况下,如果所用的制冷剂的单位容积制冷量大,则其制冷量也就大,当要求产生同样的制冷量时,与单位容积制冷量小的制冷剂相比,制冷剂的循环量就少,所以其压缩机和系统的尺寸就可以大大减小。对于大中型的往复式压缩机,制冷剂的单位容积制冷量越大越好。但是对于离心式压缩机和小型往复式压缩机,要求则正好相反,否则由于制冷剂的单位容积制冷量过大导致压缩机尺寸太小,会带来制造上的困难。但是随着机械加工业的进步,这个问题逐步会得到解决。

应该说明,同一种制冷剂在不同的蒸发温度和冷凝温度(或节流前的温度)下,其单位容积制冷量是不相同的,而不同的制冷剂即使在相同的温度条件下,单位容积制冷量也各不相同。

(4) 凝固温度要低,以避免制冷剂在蒸发温度下凝固。

(5) 黏度和密度要小,以保证制冷剂在系统中的流动阻力损失小。

(6) 导热系要高,可以提高各个换热器制冷剂的换热系数。

(7) 与润滑油的溶解性。制冷剂与润滑油是否溶解的性质各有利弊。制冷剂能溶解于润滑油,优点是润滑油能与制冷剂一起渗透到压缩机的各个部件,为机件润滑创造良好的条件;蒸发器和冷凝器的传热面上不会形成阻碍传热的润滑油层。缺点是从压缩机中带出的油量多,在蒸发器中产生的泡沫多,影响传热,并会引起蒸发温度升高,使润滑油的黏度降低。不溶于或者微溶于润滑油的制冷剂,优点是从压缩机中带出的油量少,在蒸发器中蒸发温度比较稳定;缺点是在蒸发器和冷凝器的传热面上会形成很难清除的油层,影响传热。

(8) 等熵指数(以前称为绝热指数)要小,使压缩过程耗功减小,压缩终了时气体的温度不致过高。

(9) 液体比热容小,可使节流过程损失减小。

(10) 不燃烧、不爆炸、无毒,对金属起微弱腐蚀作用,对人体无毒害。

(11) 价格便宜,便于获得。

除上述共同要求外,不同形式的蒸汽压缩式制冷机对制冷剂还有一些特殊要求:活塞式制冷机要求制冷剂的汽化潜热和单位容积制冷量要大,以利缩小机器的尺寸和减小制冷剂的循环量;离心式制冷机要求制冷剂的相对分子质量要大,以便提高压缩比,在一定的冷凝压力和蒸发压力范围内使级数减少;封闭式压缩机中,制冷剂与电极相接触,不能使用像氨类会与铜起化学作用的制冷剂;石油、化学等工业用的制冷机,系统制冷剂使用量很大,从经济角度出发,常采用碳氢化合物。

实际上,不同的制冷机在不同的工作温度时可选用不同的制冷剂。

三、制冷剂的分类与符号

1. 制冷剂的分类

可以当作制冷剂的物质有很多,大约几十种,但目前工业上常用的不过十余种。按照在标准大气压力条件下沸腾温度的高低,一般可将其分为三大类:高温制冷剂、中温制冷剂和低温制冷剂,详见表 2-1。

2. 制冷剂符号

为了书写和称谓方便,国际上统一规定用字母"R"和它后面的一组数字及字母作为制冷剂的编号。具体的表示方法在《制冷剂编号方法和安全性分类》(GB/T 7778—2017)中已有明确规定,现简述如下:

(1) 无机化合物

无机化合物的制冷剂有氨(NH_3)、二氧化碳(CO_2)、水(H_2O)等,其中氨是常用的一种制冷剂。无机化合物的简写符号规定为 R7( )( )，括号中填入的数字是该无机物相对分子质量的整数部分。例如：

	NH_3	H_2O	CO_2	SO_2	N_2O
相对分子质量的整数部分	17	18	44	64	44
表示符号	R717	R718	R744	R764	R744

上例中，因为 CO_2 和 N_2O 相对分子量的整数部分相同，所以为了区别起见，规定用 R744 表示 CO_2，R744a 表示 N_2O。

（2）氟利昂

氟利昂的分子通式为：

$$C_m H_n F_x Cl_y Br_z \qquad (n+x+y+z=2m+2) \qquad (2-1)$$

化学式对应的编号为 $RabcBd$，其中 R 为 refrigerant（制冷剂）的第一个字母，B 代表化合物中的溴原子。a、b、c、d 为整数，分别为：a 等于碳原子数减 1，即 $a=m-1$，当 $a=0$ 时，编号中省略；b 等于氢原子数加 1，即 $b=n+1$；c 等于氟原子数，即 $c=x$；d 等于溴原子数，即 $d=z$，当 $d=0$ 时，编号中 Bd 都省略。

氯原子数在编号中不表示，可根据式（2-1）推算出来。

例如，CCl_2F_2 中碳原子数 $m=1$，则 $a=1-1=0$，氢原子数 $n=0$，则 $b=0+1=1$，氟原子数 $x=2$，则 $c=2$，无溴原子，因此其编号为 R12。$C_2HF_3Cl_2$ 编号中各个数分别为：$a=2-1=1$，$b=1+1=2$，$c=3$，因此，其编号为 R123。

习惯上，R12、R22 又称为氟利昂 12、氟利昂 22，也有写成 F12、F22。"氟利昂"（freon）是国外一生产厂家定的商业名称。

表 2-1 制冷剂的分类

类别	$t/℃$	环境温度为 30 ℃时的冷凝压力/kPa	制冷剂举例	应用举例
高温制冷剂（低压制冷剂）	＞0	＜300	R11、R113、R111、R21	离心式空调制冷机
中温制冷剂（低压制冷剂）	-60～0	300～2 000	R12、R22、R717、R142、R502	-60 ℃以上的单级和双级蒸汽活塞式制冷压缩机
低温制冷剂（低压制冷剂）	＜-60	＞2 000	R13、R14、R502、烷烃、烯烃	复叠式制冷机的低温级

（3）饱和碳氢化合物（烷烃）

碳氢化合物称为烃，其中饱和碳氢化合物称为烷烃，包括甲烷（CH_4）、乙烷（C_2H_6）等。这些制冷剂的编号法则是这样的，甲烷、乙烷、丙烷同卤代烃，其他按 600 序号依次编号。

（4）不饱和碳氢化合物和卤代烯

烯烃是不饱和碳氢化合物中的一类，有乙烯（C_2H_4）、丙烯（C_3H_6）等。烯烃分子里的氢原子被卤素（氟、氯、溴）原子取代后生成的化合物称为卤代烯，如二氯乙烯（$C_2H_2Cl_2$）是乙烯中两个氢原子被氯原子取代而生成的化合物。烯烃及卤代烯的编号用 4 位数表示，第一位数是 1，其余 3 位数同卤代烃的编号法则。例如，C_2H_4 的编号为 R1150，$C_2H_2Cl_2$ 的编号为 R1130。

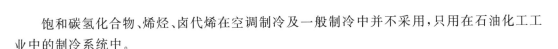

饱和碳氢化合物、烯烃、卤代烯在空调制冷及一般制冷中并不采用,只用在石油化工工业中的制冷系统中。

（5）环状有机化合物

分子结构呈环状的有机化合物,如八氟环丁烷（C_4F_8）、二氯六氟环丁烷（$C_4Cl_2F_6$）等,这些化合物的编号法则是在 R 后加 C,其余同卤代烃编号法则,如 C_4F_8 的编号为 RC318。

（6）共沸混合制冷剂

由两种或多种制冷剂按一定的比例混合在一起的制冷剂,在一定压力下平衡的液相和气相的组分相同,且保持恒定的沸点,这样的混合物称为共沸混合制冷剂。共沸混合制冷剂可以用组分制冷剂的编号和质量百分比来表示。如 R22/R12（75/25）或 R22/12（75/25）是由占总质量 75% 的 R22 与 25% 的 R12 混合的共沸混合制冷剂。

对于已经成熟的、商品化的共沸混合制冷剂,给予新的编号,从 500 序号开始。目前已有 R500,R501,R502,…,R509。常用共沸混合制冷剂的组分及编号见附表。

（7）非共沸混合制冷剂

由两种或多种制冷剂按一定比例混合在一起的制冷剂,在一定压力下平衡的液相和气相的组分不同（低沸点组分在气相中的成分总是高于液相中的成分）,且沸点并不恒定。非共沸点混合制冷剂与共沸点混合制冷剂一样,用组成的制冷剂编号和质量百分比来表示。例如,R22/152a/124（53/13/34）是由 R22、R152a、R124 三种制冷剂按质量百分比 53%、13%、34% 混合而成。对于已经商品化的非共沸混合制冷剂给予 3 位数的编号,首位是 4。例如,R22/152/124（53/13/34）制冷剂的编号为 R401A,又如 R407C 为 R32/125/134a（23/25/52）非共沸混合制冷剂。

四、常用制冷剂的特性

在蒸汽压缩式制冷系统中,能够使用的制冷剂有卤代烃类（如氟利昂）、无机物类、饱和碳氢化合物类等,目前使用最广的制冷剂有氟利昂、氨和氟利昂的混合溶液等。现将它们的主要性质作简单介绍。

1. 水的特性（R718）

水属于无机物类制冷剂,是所有制冷剂中来源最广、最为安全且便宜的工质。水的标准蒸发温度为 100 ℃,冰点为 0 ℃,适用于制取 0 ℃ 以上的温度。水无毒、无味、不燃、不爆,但水蒸气的质量体积大、蒸发压力低,系统处于高真空状态（例如,饱和水蒸气在 35 ℃ 时,比容为 25 m^3/kg,压力为 5 650 Pa;5 ℃ 时,比容为 147 m^3/kg,压力为 873 Pa）。由于这两个特点,水不宜在压缩式制冷机中使用,只适合在空调用的吸收式和蒸汽喷射式制冷机中作制冷剂。

2. 氨的特性（R717）

氨的标准蒸发温度为 -33.4 ℃,凝固温度为 -77.7 ℃。氨的压力适中,单位容积制冷量大,流动阻力小,热导率大,价格低廉,对大气臭氧层无破坏作用,故目前仍被广泛采用。氨的主要缺点是毒性较大、可燃、可爆、有强烈的刺激性臭味、等熵指数较大,若系统中含有较多空气时,遇火会引起爆炸。因此,氨制冷系统中应设有空气分离器,及时排除系统内的空气及其他不凝性气体。

氨与水可以以任意比例互溶,形成氨水溶液,在低温时水也不会从溶液中析出而造成冰堵的危险,所以氨系统中不必设置干燥器。但水分的存在会加剧对金属的腐蚀,所以氨中的含水量仍限制在 0.2% 的范围内。

氨在润滑油中的溶解度很小,油进入系统后会在换热器的传热表面上形成油膜,影响传热效果,因此在氨制冷系统中往往设有油分离器。氨液的密度比润滑油小,运行中油会逐渐积存在储液器、蒸发器等容器的底部,可以较方便地从容器底部定期放出。

氨对钢铁不起腐蚀作用,但对锌、铜及铜合金(磷青铜除外)有腐蚀作用,因此在氨制冷系统中,不允许使用铜及铜合金材料,只有连杆衬套、密封环等零件允许使用高锡磷青铜。目前,氨用于蒸发温度在-65 ℃以上的大中型单、双级制冷机中。

3. 氟利昂的特性

氟利昂是应用较广的一类制冷剂,目前主要用于中小型活塞式制冷压缩机和螺杆式制冷压缩机、空调用离心式制冷压缩机、低温制冷装置及有特殊要求的制冷装置中。大部分氟利昂无毒或低毒,无刺激性气味,在制冷循环工作温度范围内具有不燃烧、不爆炸、热稳定性好、凝固点低、对金属的润滑性好等显著的优点。

(1) R12 对大气臭氧层有严重的破坏作用,并产生温室效应,危及人类赖以生存的环境,因此已受到限用与禁用。但它目前仍是国内应用较广的中温制冷剂之一。

R12 的标准蒸发温度为-29.8 ℃,凝固点为-155 ℃,可用来制取-70 ℃以上的低温。R12 无色、气味很弱、毒性小、不燃烧、不爆炸,但当温度达到 400 ℃以上且遇明火时会分解出具有剧毒性的光气。R12 等熵指数小,所以压缩机的排气温度较低。同时具有单位容积制冷量小、相对分子质量大、流动阻力大、热导率较小等特点。

水在 R12 中的溶解度很小,低温状态下水易析出而形成冰堵,因此 R12 系统内必须严格限制含水量,并规定 R12 产品的含水量不得超过 0.002 5%,且系统中的设备和管道在充注 R12 前必须经过干燥处理,在充液管路中及节流阀前的管路中加设干燥器。

R12 能与矿物性润滑油无限溶解,在传热管表面不易形成油膜,但在蒸发器中,随着 R12 的不断蒸发,润滑油在其中逐渐积存,使蒸发温度升高,传热系数下降。由于润滑油的密度比 R12 小,润滑油漂浮在 R12 液面上无法直接从容器底部放出,因此,蒸发器多采用干式蛇管式,从上部供液,下部回气,使润滑油与 R12 蒸汽一同返回压缩机。在压缩机曲轴箱内,油中会溶解 R12,从而降低了油的黏度,因此应采用黏度较高的润滑油。另外,当压缩机停机时,曲轴箱内压力升高,油中 R12 的溶解量增多。当压缩机启动时,曲轴箱内压力突然降低,油中的 R12 便大量蒸发,将油滴带入系统,并形成泡沫,造成曲轴箱内油位下降,影响油泵的正常工作。所以往往在曲轴箱底部设有电加热器,启动前先对润滑油加热,使 R12 蒸发,以免启动时造成失油现象。

R12 对一般金属没有腐蚀作用,但能腐蚀镁及含镁量超过 2%的铝镁合金。R12 含水后会产生镀铜现象。R12 对天然橡胶及塑料等有机物有膨润作用,所以密封材料应使用耐氟利昂腐蚀的丁腈橡胶或氯醇橡胶,封闭式压缩机中电动机绕组导线要涂覆耐氟绝缘漆,电动机采用 B 级或 E 级绝缘。R12 极易渗透,对铸件质量及系统的密封性要求较高。

R12 由于压力适中、压缩终温低、热力性能优良、化学性能稳定、无毒、不燃、不爆等优点,广泛用于冷藏、空调和低温设备,从家用冰箱到大型离心式制冷机中均有采用。

(2) R22 对大气臭氧层有轻微破坏作用,并产生温室效应。它是第二批被列入限用与禁用的制冷剂之一,我国将在 2040 年 1 月 1 日起禁止生产和使用。

R22 也是最为广泛使用的中温制冷剂,标准蒸发温度为-40.8 ℃,凝固点为-160 ℃,单位容积制冷量稍低于氨,但比 R12 大得多,压缩终温介于氨和 R12 之间,能制取-8 ℃以上的低温。

R22 无色、气味很弱、不燃烧、不爆炸、毒性比 R12 稍大,但仍属安全性制冷剂。它的传热性能与 R12 相近,溶水性比 R12 稍大,但仍属于不溶于水的物质。含水量仍限制在 0.002 5% 之内,防止含水量过多和冰堵所采取的措施与 R12 系统相同。

R22 化学性质不如 R12 稳定。它的分子极性比 R12 大,故对有机物的润滑作用更强。密封材料可采用氯乙醇橡胶,封闭式压缩机中的电动机绕组线圈可采用 QF 改性缩醛漆包线(F 级或 E 级)或 QZY 聚酯亚胺漆包线。

R22 能部分地与润滑油互溶,故在低温(蒸发器中)会出现分层现象,采用的回油措施与 R12 相同。R22 对金属的作用、泄漏性与 R12 相同。

R22 广泛用于冷藏、空调及低温设备中,在活塞式和离心式压缩机系统中均有采用。由于它对大气臭氧层仅有微弱的破坏作用,故可作为 R12 近期的过渡性替代制冷剂。

(3) R13 属低温制冷剂,标准蒸发温度 -81.5 ℃,凝固点为 -180 ℃,毒性比 R12 更小,不燃烧、不爆炸。R13 低温时蒸汽比体积小,常温下饱和压力高,临界温度低(28.78 ℃),所以常温下难以液化,只应用于复叠式制冷系统的低温级。

R13 微溶于水,系统中也应设干燥器。它不溶于油,对金属和有机物的作用和泄漏性与 R12 相同,可用来制取 $-100 \sim -70$ ℃ 的低温。R13 对大气臭氧层也有破坏作用,但因其用量很少,直到 1990 年的伦敦会议才被列为增加的受控物质,要求发展中国家在 2010 年 1 月 1 日起停止生产和消费。

(4) R11 属高温制冷剂,标准蒸发温度 23.7 ℃,凝固点为 -111 ℃,常温常压下呈液态。它的相对分子质量较大,单位容积制冷量小,所以适用于离心式压缩机制冷系统。

R11 毒性比 R12 大,与明火接触时更易分解出剧毒光气。R11 的溶水性、溶油性、对金属及有机物的作用均与 R12 相似。R11 由于标准蒸发温度较高,故广泛用于空调系统或热泵装置中,制取 $-5 \sim 10$ ℃ 的低温。它对大气臭氧层有严重破坏作用,属限用与禁用之列。

(5) R142b 属标准蒸发温度较高(-9.25 ℃)的中温制冷剂,凝固点为 -130.8 ℃。它的最大特点是在很高的冷凝温度下(如 80 ℃),其冷凝压力并不高(1.35 MPa),因此适合于在热泵装置和高环境温度下的空调装置中使用。

R142b 的毒性与 R22 差不多。当它与空气混合的体积分数在 10.6% ~ 15.1% 范围内时,会发生爆炸。它对大气臭氧层仅有微弱的破坏作用,也将在 2040 年被禁用。

(6) R134a 的标准蒸发温度为 -26.5 ℃,凝固点为 -101 ℃,属中温制冷剂。它的特性与 R12 相近,无色、无味、无毒、不燃烧、不爆炸。汽化潜热比 R12 大,与矿物性润滑油不相溶,必须采用聚酯类合成油(如聚烯烃乙二醇)。与丁腈橡胶不相溶,须改用聚丁腈橡胶作密封元件。吸水性较强,且易与水反应生成酸,腐蚀制冷机管路及压缩机,故对系统的干燥度提出了更高的要求,系统中的干燥剂应换成 XH-7 或 XH-9 型分子筛,压缩机线圈及绝缘材料须加强绝缘等级。击穿电压和介电常数比 R12 低。热导率比 R12 约高 30%。对金属和非金属材料的腐蚀性及渗漏性与 R12 相同。R134a 对大气臭氧层无破坏作用,但仍有一定的温室效应(GWP 值约为 0.27),目前是 R12 的替代工质之一。

(7) R600a 的标准蒸发温度为 -11.7 ℃,凝固点为 -160 ℃,属中温制冷剂。它对大气臭氧层无破坏作用,无温室效应,无毒,但可燃、可爆,在空气中爆炸的体积分数为 1.8% ~ 8.4%,所以在有 R600a 存在的制冷管路不允许采用气焊或电焊。它能与矿物油互溶。汽化潜热大,故系统充灌量少。热导率高,压缩比小,对提高压缩机的输气系数及压缩机效率有重要作用。等熵指数小,排气温度低。单位容积制冷量仅为 R12 的 50% 左右。工作压力低,低温下蒸发压力低于大气压力,因而增加了吸入空气的可能性。由于具有极好的环境特性,对大气完全没有污染,故目前被广泛采用,作为 R12 的替代工质之一。

(8) R123 的标准蒸发温度为 27.9 ℃,凝固温度为 -107 ℃,属高温制冷剂。相对分子质量大(152.9),适用于离心式制冷压缩机。R123 比 R11 具有更大的侵蚀性,所以橡胶材料(如密封垫片)必须更换成与 R123 相容的材料。与矿物油能互溶,具有一定毒性,其允许暴露值为 30×10^{-6}。传热系数较小。

由于它具有优良的大气环境特性(ODP 值为 0.02,GWP 值为 0.02),是目前替代 R11 的理想制冷剂之一。

(9) R152a 的标准蒸发温度为 -25.0 ℃,凝固温度为 -117.0 ℃,属中温制冷剂。单位容积制冷量比 R12 小,有中等程度的可燃性,在空气中的可燃极限的体积分数为 4.7%～16.8%。但由于它具有优良的大气环境特性,也被用来作为 R12 的替代工质。

4. 碳氢化合物的特性

丙烷(R290)是采用较多的碳氢化合物制冷剂。它的标准蒸发温度为 -42.2 ℃,凝固温度为 -187.1 ℃,属中温制冷剂。它广泛存在于石油、天然气中,成本低且易于获得。它与目前广泛使用的矿物油、金属材料相容。对干燥剂、密封材料无特殊要求。汽化潜热大,热导率高,故可减少系统充灌量。流动阻力小,压缩机排气温度低。但它易燃、易爆,空气中可燃极限体积分数为 2%～10%,故对电子元件和电气部件均应采用防爆措施。如果在 R290 中混入少量阻燃剂(如 R22),则可有效地提高其在空气中的可燃极限。R290 化学性质很不活泼,难溶于水。大气环境特性优良(ODP 值为 0,GWP 值为 0.03),是目前被研究的替代工质之一。

除丙烷外,通常用作制冷剂的碳氢化合物还有乙烷(R170)、丙烯(R1270)、乙烯(R1150)。这些制冷剂的优点是易于获得、价格低廉、凝固点低、对金属不腐蚀、对大气臭氧层无破坏作用。但它们的最大缺点是易燃、易爆,因此使用这类制冷剂时,系统内应保持正压,以防空气漏入系统而引起爆炸。它们均能与润滑油溶解,使润滑油黏度降低,因此需选用黏度较大的润滑油。

丙烯、乙烯是不饱和碳氢化合物,化学性质活泼,在水中的溶解度极小,易溶于酒精和其他有机溶剂。

乙烷、乙烯属低温制冷剂,临界温度都很低,常温下无法使它们液化,所以限用于复叠式制冷系统的低温部分。

表 2-2 列出了一些制冷剂的热力性质。

表 2-2　　　　　　　　　　制冷剂的热力性质

制冷剂	化学式	符号	相对分子质量	标准蒸发温度/℃	临界温度/℃	临界压力/MPa	临界比体积/(L/kg)	凝固温度/℃
水	H_2O	R718	18.02	100.0	374.12	22.12	3.0	0.0
氨	NH_3	R717	17.03	-33.35	132.4	11.29	4.130	-77.7
二氧化碳	CO_2	R744	44.01	-78.52	31.0	7.38	2.456	-56.6

续表 2-2

制冷剂	化学式	符号	相对分子质量	标准蒸发温度/℃	临界温度/℃	临界压力/MPa	临界比体积/(L/kg)	凝固温度/℃
一氟三氯甲烷	$CFCl_3$	R11	137.39	23.7	198.0	4.37	1.805	−111.0
二氟二氯甲烷	CF_2Cl_2	R12	120.92	−29.8	112.04	4.12	1.793	−155.0
三氟一氯甲烷	CF_3Cl	R13	104.47	−81.5	28.27	3.86	1.721	−180.0
二氟一氯甲烷	CHF_2Cl	R22	86.48	−40.8	96.0	4.986	1.905	−160.0
三氟三氯乙烷	$C_2F_3Cl_3$	R113	187.39	47.68	214.1	3.415	1.735	−36.6
四氟二氯乙烷	$C_2F_4Cl_2$	R114	170.91	3.5	145.8	3.275	1.715	−94.0
五氟一氯乙烷	C_2F_5Cl	R115	154.48	−38.0	80.0	3.24	1.680	−106.0
三氟二氯乙烷	$C_2HF_3Cl_2$	R123	152.9	27.9	183.9	3.673	1.82	−107
四氟乙烷	$C_2H_2F_4$	R134a	102.0	−26.5	100.6	3.944	2.05	−101.0
二氟一氯乙烷	$C_2H_3F_2Cl$	R142b	100.48	−9.25	136.45	4.15	2.349	−130.8
二氟乙烷	$C_2H_4F_2$	R152a	66.05	−25.0	113.5	4.49	2.740	−117.0
丙烷	C_3H_8	R290	44.10	−42.17	96.8	4.256	4.46	−187.1
异丁烷	C_4H_{10}	R600a	58.13	−11.73	135.0	3.645	4.326	−160
乙烯	C_2H_4	R1150	28.05	−103.7	9.5	5.06	4.62	−169.5

五、CFCs、HCFCs 的限制与替代

1. 问题的提出

CFCs 又称氯氟烃,是氟利昂制冷剂家族中的一员。由于 CFCs 物质对大气臭氧层有严重的破坏作用,因此提出了对它的限用与禁用,但决不意味着整个氟利昂家族成员都对大气臭氧层有破坏作用,对 CFCs 物质的限用与禁用误认为是对氟利昂的限用与禁用是不恰当的。CFCs 由于具有优良的物理、化学和热力特性,因此一直被广泛用作制冷剂,如 CFC12、CFC11 等。

早在 1974 年,美国加利福尼亚大学的莫莱耐博士和罗兰特教授就指出,氟氯碳化合物扩散至同温层时,被太阳的紫外线照射而分解,放出氯原子,与同温层中臭氧进行连锁反应,使臭氧层遭到破坏,危及人类健康及生态平衡。

研究表明,当 CFCs 受强烈紫外线照射后,将产生下列反应,以 CF_2Cl_2 为例:

$$CF_2Cl_2 \xrightarrow{紫外线} CF_2Cl + Cl;\ Cl + O_3 \longrightarrow ClO + O_2;\ ClO + O \longrightarrow Cl + O_2$$

循环反应产生的氯原子不断地与臭氧分子作用,使一个氯氟烃分子可以破坏成千上万个臭氧分子,使臭氧层出现"空洞",这一现象已被英国南极考察队和卫星观测所证实。据 UNEP(联合国环境规划署)提供的资料,臭氧每减少 1%,紫外线辐射量约增加 2%。臭氧层的破坏将导致:① 危及人类健康,可使皮肤癌、白内障的发病率增加,破坏人体免疫系统;② 危及植物及海洋生物,使农作物减产,不利于海洋生物的生长与繁殖;③ 产生附加温室效应,从而加剧全球气候转暖过程;④ 加速聚合物(如塑料等)的老化。因此,保护臭氧层已成为当前一项全球性的紧迫任务。

2. CFCs、HCFCs 的限用与禁用

自从发现 CFCs 进入同温层会破坏臭氧层以来,已经召开多次国际会议,明确保护臭氧层的宗旨和原则。1987 年 9 月,有 23 个国家外长签署了《关于消耗臭氧层物质的蒙特利尔议定书》,规定了消耗臭氧层的化学物质生产量和消耗量的限制进程。受控制的化学物质见表 2-3。

表 2-3　　　　　　　　　　　　　　受控制的消耗臭氧层物质

类别	物质	类别	物质
第一类 (氯氟烷烃)	$CFCl_3$(CFC11) CF_2Cl_2(CFC12) $C_2F_3Cl_3$(CFC113) $C_2F_4Cl_2$(CFC114) C_2F_5Cl(CFC115)	第二类 (溴氟烷烃)	CF_2BrCl(哈隆 1211) CF_3Br(哈隆 1301) $C_2F_4Br_2$(哈隆 2402)

随着保护臭氧层的日益紧迫,国际上又先后通过《伦敦修正书》《哥本哈根修正案》《维也纳修正书》等,对蒙特利尔议定书所列控制物质的种类、消费量基准和禁用时间等做了进一步的调整和限制。控制物质除表 2-3 所列之外,又增添了 CFC13 等 12 种,进一步明确 HCFC22、HCFC123、HCFC142 等 34 种 HCFCs 物质为过渡性物质。

对于 CFCs 类物质,发达国家已从 1996 年 1 月 1 日起禁止生产和使用。中国对表 2-3 中的第一类物质的控制目标是 1999 年 7 月 1 日起,CFCs 的年生产和消费量冻结在 1995 年到 1997 年三年的平均水平上;2005 年 1 月 1 日起控制在冻结水平的 50%;2007 年 1 月 1 日起,在冻结水平上将 CFCs 的消费削减 85%、生产削减 75%;2010 年 1 月 1 日起完全停止生产和消费。对于 CFC13,我国自 2003 年 7 月 1 日起,生产和消费量从 1998 年到 2000 年的平均水平上削减 20%;2007 年 1 月 1 日起削减 85%;自 2010 年 1 月 1 日起完全停止生产和消费。

对于 CFCs 类物质,表 2-4 列出了发达国家的禁用时间表。对于发展中国家,则规定 2016 年 1 月 1 日起冻结在 2015 年的消费水平上,并于 2040 年 1 月 1 日起禁止生产和使用。表 2-5 列出了中国制冷空调和化工行业最终淘汰消耗臭氧层物质的时间表。

表 2-4　　　　　　　　　　　　　　HCFCs 禁用时间表(发达国家)

(蒙特利尔议定书) 缔约国	1996 年 1 月 1 日:以 1989 年的 HCFCs 消费量与 2.8% CFCs 消费量的总和(折合为 ODS 吨)作为基准加以冻结;2004 年 1 月 1 日:削减 35%;2010 年 1 月 1 日:削减 65%;2015 年 1 月 1 日:削减 95%;2020 年 1 月 1 日:削减 95.5%(0.5% 仅用于现有设备的维修);2030 年 1 月 1 日:削减 100%
美国	2003 年 1 月 1 日:禁止 HCFC141b 用于发泡剂;2010 年 1 月 1 日:冻结 HCFC22 和 HCFC142b 的生产;不再制造使用 HCFC22 的新设备;2015 年 1 月 1 日:冻结 HCFC123 和 HCFC124 的生产;2020 年 1 月 1 日:禁用 HCFC22 和 HCFC141b;不再制造使用 HCFC123 和 HCFC124 的新设备;2030 年 1 月 1 日:禁用 HCFC123 和 HCFC124
欧共体国家	2000 年 1 月 1 日:削减 50%;2004 年 1 月 1 日:削减 75%;2007 年 1 月 1 日:削减 90%;2015 年 1 月 1 日:削减 100%
瑞士、意大利	2000 年 1 月 1 日:禁用 HCFCs
德国	2000 年 1 月 1 日:禁用 HCFC22
瑞典、加拿大	2010 年 1 月 1 日:禁用 HCFCs

表 2-5　　　　　　中国制冷空调和化工行业最终淘汰消耗臭氧层物质时间表

行业	消耗臭氧层物质	完全淘汰时间/年
家用制冷设备	CFC11	2010
	CFC12	2010
汽车空调器	CFC12	2002 *
工商业制冷设备	CFC11	2002 *
	CFC12	2006 *
化工生产	CFC11	2010
	CFC12	2010
	CFC113	2006

注:*表示允许维修使用到 2010 年。

　　物质对臭氧层破坏作用的大小,是以其大气臭氧层损耗的潜能值(缩写为 ODP)的大小来衡量,并以 CFC11 为基准,规定 CFC11 的 ODP 为 1。温室效应的定量评价,是以全球温室效应潜能值(缩写为 GWP)来表示的,其大小是相对于 CO_2 的温室效应而言的,规定 CO_2 的 GWP 为 1(GWP 也可以 CFC11 为准,得出另一套数据)。某些物质的 ODP 及 GWP 见表 2-6。

　　目前,ODP≤0.05,GWP≤750 的制冷剂被认为是尚可以接受的。

表 2-6　　　　　　　　　　　某些物质的 ODP 及 GWP

物质	ODP(以 R11 为 1)	CWP(以 CO_2 为 1)	是否受控物质
CFC11(R11)	1.0	1 500	是
CFC12(R12)	1.0	4 500	是
HCFC22(R22)	0.05	510	否
HFC32(R32)	0	—	否
CFC113(R113)	0.8	2 100	是
CFC114(R114)	1.0	5 500	是
CFC115(R115)	0.6	7 400	是
CFC123(R123)	0.02	29	否
HCFC124(R124)	0.02	150	否
HFC125(R125)	0	860	否
HFC134a(R134a)	0	420	否
CFC141b(R141b)	0.08	150	否
HCFC142b(R142b)	0.08	540	否
HFC143a(R143a)	0	1 800	是
HFC152a(R152a)	0	47	是
HC600a(R600a)	0	15	是

3. 替代制冷剂的研究动向

CFCSs 的禁用使全球制冷、空调行业面临一场新的挑战,各国相继开展寻找替代物的研究。理想替代制冷剂除应有较低的 ODP 和 GWP 外,还应具有良好的使用安全性(如无毒、不燃、不易爆等)、经济性、优良的热物性(饱和压力适中、容积制冷量大、低能耗、合适的临界温度和标准蒸发温度、低黏度、高热导率等)、与润滑油的可溶性、与水的溶解性、高电绝缘强度、低凝固点、对金属与非金属材料无腐蚀、易检漏等。

(1) CFC12 的替代

CFC12 目前被广泛应用于家用冰箱及汽车空调等领域。被研究的替代制冷剂中,有单一制冷剂,也有混合制冷剂。单一制冷剂主要有 R134a、R152a、R600a、R290 等。混合制冷剂主要有 R22/R152a、R22/R152a /R124、R290/R600a 等。最受到关注的是 R134a 和 R600a。在美国与日本,替代物几乎全部为 R134a。在欧洲如德国、意大利等,R600a 则有更大的市场。中国的家用制冷工业中,R134a 及 R600a 均被推荐为 R12 的替代制冷剂。在汽车空调中,全世界的生产厂商均一致选用 R134a 作为替代制冷剂。

R12、R134a、R600a 的部分物性参数及性能对比见表 2-7。

表 2-7   **R12 、R134a 、R600a 主要物性和性能对比**

制冷剂代号	R12	R134a	R600a
相对分子质量	120.92	102.0	58.13
标准蒸发温度/℃	−29.8	−26.5	−11.7
燃烧极限(体积分数)/%	—	—	1.8~8.4
ODP	1.0	0	0
GWP	4 500	420	15
冷凝压力(40 ℃时)/MPa	1.01	1.02	0.53
蒸发压力(−30 ℃时)/MPa	0.10	0.084	0.047
理论排气温度/℃	120~125	125~130	100~105
液体密度(−25 ℃时)/(kg/m³)	1 472.0	1 371.0	608.3
润滑油	矿物油	酯类油	矿物油
对杂质的敏感性	敏感	高度敏感	敏感
溶水性	极微	易溶	极微
真空度要求	一般	较高	一般
材料兼容性	好	不好	好

R134a 的 ODP=0,GWP=420,不可燃,无毒、无味,使用安全,其热物理性质与 R12 十分接近,目前已达商品化生产。研究表明:在家用冰箱中用 R134a 替代 R12 后,制冷量下降,能耗比增加,但其热工性能及安全性能仍能符合相关国标的要求,冷却速度及耗电量均达到轻工部 A 级指标。如果针对 R134a 的特性,对压缩机加以改进,能耗比可望下降,甚至可优于 R12。

进一步的研究表明,R12 冰箱中用的润滑油、干燥剂、橡胶和电动机绝缘漆都不适用于 R134a,替换时必须改用酯类油或聚二醇(PAG)油。由于新润滑油具有极强的吸水性,且易与水反应生成酸,对系统产生腐蚀,所以除在生产过程中严格控制系统内含水量外,还应更换吸水性更强的 XH-7 或 XH-9 型分子筛。压缩机电动机线圈及绝缘材料必须加强绝缘等级,严防腐蚀。R134a 用于汽车空调时,由于压缩机的性能系数(COP)较低,应强化冷凝器和蒸发器的传热,达到提高 COP 的目的。

R600a 的 ODP=0,GWP=15,环保性能好,易于获得,成本低,运行压力低,噪声小,能耗可下降 5%～10%,对制冷系统材料无特殊要求,润滑油可与 R12 通用。但 R600a 易燃、易爆,用于冰箱时,电器件应采用防爆型,避免产生火花。除霜系统(用于无霜冰箱时)可采用电阻式接触加热方式,使其表面温度远低于 R600a 的燃烧温度(494 ℃)。压缩机必须采用适合于 R600a 的专用压缩机。R600a 的单位容积制冷量比 R12 低,要求压缩机的排气量至少增加 1 倍。研究结果表明:与 R12 相比,耗电量降低约 12%,噪声降低约 2 dB(A)。

用 R152a 替代 R12 后,能耗降低 3%～7%,单位容积制冷量下降,排温高,具有中等程度的可燃性,故其推广使用受到一定限制。

R22/R152a 属近共沸混合制冷剂,替代后原有制冷系统不必做重大变动,泄漏对成分的影响较小,在配比为 50/50 的情况下,ODP=0.05,GWP=105,均在可接受的范围之内。在选择合适配比后,具有较优良的热工性能,冷却速度快,耗电量略有下降。但它仍具有排气温度高、单位容积制冷量小、溶油性差、可燃等一系列缺陷,有待进一步探索和改进。

对于食品的冷冻与冷藏设备,制冷量为 1～12 kW 的小型制冷设备,选择 R22 替代 R12;制冷量在 12～72 kW 的制冷机,可选择 R22 或 R717(氨)来替代。对于单元式空调器中制冷量在 22～140 kW 的空调器,选择 R22 替代 R12。对于运输用冷藏设备,则选择 R22 或 R134a 替代 R12。

(2) HCFC22 的替代

HCFC22 具有优良的热力性质,对金属、矿物油等具有相容性,因此目前几乎所有的空调机组中都使用 R22 作为制冷剂。但 R22 对大气臭氧层仍有一定的破坏作用,已被列入过渡性物质之列,寻找 R22 的替代物也就成为当今世界的热门课题。

到目前为止,已被研究的替代物主要有 R134a、R290、R410A、R407C、R32/R134a 等。遗憾的是,这些替代物的冷量和效率均比 R22 低,必须对系统及设备加以改进,才有可能达到与 R22 同样的效果。

R410A 是近共沸混合制冷剂,是由质量分数为 50% 的 R32 和 50% 的 R125 组成。ODP=0,同温度下的压力值比 R22 约高 60%,因而制冷系统中的各个设备及连接管路应重新设计。单位容积制冷量较大,传热性能及流动特性较好,COP 较 R22 略低。

R407C 是非共沸混合制冷剂,是由质量分数为 23% 的 R32、25% 的 R125 和 52% 的 R134a 组成。ODP=0,同温度下它的压力比 R22 大 10% 左右。由于是非共沸混合工质,在换热器中存在明显的温度梯度,加上传热性能较差,为达到与 R22 同样的冷量,冷凝器和蒸发器的面积将需较大的增加。单位容积制冷量大,但较 R41A 小,COP 也略有下降。

随着 CFC、HCFC 禁用的提出,替代制冷剂的研究方兴未艾,可以预见,新的替代制冷剂将会不断地被研究和提出。但在商业化之前,对成分的可燃性、材料的相容性、润滑油、干燥剂、成分的迁移、压缩机和换热器的设计、生产和维修等一系列问题必须得到解决。在研究替代制冷剂的同时,在制冷方式的替代研究方面也较为活跃,如吸收式制冷、吸附式制冷、磁制冷、脉管制冷、涡流管制冷等,均在进一步的研究之中。另外,对现有蒸汽压缩式制冷系统,如何提高其系统的密封性,强化传热、传质过程,以减少传热面积,进而减少系统中制冷剂的充灌量,提高操作和维修水平,防止和减少 CFCs、HCFCs 的泄漏,以及提高制冷剂的回收技术等,均可减少 CFCs、HCFCs 向大气的排放量,使臭氧层的破坏得到缓解和控制。

第二节　载冷剂的种类和性质

在盐水制冰、冰蓄冷系统、集中空调等需要采用间接冷却方法的生产过程中,需使用载冷剂来传送冷量。载冷剂在制冷系统的蒸发器中被冷却后用来冷却被冷却物质,然后再返回蒸发器,将热量传递给制冷剂。载冷剂起到了运载冷量的作用,故又称为冷媒。这样既可减少制冷剂的充灌量和泄漏的可能性,又易于解决冷量的控制和分配问题。

一、载冷剂与载冷剂循环特点

载冷剂是在间接冷却的制冷装置中把被冷却系统(物体或空间)的热量传递给制冷剂的中间冷却介质。这种中间冷却介质亦称为第二制冷剂。

载冷剂的循环是在蒸发器中被制冷剂冷却并送到冷却设备中吸收被冷却系统的热量,然后返回蒸发器将吸收的热量传递给制冷剂,而载冷剂重新被冷却。如此循环不止,以达到连续制冷的目的。

使用载冷剂能使制冷剂集中在较小的循环系统中,而将冷量输送到较远的冷却设备中可减少制冷剂的循环量,解决某些直接冷却的制冷装置难以解决的问题。又由于使用了载冷剂,能使某些毒性较大或刺激性气味较强的制冷剂远离使用环境,增强制冷系统的安全性。载冷剂是依靠显热来运载冷量的,这是与制冷剂依靠汽化潜热来制冷的最大区别。由于使用了载冷剂,增加了制冷系统的复杂性,同时,制冷循环从低温热源获得热量时存在二次传热温差,即载冷剂与被冷却系统和载冷剂与制冷剂之间的传热温差,增大了制冷系统的传热不可逆损失,降低了制冷循环的效率,所以说间接制冷系统只有在为了满足特殊要求时才采用。

二、载冷剂的选择要求和方法

选择理想的载冷剂,应具备下列基本条件:

(1)载冷剂是依靠显热来运载热量的,所以要求载冷剂在工作温度下处于液体状态,不发生相变;载冷剂的凝固温度至少比制冷剂的蒸发温度低 4～8 ℃,标准蒸发温度比制冷系统所能达到的最高温度高。

(2)比热容要大,在传递一定热量时,可使载冷剂的循环量减小,使输送载冷剂的泵耗功和管道的耗材量减少,从而提高循环的经济性。另外,当一定量的流体运载一定量的热量时,比热容大能使传热温差减小。

(3)热导率要大,可增加传热效果,减少换热设备的传热面积。

(4)黏度要小,可减少流动阻力和输送泵功率。

(5)化学性能要稳定。载冷剂在工作温度内不分解、不与空气中的氧化合、不改变其物理化学性能、不燃烧、不爆炸、挥发性小,如果在特殊情况下,必须使用有燃烧性、有挥发性的载冷剂时,其闪点须高于 65 ℃。载冷剂与制冷剂接触时化学性质应稳定,不发生化学变化。

(6)要求对人体、食品及环境无毒、无害,不会引起其他物质的变色、变味、变质。

（7）要求不腐蚀设备和管道，如果载冷剂稍带腐蚀性时，应能添加缓蚀剂阻滞腐蚀。

（8）要求价格低廉，易于获得。

在实际工程中使用的载冷剂有：水、氯化钠盐水溶液、氯化钙盐水溶液、丙三醇水溶液（甘油水溶液）、乙二醇水溶液、甲醇、乙醇、丙酮、三氯乙烯、二氯甲烷、四氟三溴乙烷和三氯氟甲烷等。

虽然可用作载冷剂的物质很多，但是在某一温度范围内，适用的载冷剂种类并不多。所以在实际工程设计时，当载冷剂系统的工作温度和使用目的确定之后，只需在几种载冷剂中进行比较、选择。适合于某一温度范围内的工作和使用目的，是选择载冷剂的两个主要方面。具体选择办法是：

（1）蒸发温度在 5 ℃以上的载冷剂系统，一般都采用水作载冷剂，因为水具有许多优良特点，但是水的凝固点高，这就大大限制了水在制冷工程中作为载冷剂的使用范围。在空调系统中用水作载冷剂是理想的。

（2）蒸发温度在 −50～5 ℃的范围内，一般可采用氯化钠盐水溶液或氯化钙盐水溶液作载冷剂。由于共晶点的限制，氯化钠盐水溶液用于 −16～5 ℃的系统中，而氯化钙盐水溶液可用于 −50～5 ℃的系统中。

用盐水溶液作载冷剂，在制冷工程中是相当普遍的，像制冰、冷饮制品、酒类生产及工业生产中等。盐水溶液的最大缺点是对金属有腐蚀作用，当泄漏时会对食品有一定的影响，所以在不便维修或不便更换设备及管道的场合和某些特定食品的加工工艺中，可采用乙二醇水溶液、丙三醇水溶液、酒精水溶液等作为载冷剂。另外也可用三氯乙烯、二氯甲烷等物质来代替氯化钙盐水溶液。

（3）当载冷剂系统的工作温度范围较广，既需要在低温下工作，又需要在高温下工作时，应选择能同时满足高、低温要求的物质作载冷剂。这时载冷剂应具备凝固点低、标准蒸发温度高的特性。例如，在具有 50 ℃温度要求的环境实验室和需冷却到 −50 ℃也需加热到 60～70 ℃的生物药品、疫苗等生产中的冷冻干燥装置中，应选用三氯乙烯（标准蒸发温度 87.2 ℃），不能采用二氯甲烷（标准蒸发温度 40.2 ℃）。

（4）当蒸发温度低于 −50 ℃时，可采用凝固点更低的有机化合物作载冷剂，如三氯乙烯、二氯甲烷、三氯一氟甲烷、乙醇、丙酮等。这些物质的沸点也较低，一般需采用封闭式系统，以防止溶液泵汽蚀、载冷剂汽化以及可以减少冷量损失。

三、常用载冷剂的特性

常用的载冷剂有空气、水、盐水和有机物。

1. 空气

空气作为载冷剂在冷库及空调中多有采用。空气比热容较小，所需传热面积较大。

2. 水

水作为载冷剂只适用于载冷温度在 0 ℃以上的场合，空调系统中多有采用。水在蒸发器中得到冷却，然后再送入风机盘管内或直接喷入空气，对空气进行温、湿度调节。

水的凝固点为 0 ℃，标准蒸发温度为 100 ℃。水的密度小、黏度小、流动阻力小，空调系统所采用的设备尺寸较小。水的比热容大、传热效果好、循环水量少。

水的化学稳定性好，不燃烧，不爆炸。纯净的水对设备和管道的腐蚀性小、系统安全性好。水无毒，对人、食品和环境都是绝对无害的，所以在空调系统中，水不仅可作为载冷剂，也可直接喷入空气中进行调湿和洗涤空气。

水的缺点是凝固点高,限制了它的应用范围,并且在接近 0 ℃ 作为载冷剂使用时,应注意壳管式蒸发器等换热设备的防冻措施。

3. 盐水溶液

盐水溶液有较低的凝固温度,适用于中、低温制冷装置中运载冷量。通常采用氯化钠(NaCl)、氯化钙($CaCl_2$)、氯化镁($MgCl_2$)水溶液。盐水的凝固温度取决于盐的种类和溶液中盐的质量分数。图 2-1 为氯化钠水溶液和氯化钙水溶液的凝固曲线图。图中,纵坐标表示盐水的凝固温度,横坐标表示盐水的质量分数,曲线上各点表示相应于各种浓度时盐水的起始凝固温度。曲线的最低点称为共晶点,相应于共晶点的质量分数、温度、溶液,分别称为共晶质量分数、共晶温度和共晶溶液。共晶点左面曲线称为析冰线,右面曲线称为析盐线。氯化钠和氯化钙的共晶质量分数分

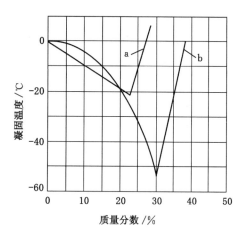

图 2-1 盐水的凝固曲线图
a——氯化钠水溶液;b——氯化钙水溶液

别为 23.1% 和 29.9%,对应的共晶温度分别为 −21.2 ℃ 和 −55 ℃。

从图 2-1 中可以看出:左侧曲线随溶液质量分数的增加,起始凝固温度逐渐下降,而且冷凝同时析出水分而结冰;右侧曲线随溶液质量分数的增加,起始凝固温度反而升高,凝固时析出盐的结晶。

盐水作载冷剂时应注意几个问题:

(1) 合理地选择盐水的浓度。盐水浓度增高,盐水的密度加大,会使输送盐水的泵的功率消耗增大,而盐水的比热容却减少,输送一定制冷量所需的盐水流量将增多,同样增加泵的功率消耗。因此,不应选择过高的盐水浓度,而应根据使盐水的凝固点低于载冷剂系统中可能出现的最低温度的原则来选择盐水浓度。目前,一般的选择方法是:选择盐水的浓度使凝固点比制冷装置的蒸发温度低 5~8 ℃(采用水箱式蒸发器时低 5~6 ℃;采用壳管式蒸发器时低 6~8 ℃)。鉴于此,氯化钠(NaCl)溶液只使用于蒸发温度高于 −16 ℃ 的制冷系统中;氯化钙($CaCl_2$)溶液可使用于蒸发温度不低于 −50 ℃ 的制冷系统之中。

(2) 盐水在使用过程中由于吸收空气中的水分等因素使质量分数逐渐降低,凝固温度升高,所以必须定期用密度计测定盐水的密度,必要时补充盐以维持要求的质量分数,防止盐水冻结。

(3) 氯化钙和氯化钠盐水溶液的突出缺点是对金属都有一定的腐蚀性,盐水溶液系统的防腐蚀是最为突出的问题。实践证明,金属的腐蚀与盐水溶液中含氧量有关,含氧量越大,腐蚀性越强,因此,最好采用封闭式系统减少与空气的接触。为了延缓腐蚀,通常在盐水中加入一定量的缓蚀剂,如二水重铬酸钠($Na_2Cr_2O_7 \cdot 2H_2O$)和氢氧化钠(NaOH)。

通常是在每 1 m^3 氯化钙溶液里加 1.6 kg 的二水重铬酸钠和 0.432 kg 的氢氧化钠;在

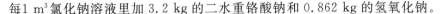

每1 m³氯化钠溶液里加 3.2 kg 的二水重铬酸钠和 0.862 kg 的氢氧化钠。

（4）氯化钠和氯化钙不能混合使用，以防盐水池中出现沉淀。氯化镁盐水溶液可作为氯化钙盐水溶液的替代品，但其价格昂贵，用途不广。

4. 有机物载冷剂

有机物载冷剂有乙醇（CH_5OH）、乙二醇（$C_2H_6O_2$）、丙二醇（$C_3H_8O_2$）、丙三醇（$C_3H_8O_3$）、二氯甲烷（CH_2Cl_2）及三氯乙烯（C_2HCl_3）等，都具有较低的凝固温度。例如，乙二醇常用在冰蓄冷系统中作载冷剂使用，是腐蚀性小的一种载冷剂。它无色、无味、无电解性、无燃烧性，价格和黏度较丙二醇低。乙二醇水溶液略有腐蚀性，应加缓蚀剂以减弱对金属的腐蚀。乙醇的凝固点为 $-117\ ℃$，二氯甲烷的凝固点为 $-97\ ℃$，适用于更低的载冷温度。丙三醇（甘油）是极稳定的化合物，其水溶液无腐蚀性、无毒，可以和食品直接接触。乙醇具有燃烧性，使用时应予以注意，并采取防火措施。

有机物载冷剂标准蒸发温度均较低，因此一般都采用封闭式循环，考虑到温度变化时有机载冷剂体积有变化，系统中往往设有膨胀节或膨胀容器。

第三节　系统用润滑油的性能

润滑油也称冷冻油，在制冷压缩机中主要起以下几个作用：

（1）润滑相互摩擦的零件表面，使摩擦表面完全被油膜分割开来，从而降低压缩机的摩擦功、摩擦热和零件的磨损。

（2）冷却作用。冷却摩擦件产生的摩擦热使摩擦零件保持在允许范围之内。

（3）带走金属摩擦表面的磨屑。

（4）密封作用。在汽缸与活塞及轴封表面等摩擦面间充满润滑油，起密封作用，防止制冷剂的泄漏。

（5）利用油压作为控制卸载机构的液体传动动力。

不同的制冷系统应使用专门的制冷机润滑油。目前，我国普遍生产并采用的制冷机润滑油有 13 号、18 号和 25 号三种，都适用于氨制冷机。

一、制冷机对润滑油的基本要求

1. 润滑油的黏度

黏度决定滑动轴承中油膜的承载能力、摩擦功耗及密封能力。黏度大，则承载力强，密封性好，但流动阻力较大。汽车空调润滑油黏度较高，电冰箱等固定式系统润滑油黏度较低。高黏度润滑油可能在毛细管内形成"蜡堵"或油"弹"现象，影响毛细管的正常工作。润滑油的黏度对压缩机的能耗也有影响，考核参数取决于润滑油与制冷剂混合物的黏度。

2. 与制冷剂的互溶性

互溶性好的润滑油在换热器传热管内表面不易形成油膜，对换热有利，否则会造成蒸发温度降低（蒸发压力不变时），制冷效果下降，在换热器内不会发生"池积"现象，有利于压缩机回油。但互溶使油变稀，降低油的黏度，导致压缩机内油膜过薄，影响压缩机润滑。

3. 热化学稳定性

制冷剂、油、金属共存于制冷系统中，高温会使润滑油发生化学反应，导致润滑油分解、

劣化,生成沉积物和焦炭,分解后产生的酸会腐蚀电气设备绝缘材料。

4. 吸水性

润滑油具有强亲水性,会给系统带入水分。水在毛细管中形成冰晶,造成"冰堵"现象,采用亲水性润滑油必须安装干燥过滤器。

二、润滑油对制冷系统的影响

1. 润滑油对压缩机的影响

含油量超过 4%时,气阀处流动阻力增加,实际吸气压力降低,使实际吸气比容增加。制冷剂含油还会影响气阀工作过程,改变制冷剂热力性质等,从而导致压缩机的制冷量和性能系数下降。

压缩机功耗随含油量的增加而增加,而排气温度正好相反,随着含油量的增加而降低。此外,压缩机排气管道中的润滑油内会溶解一定量制冷剂,使压缩机的实际排气量减少。由于在压缩机进气口处的润滑油中溶解有一定量的制冷剂,润滑油的黏度会降低,导致润滑效果下降,容易造成压缩机机械部件损坏。

润滑油溶解了制冷剂而导致体积增大,在压缩机启动过程中,曲轴箱中的压力下降,引起溶解于润滑油中的制冷剂沸腾,产生大量泡沫,有可能将大量的油从曲轴箱带入汽缸,产生液击,损坏设备。压缩机排气管道中的润滑油中溶解了较多的制冷剂(32.5%~40%),如果使用油分离器,会使油中溶解的制冷剂不能进入循环,导致制冷剂质量流量减小,制冷量降低,故不宜使用油分离器。

制冷剂与润滑油不能互溶的制冷系统会有大量的润滑油进入循环。

2. 润滑油对冷凝器的影响

制冷剂中润滑油含量非常低时(约 0.01%),冷凝器内换热系数达到最大值,但与纯制冷剂时相比增幅不大。总体上,换热系数随着润滑油含量的增加而降低,由于润滑油能溶于制冷剂,会导致制冷剂黏度增大,从而使压降增大。总体而言,润滑油的存在会削弱冷凝换热,使冷凝器传热温差增大,冷凝压力升高。

3. 润滑油对毛细管的影响

含油制冷剂在毛细管中的质量流量比纯制冷剂小,液相长度短。含油量较高时,制冷剂的流量减小,当含油量很小时,油的存在对制冷剂的流量没有明显的影响。润滑油的存在使闪蒸温度升高,液体段长度减小。

制冷剂含油影响毛细管流量的原因主要有两个方面:

(1)制冷剂中含少量油会增加混合物的黏度及流动阻力,使制冷剂提前达到饱和状态,使得流量减小。

(2)制冷剂中含油会使混合物的表面张力增大,阻碍制冷剂蒸发,使汽化欠压增大,延缓制冷剂蒸发,增加毛细管的流量。

4. 润滑油对蒸发器的影响

(1)对传热和压降的影响

润滑油对制冷系统的蒸发器的影响最大,管内含少量润滑油,可强化蒸发传热,含油较多时则弱化蒸发传热。

制冷剂中溶有少量润滑油可增加制冷剂的表面张力,改变其对管壁的表面浸润性,还会在管内产生泡沫,增加管内液体与管壁的浸润面积,同时将液膜拉薄,沿管壁分布更均匀,强化传热效果,从而提高蒸发换热系数。

含油较多时,蒸发器中的蒸汽基本是纯制冷剂气体,润滑油成分极少。随着蒸发的进行,液相中的含油量逐步增加,会在换热器内表面形成油膜,降低换热系数,使蒸发曲线下降,传热温差增大。蒸发器出口处的润滑油中溶有部分未蒸发的制冷剂,这部分潜热无法被充分利用,从而导致制冷量减小。蒸发器中润滑油的存在影响制冷剂沸腾时气泡的形成,减小气泡的生成速度和频率,削弱成核过程中的热传递,从而降低换热效果。

在蒸发器末端,制冷剂的蒸发和温度升高,造成制冷剂在润滑油中的溶解度降低,混合物中制冷剂含量越来越低,混合物黏度逐渐增大,从而造成蒸发器末端换热系数的减小和压降增加。

当含油量达到 5% 时,与无润滑油时相比,压降增大一倍。压降的增大,一方面降低了压缩机吸气压力,导致压缩机压缩效率降低;另一方面,有利于润滑油中溶解的制冷剂释出,从而提高蒸发器的换热效果。

(2)分层现象

制冷剂在系统各部件内的溶解量不同,造成制冷剂在油中的迁移,制冷剂和油的混合物随温度的降低将出现分层现象,润滑油容易积存在毛细管及蒸发器上,从而影响其换热效果,使制冷剂性能下降。

蒸发器最有可能出现相分离。在蒸发器中制冷剂蒸发,在蒸发器管路内表面上会形成液态的油膜。油膜的黏度主要由液相中润滑油的浓度决定。当油膜黏度很大时,制冷剂蒸汽的流速不足以将润滑油带出蒸发器,从而积留在蒸发器中。

5. 润滑油对管路的影响

润滑油在系统中流动时会黏附在壁面上形成油膜,对于不能互溶的润滑油和制冷剂,可以通过在压缩机排气口处设一个油分离器来解决,对于更常用的可互溶润滑油则不行,润滑油与制冷剂一起进入循环,直到它通过进气口再次回到压缩机。

需要考虑润滑油在管路等部件中的流动,尤其要考虑垂直管路,因为润滑油要克服重力及黏度的影响,难以向上流动。制冷剂蒸汽必须有较高的流速,又会造成压降增大。

在蒸发器及回气管的低温区内,温度升高时,混合液黏度由于油中制冷剂含量降低而升高;在高温区,制冷剂溶入量少,混合液的主要成分是润滑油,其黏度随温度的升高而降低。在设计管道时,应以最大的黏度和管道的倾斜角度为主要依据,确定管径及管内气体的流速。

三、结论

对于氟利昂制冷系统,系统含油量小时,压缩机质量流量增加,蒸发和冷凝换热性能增强;当含油量较大时,压缩机功耗增加,实际排气量减少,排气温度降低,蒸发冷凝换热系数降低,沿程摩擦压降增大,毛细管中液体段长度和质量流量减小,引起制冷量减小。

润滑油的存在,有可能造成换热器中润滑油"池积",毛细管中"蜡堵"及"冰堵",压缩机中缺油和润滑效果下降等现象。因此,需要合理设计系统和各部件,控制系统的含油量,使循环中的制冷剂能够顺利返回压缩机,避免压缩机缺油。

复习思考题

1. 制冷剂在制冷装置中的作用是什么？载冷剂在制冷系统中的作用是什么？
2. 对制冷剂的要求是什么？常用制冷剂有哪些类型？它们各有什么特点？
3. 对载冷剂的要求是什么？常用的载冷剂有哪些？制冷剂与载冷剂有何区别？
4. 润滑油在制冷装置中的作用是什么？

第三章 制冷压缩机及制冷设备

制冷压缩机,即制冷剂压缩机,是决定蒸汽压缩式制冷系统能力大小的关键部件,对系统的运行性能、噪声、振动、维护和使用寿命等有着直接的影响。压缩机在系统中的作用:抽吸来自蒸发器的制冷剂蒸汽,提高压力和温度后将它排向冷凝器,并维持制冷剂在制冷系统中的循环流动。由此可见,压缩机相当于制冷系统中的"心脏"。因此,压缩机常被称为制冷系统的"主机",而换热器、节流元件等设备则被称为"辅机"。制冷压缩机是蒸汽压缩式制冷系统中的主要设备,种类和形式很多,可根据工作原理、结构和工作的蒸发温度进行分类。

图 3-1 为制冷压缩机分类及其结构示意简图。

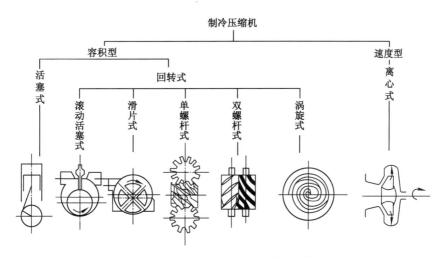

图 3-1 制冷和空调中常用压缩机的分类及结构示意图

1. 按工作原理分类

制冷压缩机根据工作原理可分为容积型和速度型两类。

(1) 容积型压缩机

在容积型压缩机中,一定容积的气体首先被吸入到汽缸里,然后在汽缸中容积被强制缩小,压力升高,当达到一定压力时气体便被强制性地从汽缸排出。可见,容积型压缩机的吸、排气过程是间歇进行的,其流动并非连续稳定的。

容积型压缩机按其压缩部件的运动特点可分为两种形式:往复活塞式(简称活塞式)和回转式。而回转式又可根据结构特点分为滚动活塞式(又称滚动转子式)、滑片式、螺杆式(包括双螺杆式和单螺杆式)、涡旋式等。

(2) 速度型压缩机

在速度型压缩机中,气体压力的增加是由气体的速度转化而来,即先使气体获得一定高速,然后再将气体的动能转化为压力能。由此可见,速度型压缩机中的压缩流程可以连续地

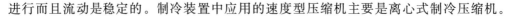

进行而且流动是稳定的。制冷装置中应用的速度型压缩机主要是离心式制冷压缩机。

2．按工作的蒸发温度范围分类

单级制冷压缩机一般可按其工作蒸发温度的范围分为高温、中温和低温压缩机，但具体蒸发温度范围的划分并不一致，目前普遍采用的工作蒸发温度的分类范围为：高温制冷压缩机－10～0 ℃；中温制冷压缩机－15～0 ℃；低温制冷压缩机－40～－15 ℃。

3．按密封结构形式分类

制冷系统中的制冷剂是不允许泄漏的，这就意味着系统中凡与制冷剂接触的每个部件对外界都是密封的。根据所采取的防泄漏方式和结构不同，制冷压缩机主要有以下三种形式：

（1）开启式压缩机

压缩机曲轴的功率输入端伸出压缩机机体之外，再通过传动装置与原动机连接。伸出部位要用轴封装置防止制冷剂的泄漏。利用轴封装置可将原动机隔离于制冷剂系统之外的压缩机形式称为开启式压缩机。通常情况下，这种压缩机的制冷量较大。如果原动机是电动机，因为它与制冷剂和润滑油不接触而无需具备耐制冷剂和耐油的要求。因此，开启式压缩机可用于以氨为工质的制冷系统。

（2）半封闭式压缩机

采用封闭式的结构把电动机和压缩机连成一个整体，装在共用一根主轴的同一机体内，因而可以取消开启式压缩机中的轴封装置，避免由此产生的泄漏。

（3）全封闭式压缩机

全封闭式压缩机也像半封闭式一样，把电动机和压缩机连成整体，共用一根主轴。它与半封闭式的区别：连接在一起的压缩机和电动机组安装在一个密封的薄壁机壳中，机壳由两部分焊接而成，这样既取消了轴封装置，又大大减轻整个压缩机的重量和缩小压缩机的尺寸。露在机壳外表的仅焊有一些吸、排气工艺管以及其他（如喷液管）必要的管道、输入电源接线柱和压缩机支架等。由于整个压缩机电动机组是装在不能拆开的密封机壳中，不易打开进行内部修理，因而要求这类压缩机的可靠性高、寿命长，对整个制冷剂系统的安装要求也高。这种全封闭结构形式一般用于大批量生产的小冷量制冷压缩机中。无论是半封闭式还是全封闭式的制冷压缩机，由于氨含有水分时会腐蚀铜，因而都不能用于以氨为工质的制冷系统中。

第一节 活塞式制冷压缩机

一、活塞式制冷压缩机的基本结构与工作原理

活塞式制冷压缩机的生产和使用的历史较长，是目前应用最广的一种制冷压缩机，是靠由汽缸、气阀和在汽缸中做往复运动的活塞所构成的可变工作容积来完成制冷剂气体的吸入、压缩和排出整个过程。活塞式制冷压缩机虽然种类繁多，结构复杂，但是基本结构和组成的主要零部件大体相同，包括机体、曲轴、连杆组件、活塞组件、汽缸和吸、排气阀等。

活塞压缩机的主要零部件及其组成如图 3-2 所示。在排气阀的配合下，由汽缸体和曲轴箱组成的机体完成对制冷剂的吸入、压缩。汽缸体中装有活塞，曲轴箱中装有曲轴，通过连杆将曲轴和活塞连接起来。在汽缸顶部装有吸气阀和排气阀，通过吸气腔和排气腔分别

与吸气管和排气管相连。当原动机带动曲轴旋转时,通过连杆的传动,活塞在汽缸内做上、下往复运动,实现吸入、压缩和输送制冷剂气体。

二、工作过程

1. 理论工作循环

活塞式制冷压缩机的工作循环是指活塞在汽缸内往复运动一次,气体经一系列状态变化后又回到初始吸气状态的全部工作过程。为了便于分析压缩机的工作状况,作如下简化和假设:

(1)无余隙容积。余隙容积是指活塞运行至上止点时汽缸内剩余的容积。无余隙容积则是指排气过程结束时汽缸中的气体被全部排尽。

(2)无吸、排气压力损失。吸、排气压力损失是指气体流经吸、排气阀时因需要克服阀件和气流通道之间的阻力而产生的压力降。

(3)吸、排气过程中无热量传递,即气体与汽缸等机件之间不发生热交换。

(4)在循环过程中气体没有泄漏。

(5)气体压缩过程的过程指数为常数,因此通常把压缩过程看作等熵过程。

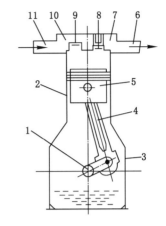

图 3-2 单缸压缩机的示意结构

1——曲轴;2——汽缸体;3——曲轴箱;

4——连杆;5——活塞;6——排气管;

7——排气腔;8——排气阀;9——吸气阀;

10——吸气腔;11——吸气管

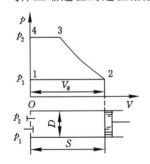

图 3-3 活塞式制冷压缩机的工作过程

凡符合以上假设条件的工作循环称为压缩机的理论工作循环,如图3-3所示。图3-3为活塞运动时汽缸内气体压力与容积之间的变化关系。理论工作循环分吸气、压缩和排气三个过程。吸气过程用平行于 V 轴的水平线 1—2 表示,因为气体在恒压 p_1 作用下进入汽缸直到充满汽缸的全部容积;压缩过程用曲线 2—3 表示,气体在汽缸内容积由 V_2 压缩至 V_3,压力则从 p_2 上升至 p_3;排气过程用平行于 V 轴的水平线 3—4 表示,因为此时气体在恒压 p_3 下被全部排出汽缸。

2. 实际工作循环

在分析压缩机的理论工作循环中曾进行一系列的假设,而在实际工作循环中问题就远非那么简单。由于实际压缩机不可避免地存在余隙容积,当活塞运动到上止点时,余隙容积内的高压气体留在汽缸内。活塞由上止点开始向下止点运动时吸气阀在压力差作用下不能立即开启,首先存在一个余隙容积内高压气体的膨胀过程,当汽缸内气体压力降到低于吸气管内的压力 p_0 时,吸气阀才自动开启并开始吸气过程。由此可知,压缩机的实际工作循环是由膨胀、吸气、压缩、排气四个工作过程组成的。同理论工作循环相比,实际循环多一个膨胀过程。除此之外,在吸、排气时存在压力损失和压力波动,在整个工作过程中气体同汽缸、活塞间有热量交换,同时通过汽缸与活塞之间的间隙及吸、排气阀气体进行泄漏。因此,实际压缩机的工作过程要复杂得多。

如图 3-4 所示,活塞制冷压缩机的工作循环分为四个过程:

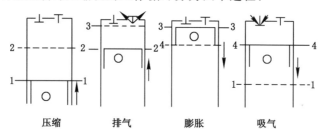

图 3-4　活塞制冷压缩机的工作过程

（1）压缩过程

通过压缩过程将制冷剂的压力提高。当活塞处于最下端位置 1—1（称为内止点或下止点）时,汽缸内充满了从蒸发器吸入的低压蒸汽,吸气过程结束;活塞在曲轴—连杆机构的带动下开始向上移动,此时吸气阀关闭,汽缸工作容积逐渐减小,汽缸内的制冷剂受压缩,温度和压力逐渐升高。活塞移动到 2—2 位置时,排气阀开启并开始排气。制冷剂在汽缸内从吸气时的低压升高到排气的高压的过程称为压缩过程。

（2）排气过程

通过排气过程,制冷剂进入冷凝器。活塞继续向上运动,汽缸内制冷剂的压力不再升高,不断地通过排气管流出,直到活塞运动到最高位置 3—3（称为外止点或上止点）时排气过程结束。制冷剂从汽缸向排气管输出的过程称为排气过程。

（3）膨胀过程

通过膨胀过程将制冷剂的压力降低。活塞运动到上止点时,由于压缩机的结构及制造工艺等原因,汽缸中仍有一些空间,该空间的容积称为余隙容积。排气过程结束时,余隙容积中的气体为高压气体。活塞开始向下移动时,排气阀关闭,吸气腔内的低压气体不能立即进入汽缸,此时余隙容积内的高压气体因容积增加而压力下降直至稍低于吸气腔内气体的压力,即将开始吸气过程时为止,此时活塞处于位置 4—4。活塞从 3—3 移动到 4—4 的过程称为膨胀过程。

（4）吸气过程

通过吸气过程将吸气腔中的制冷剂吸入汽缸。活塞从位置 4—4 继续向下移动,汽缸内气体的压力继续降低,与吸气腔内气体的压力差推开吸气阀,吸气腔内气体进入汽缸内直至活塞运动到下止点时吸气过程结束。制冷剂从吸气腔被吸入到汽缸内的过程称为吸气过程。

三、常用术语

（1）上、下止点

当活塞在汽缸中沿中心轴线上移到运动轨迹的最高点时,就是活塞运动的上止点;当活塞下移到运动轨迹的最低点时,就是活塞运动的下止点。

（2）行程

活塞在汽缸中由上止点至下止点之间移动的距离,等于曲轴回转半径 R 的 2 倍,即 $S=2R$。

（3）汽缸工作容积 V_g

理想工作过程时,曲轴每旋转一圈,压缩机一个汽缸所吸入的低压气体的体积。

$$V_g = \frac{\pi}{4}D^2S \qquad (3\text{-}1)$$

式中,D 为汽缸直径;S 为活塞行程。

（4）理论输气量

在理想条件下,压缩机在单位时间内由汽缸输送的气体质量。

$$V_h = V_g nz/60 = \frac{\pi}{240}D^2Snz \qquad (3\text{-}2)$$

式中,n 为汽缸数;z 为转数。

四、特点

在各种类型的制冷压缩机中,活塞压缩机是问世最早且至今还广为应用的一种机型,因为它具有其他类型压缩机所不能及的优点。

（1）适应较大的压力范围和制冷量要求。

（2）热效率较高、单位制冷量耗电量较少、加工比较容易,特别是在偏离设计情况下运行更为明显。

（3）对材料要求低（多用普通钢铁）、加工容易、造价也比较低廉。

（4）技术比较成熟,生产使用中已经积累了丰富的经验。

（5）系统装置比较简单。相比之下,螺杆制冷机系统中需要装设大容量油分离器;离心制冷机系统中需要配置工艺要求高的增速齿轮箱、复杂的润滑油系统和密封油系统等。

活塞压缩机的上述优点使它在各种制冷用途中,特别是在中小制冷量范围内成为制冷机中应用最广、生产批量最大的一种机型。但是与此同时,活塞压缩机也有其不足之处:

（1）转速受到限制。单机输气量较大时,电动机体积相应增大,机器显得很笨重。

（2）结构复杂、易损件多、维修工作量大。

（3）运转时有振动。

（4）输气不连续、气体压力有波动等。

随着喷油螺杆压缩机和离心压缩机的迅速发展,它们在大制冷量范围内的优越性（结构简单紧凑、振动小、易损件少和维护方便等）日益显现出来。因此,一般认为将活塞压缩机的制冷量上限维持在 350 kW 以下较为合适。

五、活塞式制冷压缩机的分类

活塞式制冷压缩机的形式和种类较多,所以有多种不同的分类方法,除了按工作的蒸发温度范围以及密封结构形式进行分类外,目前常见的分类方法还有以下几种:

1. 按制冷量的大小分类

迄今为止,制冷量的划分界限尚无统一标准。一般认为,单机标准工况制冷量在 58 kW 以下的为小型制冷压缩机;58～580 kW 的为中型制冷压缩机;580 kW 以上的为大型制冷压缩机。我国的高速多缸系列产品均属中小型制冷压缩机的范围。

大型制冷压缩机多用于石油化工、大型空调;中型制冷压缩机则广泛应用于冷库、冷藏运输、一般工业及民用事业的制冷和空调装置;小型制冷压缩机则多用于商业零售、公共饮食、科研、卫生和一般工业企业的小型制冷器和空调。

2. 按压缩级数分类

活塞式制冷压缩机按压缩级数可分为单级和单机双级压缩机。单级压缩机是指制冷剂气体由低压至高压状态只经过一次压缩;单机双级压缩机是指制冷剂气体在一台压缩机的不同汽缸内由低压至高压状态经过两次压缩。

3. 按压缩机转速分类

活塞式制冷压缩机按压缩机转速可分为高、中、低速三种。转速高于 1 000 r/min 的为高速,低于 300 r/min 的为低速,在两者之间的为中速。现代中小型多缸压缩机多属高速范围,以较小的外型尺寸获得较大的制冷量,而且便于和电动机直联。但是,随着转速的提高,对压缩机在减震、结构、材料及制造精度等各方面均提出了更高的要求。

4. 按汽缸布置方式分类

活塞式制冷压缩机按汽缸布置方式通常分为卧式、直立式和角度式三种类型,图 3-5 所示的为压缩机汽缸布置形式。

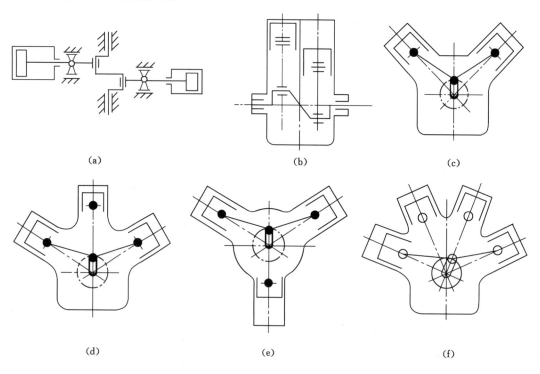

（a）　　　　　　　　　　（b）　　　　　　　　　　（c）

（d）　　　　　　　　　　（e）　　　　　　　　　　（f）

图 3-5　压缩机汽缸布置形式

（a）卧式;（b）立式;（c）角度式 V 式;（d）角度式 W 式;（e）角度式 Y 式;（f）角度式 S 式

卧式压缩机的汽缸轴线呈水平布置,其管道布置和内部结构的拆装、维修比较方便,多属大型低速压缩机。直立式压缩机的汽缸轴线与水平面垂直,用符号 Z 表示。该类压缩机占地面积小,活塞重力不作用在汽缸壁面上,因而汽缸和活塞之间的磨损较小。机体主要承受垂直方向的拉、压荷载,受力情况较好,因而形状可以简单些,基础尺寸也可以小些。但大型直立式压缩机的高度大,必须设置操作平台,安装、拆卸和维护管理均不方便,因而极少采用该种布置方式;即使是中小型压缩机,除单、双缸外也很少采用直立式的。角度式压缩机的汽缸轴线在垂直于曲轴轴线的平面内具有一定的夹角,其排列形式有 V 形、W 形、Y 形、S 形（扇形）、X 形等。角度式压缩机具有结构紧凑、质量轻、动力平衡性好、便于拆装和维修等优点,因而在现代中小型高速多缸压缩机中得到广泛应用。活塞式压缩机汽缸布置形式见表 3-1。

表 3-1 活塞式压缩机汽缸布置形式

压缩机类型		缸数				
		2	3	4	6	8
全封闭		V 形角度式或 B 形并列式	Y 形角度式	X 或 V 形角度式	—	—
汽缸直径小于 70 mm 的单级半封闭式压缩机		Z 形直立式	Z 形直立式或 W 形角度式	V 形角度式		
70 mm 汽缸直径的单级半封闭式压缩机		V 形角度式或直立式	W 形角度式	扇形或 V 形角度式	W 形角度式	S 形角度式
开启式	100 mm 汽缸直径	V 形角度式或直立式	—	扇形或 V 形角度式	W 形角度式	S 形角度式
	125 mm 汽缸直径					
	170 mm 汽缸直径			V 形角度式		
	250 mm 汽缸直径	—				

六、活塞式制冷压缩机的能量调节

活塞式制冷压缩机能量调节有以下三个优点：

（1）使制冷装置的制冷量始终与外界热负荷相平衡，从而提高运行的经济性。

（2）减小蒸发温度（蒸发压力）的波动，相对应地减小被冷却对象的温度波动。对空调而言，可以提高环境的舒适度；对食品冷藏而言，可以更好地保持其品质，同时还可以减少压缩机的启动次数，延长压缩机的使用寿命。

（3）保证轻载或空载启动，避免引起电网负载过大的波动。当压缩机无能量调节时，压缩机的启动力矩较大，可达额定负载的 1.8～2.25 倍，易引起电动机过载。这样不但对电网电压的稳定性影响大，而且易引起电动机因过载而损坏。若选用大容量的电动机进行工作，则降低了运行的经济性。

常用的能量调节方式有以下几种：

（1）压缩机间歇运行

压缩机间歇运行是最简单的能量调节方法，在小型制冷装置中被广泛采用。它是通过温度控制器或低压压力控制器双位自动控制压缩机的停车或运行，以适应被冷却空间制冷负荷和冷却温度变化的要求。当被冷却空间温度或与之对应的蒸发压力达到下限值时，压缩机停止运行，直到温度或与之相对应的蒸发压力回升到上限值时，压缩机重新启动并投入运行。压缩机间歇运行方式实质上是将一台压缩机在运行时产生的制冷量与被冷却空间在全部时间内所需制冷量平衡。

间歇运行使压缩机的开、停比较频繁。对于制冷量较大的压缩机，频繁地开、停会导致电网中电流产生较大的波动，此时可将一台制冷量较大的压缩机改为若干台制冷量较小的压缩机并联运行，需要的制冷量变化时，停止一台或几台压缩机的运转，从而使每台压缩机的开停次数减少，降低对电网的不利影响，这种多机并联、间歇运行的方法已获得广泛的应用。

（2）吸气节流

通过改变压缩机吸气截止阀的通道面积实现能量调节的方法称为吸气节流。当通道面积减小时，吸入蒸汽的流动阻力增加使蒸汽受到节流，从而吸气腔压力相应降低，蒸汽比容增大，压缩机的质量流量减小，达到能量调节的目的。吸气节流压力的自动调节可用专门的主阀和导阀来实现。这种调节方法不够经济，在大中型制冷设备中均有所应用，但目前在国内应用较少。

（3）全顶开吸气阀片

全顶开吸气阀片调节方式是指采用专门的调节机构将压缩机的吸气阀阀片强制顶离阀座，使吸气阀在压缩机工作全过程中始终处于开启状态。在多缸压缩机运行过程中，如果通过一些顶开机构使其中某几个汽缸的吸气阀一直处于开启状态，那么这几个汽缸在进行压缩时，由于吸气阀不能关闭，汽缸中压力建立不起来，所以排气阀始终打不开，被吸入的气体没有得到压缩就经过开启着的吸气阀又重新排到吸气腔中。因此，压缩机尽管依然运转着，但是那些吸气阀被打开了的汽缸不再向外排气，真正在有效地进行工作的汽缸数目减少了，达到改变压缩机制冷量的目的。

这种调节方法是在压缩机不停车的情况下进行能量调节，可以灵活地实现加载或卸载，使压缩机的制冷量增加或减少。另外，全顶开吸气阀片的调节机构还能使压缩机在卸载状态下启动，这对压缩机是非常有利的。这种调节方式在我国四缸以上和缸径 70 mm 以上的系列产品中已被广泛采用。

全顶开吸气阀片调节法通过控制被顶开吸气阀的缸数实现从无负荷到全负荷之间的分段调节。如八缸压缩机，可实现 0、25%、50%、75%、100% 五种负荷。对六缸压缩机，可实现 0、1/3、2/3 和全负荷四种负荷。

压缩机汽缸吸气阀片被顶开后，所消耗的功仅用于克服机械摩擦和气体流经吸气阀时的阻力。因此，这种调节方法经济性较高。

（4）旁通调节

一些采用簧片阀或其他气阀结构的压缩机不便使用顶开吸气阀片来调节输气量，有时可采用压缩机排气旁通的办法来调节输气量。旁通调节的主要原理是将吸、排气腔连通，压缩机排气直接返回吸气腔，实现输气量调节。

（5）变速调节

变速调节是指改变原动机的转速从而使压缩机转速变化来调节输气量，是一种比较理想的方法，汽车空调用压缩机和双速压缩机就是采用这种方法。双速压缩机的电动机分 2 级和 4 级运转以达到转速减半的目的，但这种电动机结构复杂、成本高，推广受到了限制。近些年来，以变频器驱动的变速小型全封闭制冷压缩机系列产品已面市，它的电动机转速是通过改变输入电动机的电源频率而改变，其可以连续无级地调节输气量、调节范围宽广、节能高效。虽然价格偏高，但考虑其运行特性和经济性，目前仍获得较大的推广。

（6）关闭吸气通道的调节

关闭吸气通道的调节方式是指通过关闭吸气通道的方法使吸气腔处于真空状态，汽缸不能吸入气体，当然也没有气体排出，从而达到汽缸卸载调节的目的。这种方法没有气体的流动损失，因此比顶开吸气阀的方法效率高，但必须保证吸气通道关闭严密，一旦存在泄漏，将会造成汽缸在高压比下运行，导致压缩机过热，这是十分危险的。

第二节　螺杆式制冷压缩机

螺杆式制冷压缩机是指用带有螺旋槽的1个或2个转子(螺杆)在汽缸内旋转使气体压缩的制冷压缩机。螺杆式制冷压缩机属于工作容积做回转运动的容积型压缩机,根据螺杆转子数量的不同分为双螺杆和单螺杆两种。双螺杆式压缩机简称螺杆式压缩机,由两个转子组成;单螺杆式压缩机由1个转子和2个星轮组成。

螺杆式压缩机首先由瑞典SRM公司于20世纪40年代使之实用化。20世纪60年代初以氨为制冷剂的喷油开启螺杆式制冷压缩机首次应用于制冷行业。20世纪70年代末至80年代初,相继出现了几种汽车空调用螺杆式压缩机,标志着螺杆式压缩机开始广泛应用于制冷行业。从1983年起先后生产出喷油式半封闭单螺杆制冷压缩机和喷制冷剂式单螺杆制冷压缩机。20世纪90年代又开发出大制冷量半封闭单螺杆制冷压缩机,其各项性能全面达到或超过大型离心式制冷压缩机的水平,啮合副寿命达4万h。20世纪70年代以来,螺杆式制冷压缩机因其许多独特的优点在制冷空调领域得到了越来越广泛的应用。目前螺杆式制冷压缩机的制冷量为10～4 650 kW。

一、基本构造

螺杆式制冷压缩机的基本结构如图3-6所示,主要由转子、机壳(包括中部的汽缸体和两端的吸、排气端座等)、轴承、轴封、平衡活塞及能量调节装置组成。两个按一定传动比反向旋转又相互啮合的转子平行地配置在呈"∞"形的汽缸中。转子具有特殊的螺旋齿形,凸齿形的称为阳转子,凹齿形的称为阴转子。一般阳转子为主动转子,阴转子为从动转子。汽缸的左、右有吸气端座和排气端座,一对转子就支承在左、右端座的轴承上。转子之间及转子和汽缸、端座间留着很小的间隙。吸气端座和汽缸上部设有轴向和径向的吸气孔口,排气端座和滑阀上分别设有轴向和径向的排气孔口。压缩机的吸、排气孔口是按其工作过程的需要精心设计的,可以根据需要准确地使工作容积和吸、排气腔连通或隔断。

二、工作原理

螺杆式压缩机的工作是依靠啮合运动的1个阳转子与1个阴转子,并借助包围这一对转子四周的机壳内壁的空间完成的。当转子转动时,转子的齿、齿槽与机壳内壁所构成的呈V字形的一对齿间容积称为基元容积(图3-6),其容积大小会发生周期性的变化,同时还会沿着转子的轴向从吸气口向排气口移动,将制冷剂气体吸入并压缩至一定的压力后排出。

三、工作过程

图3-7为螺杆式制冷压缩机的工作过程示意图。其中,(a)、(b)、(c)为从转子吸气侧(一般在转子上方)视图,表示基元容积从吸气开始到吸气结束的过程;(d)、(e)、(f)为从转子排气侧(一般在转子下方)视图,表示基元容积从开始压缩到排气结束的过程。在两转子的吸气侧[图中(a)、(b)、(c)所示的转子上部],齿面接触线与吸气端之间的每个基元容积都在扩大,而在转子的排气侧[图中(d)、(e)、(f)所示的转子上部],齿面接触线与排气端之间的基元容积却逐渐缩小。因此,每个基元容积都从吸气端移向排气端。

1. 吸气过程

齿间基元容积随着转子旋转而逐渐扩大,并和吸气口连通,气体通过吸气口进入齿间基元容积,称为吸气过程。当转子旋转一定角度后,齿间基元容积越过吸气口位置与吸气口断开,吸气过程结束。值得注意的是,此时阴、阳转子的齿间基元容积彼此并不连通。

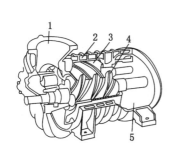

图 3-6　螺杆式压缩机的基本结构

1——吸气口;2——机壳;3——阴转子;

4——阳转子;5——端座

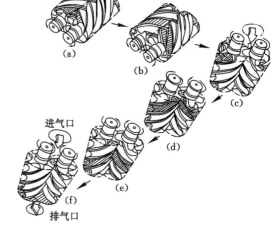

图 3-7　螺杆式压缩机的工作过程

(a) 吸气开始;(b) 吸气过程;(c) 吸气结束;

(d) 压缩过程;(e) 压缩结束;(f) 排气过程

2. 压缩过程

压缩开始阶段主动转子的齿间基元容积和从动转子的齿间基元容积彼此孤立地向前推进,称为传递过程。转子继续转过某一角度,主动转子的凸齿和从动转子的齿槽又构成一对新的 V 形基元容积,随着两转子的啮合运动,基元容积逐渐缩小,完成气体的压缩过程。压缩过程直到基元容积与排气口相连通的瞬间为止。

3. 排气过程

由于转子旋转时基元容积不断缩小,将压缩后具有一定压力的气体送到排气腔,此过程一直持续到该容积最小时为止。

随着转子的连续旋转,上述吸气、压缩、排气过程循环进行,各基元容积依次陆续工作,构成了螺杆式制冷压缩机的工作循环。

由上可知,两转子转向相迎合的一面时,气体受压缩,称为高压力区;相反,转子彼此脱离,齿间基元容积吸入气体,称为低压力区。高压力区和低压力区被两个转子齿面间的接触线所隔开。另外,由于吸气基元容积的气体随着转子回转,由吸气端向排气端做螺旋运动。因此,螺杆式制冷压缩机的吸、排气口都是呈对角线布置的。

图 3-8 为工作容积、气体压力与阳螺杆转角的关系曲线。

四、工作特点

螺杆式制冷压缩机是回转式制冷压缩机的一种,同时具有活塞式和动力式(速度式)两者的特点,主要的优点如下:

(1) 与往复活塞式制冷压缩机相比,螺杆式制冷压缩机具有转速高、质量轻、体积小、占地面积小以及排气脉动低等一系列优点。

(2) 螺杆式制冷压缩机没有往复质量惯性力、动力平衡性能好、运转平稳、机座振动小,基础可做得较小。

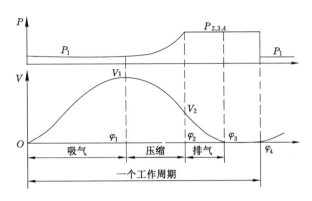

图 3-8 工作容积、气体压力与阳螺杆转角的关系曲线

（3）螺杆式制冷压缩机结构简单、机件数量少、没有气阀、活塞环等易损件，其主要摩擦件如转子和轴承等，强度和耐磨程度都比较高，而且润滑条件良好，因而机加工量少，材料消耗低，运行周期长，使用比较可靠，维修简单，有利于实现自动化操纵。

（4）与速度式压缩机相比，螺杆式压缩机具有强制输气的特点，即排气量几乎不受排气压力的影响，小排气量时不发生喘振现象，在宽广的工况范围内仍可保持较高的效率。

（5）采用滑阀调节，可实现能量无级调节。

（6）螺杆压缩机对进液不敏感，可以采用喷油冷却，故在相同的压力比下，排温比活塞式低得多，因此单级压力比高。

（7）没有余隙容积，因而容积效率高。

但是螺杆式制冷压缩机尚存在以下缺陷：

（1）制冷剂气体周期性高速地通过吸、排气口，由于通过缝隙时产生泄漏，压缩机有很大噪声，因此需要采取消声、减噪措施。

（2）螺旋形转子的空间曲面的加工精度要求高，需用专用设备和刀具来加工。

（3）由于间隙密封和转子刚度等因素限制，目前螺杆式压缩机还不能像往复式压缩机那样达到较高的最终压力。

近年来，螺杆式制冷压缩机发展很快，其制冷系数、噪声等级等指标已接近或达到活塞式压缩机的水平，在中等制冷量范围内成功应用，而且机组逐渐更新，品种日益增加，制冷量向更低和更高的范围延伸，不断地扩大了使用范围并向不同的领域扩张，已发展成为制冷机的主要形式之一。为了保证螺杆式制冷压缩机的正常运转，必须配置相应的辅助机构，如润滑油的分离和冷却装置、能量的调节控制装置、安全保护装置和监控仪表等。通常生产工厂多将压缩机、驱动电机及上述辅助机构组装成机组，称为螺杆式制冷压缩机组。

螺杆式制冷压缩机由于喷油使制冷机的性能大大改善，所以螺杆式制冷压缩机绝大部分为喷油式。喷油式的优点如下：

（1）降低排气温度。

（2）减少工质泄漏，提高密封效果。

（3）增强对零部件的润滑，提高零部件寿命。

（4）对声波有吸收和阻尼作用，可以降低噪声。

（5）冲洗掉机械杂质，减少磨损。

但由于喷油量较大,所以螺杆装置中必须增设油的处理设备,如油分离器、油冷却器、油过滤器、油压调节阀和油泵等,这将增大机组的体积和复杂性。

五、螺杆式制冷压缩机的能量调节

螺杆制冷压缩机通常采用滑阀调节能量,即在两个转子的高压侧装上一个能够轴向移动的滑阀来调节制冷量和卸载启动。滑阀调节能量的原理是利用滑阀在螺杆的轴向移动以改变螺杆的有效轴向工作长度,使输气量在 10%～100% 范围内连续无级调节。

滑阀的移动调节分手动和自动两种,但控制的基本原理都是采用油压驱动调节,一般根据吸气压力或温度的变化实现能量调节。

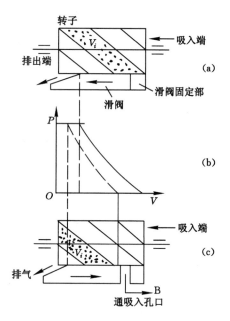

图 3-9 滑阀位置与负荷的关系

能量调节主要与转子的有效工作长度有关。图 3-9 为滑阀的移动与能量调节的原理图。图 3-9(a)表示出全负荷时滑阀的位置。当滑阀尚未移动时,滑阀的后缘与机体上滑阀滑动缺口的底边紧贴,滑阀的前缘则与滑动缺口的剩余面积组成径向排气口。此时基元容积中充气最大。由吸入端吸入的气体经转子压缩后从排气口全部排出,其能量为 100%,如图 3-9(b)中实线所示。当高压油推动油活塞和滑阀向排出端方向移动时,滑阀后缘随之被推离固定的滑动缺口的底边,形成一个通向径向吸气口的可为压缩过程中气体的泄逸孔道,如图 3-9(c)所示。减小了螺杆的工作长度,即减小了吸入气体的基元容积,如图 3-9(b)中虚线所示。排出气体减少,而吸进的气体未进行压缩(此时接触线尚未封闭)就通过旁通口进入压缩机的吸气侧,因此减少了吸气量和制冷剂的流量,起到了能量调节的作用。泄逸通道的大小取决于所需要的排气量大小。滑阀前缘与滑动缺口形成的排气口面积(即径向孔口)同时缩小达到改变排气量的目的,此时调节指示器指针指出相应的改变排量的百分比。

当滑阀继续向排出端移动时,制冷量随排量的减少而连续地降低,因而能量可进行无级调节。当泄逸孔道接近排气孔口时螺杆工作长度接近于零,能起到卸载启动的目的。

能量调节分手动和自动两种,但控制的基本原理都是采用油驱动调节。该系统基本上由三部分构成:供油、控制和执行机构。供油机构有油泵和压力调节阀;控制机构有四通电磁阀或油分配阀;执行机构有滑阀、油活塞及油缸等。

第三节 离心式制冷压缩机

离心式制冷压缩机属于速度型压缩机,是一种叶轮旋转式的机器,利用高速旋转的叶轮对气体做功以提高气体的压力。气体的流动是连续的,其流量比容积型制冷压缩机要大得多。为了产生有效的能量转换,其转速必须很高。离心式制冷压缩机的吸气量为 0.03～15 m³/s,转速为 1 800～90 000 r/min,吸气温度通常为 10～100 ℃,吸气压力为 14～

700 kPa,排气压力小于 2 MPa,压力比为 2～30,几乎所有制冷剂都可采用。由于以往离心式制冷机组常用的 R11、R12 等 CFCs 类工质对大气臭氧层破坏极大,目前已开始改用 R22、R123 和 R134a 等工质。

一、工作原理及特点

离心式制冷压缩机有单级、双级和多级等多种结构形式。单级压缩机主要由吸气室、叶轮、扩压器、蜗壳等组成,如图 3-10 所示。对于多级压缩机,还设有弯道和回流器等部件。一个工作叶轮和与其相配合的固定元件(如吸气室、扩压器、弯道、回流器或蜗壳等)就组成压缩机的一个级。多级离心式制冷压缩机的主轴上串联着几个叶轮同时工作,以达到较高的压力比。多级离心式制冷压缩机的中间级如图 3-11 所示。为了节省压缩功耗和不使排气温度过高,级数较多的离心式制冷压缩机可分为几段,每段包括 1 到几级。低压段的排气需经中间冷却后才输往高压段。

单级离心式制冷压缩机的工作原理:压缩机叶轮旋转时,制冷剂气体由吸气室进入叶轮流道,气体在叶轮叶片的推动下随着叶轮一起旋转。由于离心力的作用,气体沿着叶轮流道径向流动并离开叶轮,同时在叶轮进口处形成低压,气体由吸气管不断吸入。在此过程中,叶轮对气体做功使其动能和压力能增加,因此气体的压力和流速得到提高。然后气体以高速进入截面逐渐扩大的扩压器和蜗壳,流速逐渐下降,大部分气体动能转变为压力能,压力进一步提高,然后再引出压缩机外。

对于多级离心式制冷压缩机,为了使制冷剂气体压力继续提高,利用弯道和回流器将气体引入下一级叶轮进行压缩,如图 3-11 所示。

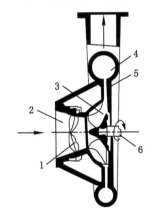

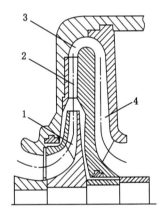

图 3-10　单级离心式制冷压缩机简图　　　　　　图 3-11　离心式制冷压缩机的中间级

1——进口可调导流叶片;2——吸气室;　　　　　　1——叶轮;2——扩压器;

3——叶轮;4——蜗壳;5——扩压器;6——主轴　　　　　3——弯道;4——回流器

因压缩机的工作原理不同,离心式制冷压缩机与活塞式制冷压缩机相比,具有以下特点:

(1) 相同制冷量时,其外形尺寸小、质量轻、占地面积小;相同的制冷工况及制冷时,活塞式制冷压缩机比离心式制冷压缩机(包括齿轮增速器)重 5～8 倍,占地面积多 1 倍左右。

(2) 无往复运动部件、动平衡特性好、振动小、基础要求简单。目前对中小型组装式机组,压缩机可直接装在单筒式的蒸发冷凝器上,无需另外设计基础,安装方便。

(3) 磨损部件少、连续运行周期长、维修费用低、使用寿命长。

（4）润滑油与制冷剂基本上不接触,从而提高了蒸发器和冷凝器的传热性能。

（5）易于实现多级压缩和节流,达到同一台制冷机多种蒸发温度的操作运行。

（6）能够经济地进行无级调节。可以利用进口导流叶片自动进行能量调节,调节范围和节能效果较好。

（7）大型制冷机若由经济性高的工业汽轮机直接带动,从而实现变转速调节,节能效果更好,尤其是有废热蒸汽的工业企业,还能实现能量回收。

（8）转速较高,用电动机驱动的一般需要设置增速器,而且对轴端密封要求高,这些均增加了制造上的困难和结构上的复杂性。

（9）当冷凝压力较高或制冷负荷太低时,压缩机组会发生喘振而不能正常工作。

（10）制冷量较小时效率较低。

目前所使用的离心式制冷机组大致可以分成两大类:一类为冷水机组,其蒸发温度在5℃以上,大多用于大型中央空调即制取5℃以上冷水或略低于0℃盐水的工业过程中;另一类是低温机组,其蒸发温度为-40~-5℃,多用于制冷量较大的化工工艺流程。另外,在啤酒工业、人造干冰场、冷冻土壤、低温实验室和冷、温水同时供应的热泵系统等场合也可使用离心式制冷机组。离心式制冷压缩机通常用于制冷量较大的场合,在350~7 000 kW范围内采用封闭离心式制冷压缩机,在7 000~35 000 kW范围内多采用开启离心式制冷压缩机。

二、离心式制冷压缩机的分类

离心式制冷压缩机可按多种方法分类,常用的分类方法有以下三种,其常用形式结构示意图及特点见表3-2。

表 3-2　　　　　　　　离心式制冷压缩机常用形式结构示意图及特点

种类	结构示意图	特点
全封闭式		所有的制冷设备均封闭在同一机壳内。电动机两个出轴端各悬一级或两级叶轮直接拖动,取消了增速器、无叶扩压器和其他固定元件。电动机在制冷机中得到充分冷却,不会出现电流过载。装置简单,噪声低,振动小。有些机组采用气体膨胀机高速传动,结构更简单。一般用于飞机机舱或船只内空调,采用氟利昂制冷剂。具有制冷量小、气密性好的特点
半封闭式		压缩机组封闭在一起,泄漏少。各部件与机壳用法兰面连接,结构紧凑。采用单级或多级悬臂叶轮。多级叶轮也可不用增速器而由电动机直接拖动。电动机需专门制造,采用制冷剂冷却并考虑电动机的耐腐蚀。润滑系统为整体组合件,埋藏在冷凝器一侧的油室中

种类	结构示意图	特点
空调用开启式		开启式压缩机或增速器出轴端装有轴封。电动机放在机组外面利用空气冷却,可节省能耗 3%～6%,也可用其他动力机械传动。若机组改换制冷剂运行时,可以按工况要求的大小更换电动机。润滑系统放在机组内部或另外设立。用于化工企业或空调
低温用开启式		常用于化工流程中。尽量采用单位容积制冷量大的制冷剂以减小尺寸,通常采用化工工艺流程中的工质作制冷剂。采用多级压缩制冷循环以提高经济性。多级压缩机主轴的叶轮可以是顺向或逆向排列,各级有完善的固定元件,压缩机机壳为水平中分面,轴端用机械或其他形式的密封,轴的两端有止推及滑动轴承支承。制冷剂有泄漏并有毒、易爆,应控制其泄漏量。润滑系统一般另附油站以确保转动部分的润滑和调节控制

（1）按用途分类

离心式压缩机按用途可分为冷水机组和低温机组。

（2）按压缩机的密封结构形式分类

离心式压缩机按压缩机的密封结构可分为开启式、半封闭式和全封闭式。

（3）按压缩机的级数分类

离心式压缩机按压缩机级数可分为单级压缩机和多级压缩机。

① 单级离心式制冷压缩机由于其结构形式特点,不可能获得很大的压力比,因此单级离心式压缩机多用于冷水机组中。图 3-12 为一台 2 800 kW 制冷量的单级离心式制冷压缩机纵剖面图。它由叶轮、增速齿轮、电动机和进口导叶等部件组成。汽缸为垂直剖分型。采用低压制冷剂 R123 作为工质。压缩机采用半封闭的结构形式,其驱动电动机、增速器和压缩机组装在一个机壳内。叶轮为半开式铝合金叶轮。制冷量的调节由进口导叶进行连续控制。齿轮采用斜齿轮,在增速箱上部设置油槽。电动机置于封闭壳体中,电动机定子和转子的线圈都用制冷剂直接喷液冷却。

② 多级离心式制冷压缩机是在单级离心式制冷压缩机不可能获得很大的压力比的情况下,为改善离心式制冷压缩机的低温工况性能,在低温机组中常采用的压缩机。如四级离心式制冷压缩机,由蒸发器来的制冷剂蒸汽由吸入口吸入,流经进口导叶进入第一级叶轮,经无叶扩压器、弯道、回流器再进入第二级叶轮,以此类推,最后经蜗壳把气体排至冷凝器。

三、压缩机与制冷设备的联合工作特性

当通过压缩机的流量与通过制冷设备的流量相等,压缩机产生的压头(排气口压力与吸气口压力的差值)等于制冷设备的阻力时,才能保证整个制冷系统在平衡状况下工作。这种

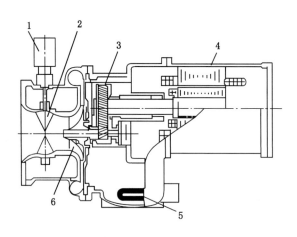

图 3-12 单级离心式制冷压缩机纵剖面图

1——导叶电动机；2——进口导叶；3——增速齿轮；4——电动机；5——油加热管；6——叶轮

制冷机组的平衡工况应该是位于压缩机特性曲线与冷凝器特性曲线的交点。

图 3-13 所示为压缩机和制冷设备的联合特性曲线，其中压缩机特性曲线与冷凝器特性曲线的交点为压缩机的稳定工作点。

当冷凝器冷却水进水量减小到一定程度时，压缩机的流量变得很小，压缩机流道中出现严重的气体脱流，压缩机的出口压力突然下降。由于压缩机和冷凝器联合工作，而冷凝器中气体的压力并不同时降低，于是冷凝器中的气体压力大于压缩机出口处的压力，造成冷凝器中的气体倒流回压缩机，直至冷凝器中的压力等于压缩机出口压力为止。此时压缩机又开始向冷凝器

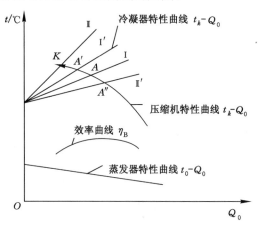

图 3-13 压缩机和制冷设备的联合特性曲线

送气，压缩机恢复正常工作。但当冷凝器中的压力也恢复到原来的压力时，压缩机的流量减小，压缩机出口压力下降，气体又产生倒流。如此周而复始，产生周期性的气流振荡现象。

如图 3-13 所示，当冷凝器冷却水进水量减小，冷凝器的特性曲线移至位置 Ⅱ 时，压缩机的工作点移至 K，此时制冷机组出现喘振现象。点 K 对应压缩机运行的最小流量，称为喘振工况点，其左侧区域为喘振区域。

喘振时，压缩机周期性地发生间断的响声，整个机组出现强烈的振动。冷凝压力和主电动机电流发生大幅度的波动，轴承温度上升很快，严重时甚至会破坏整台机组。因此，在压缩机运行过程中必须采取一定的措施，防止喘振现象的发生。

由于季节的变化，冷水机组工况范围变化较大。因此，采取扩大工况范围，特别是减小喘振工况点的流量，是目前改善离心式制冷机组性能的重要措施之一。

四、离心式制冷压缩机的能量调节

离心式制冷机组的能量调节取决于用户热负荷的改变量。一般情况下，当制冷量改变

时,要求保证从蒸发器流出的载冷剂温度 t_{s2} 为常数(这是由用户给定的),而此时的冷凝温度是变化的。改变压缩机和换热器参数可对机组的能量进行调节,还必须采取防喘振措施。

1. 压缩机对机组能量的调节

(1) 进气节流调节。

(2) 采用可调节进口导流叶片调节。图 3-14 为空调用制冷机组中进口导流叶片自动能量调节的示意图。

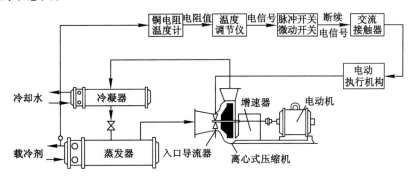

图 3-14 进口导流叶片自动能量调节示意图

(3) 改变压缩机转速的调节。当采用汽轮机或转速可变的电动机拖动时,可改变压缩机的转速进行调节,这种调节方法最经济,如图 3-15 所示。

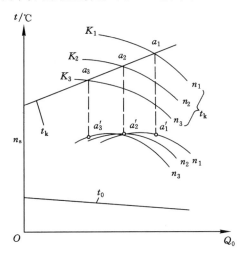

图 3-15 改变压缩机转速的能量调节

压缩机转速的改变可采用变频调节以改变电动机转速来实现。

VSD 根据冷水出水温度和压缩机压头来优化电动机的转速和导流叶片的开度,从而使机组始终处于最佳状态运行。图 3-16 为 VSD 工作原理图。

2. 改变换热器参数对机组能量的调节

由前面所述可知,当改变冷凝器冷却水流量时,可以得到不同的冷凝器特性曲线,从而使工作点移动达到调节能量的目的。但这种调节方法不经济,一般只作为一种辅助性的调节方法。

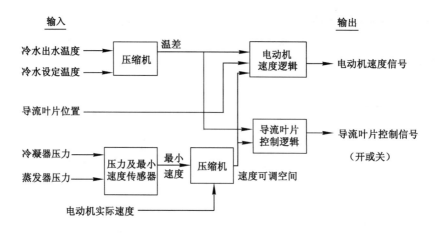

图 3-16　VSD工作原理图

3. 防喘振调节

离心式制冷机组工作时一旦进入喘振工况,应立即采取调节措施,降低出口压力或增加入口流量。压力比和负荷是影响喘振的两大因素,一般可采用热气旁通进行喘振防护,如图3-17所示,它是通过喘振保护线控制热气旁通阀的开启或关闭,使机组远离喘振点,达到保护的目的。

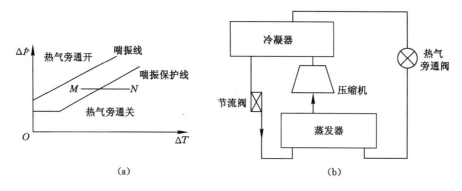

图 3-17　热气旁通防喘振保护

(a) 喘振保护示意图;(b) 系统循环图

第四节　冷凝器的类型和构造

在制冷系统中,冷凝器是一个使制冷剂向外放热的换热器。压缩机的排气(或经油分离器后)进入冷凝器后将热量传递给周围介质——水或空气,制冷剂蒸汽冷却凝结为液体。冷凝器按冷却介质和冷却方式可以分为空气冷却式、水冷却式和蒸发冷却式三种类型。

一、影响冷凝传热的主要因素

(1) 制冷剂凝结方式经压缩后的制冷剂过热蒸汽在冷凝器壁面上的换热是一个冷却凝结过程。在冷却阶段,制冷剂以显热的形式向冷凝器壁面放热;在冷凝阶段,制冷剂以膜状凝结和珠状凝结两种不同换热方式向冷凝器壁面放出凝结潜热。

从换热效果看,珠状凝结热阻较小,在相同的温差下,珠状凝结的放热量是膜状凝结的15～20倍。制冷剂蒸汽在冷凝器中的凝结主要属于膜状凝结。膜状冷凝是指如果冷凝液能润湿壁面,则在壁面上形成一层液膜。液膜层越往下越厚,液膜对流传热,提高传热能力的关键是减小液膜层的厚度。滴状冷凝是指如果冷凝液不能润湿壁面,由于表面张力的作用,冷凝液在壁面上形成许多液滴并沿壁面落下。壁面直接暴露在蒸汽中,传热系数比膜状冷凝大好多倍。

（2）减少蒸汽中不凝气的含量。若蒸汽中含有由空气或制冷剂与润滑油在高温下分解出来的不凝气体,当制冷剂蒸汽凝结成液体时,不凝气随之降温但仍处于气体状态,则冷凝器壁面被气体层遮盖,增加了一层附加热阻,使对流传热系数急剧下降。

为防止冷凝器中积聚过多的不凝气,通常在制冷装置中都装有空气分离器,用来及时排除不凝结气体。对于小型氟利昂制冷装置,为了简化系统,可以在冷凝器上设置放空气管。

（3）减少蒸汽中所含润滑油进入冷凝器传热表面,和进入蒸发器传热表面的原因一样,会在传热表面形成油膜从而影响传热,造成传热效果差,使冷凝温度升高,冷凝效果变坏。

有关手册中列有制冷换热设备传热参数的经验值,可供参考。不同操作情况下,制冷换热设备传热参数值变化范围很大。学习者和使用者应对常用的制冷换热设备传热参数值的大小有一个数量级的概念,对于熟悉和掌握制冷换热设备的特点、传热分析会有所帮助。表3-3中列出了一些制冷换热设备总传热系数的大致范围。

表 3-3   常用制冷换热设备总传热系数 K 的大致范围

换热器名称及形式		传热系数 K /[W/(m² · K)]	相应条件
卧式冷凝器（氨）		810～1 050	传热温差 4～6 ℃,单位面积冷却水用量 0.5～0.9 m³/(m² · h)
卧式冷凝器（氟利昂）		930～1 169	传热温差 7～9 ℃,低肋管,肋化系数≥3.5,水速 1.5～2.5 m/s
套管式冷凝器		970～1 290	传热温差 8～11 ℃,低肋管,肋化系数≥3.5,水速 2～3 m/s
空气冷却式冷凝器（强制对流）		29(R12) 35(R22)	迎面风速 2.5～3.5 m/s,冷凝温度与进风温差≥15 ℃,室外温度 35 ℃
空气冷却式冷凝器（自然对流）		6～9	
壳管式蒸发器	满液式		
	氨、水	490～580	蒸发温度 0 ℃,水速 1～2 m/s
	氨、盐水	410～550	传热温差 4～6 ℃
	氟利昂、盐水	490～520	传热温差 4～6 ℃,水速 1～1.5 m/s,肋化系数 3.5
	氟利昂、盐水	520～760	传热温差 4～8 ℃,水速 1～1.5 m/s,光管外径 15.9 mm
	干式		
	氟利昂、水	450～910	传热温差在 7 ℃以上,水速高的情况为大值
	氟利昂、水	340～790	传热温差在 4 ℃以下,水速低的情况为小值
	氟利昂、水	1 630～1 750	R22,8 肋内肋管,水速 1.1 m/s

续表 3-3

换热器名称及形式			传热系数 K /[W/(m² · K)]	相应条件
冷库用	冷却排管	氨、空气	10.5～13	光管,蒸发温度为 −20 ℃
	冷风机组蒸发器	高温库(氨)	17.5～18.5	库温与蒸发温度差 10 ℃,
		低温库(氨)	11.5～14	迎面风速 2.5 m/s
空调用空气冷却器		R12	37	管排数 3～4,迎面风速 2～2.5 m/s
		R22	43	管排数 6～8,迎面风速 2.5～3 m/s

二、空气冷却式冷凝器

空气冷却式冷凝器又称风冷式冷凝器,是利用大气环境中的空气来冷却的。按空气在冷凝器盘管外侧流动的驱动动力来源,可分为自然对流和强迫对流两种类型。自然对流式冷凝器靠空气自然流动,传热效率低,仅适用于制冷量很小的家用冰箱等场合。强迫对流式冷凝器一般装有轴流风机,传热效率高,不需水源,应用广泛。

图 3-18 为强迫对流式空气冷却式冷凝器结构示意图,高压制冷剂蒸汽从冷凝器上部的分配集管进入蛇形盘管,向下流动冷凝后从下部流出。空气在风机作用下,以 2～3 m/s 迎面风速吸收并带走制冷剂冷凝时释放的热量。空气冷却式冷凝器

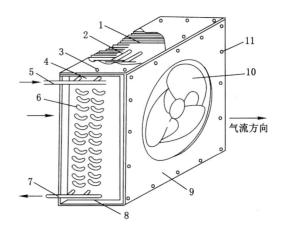

图 3-18 空气强制对流冷凝器

1——肋片;2——传热管;3——上封板;4——左端板;
5——进气集管;6——弯头;7——出液集管;8——下封板;
9——前封板;10——通风机;11——装配螺钉

空气侧的总传热系数以外表面为基准,一般为 23～35 W/(m² · K),且随风速的变化而变化,其平均传热温差通常取 10～15 ℃,以免需要的传热面积过大。

三、水冷式冷凝器

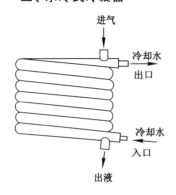

图 3-19 套管式冷凝器

水冷式冷凝器用水冷却,其传热效率比风冷式高。按结构形式不同,可分为套管式、壳管式、板式等。

1. 套管式冷凝器

如图 3-19 所示,套管式冷凝器是在一根直径大些的钢管或铜管中套一根或数根小直径的铜管,再弯制成圆形、U形或螺旋状。冷却水下进上出,在换热管内流动;高压制冷剂蒸汽则上进下出,在外套管内和换热管之间的空间内与冷却水呈逆向流动,沿程向冷却水放热冷凝后,冷凝液从外套管下部流出。套管式冷凝器结构简单,易于制造,总传热系数较高,可达 1 100 W/(m² · K),常用于制冷量小于 40 kW 的小型氟利昂制冷系统中。

2. 壳管式冷凝器

壳管式冷凝器又分为立式和卧式两种。立式壳管式冷凝器主要用于大中型氨制冷系统中,其结构庞大,耗材多;卧式壳管式冷凝器则在氨系统和氟利昂系统中广泛应用。

立式壳管式冷凝器是一直立的圆筒形状,主要由筒体、管板、换热管、配水箱和各种接管等组成。冷却水从顶部进入配水箱内,在每根换热管的顶部设有导流管嘴,导流管嘴可均匀分配进入换热管束的进水量,并使冷却水沿着切线方向进入换热管内,呈螺旋线状沿换热管的内壁向下流动,形成水膜。

气态制冷剂从冷凝器筒体的中部位置进入筒体内沿着换热管的外壁流动与冷却水进行换热,被冷凝后的高压液态制冷剂积存在冷凝器的底部后排出。立式壳管式冷凝器结构如图 3-20 所示。

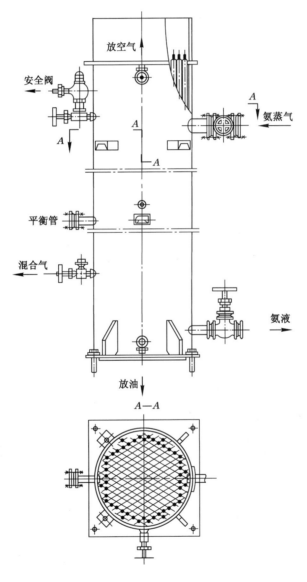

图 3-20　立式壳管式冷凝器结构示意图

卧式壳管式冷凝器水平放置,如图 3-21 所示,通常由筒体、管板、管箱、换热管等部件组成。为提高冷凝器的换热能力,在管箱内和管板外的空间内设有隔板,可以隔出几个改变水流方向的回程,冷却水从冷凝器管箱的下部进入,按照已隔成的管束回程顺序在换热管内流动,吸收制冷剂放出的热量使制冷剂冷凝,冷却水最后从管箱的上部排出。高压制冷剂蒸汽则从筒体的上部进入筒体,在筒体和换热管外壁之间的壳层间流动,向各换热管内的冷却水放热,冷凝为液态后汇集于筒体下部,从筒体下部的出液口排出。筒体上部设有安全阀、平衡管(均压管)、放空气管、压力表等。制冷剂为氨时,换热管采用无缝钢管;制冷剂为氟利昂时,换热管采用低肋铜管。氨冷凝器在筒体下部设有放油管,氟利昂冷凝器则不设。管箱上设有放空气和放水螺塞。小型氟利昂冷凝器不装安全阀,而是在筒体下部装一个易熔塞,即当冷凝器内部或外部温度达 70 ℃以上时,易熔塞熔化释放出制冷剂,可防止发生筒体爆炸事故。卧式壳管式冷凝器传热系数较高,热负荷也大,多用于大中型制冷系统。为节约用水,冷却水通常循环使用,并配备冷却塔、冷却水泵及管路组成冷却水循环系统。冷却水进出冷凝器的温差一般为 4～6 ℃。

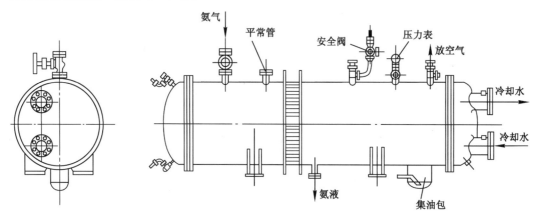

图 3-21　卧式壳管式冷凝器

四、蒸发冷却式冷凝器

如图 3-22 所示,蒸发冷却式冷凝器由换热管组、供水喷淋装置和风机等组成。制冷剂蒸汽从管组上部的过气集管分配给每根蛇形管后,与冷却水进行热交换,冷凝后经出波集管导至储液器中。冷却水喷淋在管外壁上,一部分冷却水受热蒸发变成水蒸气,在风机作用下被空气带走,另一部分冷却水沿管外壁成膜层向下流入水池中,利用水泵送到喷水器,如此循环流动。水池中的水需要补充,所需水量由水量调节阀控制。

这种冷凝器的特点:因部分冷却水蒸发,吸收大量汽化潜热,所以消耗水量很少,仅为壳管式冷凝器的 1/50～1/25,但设备与作业的费用较多,管排间水垢难清除,水需要软化处理。

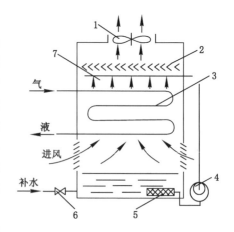

图 3-22　蒸发式冷凝器结构原理
1——通风机;2——挡水栅;3——传热管组;
4——水泵;5——滤网;6——补水阀;7——喷水嘴

第五节　冷凝器的设计计算

换热器应根据制冷设备所需的换热器使用要求和具体情况选择合适的结构形式并计算换热器所需的换热面积和冷却水或空气的流量。

换热器的计算主要包括热平衡计算、传热计算和流动阻力计算三个部分。

通过热平衡计算可以确定所用换热器的热负荷、换热器各股流体进、出口温度以及流体的流量。

1. 冷凝器热负荷 Q_k

冷凝器热负荷是指制冷剂蒸汽在冷凝器中排放出的总热量,单位为 kW。一般情况下,它包括制冷剂在蒸发器中吸收的热量及在压缩过程中获得的机械功所转换的热量。可用式(3-3)表示:

$$Q_k = Q_0 + P_i \tag{3-3}$$

式中　Q_k——冷凝器在计算工况下的热负荷,kW;

　　　Q_0——压缩机在计算工况下的制冷量,kW;

　　　P_i——压缩机在计算工况下的消耗功率,kW。

冷凝器热负荷也可按制冷循环的热力计算确定,即:

$$Q_k = G(h_2 - h_3) \tag{3-4}$$

式中　G——制冷剂的质量流量,kg/s;

　　　h_2——制冷剂进入冷凝器的比焓,kJ/kg;

　　　h_3——制冷剂出冷凝器的比焓,kJ/kg。

对单级压缩制冷循环,冷凝器热负荷 Q_k 也可按式(3-5)近似计算。

$$Q_k = \psi Q_0 \tag{3-5}$$

式中　ψ——冷凝器负荷系数,其值与制冷剂种类及运行工况有关,具体数值可由图 3-23 查得。

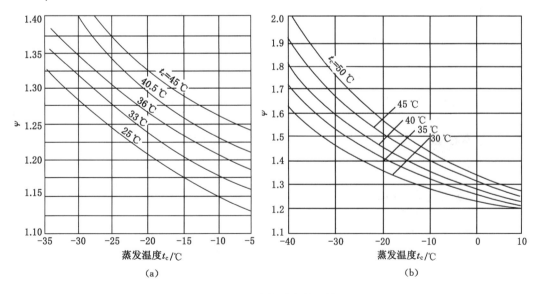

图 3-23　冷凝器负荷系数

(a) 氨系统;(b) 卤代烃系统

2. 冷凝器传热系数 K

各类冷凝器的传热系数和热流密度 q_f 的推荐值见表3-4。

3. 传热温差 Δt_m

传热温差可按式(3-6)计算。

$$\Delta t_m = \frac{t_2 - t_1}{\ln \dfrac{t_k - t_1}{t_k - t_2}} \tag{3-6}$$

式中　t_1——冷却介质进口温度，℃；

　　　t_2——冷却介质出口温度，℃；

　　　t_k——冷凝温度，℃。

传热温差也可按表3-4的推荐值选取。

4. 冷凝器传热面积 A

冷凝器传热面积 A 可按式(3-7)计算。

$$A = \frac{Q_k}{K \Delta t_m} = \frac{Q_k}{q_f} \tag{3-7}$$

式中　q_f——热流密度，kW/m^2。

其经验数据可按表3-4所列推荐值选取。

表 3-4　　　　　　　　　冷凝器传热系数 K 和热流密度 q_f

制冷剂	冷凝器形式	热传系数 K /[W/(m²·℃)]	热流密度 q_f /(W/m²)	相应条件
氨	立式	700~900	3 500~4 000	① 光滑钢管； ② 热传温差 $\Delta t_m = 4 \sim 6$ ℃； ③ 冷却水升温 2~3 ℃； ④ 单位面积冷却水量 1~1.7 m³/(m²·h)
	卧式	800~1 000	4 000~5 000	① 光滑钢管； ② 传热温差 $\Delta t_m = 4 \sim 6$ ℃； ③ 冷却水升温 4~6 ℃； ④ 单位面积冷却水量 0.5~0.9 m³/(m²·h)； ⑤ 水速 0.8~1.5 m/s
	板式	2 000~2 300		① 板片为不锈钢板； ② 使用焊接板或经特殊处理的钎焊板式
	螺旋板式	1 400~1 600	7 000~9 000	① 传热温差 $\Delta t_m = 4 \sim 6$ ℃； ② 冷却水升温 3~5 ℃； ③ 水速 0.6~1.4 m/s
	淋水式	600~750	3 000~3 500	① 光滑钢管； ② 单位面积冷却水量 0.5~0.9 m³/(m²·h)； ③ 补充水量为循环水量的 10%~12%； ④ 进口湿球温度 24 ℃
	蒸发式	600~800	1 800~2 500	① 光滑钢管； ② 单位面积冷却水量 0.12~0.16 m³/(m²·h)； ③ 单位面积通风量 300~340 m³/(m²·h)； ④ 补充水量为循环水量的 5%~10%； ⑤ 传热温差 $\Delta_m = 2 \sim 3$ ℃(制冷剂与钢管外侧水膜之间)

制冷剂	冷凝器形式		热传系数 K /[W/(m²·℃)]	热流密度 q_f /(W/m²)	相应条件
卤代烃	卧式(R22、R124A、R404A)		800~1 000	5 000~8 000	① 低肋铜管,肋化系数≥3.5; ② 传热温差 Δt_m=7~9 ℃; ③ 冷却水流速 1.5~2.5 m/s; ④ 冷却水升温 4~6 ℃
	套管式(R22、R144a、R404A)		800~1 000	7 500~10 000	① 低肋铜管,肋化系数≥3.5; ② 传热温差 Δt_m=8~11 ℃; ③ 冷却水流速 1.0~2.0 m/s
	板式(R22、R134a、R404A)		2 300~2 500		① 板片为不锈钢板; ② 钎焊板式
	空气冷却式	自然对流	6~10(以传热管内表面计)	45~85	
		强制对流	30~40	250~300	① 铝平翅片套钢管; ② 传热温差 Δt_m=8~12 ℃; ③ 迎面风速 2.5~3.0 m/s; ④ 冷凝温度与进风速度之差≥15 ℃
	蒸发式(R22)		500~700	1 600~2 200	① 光滑钢管; ② 单位面积冷却水量 0.12~0.16 m³/(m²·h); ③ 单位面积通风量 300~340 m³/(m²·h); ④ 补充水量为循环水量的 5%~10%; ⑤ 传热温差 Δt_m=2~3 ℃(制冷剂与钢管外侧水膜之间)

第六节　蒸发器的类型和构造

蒸发器是制冷系统中的一种热交换设备。在蒸发器中,制冷剂的液体在较低的温度下沸腾,转变为蒸汽并吸收被冷却物体或介质的热量。蒸发器是制冷系统中制取和输出冷量的设备,一般位于节流阀和制冷压缩机回气总管之间,并安装在需要冷却、冻结的空间。

按照被冷却介质的特性,蒸发器可以分为冷却空气和冷却液体载冷剂两大类,见表 3-5。

表 3-5　　　　　各种类型蒸发器的类型、特点及使用范围

类型	形式		优点	缺点	使用范围
冷却空气	排管式蒸发器	立管式	① 加工制作方便; ② 传热效果好	① 充液量大; ② 静液柱影响大	氨冷库墙排管
		U 形顶排管	① 供液回路短; ② 回气阻力小; ③ 传热效果好	对制造和安装的水平度要求高,否则供液不均匀	氨冷库顶排管
		蛇形盘管	① 加工制作方便; ② 充液量小	① 回路较长; ② 传热效果降低	氨、氟冷库墙顶排管
		搁架式	① 传热效果好; ② 温度均匀	① 钢材消耗大; ② 库内搬运劳动强度大,效率低	小型氨、氟冻结间

类型	形式		优点	缺点	使用范围
冷却空气	板管式蒸发器	管板式	① 加工制作方便； ② 传热效果好； ③ 不易泄漏	用料较多，适用于小型装置	家用电冰箱
		复合板式	① 传热效果好； ② 用料较省	① 制造工艺复杂； ② 维修较难	家用电冰箱
		单脊翅片管式	① 单位长度制冷量比光管好； ② 易于制造和清洗	一般为蛇形大通道，不宜做大面积蒸发器	家用电冰箱、冷藏室
		平板式	① 传热好； ② 适用范围广	① 制造工艺复杂； ② 维修难	家用电冰箱
冷却液体载冷剂的蒸发器	水箱型（沉浸式）蒸发器	水管式	① 冷冻剂冻结危险小； ② 有一定的蓄冷能力； ③ 操作管理方便	① 体积大、占地面积大； ② 易腐蚀； ③ 金属耗量大； ④ 易于积油	氨制冷系统
		螺旋管式	①～③同立管式； ④ 结构简单、制造方便 ⑤ 体积、占地面积比立管大	维修比立管式麻烦	氨制冷系统
		蛇管式	①～③同立管式； ④ 结构简单、制造方便	管内制冷剂流速低、传热效果差	小型氟制冷系统
	卧式壳管式蒸发器	满液式	① 结构紧凑、质量轻、点滴面积小； ② 可采用闭式循环，不易腐蚀	① 加工复杂； ② 制冷剂发生冻结而胀裂管子； ③ 无蓄冷能力	氨、氟制冷系统
		干式	① 制冷剂不易冻结； ② 回油方便； ③ 制冷剂充灌量小	① 制造工艺复杂； ② 不易清洗	氟制冷系统
	板式蒸发器		① 传热系数高； ② 结构紧凑、组合灵活	① 制造复杂、维修困难； ② 造价较高	氨、氟制冷系统
	螺旋板式蒸发器		① 体积小； ② 传热系数高	① 制造复杂、维修困难； ② 使用淡水有冻结危险	氨、氟制冷系统
	套管式蒸发器		① 结构简单、体积小； ② 传热系数高	① 水质要求高，不易清洗； ② 维修困难	小型氟制冷系统

一、影响蒸发器传热的主要因素

1. 生产中应控制蒸发器在泡状沸腾下操作

节流后的制冷剂进入蒸发器时的状态为液态或气、液混合状态，制冷剂通过汽化相变吸热。在给定的压力下，蒸发器内的制冷剂液体吸收热量后汽化沸腾，一开始蒸汽仅在加热表面上一些突起的个别小点上生成，形成汽化核心，汽化核心生成的数量与加热表面上液体过热程度有关。当制冷剂在加热表面上形成许多气泡，并在液体内部逐渐增大而向上生起、破裂，达到沸腾，称之为泡状沸腾；随着加热表面上液体过热程度的增加，制冷剂在加热表面上的汽化核心数目急剧增多，众多的气泡来不及离开加热表面而汇集成一片，在加热表面上形成一层气膜，这种状态称为膜状沸腾。

膜状沸腾时，由于气膜的存在增大了传热热阻，传热系数急剧下降。应控制生产过程中蒸发器在泡状沸腾下操作，一般制冷剂液体吸热后在蒸发器内的沸腾都属于泡状沸腾。

2. 控制润滑油进入蒸发器

当润滑油到达蒸发器传热面时会降低制冷剂液体润湿传热表面的能力,加速气膜的形成,产生很大的热阻,降低换热效率,减少制冷量。一般情况下,油膜厚度为 0.1 mm 时产生的热阻相当于厚度为 33 mm 的低碳钢金属壁的热阻。

3. 蒸发器结构应有利于气液分离

蒸发器结构要保证沸腾过程中产生的蒸汽尽快从传热面脱离,有利于蒸汽很快离开传热面并保持合理的液面高度。为了充分利用蒸发器传热面,应将节流降压后产生的气体在进入蒸发器前分离掉,在较大制冷系统中往往在蒸发器前设有气液分离器。

二、冷却空气的蒸发器

这类蒸发器的制冷剂在蒸发器的管程内流动,并与在管程外流动的空气进行热交换。按空气流动原因,冷却空气的蒸发器分为自然对流式和强迫对流式两种。

1. 自然对流式冷却空气的蒸发器

自然对流式冷却空气的蒸发器的蒸发管称为排管,广泛应用于冷库中,它依靠自然对流换热方式使库内空气冷却,其结构简单、制作方便,可在现场生产,但传热系数较低、面积大、消耗金属多。为了提高传热效果可采用绕制肋管制造。

在冷库中采用的排管式蒸发器是利用氨制冷剂在排管内流动并蒸发而吸收冷库内储存的物体(鱼或肉类)的热量并达到冷藏温度,多用于空气流动空间不大的冷库内。

冷库内常用的排管蒸发器可根据其安装的位置分为墙排管、顶排管、搁架式排管等;从构造形式上可分为立式、卧式和盘管式等。图 3-24 为盘管式墙排管蒸发器,其他类型的排管蒸发器可以举一反三加以理解。

盘管式墙排管是由无缝钢管煨制而成,排管水平安装,盘管回程可以设成一个通路(单头)和两个通路(双头)。氨制冷液从盘管下部进入并流过全部盘管蒸发后成为气体从上部排出,可采用氨泵供

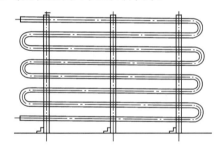

图 3-24　盘管式墙排管蒸发器

液。盘管式墙排管结构简单、易于制作、氨量小(一般仅为排管容积的 50%),但在蒸发时所产生气体不易排出,因为在排管底部形成的气体要经过全部盘管长度从顶部排出会影响传热效果。

搁架式排管因上、下管间的距离比较大,可直接搁置要冷冻的食品,其传热效果较好。顶排管为顶棚下安装的排管。

排管有光滑管和翅片管两种,一般由 φ38 mm×2.2 mm 的无缝钢管制成,翅片材料多为软质钢带,翅片宽 4~6 mm,厚 1~1.2 mm,片距 35.8 mm。由于翅片管容易生锈,冷库中用得比较少。管中心距光滑管 110 mm,距翅片管 180 mm。U 形管卡为 φ8 mm 的圆钢做成。

2. 强迫对流式冷却空气的蒸发器

强迫对流式冷却空气的蒸发器又称为直接蒸发式空气冷却器,在冷库或空调系统中使用时又可称为冷风机。它由几排带肋片的盘管和风机组成,依靠风机的强制作用使被冷却房间的空气从盘管组的肋片间流过。管内制冷剂吸热汽化,管外空气冷却降温后送入房间。

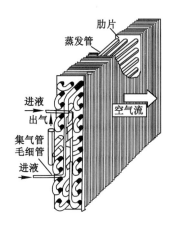

图 3-25 冷却强制运动空气的蒸发器

图 3-25 为冷风机蒸发器的结构示意图。

强迫对流式冷却空气的蒸发器直接靠制冷剂液体的汽化来冷却空气,因而冷量损失小、空气降温速度较快、结构紧凑,使用和管理方便,易于实现自动化。

这种氨用蒸发器一般用外径为 25～38 mm 的无缝钢管制成,管外绕 1 mm 的钢肋片,肋片间距 10 mm。氟用蒸发器一般用外径 10～18 mm 的铜管制成,管外肋片为厚 0.2 mm 的铜片或铝片,肋片间节距与蒸发温度有关。当蒸发温度高且肋片管上不结霜时,片距可取 2～4 mm;当蒸发温度较低且肋片管上结霜时,片距应大些,取 6～12 mm,如采取热气除霜措施则蒸发器的片距可取小些。

三、卧式管壳式蒸发器

卧式管壳式蒸发器属于冷却液体载冷剂大类的蒸发器,有满液式和干式两种。满液式蒸发器为制冷剂在其中不完全蒸发的壳管式蒸发器,满液式卧式壳管式蒸发器在正常工作时筒体内要充注 70%～80% 高度的制冷剂液体,因此称为"满液式",常用于氨作制冷剂的制冷装置;干式壳管式蒸发器为全部制冷剂在管内蒸发的壳管式蒸发器,多为卧式,主要用于氟利昂制冷装置,特别是船上因受舱位高度限制时使用更为适合。由于制冷剂在管内蒸发,制冷剂液充注量比满液式蒸发器少 80%～85%。结构虽与满液式相似,但工作过程完全不一样。制冷剂从端盖进入在管束中蒸发吸热后再从端盖引出。载冷剂在管外流动,为了提高流速以增强传热,用隔板隔成曲折的流程。

1. 满液式蒸发器

满液式蒸发器大多为壳管式,载冷剂在管内流动,制冷剂在管外蒸发,液体基本浸满管束,上部留有一定的气体空间。

氨用满液式卧式壳管式蒸发器结构如图 3-26 所示,其筒体是由钢板卷板后焊接而成,两端焊有管板,多根 $\phi25$ mm×2.5 mm 或 $\phi19$ mm×2 mm 的换热钢管穿过管板后通过胀接或焊接的方式与管板相连。筒体两端的管板外为装有分程隔板的封头,制冷剂走壳程,载冷剂(冷冻水)在管程内多程流动。封头上有载冷剂进口管、载冷剂出口管、泄水管和放气旋塞。在筒体上部设有制冷剂回气包、安全阀、压力表、气体均压管等,回气包上有回气管。筒体中下部侧面有氨液供液管、液体均压管等。筒体下部设集油包,包上设有放油管。在回气包与筒体间还设有钢制液面指示器。

满液式卧式壳管式蒸发器的工作过程是:制冷剂液体节流后进入筒体和数根换热管外的壳程空间,与在换热管内做多程流动的载冷剂通过管壁进行热量交换。制冷剂液体吸热气化上升回到回气包中气液分离。气液分离后的饱和蒸汽通过回气管后被制冷压缩机吸走,而制冷剂液体流出回气包进入蒸发器筒体继续吸热汽化。润滑油沉积在集油包中,流经放油管通往集油器最后放出。

满液式卧式壳管式蒸发器内充满了液态制冷剂,可使传热面与液态制冷剂充分接触,总传热系数高,在大型制冷系统中若增设制冷剂泵强制循环流动可以提高蒸发器的

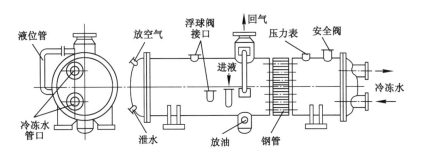

图 3-26 氨用满液式卧式壳管式蒸发器

换热效率。

满液式卧式壳管式蒸发器在工作时要保持一定的液面高度,液面过低易使蒸发器内产生过多、过热蒸汽而降低蒸发器的传热效果;液面过高易使湿蒸汽进入制冷压缩机而引起液击。因此,用浮球阀或液面控制器来控制满液式卧式壳管式蒸发器的液面。满液式卧式壳管式蒸发器壳体周围应设置保温层以减少冷量损失。

满液式卧式壳管式蒸发器的优点:① 结构紧凑、占地面积小;② 传热性能好;③ 制造和安装较方便;④ 用盐水作载冷剂不易被腐蚀,以及避免盐水浓度因吸收空气中水分而被稀释等。

满液式卧式壳管式蒸发器广泛应用于船舶制冷、制冰、食品冷冻和空气调节中。但是满液式卧式壳管式蒸发器的制冷剂充注量大,由于制冷剂液体静压力的影响使其下部液体的蒸发温度提高,从而减小蒸发器的传热温差,蒸发温度越低这种影响就越大。当满液式卧式壳管式蒸发器蒸发温度过低或载冷剂流速过慢时,可能由于载冷剂结冰使管子冻裂,所以它的应用受到一定的限制,尤其是氟利昂制冷系统中很少使用满液式卧式壳管式蒸发器而使用干式壳管式蒸发器。

2. 干式壳管式蒸发器

干式管壳式蒸发器属于冷却液体载冷剂类的蒸发器,主要用于氟利昂制冷系统中。干式壳管式蒸发器的制冷剂液体经过管程,因而制冷剂的充注量较少。其结构与满液式蒸发器相似,不同之处是换热管为外径 12～16 mm 的紫铜管,管内有纵向翅片以增加管内制冷剂的流速,制冷剂液体节流后从蒸发器一端端盖的下方进口进入管程内,经 2～4 个流程吸热后由同侧端盖上方出口引出。制冷剂在壳管式干式蒸发器内的流动有单进单出、双进单出、双进双出等不同形式。载冷剂经过壳程,为保证载冷剂横向流过换热管束时的速度为 0.5～1.5 m/s,壳程内换热管束上装有多块上、下错开布置的缺口弓形折流板。干式管壳式蒸发器的结构如图 3-27 所示。

在干式壳管式蒸发器内,随着液态制冷剂在管内流动并沿程吸收管外载冷剂的热量逐渐汽化使制冷剂处于液、气共存的状态,蒸发器部分传热面与气态制冷剂接触,导致总传热系数较满液式低,但其制冷剂充注量少、回油方便,适用于氟利昂作制冷剂的制冷系统。

干式壳管式蒸发器的优点:① 充液量少,约为管容积的 40%;② 受制冷剂液体静压力的影响较小;③ 排油方便;④ 载冷剂结冰不会胀裂管子;⑤ 制冷剂液面容易控制;⑥ 结构紧凑。缺点是制冷剂在换热管束内供液不易均匀,弓形折流板制造和装配比较麻烦,装配间

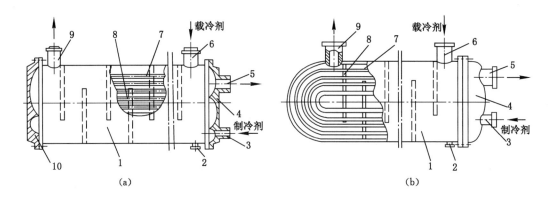

图 3-27　氟壳管式干式蒸发器

(a) 直管式;(b) U 形管式

1——管壳;2——放水管;3——制冷剂进口管;4——右端盖;5——制冷剂蒸气出口管;

6——载冷剂进口管;7——传热管;8——折流管;9——载冷剂出口管;10——左端盖

隙的存在使载冷剂在折流板孔和换热管间、折流板外周和筒体间容易产生泄漏旁流,从而降低传热效果。

四、板式蒸发器

板式蒸发器是一种以波纹板片为换热表面的高效、紧凑型换热器,近年来已广泛应用于户式、模块式等冷水空调机组的冷、热源中。

板式换热器由若干板片组合而成,相邻板片的波纹方向相反,液体沿板间狭窄弯曲的通道流动,其速度和方向不断发生突变,因此扰动强烈,大大地强化传热效果。板式换热器有螺栓紧固式和烧结式两种结构形式。螺栓紧固式换热器的承压能力达 2~2.5 MPa;烧结式换热器由 99.9% 的纯铜整体真空烧焊而成,承压能力达 3 MPa。板式换热器具有以下特点:

(1) 体积小、结构紧凑,比相同传热面积的壳管式换热器小 60%。

(2) 总传热系数高,为 2 000~3 000 W/(m^2 · K)。

(3) 流速小、流动阻力损失小。

(4) 适应流体间的小温差传热,降低冷凝温度,从而提高制冷压缩机性能。

(5) 制冷剂充注量少。

(6) 质量轻、热损失小。

板式换热器是用金属薄板(一般采用铜板或不锈钢板)冲压成具有一定规则形状波纹沟槽的板片,然后将其组装成所需的多片组。在每两片相邻板片的边缘采用丁腈橡胶等材料做密封垫片,形成介质流槽的通道,图 3-28 为不锈钢波纹板片的示意图。每块板片的四个角上各开一个圆孔,其中有一对圆孔和板片上的流道相通,另外一对圆孔则不相通,它们的位置在相邻的板片上是错开以分别形成两流体的通道,使冷、热两种流体交错地在板片两侧流过,通过板片进行热交换。板式换热器因通道波纹形状复杂,介质虽是低速流入,但在沟槽内也会形成湍流,大大提高板式换热器的总传热系数,同时沟槽又增加了板式换热器的换热面积。因此,板式换热器是一种快速高效的换热设备。

从图 3-28 中可以看出,与壳管式换热器相比较,板式换热器明显具有结构简单、易于搬

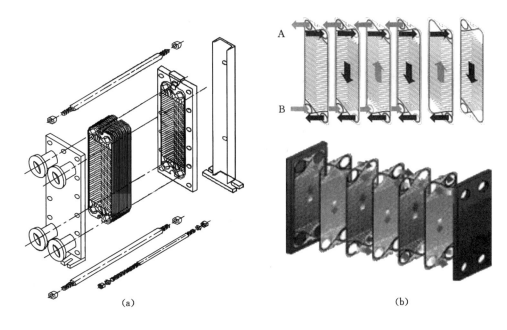

(a)　　　　　　　　　　　　　(b)

图 3-28　板式蒸发器

(a) 机构组成；(b) 工艺流程

运和安装、可定期清洗或更换板片、换热量调整灵活等优点。换热量调整灵活是指可随换热量增加而增多板片且不需要更换任何设备,而壳管式换热器当满足不了换热量需求而要增加换热面积时就只能更换或增加设备。

五、沉浸式蒸发器

沉浸式蒸发器是由一组垂直布置的平行管组成的蒸发器,如图 3-29 所示。制冷剂在管内蒸发,整个组沉浸在盛满载冷剂的箱(池或槽)体内,载冷剂在搅拌器的推动下在箱内流动以增热。由于箱体不承压,载冷剂只能做开式循环,因此不能用挥发性液体作载冷剂。目前广泛用于氨制冷系统。蒸发器全部用无缝钢管焊制而成,主要由立管、箱体、搅拌器、气液分离器、集油器、阀件和管路等组成。立管与上、下集管焊成一体,中间立管较粗,两侧立管较细。氨液从中间立管的进液管迅速进入下集箱,然后沿侧立管上升并吸热蒸发;蒸汽经上集箱汇总后进入气液分离器,然后返回压缩机;液滴则经中间立管返回下集管供继续蒸发。当以水为载冷剂时,可将水冷却至 0 ℃以适用于空调系统;当以盐水为载冷剂时,可将水冷却至 −20～−10 ℃,适用于盐水池制冰或食品的冷加工。目前,它们在生产中的应用都很广泛。

螺旋管式蒸发器是立管式蒸发器的一种改进型,用螺旋管代替光滑立管,其总体结构、制冷剂及载冷剂的流动情况与立管式蒸发器相似,适用于冷却水或盐水为载冷剂的氨制冷系统中。由于螺旋管的传热效果好、蒸发器结构紧凑,因此有逐渐代替立管式蒸发器的趋势。

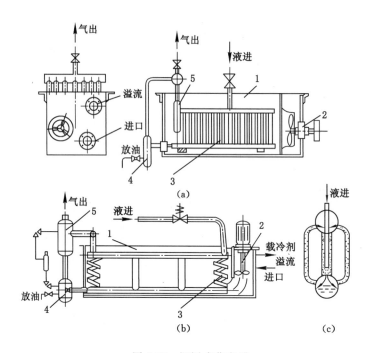

图 3-29 沉浸式蒸发器

（a）直管式蒸发器；（b）螺旋管式蒸发器；（c）制冷剂循环流动情况

1——载冷剂容器；2——搅拌器；3——直管或螺旋管蒸发器；4——集油器；5——气液分离器

第七节 蒸发器的设计计算

蒸发器的设计计算包括确定蒸发器的传热系数、传热密度、传热温差和传热面积等。下面将介绍如何确定蒸发器传热面积。

1. 制冷量 Q_0

制冷量即蒸发器的热负荷，一般是给定的，也可根据生产工艺或空调负荷进行计算或根据制冷压缩机的制冷量确定，同时应考虑冷损耗和裕度等。

2. 蒸发器的传热系数 K 和热流密度 q_f

蒸发器的传热系数 K 可按传热学公式进行计算或按蒸发器生产厂家提供的资料进行选取，作为初步估算也可采用经实际验证的推荐数值。各种蒸发器的传热系数 K 和热流密度 q_f 的推荐值见表 3-6。

3. 传热温差 Δt_m

传热温差可按式（3-8）计算。

$$\Delta t_m = \frac{t_1 - t_2}{\ln \dfrac{t_1 - t_0}{t_2 - t_0}} \tag{3-8}$$

式中 t_1——载冷剂进口温度，℃；

         t_2——载冷剂出口温度，℃；

         t_0——蒸发温度，℃。

Δt_m 或按表 3-6 选取。

4. 传热面积 A

传热面积 A 可按式(3-9)计算。

$$A = \frac{Q_0}{K \Delta t_m} = \frac{Q_0}{q_f} \tag{3-9}$$

表 3-6　　　　　　　　　　蒸发器的传热系数和热流密度

制冷剂	蒸发器形式	载冷剂	传热系数 K /[W/(m²·℃)]	热流密度 q /(W/m²)	相应条件
氨	直管式	水	500~700	2 500~3 500	① 传热温差 $\Delta t_m = 4 \sim 5$ ℃; ② 载冷剂流速为 0.3~0.7 m/s
		盐水	400~600	2 200~3 000	
	螺旋管式	水	500~700	2 500~3 500	
		盐水	400~600	2 200~3 000	
氨	卧式壳管式（满液式）	水	500~750	3 000~4 000	① 光滑钢管; ② 传热温差 $\Delta t_m = 5 \sim 7$ ℃; ③ 载冷剂流速为 1.0~1.5 m/s
		盐水	450~600	2 500~3 000	
	板式	水	2 000~2 300		① 板片为不锈钢板; ② 使用焊接板式或经特殊处理的钎焊板式
		盐水	1 800~2 100		
	螺旋板式	水	650~800	4 000~5 000	① 温差 $\Delta t_m = 5 \sim 7$ ℃; ② 载冷剂流速为 1.0~1.5 m/s
		盐水	500~700	3 500~4 500	
卤代烃	蛇管式（R22）	水	350~450	1 700~2 300	有搅拌器
		水	170~200		无搅拌器
		盐水	115~140		
	卧式壳管式（满液式）	水	800~1 400		① 光滑钢管; ② 传热温差 $\Delta t_m = 4 \sim 6$ ℃; ③ 载冷剂流速为 1.0~1.5 m/s
		盐水	500~750		① 低肋管,肋化系数≥3.5; ② 载冷剂流速为 1.0~2.4 m/s
	干式（R22）	水	800~1 000	5 000~7 000	① 光滑铜管 ϕ12 mm; ② 传热温差 $\Delta t_m = 5 \sim 7$ ℃
		水	1 000~1 800	7 000~12 000	① 高效传热; ② 传热温差 $\Delta t_m = 4 \sim 8$ ℃; ③ 载冷剂流速为 1.0~1.5 m/s
	套管式(R22、R134a、R404A)	水	900~1 100	7 500~10 000	① 低肋管,肋化系数≥3.5; ② 载冷剂流速为 1.0~1.2 m/s
	板式(R22、R134a、R404A)	水	2 300~2 500		① 板片为不锈钢板; ② 钎焊板式
		盐水	2 000~2 300		
	翅片式	空气	30~40	450~500	① 蒸发管组 4~8 排; ② 传热温差 $\Delta t_m = 8 \sim 12$ ℃; ③ 迎面风速为 2.5~3.0 m/s

第八节 节 流 机 构

节流机构是制冷装置中的重要部件之一,其作用是将冷凝器或储液器中冷凝压力在饱和液体(或过冷液体)节流后降至蒸发压力,同时根据负荷的变化调节进入蒸发器制冷剂的流量。常用的节流装置有毛细管、热力膨胀阀、浮球阀等。

如果节流机构向蒸发器的供液量与蒸发器负荷相比太大,部分制冷剂液体会与气态制冷剂一起进入压缩机引起湿压缩或液击事故;相反,若供液量与蒸发器热负荷相比太少,则蒸发器部分换热面积未能充分发挥作用,甚至造成蒸发压力降低,而且会使系统的制冷量减小、制冷系数降低、压缩机的排气温度升高,影响压缩机的正常润滑。

一、节流机构的作用和工作原理

节流基本原理:当制冷剂流体通过小孔时一部分静压力转变为动压力,流速急剧增加成为湍流,流体发生扰动,摩擦阻力增加、静压下降,达到降压调节流量的目的。在节流过程中因为流速高,工质来不及与外界进行热交换,同时摩擦阻力消耗的动量也极微小,所以可以把节流过程看作等焓节流,即在节流过程中热量与动量都保持不变。

制冷设备中常采用节流阀,在节流降压时制冷剂通过节流阀孔后沸腾膨胀成为湿蒸汽,所以又称为节流膨胀。节流膨胀是完成制冷循环的重要热力过程。节流膨胀过程主要是完成对从冷凝器出来的高压液态制冷剂进行节流降压以保证冷凝器与蒸发器之间的压力差,使蒸发器中的液态制冷剂在较低的压力下蒸发吸热达到制冷的目的。

将节流机构做成阀式或调节进入蒸发器内制冷剂的流量以适应负荷变化,从而实现制冷量的调节。节流机构又称为流量控制装置,常见的有热力膨胀式、手动式、浮球式、热电膨胀式、电子式以及不具备调节功能的毛细管等。

节流装置可使液体制冷剂节流后降压,并控制制冷剂进入蒸发器的流量。

二、手动节流阀

手动节流阀和普通的截止阀在结构上的不同之处主要是阀芯的结构与阀杆的螺纹形式。通常截止阀的阀芯为一平头,阀杆为普通螺纹,所以只能控制管路的通、断和粗略地调节流量,难以调整在一个适当的过流截面积上产生恰当的节流作用。节流阀的阀芯为针形锥体或带缺口的锥体,阀杆为细牙螺纹,所以当转动手轮时,阀芯移动的距离不大,过流截面积可以较准确、方便地调整。节流阀开启度的大小根据蒸发器负荷的变化调节,通常开启度为手轮的 1/8～1/4 周,不能超过一周,因为开启度过大会失去膨胀作用。因此它不能随蒸发器热负荷的变动而灵敏地自动适应调节,几乎全凭经验并结合系统中的反应进行手工操作。

目前手动节流阀只装于氨制冷装置中,在氟利昂制冷装置中广泛使用热力膨胀阀进行自动调节。

三、热力膨胀阀

热力膨胀阀普遍用于氟利昂制冷系统,其开启度通过感温机构的作用随蒸发器出口处制冷剂温度变化而自动变化,达到调节制冷剂供液量的目的。热力膨胀阀主要由阀体、感温包和毛细管组成。热力膨胀阀按膜片平衡方式不同,分为内平衡式和外平衡式。

制冷工程中制冷剂在蒸发器和冷凝器内的状态视为饱和状态,也就是说蒸发器内的蒸发温度及冷凝器内的冷凝温度均视为饱和温度,因此蒸发压力和冷凝压力也就视为饱和压力。

饱和压力的条件下,继续加热饱和蒸汽使其温度高于饱和温度,该状态称为过热,蒸汽称为过热蒸汽,此时的温度称为过热温度。过热温度与饱和温度的差称为过热度。制冷系统中压缩机吸的气往往是过热蒸汽。若忽略管道的微波压力损失,那么压缩机吸气温度与蒸发温度的差值就是在蒸发压力下制冷剂蒸汽的过热度。例如 R12,当蒸发压力为 0.15 MPa 时,蒸发温度为 -20 ℃,若吸气温度为 -13 ℃时,那么过热度为 7 ℃。

制冷压缩机排气管内的蒸汽均为冷凝压力下的过热蒸汽,排气温度与冷凝温度的差值也是蒸汽的过热度。

饱和液体在饱和压力不变的条件下继续冷却至饱和温度以下则称为过冷,该液体称为过冷液体。过冷液体的温度称为过冷温度,过冷温度与饱和温度的差值称为过冷度。例如 R717,在 1.19 MPa 压力下,其饱和温为 30 ℃,若此氨液仍在 1.19 MPa 压力下继续放热降温,就形成过冷氨液,如果降低了 5 ℃,则过冷氨液温度为 25 ℃,其过冷度为 5 ℃。

大多数热力膨胀阀的过热度在出厂前调定在 5~6 ℃。阀的结构保证过热度再提高 2 ℃时阀就处于全开位置,以及过热度约为 2 ℃时膨胀阀将处于关闭状态。控制过热度的调节弹簧的调节幅度为 3~6 ℃。

一般说来,热力膨胀阀调定的过热度越高,蒸发器的吸热能力就越低,因为提高过热度要占蒸发器尾部相当一部分传热面以便使饱和蒸汽在此得到过热,这就占据了一部分蒸发器传热面积,使制冷剂汽化吸热的面积相对减少,也就是说蒸发器的表面未能得到充分利用。但是过热度太低有可能使制冷剂液体带入压缩机,产生液击的不利现象。因此过热度的调节要适当,既要确保有足够的制冷剂进入蒸发器,又要防止液体制冷剂进入压缩机。

当制冷剂流经蒸发器的阻力较小时,最好采用内平衡式热力膨胀阀;反之,当蒸发器阻力较大,即超过 0.03 MPa 时,应采用外平衡式热力膨胀阀。

1. 内平衡式热力膨胀阀

内平衡式热力膨胀阀由阀体、推杆、阀座、阀针、弹簧、调节杆、感温包、连接管、感应膜片等部件组成,如图 3-30 所示。热力膨胀阀对制冷剂流量的调节是通过膜片上三个作用力的变化而自动进行的。作用在膜片上方的是感温包内感温工质的气体压力 p_g,膜片下方作用着制冷剂的蒸发压力 p_0 和弹簧当量压力 p_w,在平衡状态下,$p_g = p_0 + p_w$。如果制冷剂出蒸发器时的过热度升高,p_g 随之升高,三力失去平衡,即 $p_g > p_0 + p_w$,使膜片向下弯曲,通过推杆推动阀针增大开启度,供液量增加;反之,阀逐渐关闭,供液量减少。内平衡式膨胀阀适用于管内流动阻力相对较小的蒸发器。当蒸发器采用盘管且管路较长、管内流动阻力较大及带有分液器时,宜采用外平衡式热力膨胀阀。

外平衡式热力膨胀阀如图 3-31 所示,在结构和安装方面与内平衡式的区别:外平衡式阀膜片下方的空间与阀的出口不连通,而是用一根小直径的平衡管与蒸发器出口相连,此时作用于膜片下方的制冷剂压力就不是节流后蒸发器进口处的 p_0,而是蒸发器出口处的压力 p_c,膜片受力平衡时为 $p_g = p_c + p_w$,可见,阀的开启度不受蒸发器盘管内流动阻力的影响,从而克服了内平衡式的缺点。当蒸发器盘管阻力较大时多采用外平衡式。

2. 外平衡式热力膨胀阀

通常把膨胀阀关闭时的蒸汽过热度称为关闭过热度,也等于阀孔开启时的开启过热度。

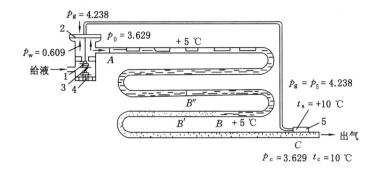

图 3-30　内平衡式热力膨胀阀

1——阀芯;2——弹性金属膜片;3——弹簧;4——调整螺丝;5——感温包

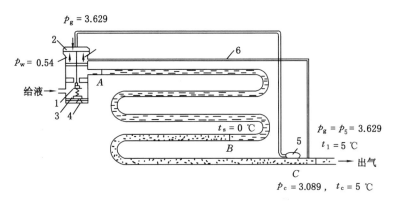

图 3-31　外平衡式热力膨胀阀

1——阀芯;2——弹性金属膜片;3——弹簧;4——调整螺丝;5——感温包;6——平衡管

关闭过热度与弹簧的预紧力有关,其大小由调节杆调节。当弹簧调至最松时的过热度称为最小关闭过热度;相反,调至最紧时的过热度称为最大关闭过热度。一般膨胀阀的最小关闭过热度不大于 2 ℃,最大关闭过热度不小于 8 ℃。

对于内平衡式热力膨胀阀,作用在膜片下方的是蒸发压力,如果蒸发器的阻力比较大,制冷剂在某些蒸发器内流动时存在较大的流阻损失,将严重影响热力膨胀阀的工作性能,造成蒸发器出口过热度增大,使对蒸发器传热面积不能充分利用。对外平衡式热力膨胀阀,作用在膜片下的压力是蒸发器的出口压力而不再是蒸发压力,情况就得到改善。

四、毛细管

毛细管是最简单的节流装置。毛细管是一根有规定长度的直径很细的紫铜管,其内径一般为 0.5～2 mm,选择合适长度后将其加工成螺旋形以增大液体流动时的阻力。它没有运动部件,在制冷系统中可产生预定的压力降或在冷凝器和蒸发器之间起到节流降压和控制制冷剂流量的作用。

毛细管的作用是节流降压,即将高压液态制冷剂降压为低压气态制冷剂以控制蒸发器的供液量。以毛细管作节流元件的制冷装置,要求制冷系统有比较稳定的冷凝压力和蒸发压力。

毛细管依靠其流动阻力沿长度方向产生压力降来控制制冷剂的流量和维持冷凝器与蒸发器的压差。当有一定过冷度的制冷剂液体进入毛细管后,在毛细管内会沿着流动方向产生压力和状态变化,先是过冷流体随压力的逐步降低,先变为相应压力下的饱和液体,该段称为液相段,其压力降不大且呈线性变化;从第一个气泡至毛细管末端均为气、液共存段,也称两相流动段,该段内饱和蒸汽含量沿流动方向逐步增加,因此压力降呈非线性变化,越到毛细管的末端,其单位长度上的压力降就越大。当压力降至相应温度下的饱和压力时就会发生闪发现象,以及使流体自身蒸发降温,也就是随着压力的降低,制冷剂的温度也相应降低,即降低至相应压力下的饱和温度。

第九节 辅 助 设 备

蒸汽压缩式制冷装置中除了制冷压缩机及各种用途的换热器和节流机构外,还需要一些辅助设备完善其技术性能,并保证其可靠运行,包括制冷剂的储存、净化和分离设备、润滑油的分离和收集设备。

一、润滑油的分离和收集设备

往复活塞式和回转式压缩机都需要润滑油起润滑作用,螺杆式和滚动转子式压缩机还需要向机内喷入一定量的润滑油起密封和冷却作用。因此这些压缩机的排出气体中便不可避免地带有一定的润滑油。润滑油进入制冷机系统后会影响冷凝器和蒸发器中的传热过程,使制冷剂的蒸发温度高于蒸发压力下的饱和温度(尤其对于氟利昂系统),或者占据一部分蒸发器容积(对于氨系统),使其传热面不能完全发挥作用。因此必须设法将润滑油从制冷剂分离出来并予以回收,这就需要设置润滑油的分离和收集设备。压缩机制冷机系统一般都要装设和使用油分离器,对于氨制冷装置还要安装集油器。

1. 油分离器

油分离器的基本工作原理是利用油滴与制冷剂蒸气的密度不同,使混合气体流经直径较大的油分离器时突然扩大通道面积而使其流速降低,同时改变其流动方向或利用其他分油措施使润滑油沉降分离。对于蒸气状态的润滑油,可采用洗涤或冷却的方式降低温度使之凝结为油滴分离。一些油分离器中则采用设置过滤层等方法增强分离润滑油的效果。

利用降低气流速度的办法使油滴自然沉降虽也可达到分离的目的,但只能分离出直径较大的油滴,又由于排气中小油滴和油蒸气占主要部分,因而分离效果很差。老式的干式油分离器即属于这种形式,现在已被淘汰很少使用。现在的油分离器除利用自然沉降作用之外还利用过滤作用、洗涤作用和离心作用等。

较常用的油分离器有洗涤式、离心式、填料式和过滤式等,分离器的形式随制冷量的大小和制冷剂种类而定。

(1)洗涤式油分离器

洗涤式油分离器用于氨制冷机,结构如图 3-32 所示。在油分离器的下部保持一定高度的液氨,压缩机的排气从顶部的管子进入分离器,经液氨洗涤后与其中的润滑油分离后从上部侧面的管子引出进入冷凝器。润滑油依靠排气减速、改变流动方向、在液氨中冷却和洗涤四个步骤而分离。分离出的润滑油沉淀在油分离器的底部并定期输入集油器后排出。油分离器中的液氨由冷凝器或储液器连续供给。在安装时要使油分离器和供液的冷凝器或储液器保持一定的高度差以便液氨在重力作用下进入油分离器。蒸气在筒壳内的速度一般不超过 1 m/s,选用时按连接法兰的尺寸决定,即油分离器连接管的直径与压缩机排气管的直径相等的原则。这种油分离器的分离效果为 80%～85%,由于分离效率不高,已逐渐被其他形式的油分离器代替。

(2) 离心式油分离器

离心式油分离器适用于中等和较大制冷量的压缩机,是利用气流呈螺旋形流动时的离心力使油滴分离,其结构如图 3-33 所示。压缩机的排气沿切线方向进入分离器,沿导向叶片呈螺旋形流动。在离心力的作用下,制冷剂蒸气中的油滴被分离出来并沿壳体的内壁流下,而蒸汽则再经过滤网的过滤后由中间管子分出。分离出的油积存在分离器的下部,再经自动控制阀返回到压缩机的润滑油系统或定时放入集油器。

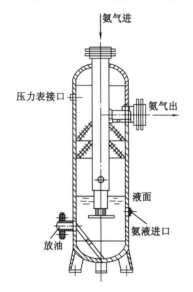

图 3-32　洗涤式油分离器

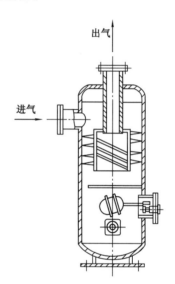

图 3-33　离心式油分离器

(3) 填料式油分离器

填料式油分离器适应于中小型制冷压缩机。图 3-34 为填料式油分离器的一种立式结构示意图,另外还有卧式安装的形式。在分离器的柄内装有金属丝网、陶瓷环或金属屑等填料,油滴依靠气流速度降低、流向改变以及填料层过滤作用而分离,要求蒸气流速在 0.5 m/s 以下。其中以不锈钢丝网作填料的油分离器的分离效率最高,可达 96%～98%,但是其阻力也比较大。

(4) 过滤式油分离器

图 3-35 为一种过滤式油分离器的结构示意图,目前在氟利昂制冷系统中常使用这种油分离器。压缩机的排气从顶部管子进入,与其中的润滑油分离后从上部侧面的管子引出。在该分离器中润滑油依靠排气减速、流向改变以及金属丝网过滤等作用进行分离。分离出的润滑油积集于分离器下部通过回油管在进、排气压力差作用下进入曲轴箱。在回油管上装有浮球阀,当分离器下部润滑油积集到一定高度时浮球阀便自动开启,润滑油返回压缩机曲轴箱。油面下降后浮球下落,回油管关闭。正常运行时浮球阀间断启闭。这种油分离器结构较简单,制造方便,但分离效率不高。

2. 集油器

在氨制冷系统中由于油分离器不可能将压缩机排出氨气中所携带的润滑油全都分离出来,便有一部分润滑油被送到系统的其他容器中去,如果从容器中直接将其放出,特别是从油分离器、高压储液桶、冷凝器等压力较高的容器中放油,操作人员是不安全的,并且这些容器中部有较多的氨液,直接放油难免会造成氨损失。为了保证操作人员的安全和减少氨液的损失。因此当系统中有关容器需要放油时可将油先排至集油器,然后在集油器中按照一定的操作程序排出制冷系统。

图 3-36 是集油器的结构示意图,其壳体是钢制圆筒,在顶部焊有回气管接头,与系统中蒸发压力最低的回气管于氨液分离器前相接,可用于回收制冷剂和降低筒内压力。筒体上侧的进油管与系统中需放油的设备相连,积油由此进入集油器。由于实际上进入集油器的是氨油混合物,因此只允许各个设备单独向集油器放油。筒下的放油管在回收氨气后将润滑油放出系统。为了便于操作,筒体上还装有压力表和液位计。

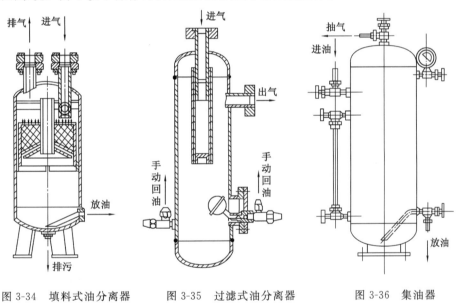

图 3-34　填料式油分离器　　图 3-35　过滤式油分离器　　图 3-36　集油器

二、制冷工质的储存和分离设备

为了改善制冷机系统的运行指标和运行条件,制冷剂的储存和气液分离是十分重要的。这里介绍两种常用设备:储液器和气液分离器。

（一）储液器

制冷系统中储存设备的功能是储存制冷剂和调节制冷剂的循环量,根据蒸发器热负荷的变化调节制冷剂的用量;根据功能和工作压力的不同又可分为高压储液筒（器）、低压储液筒（器）、低压循环筒和低压排液筒四种,均用钢板卷制而成,其上附有各种接头和附件供连接管路和操作使用。

1. 高压储液器

高压储液器一般位于冷凝器之后,其作用是:

（1）储存冷凝器流出的制冷剂液体,使冷凝器的传热面积充分发挥作用。

（2）保证供应和调节制冷系统中有关设备需要的制冷剂液体循环量。

（3）起到液封作用，即防止高压制冷剂蒸汽窜至低压系统管路中。

高压储液器的基本结构如图 3-37 所示，是采用钢板卷板焊接制成筒体且两端焊有封头的压力容器。在筒体上部开有进液管、平衡管、压力表、安全阀、出液管、排污管和放空气管等管接头，其中出液管伸入筒体内接近底部。氨用高压储液器的筒体一端装有液位指示器。

高压储液器的进液管、平衡管分别与冷凝器的出液管、平衡管相连接。平衡管可使两个容器中的压力平衡，利用两者的液位差使冷凝器中的液体流进高压储液器内。高压储液器的出液管与系统中各有关设备及总调节站连通；放空气管和放油管分别与空气分离器和集油器有关管路连接；排污管一般可与紧急泄氨器连接，在发生重大事故时作紧急泄氨液用。当多台高压储液器并联使用时要保持各高压储液器液面平衡，为此各高压储液器间需用气相平衡管与液相平衡管连通。为了保证设备安全和便于观察，高压储液器上应设置安全阀、压力表和液面指示器。安全阀的开启压力一般为 1.85 MPa。高压储液器储存的制冷剂液体最大允许容量为高压储液器容积的 80%，最少不低于 30%，是按整个制冷系统每小时制冷循环量的 1/3～1/2 选取。存液量过高易发生危险且难以保证冷凝器中液体流量；存液量过少则不能满足制冷系统正常供液需要，甚至会破坏液封而发生高、低压窜通事故。

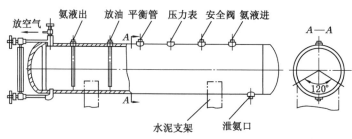

图 3-37　高压储液器

2. 低压储液器

低压储液器一般在大中型氨制冷装置中使用，根据用途的不同可分为低压储液器和排液桶等。低压储液器与排液桶属低温设备，因此筒体外应设置保温层。

低压储液器是用来收集压缩机回气管路中氨液分离器所分离出来的低压氨液的容器，在不同蒸发温度的制冷系统中，应按各蒸发压力分别设置低压储液器。低压储液器一般装设在压缩机总回气管路中的氨液分离器下部，进液管和平衡管分别与氨液分离器的出液管和平衡管相连接以保持两者的压力平衡，并利用重力使氨液分离器中的氨液流入低压储液器。当需要从低压储液器排出氨液时从加压管送入高压氨气，使容器内的压力升高到一定值，将氨液排到其他低压设备中去。低压储液器结构与高压储液器结构基本相同，在此不再赘述。

排液桶的作用是储存热氨融霜时由被融霜的蒸发器（如冷风机或冷却排管）内排出的氨液，并分离氨液中的润滑油。一般布置在设备间靠近冷库的一侧。排液桶是用钢板卷板焊接制成且筒体两端焊有封头的压力容器。在筒体上设有进液管、安全阀、压力表、平衡管、出液管等接头。其中平衡管接头焊有一段直径稍大的横管，横管上再焊接两根接管，这两根接管根据其用途分别称为加压管和减压管（均压管）。出液管伸入桶内接近底部。桶体下部有排污、放油管接头。容器的一端装有液面指示器。

排液桶除了储存融霜排液外更重要的是对融霜后的排液进行气、液分离和沉淀润滑油，其工作过程是通过相应的管道连接来完成的。氨制冷系统中排液桶上的进液管与液体调节站排液管相连接；出液管与通往氨液分离器的管道或库房供液调节站相连；减压管与氨液分离器或低压循环储液器的回气管相连接以降低排液桶内压力，使融霜后的氨液能顺利进入桶内；加压管一般与热氨分配站或油分离器的出气管相连接，当要排出桶内氨液时需关闭进液管和减压管阀门、开启加压管阀门并对容器加压，将氨液送往各冷间蒸发器。在氨液排出前，应先将沉积在排液桶内的润滑油排至集油器。

（二）气液分离器

制冷系统中的气液分离设备用于重力供液系统中，如氨液分离器，将蒸发器出来的蒸汽中的液滴分离出来，以提高压缩机运转的安全性；它也可用在储液器后面用来分离因节流降压而产生的闪发气体，不让气体进入蒸发器以提高蒸发器工作效率。

在重力供液和直接供液的制冷系统中蒸发器内制冷剂汽化后先进入气液分离器，回气中带有未蒸发完的液体在此进行气、液分离，气体从出气口（上面顶部）进入压缩机可避免压缩机的湿冲程和液击。液体流入底部与反进液口进来的制冷剂液体混合后进入蒸发器，该进液是来自膨胀阀节流后的低压液体，因此不产生闪发气体。当进入气液分离器后，闪发气体从液体中分离出来从出气口流向压缩机，提高了蒸发器液体的纯度。

气液分离器分离原理是利用气体和液体的密度不同，通过扩大管路通径以减小速度以及改变速度的方向使气体和液体分离。其结构虽然简单，但其作用却是保证制冷压缩机安全运行和提高制冷效果不可缺少的条件。特别是在获取低蒸发温度时（如采用双级压缩），因负荷小、蒸发温度低，回来的气体中很容易夹带着尚来不及吸热蒸发的液体，此时气液分离显得特别重要。

气液分离器有立式和卧式两种，其构造和原理基本相同。图3-38为常用的立式氨液分离器。进液量由液面控制器或浮球阀控制，使液面位置控制在容器1/3高度处，严禁达到2/3高度。气液分离器装有安全阀、放油阀和气液平衡压力管，以及液面指示器接口，液面指示器显示液面高度。

三、制冷工质的净化设备

制冷工质的净化设备是用来消除制冷系统制冷剂中的不凝性气体、水分及机械杂质等。

1. 空气分离器

制冷系统中，由于金属材料的腐蚀、润滑油和制冷剂的分解、空气未排净或运行过程中有空气漏入等原因，往往存在一部分不凝性气体（主要是空气）。其在系统中循环而不能液化，到了冷凝器中会使冷凝压力升高从而使传热恶化，降低系统的制冷量。另外，空气还会使润滑油氧化变质，因此，必须从系统中排除不凝性气体。

制冷系统中进入空气的主要原因有以下几个方面：

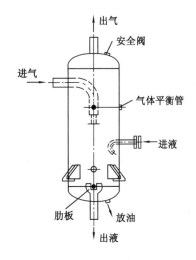

图3-38 立式氨液分离器

（1）制冷系统在投产前或大修后未彻底清除空气（即真空试漏不合格），故制冷系统中存在空气。

（2）日常维修时，局部管道、设备未经抽真空就投入工作。

（3）系统充氨、充氟、加油时带入空气。

（4）低压系统在负压下工作时，空气通过密封不严密处窜入。

系统中存在空气会带来的害处主要包括以下几个方面：

（1）导致冷凝压力升高。存在空气的冷凝器中，空气占据了一定的体积并具有一定的压力，而制冷剂也具有一定的压力。根据道尔顿定律：一个容器（设备）内，气体总压力等于各气体分压力之和。所以冷凝器中总压力为空气总压力和制冷剂压力之和。冷凝器中的空气越多，则其分压力也就越大，从而冷凝器总压力也就自然升高。

（2）由于空气的存在，冷凝器传热面上形成的气体层起增加热阻的作用，从而降低冷凝器的传热效率。同时空气进入系统使系统含水量增加，从而会腐蚀管道和设备。

（3）由于空气的存在，冷凝压力升高，接着会导致制冷机产冷量下降和耗电量增加。

（4）如有空气存在，在排气温度较高的情况时遇油类蒸汽容易发生意外事故。

氟利昂系统无专用的放空气装置，因此要求密封性高，平时应注意不使空气进入系统。系统内一旦空气增加，空气比氟气轻，因而空气位于卧式冷凝器的上部，排气时从制冷机排气阀多用孔道排出。可将氟制冷剂抽入冷凝器，停机静置 20 min 以上使空气集中于冷凝器的上部。打开冷凝器顶部的排气阀或压缩机排气阀多用孔的堵头排出空气，用手接触排出的气流，若是凉风就是空气，继续放；若感到有冷气，则说明跑出来的是氟利昂，关闭排气阀或堵头，正常操作时损失的氟利昂只占排放气体的 3%。

氟系统排空气最好在每天刚上班尚未启动系统时进行。当已启动系统时，氟系统排空气最好停机后进行，而氨系统排空气则应在开机时进行。

空气进入氨系统后一般都储存在冷凝器和储液器中，因为在该设备内存在液氨，形成液封使空气不会进入蒸发器。假如低压系统因不严密进入空气，则空气会与制冷剂蒸汽一道被制冷机吸入并送至冷凝器中。由于空气不凝，且其密度比氨气重而又比氨液轻，故空气存在于氨液与氨气的交界处。正是这个道理，立式氨冷凝器不凝气体出口设在冷凝器的中下部位。空气分离器是排除氨制冷系统中不凝性气体的一种专门设备。

空气分离器有多种形式，图 3-39 为常用的氨系统卧式不凝性气体分离器，称为四套管式空气分离器。它安装在壳管式冷凝器的上方或单独安装，由 4 根不同直径同心套管组成，其工作过程如下：来自调节阀的氨液进入分离器的中心套管，在其中和第三层管腔（从中心往外数）内蒸发，产生蒸汽由回气管接头引出接到压缩机回气管。从冷凝器和高压储液器流过

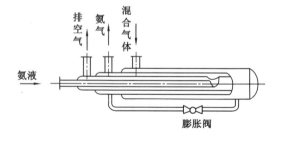

图 3-39 四套管式空气分离器

来的混合气体由外壳上的接头引入第四管腔中（第四和第二管腔相通）。由于受到第一和第三管腔的冷却，混合气体中的制冷气体被冷凝成液体聚集在第四管腔的下部，当数量较多时可打开下部节流阀引至一、三腔蒸发。混合气体中的不凝性气体从两腔上的接

头引出并通过橡皮管引至水桶中放空,水可以吸收少量剩余的氨气。当水中不再大量冒气泡时,可以停止操作。

图 3-40 为目前常用的立式空气分离器,与卧式相比具有操作简单并能实现自动控制的特点。液氨由储液筒供给,在盘管中吸热蒸发使容器温度下降。来自冷凝器和高压储液筒的混合气体在分离器内被冷却。制冷剂蒸汽被冷凝成液体从下部排出。不凝性气体则集中于分离器上部经排气口排出。

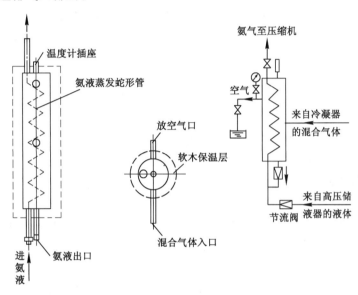

图 3-40　立式空气分离器

2. 干燥器、过滤器和干燥过滤器

氨制冷系统中无水氨不腐蚀金属,但只要混入少量水分,就会腐蚀铜和铜合金,并使润滑油生成淤泥,危害系统的安全运行;氟利昂制冷剂必须严格控制水分,因为极少量水分也足以使膨胀阀冻结而造成系统冰堵。更严重的是水分会与其他物质生成酸,腐蚀系统的零部件,影响安全运行。因此要防止水分进入制冷系统,应在制冷系统中配备干燥器以尽可能吸收已进入系统中的水分。

制冷系统运行时制冷剂、润滑油由于介质本身的清洁程度以及循环使用时制冷压缩机摩擦和管路内流动带来杂质,应设置过滤器予以清除。

（1）干燥器

除去制冷剂中水分的设备应该用于氟利昂制冷系统中。因为水与氟利昂不能互相溶解,所以当制冷系统中含有水分时,通过膨胀阀或毛细管时因饱和温度降低而结冰形成冰堵,影响制冷系统正常工作。另外,系统中有水分会加速金属腐蚀。对于氨制冷系统,水和氨相互溶解,因此系统内不需装设干燥器。干燥器一般为一个耐压圆筒,筒内装干燥剂,如硅胶、无水氯化钙、活性铝等。干燥器一般与过滤器一起并联装在储液筒至热力膨胀阀的管道上,只是在制冷剂充注后数天内使用并且关掉过滤器,让系统内的水分吸收在干燥器里,正常运转后,一般只让制冷剂通过过滤器。如果干燥器和过滤器放在一起就成为干燥过滤器。

(2) 过滤器

从液体或气体中除去固体杂质的设备,在制冷装置中应用于制冷剂循环系统、润滑油系统和空调器中。制冷剂循环系统用的过滤器,滤芯一般采用金属丝网或加入过滤填料,安装在压缩机的回气管上,以防止污物进入压缩机汽缸。另外,在电磁阀和热力膨胀阀之前也应装过滤器防止自控阀件堵塞,维持系统正常运转。

制冷系统中设置过滤器可滤掉混入制冷剂中的金属屑、尘埃、污物等杂质,可避免系统管路脏堵,防止压缩机、阀件的磨损和破坏气密性。独立过滤器由壳体和滤网组成。氨过滤器采用 2~3 层网孔为 0.4 mm 的钢丝网;氟利昂过滤器采用网孔为 0.2 mm(滤气)和 0.1 mm(滤液)的铜丝网。

(3) 干燥过滤器

从液体或气体中除去水分和固体杂质,集干燥器和过滤器一起的设备称为干燥过滤器。由于干燥剂和滤芯组合成一个壳体,干燥过滤器属于安全防护设备。氟利昂制冷系统中,干燥过滤器一般装在冷凝器至热力膨胀阀(或毛细管)之间的管道上,用来清除制冷剂液体中的水分和固体杂质,保证系统的正常运行。

干燥过滤器常装于氟利昂制冷系统中膨胀阀前的液体管路上,用于吸附系统中的剩余水分并过滤杂质,其结构形式有直角式和直通式,如图 3-41 所示。常用干燥剂有硅胶和分子筛。分子筛的吸湿性很强,暴露在空气中 24 h 即可接近其饱和水平,因此一旦拆封应在 20 min 内安装完毕。当制冷系统出现冰堵、脏堵故障或进行正常维修保养时,均应更换干燥过滤器。

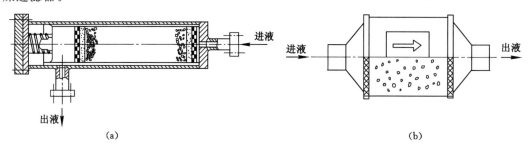

(a)   (b)

图 3-41 干燥过滤器

(a) 直角式;(b) 直通式

四、安全设备

为了保证制冷装置安全运行,避免事故的发生和扩大,在制冷系统中常设置一些安全设施,这里介绍两种安全设施。

1. 安全阀

安全阀是保证制冷设备在规定压力下工作的一种安全设备。安全阀可装在制冷压缩机上连通进、排气管。当压缩机排气压力超过允许值时,安全阀开启使高、低压两侧串通,保证压缩机的安全工作。安全阀也常设在冷凝器、储液器等设备中以避免容器内压力过高而发生事故。设置安全阀后,当设备中压力越过规定工作压力便会顶开阀门使制冷剂迅速排出系统。

安全阀可直接装在压缩机高压排气管上,排气端接吸气管。

2. 紧急泄氨器

紧急泄氨器通常设置在氨制冷系统的高压储液器、蒸发器等储氨量较大的设备附近,其主要作用:当发生重大事故或出现严重自然灾害且无法挽救时,通过紧急泄氨器将制冷系统中的氨液与水混合后迅速排下水道以保护人员和设备的安全。

紧急泄氨器的结构如图 3-42 所示,由两个不同管径的无缝钢管套焊接而成。外管两端有拱形端盖制成壳体。内管下部钻有许多小孔,从紧急泄氨器上端盖插入。壳体上侧设有与其成 30°的进水管。紧急泄氨器下端盖设有排泄管,与下水道相连。

紧急泄氨器的内管与高压储液器、蒸发器等设备的有关管路连通。如需要紧急排氨时,可先开启紧急泄氨器的进水阀,然后开启紧急泄氨器内管上的进氨阀门。氨液经过布满小孔的内管流向壳体内腔并溶解在水中成为氨水溶液,由排泄管安全地排放到下水道。

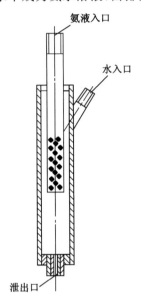

图 3-42　紧急泄氨器

复习思考题

1. 活塞式制冷压缩机主要结构由哪几部分组成? 工作原理是什么? 如何实现能量调节?

2. 螺杆式制冷压缩机主要结构由哪几部分组成? 工作原理是什么? 如何实现能量调节?

3. 离心式制冷压缩机主要结构由哪几部分组成? 工作原理是什么? 如何实现能量调节?

第四章　冷库建筑的概述

第一节　冷库建筑的基础知识

冷库主要用于食品的冷冻加工及冷藏,通过人工制冷使室内保持一定低温,以供调节淡、旺季,保证市场供应,执行出口任务和做长期储备之用,是人类生活中不可或缺的部分。

一、冷库建筑的特点和要求

冷库建筑区别于其他一般建筑的根本特点是"冷",由于库外环境温度随自然界气温变化,经常处于周期波动(既有昼夜交替的周期波动,又有季节交替的周期波动),加上冷库生产作业需要库门时常开启,货物时常进出,库内、外就经常进行热湿交换。因此,冷库的墙壁、地板和平顶都设有一定厚度的隔热材料以减少外界传入的热量。为了减少吸收太阳的辐射能,冷库外墙表面一般涂成白色或浅颜色。

严寒地区的一般建筑与冷库建筑也不同。前者在严寒季节是外冷内热,而冷库即使位于寒冷地区,在一年中多数时间是内冷外热。在经受低温、环境温度变化、热湿交换等方面的考验,冷库建筑与严寒地区的一般建筑有很大差别。严寒地区的一般建筑在严寒季节里,外界冷空气进入室内后其状态变化是升温吸湿过程,只会影响室内温度波动而不会析出水分。外围护结构的地基基础周期性地受外界土壤冰冻的影响,但不必担心室内地坪及内部墙柱基础下的土壤会冰冻。而外界热空气进入冷库后,其状态变化为降温析湿过程,不但影响库内温度波动,而且所析出的水分将在低温的围护结构表面凝结成水或冰霜。冰霜可能受热融化成水。若渗入建筑结构内部,水分冻结产生体积膨胀,能使建筑结构损坏。某些库内温度经常低于 0 ℃,若其地坪下的土壤得不到足够的热量补充,温度就会逐渐降低。此时土壤中所含水分出现冻结,产生极大的冻胀破坏力,能使墙柱基础被"抬起",从而危及建筑结构和制冷设备的安全;能使地坪胀裂,促进地下土壤冻结进程。

严寒地区的建筑围护结构受气温周期变化的影响,与冷库内围护结构受热湿交换影响的性质也不相同。虽然两者同属低温建筑研究的范畴,但所处的低温环境条件不同,性质也就不相同。

根据冷库建筑的特点,建筑设计时必须采取相应的技术措施。比如,要以严格的隔热性、密封性、坚固性和抗冻性来保证建筑物的质量,这几个方面是冷库建筑设计时需要着重解决的主要问题。

1. 保冷

由于冷库建筑内冷外热,因此需要保持特定的"冷"度才能满足生产使用的要求。为了阻挡外界热流侵入冷库库房影响库内温度的相对稳定,建筑围护结构必须设置具有适当绝热能力的绝热层;为了保持绝热层的绝热性能,免于受水或水蒸气侵袭从而使其绝热能力降

低,必须在绝热层的适当部位设置隔汽层或防水、防潮层。

绝热材料的选择很重要,有些适用于其他建筑保温的绝热材料不一定适用于冷库。

绝热层必须设置得完整连续,注意不能存在或者以后可能出现"漏冷"的地方。

2. 防止热湿交换产生的各种破坏作用

库内、外的空气热湿交换最为显著的地方是库房出入口附近。热湿交换极易在冷库的内围护结构和建筑结构体表面产生凝结水、冰、霜,以及由表及里地渗入水分。向结构体内渗入水分的过程在一定的负温条件下仍不会停止。热湿交换越频繁,凝结水、冰、霜就越多;冻融循环越频繁,建筑结构破坏的可能性越大。采取的措施,除选择防水性、抗冻性建筑材料外还可以利用设备的功能降低热湿交换的程度,如设空气幕,在平顶设空气冷却器,设常温穿堂、走道,不设保温穿堂、走道等。

因此,必需采取措施防止通过结构体热湿交换,尽可能使建筑结构构造中存在"冷桥",以及避免因结构产生温度变形引起围护结构层、隔汽层和绝热层被拉裂。

3. 防止地下土壤冻结引起的破坏作用

一般情况下,只有低温冷库的地下土壤才可能会冻结。通常采取的措施是加热防冻。就是说除了设置绝热地坪外,还可采用通风加热、通热油管加热、通电加热等方法为地下土壤提供所需补充的热量,以及加强对这些防冻设施的维护管理。

防止地下土壤冻结在冷库的建筑设计中之所以重要,是因为:① 冻胀力将使建筑结构产生严重破坏;② 结构破坏必然造成停产以及造成卸除地坪以上的各种设施才能进行维修。

4. 防止存在降温使用后难以补救的隐患

冷库的围护结构构造层次较多,主要有围护结构层、隔汽层、绝热层、表面防护层等。其中较重要的隔汽层和绝热层在施工完毕后隐蔽在其他的构造层之中。如果设计不缜密,施工时不认真选用符合设计要求的材料以及不遵守施工操作规程,因而一旦存在设计、施工质量上的隐患,降温使用后才发现就难以进行及时的维修和补救。目前冷库的建筑结构大多还是使用钢筋混凝土、水泥砂浆和沥青油毡等为主要建筑材料,用这些材料做成的构件和构造层次在低温条件下做维修、补救有一定的困难。这是冷库建筑区别于其他建筑的特点。

冷库的楼板既要堆放大量的货物,又要通行各种装卸运输机械设备,平顶上还设有制冷设备或管道,因此其结构应坚固且具有较大的承载力。

冷库在低温环境特别是在周期性冻结和融解循环过程中,建筑结构易破坏。因此,冷库的建筑材料和各部分构造要有足够的抗冻性能。

保证冷库工程的设计、施工质量以及在生产使用中加强科学管理,对于延长冷库建筑的使用寿命、增加产量、提高产品质量都具有十分重要的意义。

二、冷库建筑的分类

(一)按冷库容量规模分类

目前,冷库容量划分未统一,一般分为大、中、小型。大型冷库的冷藏容量为 10 000 t 以上;中型冷库的冷藏容量为 1 000~10 000 t;小型冷库的冷藏容量为 1 000 t 以下。

(二)按冷藏设计温度分类

冷库建筑按冷藏设计温度可分为高温、中温、低温和超低温四大类冷库。

(1)高温冷库的冷藏设计温度一般为－2~8 ℃。

（2）中温冷库的冷藏设计温度一般为－23～－10 ℃。

（3）低温冷库的冷藏设计温度一般为－30～－23 ℃。

（4）超低温冷库温度一般为－80～－30 ℃。

（三）按库体结构类别分类

1. 土建冷库

土建冷库是目前建造较多的一种冷库,可建成单层或多层。建筑物的主体一般为钢筋混凝土框架结构或者砖混结构。土建冷库的围护结构属重体性结构,热惰性较大。虽然室外空气温度的昼夜波动和围护结构外表面受太阳辐射引起的昼夜温度波动较大,但是在围护结构中衰减较大,所以围护结构内表面温度波动较小,库温比较稳定。

2. 组合板式冷库

组合板式冷库为单层形式,库板为钢框架轻质预制隔热板装配结构,其承重构件多采用薄壁型钢制作。库板的内、外面板均用彩色钢板(基材为镀锌钢板);库板的芯材为发泡硬质聚氨酯或粘贴聚苯乙烯泡沫板。由于除地面外所有构件均是按统一标准在专业工厂成套预制,然后在工地现场组装,所以施工进度快、建设周期短。

3. 覆土冷库

覆土冷库又称土窑洞冷库,洞体多为拱形结构,有单洞体式和连续拱式。一般为砖石砌体,并以一定厚度的黄土覆盖层作为隔热层。用作低温的覆土冷库,其洞体的基础应处在不易冻胀的砂石层或者基岩上。由于它具有因地制宜、就地取材、施工简单、造价较低、坚固耐用等优点,在我国西北地区得到广泛的应用。

4. 山洞冷库

山洞冷库一般建在石质较坚硬、整体性好的岩层内,洞体内侧一般做衬砌或锚喷处理,洞体的岩层覆盖厚度一般不小于 20 m。

三、冷库的组成

冷库由主体建筑和附属建筑两大部分组成。按其用途不同,可分为冷加工间和冷藏间、生产辅助用房、生活辅助用房和生产附属用房四大部分。

1. 冷加工间和冷藏间

（1）冷却间

冷却间用于对进库冷藏或先经预冷后冻结的常温食品进行冷却或预冷。加工周期一般为 12～24 h,产品预冷后温度一般为 4 ℃。

（2）冷冻间

冷冻间用于将需要冻结的食品由常温或冷却状态快速降至－15 ℃或－18 ℃,加工周期一般为 24 h。

（3）冷却物冷藏间

冷却物冷藏间又称为高温冷藏间,主要用于储藏鲜蛋、水果、蔬菜等食品。

（4）冻结物冷藏间

冻结物冷藏间又称为低温冷藏,主要用于储藏冻结加工后的食品,如冻肉、冻果蔬、冻海鲜等。

（5）冰库

冰库又称储冰间,用以储存人造冰,解决需冰旺季和制冰能力不足的矛盾。

2. 生产辅助用房

（1）装卸月台

装卸月台用于装卸货物，分公路月台和铁路月台两种。公路月台高出回车场地面1.0～2.0 m；铁路月台高出钢轨面1.1 m。

（2）穿堂

运输作业和库房间联系的通道一般分为低温穿堂和常温穿堂。

（3）楼梯和电梯间

多层冷库均设有楼梯和电梯间。楼梯是便于生产工作人员上、下的通道，电梯是冷库内垂直运输货物的设施。

（4）过磅间

过磅间为专供货物进、出库时工作人员过磅计数使用的房间。

3. 生活辅助用房

生活辅助用房主要有生产管理人员的办公室和管理室、生产人员的休息室和更衣室以及卫生间等。

4. 生产附属用房

生产附属用房主要指与冷库主体建筑有着密切联系的生产用房。

（1）制冷机房

制冷机房为用于安装制冷机设备的机房，一般设2个或2个以上的出、入口，并且门是外开式的。

（2）变配电间

变配电间包括变压器间和高、低压配电间。

（3）水泵房

为了节约用水，冷库多采用循环冷却水，冲霜用水也可回收利用，故一般设置专用水泵房来安装冷却水水泵和冲霜水水泵。

（4）制冰间

一般在制冰间内安装制冰设备并进行制冰的操作。

（5）挑选整理包装间

挑选整理包装间主要用于食品在进、出库前的挑选、分级、整理、过磅、装箱或包装等。

冷库的构成随生产性质、建设规模、储藏的食品品种及生产加工工艺要求不同而有所区别。

四、冷库的布置

冷库的布置是按照所设计冷库的性质和生产指标进行的，且必须符合卫生生产的工艺流程、运输、设备和管道布置要求，既要方便生产管理又要经济合理。

第二节 冷库建筑的类型和特点

冷库建筑的分类方法很多，目前我国主要是按冷库的使用性质和建设规模分类。也有的国家是根据建筑物的特点、防火等级或库温的高低进行分类。例如，日本冷库分级见表4-1。

表 4-1　　　　　　　　　　　　　　　日本冷库分级

级别	库温/℃	储藏食品
超 SA 级	−30 以下	冻金枪鱼
SA(F)级	−30 ～ −20	冻畜肉、冻鱼、冻鲸、冻牡蛎、冷冻调理食品、冰淇淋
A(C)级	−20 ～ −10	冻畜肉、冻家禽、冷冻水果、冷冻蔬菜
B(B)级	−10 ～ −2	冰蛋、奶油、咸鱼、干酪、熏制品、灌肠
C(C)级	−2 ～ 10	鲜鱼(短期)、奶油(短期)、牛奶、酒类、蛋白、火腿、咸干鱼

（一）按结构形式分类

1. 土建式冷库

土建式冷库的主体结构(库房的支撑柱、梁、楼板、屋顶)和地下荷重结构都采用钢筋混凝土,其围护结构的墙体都由砖砌成。围护结构除承受外界风雨侵袭外,还要起到隔热、防潮的作用。承重结构则主要支撑冷库的自重和承受货物和装卸设备的重量,并把所有承重传给地基。

土建式冷库结构应有较大的强度和刚度,并能承受一定的温度应力,在使用中不产生裂缝和变形。冷库的隔热层除具有良好的隔热性能并不产生"冷桥"外,还应起隔汽、防潮的作用;冷库的地坪通常应做防冻胀处理;冷库的门应具有可靠的气密性。

老式冷库的隔热材料以稻壳、软木等木制品为主,而现在多以软木、玻璃棉及制品、聚苯乙烯泡沫塑料、聚氨酯泡沫塑料等为主。

目前,我国习惯上将土建式冷库的温度分成两级,即库温高于 0 ℃的高温库和库温为 −18 ℃的低温库。从技术经济观点分析,冷库按温度范围分为多级较为合理。目前国外一般将冷库根据库温分成四级,从而既能满足存放不同种类货物的要求,又能降低造价。

2. 装配式冷库

由预制的夹心隔热板拼装而成的冷库称为装配式冷库。目前,装配式冷库已成为冷库技术发展的重要特征。

装配式冷库又称组合库,其库体由金属构架、隔热板和防护层等组成。建设时全部(或大部分)部件在工厂预制成型,在现场仅需组合装配,属于半固定或移动式建筑。装配式冷库的作用、使用条件和结构要求与土建式冷库相似。它为食品冷却、冷藏及冷冻提供必要的条件,具有良好的隔热、防潮性能和较高的承载强度。

装配式冷库按其容量和结构特点又可分为室外装配式和室内装配式。室外装配式冷库均为钢结构骨架,并辅以隔热墙体、顶盖和底架,其隔热、防潮和降温等性能要求类同于土建式冷库。室外装配式冷库容量一般为 500～1 000 t,适用于商业和食品加工业。室内装配式冷库又称活动装配冷库,容量一般为 5～100 t,必要时可采用组合装备,使容量达 500 t 以上。室内装配式冷库适用于宾馆、饭店、菜场及商业食品流通领域。装配式冷库具有结构简单、安装方便、施工期短、轻质高强及造型美观等特点。

室内装配式冷库基本结构如图 4-1 所示。冷库库体主要由各种隔热板组即隔热壁板(墙体)、顶板(天井板)、底板、门、支撑板及底座等组成。它们是通过特殊结构的子母钩拼接、固定以保证冷库具有良好的隔热性和气密性。冷库的库门除能灵活开启外,更应关闭严密且使用可靠。

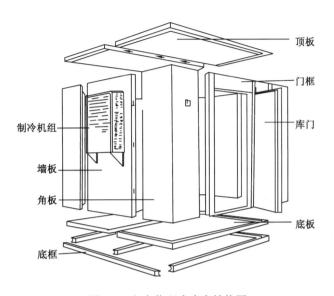

图 4-1　室内装配式冷库结构图

　　室内装配式冷库的隔热板均为夹层板料,由内面板、外面板和硬质聚氨酯或聚苯乙烯泡沫塑料等隔热芯材组成,隔热夹层板的面板应有足够的机械强度和良好的耐腐蚀性。夹层隔热板性能应符合表 4-2 的要求:夹层板应平整(平面度小于 0.002),尺寸应精确(允许偏差 ±1 mm),隔热层与内、外面板黏结应均匀牢固。

表 4-2　　　　　　　　　　　　　夹层隔热板性能指标

密度 /(kg/m³)	导热系数 /[W/(m·K)]	抗压强度 /(N/cm²)	抗弯强度 /(N/cm²)	抗拉强度 /(N/cm²)	吸水性 /(g/100 cm²)	自熄性 /s
40~55	≤0.029	≥20.0	≥24.5	≥24.5	≤9	≥7

　　根据库内温度控制范围分为 L 级、D 级和 J 级三种类型,见表 4-3。

表 4-3　　　　　　　　　　　　　装配式冷库主要性能参数

冷库级别	L 级	D 级	J 级
库温范围/℃	−5~5	−18~−10	−20~23
公称比容积/(kg/cm³)	100~250	160~200	25~35
进货温度/℃	≤32	热货≤32 冻货≤10	≤32
冻结时间/h		18~24	
库外环境温度/℃		≤32	
隔热材料的热导率/[W/(m·K)]		≤0.028	
制冷工质		R12,R22	
电源		三相交流,(380±38)V,50 Hz	

　　装配式冷库的特点:土建施工工作量小、施工周期短、建设速度快;建成后维护简单、工

作量小;金属结构架可与自动货架相结合,可实现全自动使用管理。该冷库近年来发展很快,国外近 15 年来新建的小型冷库几乎全部是装配库。在我国,服务性冷库大多是小型组合库,沿海地区部分新建中小型生产性冷库也采用这种形式。

从工程造价考虑,国外小型土建式冷库造价明显高于装配式冷库,大型冷库二者相近。国内小型土建式冷库造价高于装配式冷库,而大中型土建式冷库造价低于装配式冷库。根据我国国情,目前 200 m³ 以下的小型冷库优先选择装配式冷库。特别是 80 m³ 以下的小型冷库应全部采用装配式冷库,而大中型冷库则应尽量采用土建式冷库以减少工程投资。

装配式冷库的特点:

(1) 抗震性能好。与一般的冷库相比,装配式冷库的重量较轻,因而对基础的压力小,所以抗震性能好。

(2) 组合灵活、方便。装配式冷库的各种构件均按统一的标准模数在工厂内成套生产,只需连接组合库的隔热墙板。

(3) 可拆装搬迁和长途运输。用复合隔热板制成的构件可运输到很远的地方安装,拆装搬迁都十分方便,损坏率也很低,且可再次安装。

(4) 可成套供应。装配式冷库在工厂内批量生产且具有确定的型号和规格,制冷设备、电器组件也都设计配置完整,因此用户可根据需要定购。

(二) 按使用性质分类

1. 生产性冷库

生产性冷库主要建在食品产地附近、货源较集中的地区和渔业基地,通常是作为鱼类加工厂、肉类联合加工厂、禽蛋加工厂、乳品加工厂、蔬菜加工厂、各类食品加工厂等企业的一个重要组成部分。该类冷库配有相应的屠宰车间、整理间,并设有较大的冷却、冻结能力和一定的冷藏容量,食品在此冷加工后经短期储存即运往各销售地区,直接出口或运至分配性冷库做长期的储藏。

2. 分配性冷库

分配性冷库主要建在大中城市、人口较多的工矿区和水陆交通枢纽,专门储藏经过冷加工的食品供调节淡、旺季节需求,保证市场供应、外贸出口和做长期储备之用。其特点是冷藏容量大并考虑多种食品的储藏,冻结能力较小,仅用于长距离调入的冻结食品在运输过程中软化部分的再冻或当地小批量生鲜食品的冻结。

3. 零售性冷库

零售性冷库一般建在工矿企业或城市的大型副食品店、菜场内,供临时储存零售食品之用,其特点是库容量小、储存期短、库温随使用要求不同而异。库体结构大多采用装配式组合冷库。随着人们生活水平的提高,其市场占有量将越来越多。

4. 服务性冷库

服务性冷库一般是零售商店或较大食堂的自备冷库。服务性冷库的特点是库容小,仅数十至 2 000 m³;所储存的货物品种多样,储存期很短,仅数日到数周;冻结能力可有可无,冻结与冻结物冷藏可以不分间。该类冷库主要用来储存当日销售余货、批发进货的临时储存、调剂生活日常储备。

5. 中转性冷库

中转性冷库是指建在渔业基地的水产冷库,其冻结能力特别大,满足数日储存即可。主

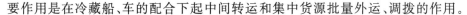

要作用是在冷藏船、车的配合下起中间转运和集中货源批量外运、调拨的作用。

6．综合性冷库

综合性冷库起生产性冷库、分配性冷库和中转性冷库的多重作用，具有相当大的冻结、冷却能力和较大的冷库容量。由于目前冷库的使用性质越来越模糊且经营方式越来越灵活，因此综合性冷库日益增多。

（三）按规模大小分类

1．大型冷库

大型冷库冷藏容量在 10 000 t 以上，生产性冷库的冻结能力在 120～150 t/d 范围内，分配性冷库的冻结能力在 40～80 t/d 范围内。

2．中型冷库

中型冷库冷藏容量在 1 000～10 000 t 范围内，生产性冷库的冻结能力在 40～120 t/d 范围内，分配性冷库的冻结能力在 20～60 t/d 范围内。

3．小型冷库

小型冷库冷藏容量在 1 000 t 以下，生产性冷库的冻结能力在 20～40 t/d 范围内，分配性冷库的冻结能力在 20 t/d 以下。

（四）按冷库制冷设备选用工质分类

1．氨冷库

氨冷库制冷系统使用氨作为制冷剂。

2．氟利昂冷库

氟利昂冷库制冷系统使用氟利昂作为制冷剂。

（五）按使用库温要求分类

1．冷却库

冷却库又称高温库，库温一般控制在不低于食品汁液的冻结温度，用于果蔬之类食品的储藏。冷却库或冷却间的保持温度通常在 0 ℃左右，并用冷风机进行吹风冷却。

2．冻结库

冻结库又称低温冷库，库温一般在－30～－20 ℃左右，通过冷风机或专用冻结装置实现对肉类食品的冻结。

3．冷库

冷库即冷却或冻结后食品的储藏库。它把不同温度的冷却和冻结食品在不同温度的冷藏间和冻结间内做短期或长期的储存。通常冷却食品的冷藏间温度保持在 2～4 ℃，主要用于储存果、蔬和乳、蛋等食品；冻结食品的冷藏间的温度保持在－25～－18 ℃，用于储存肉、鱼等。

冷库是食品冷却、冻结、冷藏的场所，必须为食品提供必要的库内温度和湿度条件，并符合规定的食品卫生标准。冷库的合理结构、良好隔热性能、防潮性能和较高地坪强度，是冷库能够长久使用的重要条件。

第三节 冷库的隔热、防潮及地坪结构的防冻处理

一、隔热

隔热必须使用隔热材料。隔热材料是隔热工程的基础，其性能参数是进行隔热设计计

算的基础。

1. 隔热材料的性能要求

在隔热工程中将导热系数小于等于 0.2 W/(m·K) 的材料称为隔热材料。对冷库所用隔热材料一般应满足以下几个方面的要求：

(1) 导热系数要小。冷库所用隔热材料的导热系数应为 0.024～0.139 W/(m·K)。使用导热系数小的隔热材料不但能减小隔热层的厚度和用量，也能减小建筑尺寸，达到节省投资的目的。

(2) 密度小。同一种材料中，密度较小的材料在一定范围内的导热系数也较小；同时其隔热结构就较轻，可使建筑结构、设备和管道的支撑结构和建筑荷载减小，从而节省投资。

(3) 吸水率低且耐水性好。隔热材料吸湿后会大大降低其隔热性能，急剧提高材料的导热系数。为了能够长久地保持隔热性能，隔热材料的吸湿性要尽量小。

(4) 机械强度高。隔热材料应具有一定的抗压、抗拉强度以及能够承受一定的机械冲击。尺寸稳定性要好，否则经过一段时间的使用后将会产生破碎并沉陷在隔热结构底层，降低隔热结构的隔热效果。

(5) 耐火性好。隔热材料本身应是不燃或难燃的。如果隔热材料可燃，则应具有自熄性。万一发生火灾，不至于沿隔热材料蔓沿至他处。应注意自熄对防火是至关重要的。

(6) 耐低温性能好。在使用的低温范围内隔热结构不破坏、机械强度不降低；在周期冻融循环中隔热机构不破坏、强度不降低。

(7) 无毒、无异味。无毒、无异味对于食品储存非常重要，避免影响食品的质量。

(8) 经久耐用、不易腐烂。天然有机隔热材料的这一性质一般不如合成有机隔热材料和无机隔热材料，如稻壳就容易霉变；软木是天然有机隔热材料中较不易霉变者，但无法与合成有机隔热材料和无机隔热材料相比；矿物棉、泡沫玻璃和泡沫塑料的这一性质均很好。

(9) 能抵抗和避免虫蛀、鼠咬。用于冷库的隔热材料不希望有鼠类或蛀虫能在其中生存。一般天然有机隔热材料存在虫蛀、鼠咬问题，合成有机隔热材料和无机隔热材料则无此问题。

(10) 施工方便。选用易于切割、粘贴、加工的材料，将使工期缩短和投资减少。

(11) 价格低廉、来源广。满足该要求的隔热材料可降低工程造价、缩短工期。

(12) 环境可接受。隔热材料应对环境无破坏作用或破坏作用比较轻微。

实际上，完全符合上述要求的隔热材料并不存在，各种隔热材料均是仅在某些性能方面较优，而在另一方面存在不足。选用材料时应根据使用要求、围护结构构造、材料技术性能、价格、来源等具体情况进行全面的分析、比较，然后做出选择。

2. 影响隔热材料导热性能的因素(表 4-4)

(1) 密度

隔热材料的密度是指视密度，即称取边长为 100 mm 的立方体质量并计算其密度，单位为 kg/m³。

单纯从传热的观点出发，导热系数最小时的密度可称为最佳密度。例如，聚苯乙烯泡沫塑料的最佳密度约为 27 kg/m³，此时导热系数为 0.032 W/(m·K)；聚氨酯泡沫塑料的最佳密度约为 35 kg/m³，此时导热系数为 0.024 W/(m·K)。

(2) 含水率

表 4-4 冷库常用隔热材料物理性质

材料名称	密度 $\rho/(kg/m^3)$	导热系数 $\lambda/[W/(m \cdot K)]$		比热容 C $/[kJ/(kg \cdot K)]$	蓄热系数(24 h) $/[W/(cm^2 \cdot K)]$
		实测值	设计值		
玻璃纤维	190	0.040	0.076	1.09	0.51
聚苯乙烯泡沫塑料	19	0.035	0.047	1.21	0.23
聚氨酯泡沫塑料	40	0.022	0.030	1.26	0.28
软木	170	0.058	0.070	2.05	1.19

绝大多数建筑材料与潮湿空气接触时都会从空气中吸收水分,受潮后导致导热系数显著增大。如果孔隙中的水结成冰,而冰的导热系数约为孔隙中空气的 80 倍,因此材料将完全不能起隔热作用。

隔热材料的含水率是说明材料中所含游离水分的一个指标,有两种表示方法:一种是质量含水率,即指隔热材料中水的质量与烘干后隔热材料质量的比值;另一种是体积含水率,即指隔热材料中水为液态时所占有的体积与材料体积之比。两者之间的关系为:

$$\psi_d = \frac{\psi_z \rho}{1\,000} \tag{4-1}$$

式中　ψ_d——体积含水率;

　　　ψ_z——质量含水率。

导致冷库围护结构隔热材料的含水率上升的原因是多方面的,如水蒸气渗透、空气渗透、施工残余等。因此在设计中应考虑材料受潮后导热系数增大的因素,而不能以干燥状态下测定的导热系数作为计算依据。计算时如果采用干燥状态下测定的导热系数,应乘以一个安全系数,使材料在使用中吸收一定水分后仍能满足隔热要求。

(3)工作温度

对于大多数隔热材料,导热系数 λ 与使用温度 t 之间存在近似的线性关系。

$$\lambda = \lambda_0 + bt \tag{4-2}$$

式中　λ_0——材料在测定温度下的导热系数,$W/(m \cdot K)$;

　　　b——常数;

　　　t——工作温度,K。

二、防潮隔汽

对于一般建筑,水蒸气渗透围护结构可以不考虑。但对于室内为低温的建筑,水蒸气穿透隔热层且有一部分会积存在隔热层内,因此必须考虑围护结构的水蒸气渗透问题。

冷库所用防潮隔汽材料一般应满足以下几个方面要求:

(1)蒸汽渗透系数小。蒸汽渗透系数说明了材料的透气能力,蒸汽渗透系数小则蒸汽渗透阻就高,进入围护结构的水蒸气就少。

(2)吸水率低且耐水性好。防潮隔汽材料要求耐水性好、吸水率低,不能因吸水造成防潮隔汽层损坏或向隔热材料传递水分。

(3)力学性能好。防潮隔汽材料要有足够的强度和延展性,耐冲击性能要好。

(4)物理、化学性能好。防潮隔汽材料应无毒、不燃或难燃、耐腐蚀、耐老化、遇冷不易

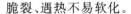

脆裂、遇热不易软化。

（5）施工性能好。防潮隔汽材料在施工时应不飞散，对施工人员无伤害，可用较低成本进行施工。此外，还应有较好的黏结性，能牢固的黏合在隔热层或墙上以及不能有裂缝，以防水蒸气由此侵入隔热层或库内。

当然，完全符合上述要求的防潮隔汽材料并不存在，各种防潮隔汽材料均是在某些方面较优，而在另一方面存在不足。选用材料时应根据使用要求、围护结构构造、材料技术性能、价格、来源等具体情况进行全面的分析，比较后做出选择。

三、设置隔热层和防潮层时应注意的问题

（1）合理布置围护结构的各层结构。一般说来，应将蒸汽渗透阻大的材料放在高温一侧，蒸汽渗透阻小的材料放在低温一侧，使水蒸气渗透"难进易出"，以减少和避免水蒸气在围护结构内部凝结。

（2）隔热材料在施工时应始终保持干燥。块状材料在敷设时要分层且接缝不得重叠。

（3）冷库地坪承受的荷载很重，且隔热层埋在地坪中，损坏后不易修复，所以地坪隔热材料的抗压强度一定要达到要求。

（4）围护结构各部位隔热层的敷设要连贯，以保证隔热层的整体性。

（5）隔汽防潮层应设在隔热层的高温侧，既能阻挡水蒸气的渗透，也能使隔热层原有的水分从低温侧表面析出，从而保证隔热层不受潮。绝对不允许只在隔热层低温侧设单面隔汽防潮层。如果隔热层的冷、热面出现交替变化（如冷却间和冻结间的隔墙以及冷库的楼面、地面），隔热层两侧均要设隔汽防潮层，把隔热材料包在里面。

（6）隔汽防潮层与隔热层要保持整体性和连贯性，与基层的黏结要牢靠、平整，不得出现空鼓现象。

四、冷库地面冻胀的处理方法

冷库地面冻胀的处理方法主要是对已经冻结的土壤进行解冻，然后对建筑物已损坏的部位进行修复。地面解冻应非常缓慢地进行，使冻土层中融化的冰水被周围土壤吸收。如果解冻过快，地面下冻土的上层解冻较快且融化的冰水易积存于地面垫层和未解冻的冻土之间，使已解冻的土含水量过大，甚至达到过饱和状态，从而丧失承载能力，使建筑物有下沉的危险。全部解冻过程所需的时间视其冻结深度而定。

冷库地面冻胀的解冻可采用冷库停产升温和不停产加热两种解冻方法。

冷库停产升温解冻：一般是在地面下土壤冻结深度较浅，地面结构有损坏但估计解冻复原后仍可继续使用，冷库允许暂时停产的条件下采用。将库房温度缓慢升高并保持−4 ℃左右（主要防止冷间出现冻融循环，并在此条件下减少地面的冷源）。由于地热的作用，使地面下的冻土层由下至上缓慢地解冻。

冷库不停产加热解冻：一般适用于地面加热系统未损坏且基本完整，还可继续运转的冷库地面。可采用电加热装置提高加热系统的热风（或供油）温度，一般以 25～35 ℃为宜，并每天适当增开加热系统循环的时数，使地面加热层得到较为充分的加热。切断地面传给冻土层的冷源，地面下的冻土层主要靠地热的作用由下而上缓慢地解冻。在加热解冻过程中必须正确提供热风（或供油）的温度和回风（或回油）的温度，回风或回油温度通常控制在比正常运转要求温度高 5 ℃。当回风或回油的温度达到并超过控制的温度时，需适当降低供热风（或回油）的温度，而加热循环运转的时数则不宜减少，直至地面全部解冻为止。这样做

既可达到均匀缓慢解冻,又有利于节约能量。在炎热季节,室外空气温度已达到供热风的温度时可用风机直接抽取室外热风进入地面加热系统进行加热,而回风通过专设的排风口排至室外。

无论采用哪一种地面解冻方法,在解冻期间需在整个冷库地上堆放一定重量的货物以便地面复原较为均匀平整(但也很难恢复到原状)。

第四节 冷库围护结构隔热层的计算

围护结构通常采用导热系数很小的隔热材料制成适当构造的隔热结构。为防止水蒸气侵入隔热层,使隔热层长期保持有效,在隔热层外部要用防潮隔汽材料构成防潮隔汽层。为保护隔热层和防潮隔汽层不受机械损伤,在防潮隔汽层外部采用建筑强度较高的材料构成保护层。

通过冷库围护结构的传热量约占总冷负荷的 1/3,隔热层是围护结构中重要的部分,因此冷库修建时应特别重视隔热层的修建,应做到既经济又可靠。隔热计算的目的就是选择合适的隔热材料后,通过计算确定隔热层的厚度。

一、围护结构的传热量和传热系数

通过围护结构的传热是导热、对流和辐射换热的综合作用。在围护结构内部各层中的传热主要是导热;在围护结构外表面是空气对流与辐射的综合作用;在围护结构内表面是空气对流换热。由于热阻是串联的,因此通过围护结构的传热量可用式(4-3)表示:

$$Q_r = KF(t_w - t_n) \tag{4-3}$$

式中　Q_r——通过围护结构的传热量,W;

　　　K——传热系数,W/(m² · K);

　　　F——围护结构的计算面积,m²;

　　　t_w——室外计算温度,℃;

　　　t_n——室内计算温度,℃。

冷库围护结构大多由不同材料组成,传热系数按式(4-4)计算:

$$K = \cfrac{1}{\cfrac{1}{\alpha_w} + \sum \cfrac{\delta_i}{\lambda_i} + \cfrac{\delta_r}{\lambda_r} + \cfrac{1}{\alpha_n}} \tag{4-4}$$

式中　α_w——围护结构外表面对流换热系数,W/(m² · K);

　　　α_n——围护结构内表面对流换热系数,W/(m² · K);

　　　δ_i——除隔热层外其余各构造层的厚度,m;

　　　δ_r——隔热层的厚度,m;

　　　λ_i——除隔热层外其余各构造层的导热系数,W/(m · K);

　　　λ_r——隔热层的导热系数,W/(m · K)。

若以热阻形式表示,则式(4-4)转变为:

$$\frac{1}{K} = \frac{1}{\alpha_w} + \sum \frac{\delta_i}{\lambda_i} + \frac{\delta_r}{\lambda_r} + \frac{1}{\alpha_n} \tag{4-5}$$

一般情况下,$\alpha_w = 8.7 \sim 11.7$ W/(m² · K)。当库内空气自然对流时,$\alpha_n = 11.7$

$W/(m^2 \cdot K)$；当库内空气受迫对流时，$\alpha_n = 29\ W/(m^2 \cdot K)$。

二、围护结构单位面积传热量指标

围护结构传热系数是冷库建筑的重要技术经济指标。确定传热系数时应对围护结构隔热层费用（造价、折旧率）、制冷设备费用（设备购置价、设备运转率、运行费用）、货物干耗损失以及库内、外温差等因素进行综合分析，然后选择一个最合理的传热系数。计算传热系数的工作很复杂，简便的方法是通过定出单位面积传热量指标来确定。

$$q_r = k(t_w - t_n) = k\Delta t_r \tag{4-6}$$

式中　q_r——单位面积传热量，W/m^2；

　　　Δt_r——室内、外计算温差，℃。

过去国内外一般将单位面积传热量控制在 $11.7\ W/(m^2 \cdot K)$ 左右，近年来为了节约能源一般控制在 $10.5\ W/(m^2 \cdot K)$ 左右。设计中，围护结构的外墙、屋顶和地坪的单位面积传热量根据不同情况在 $8.1 \sim 11.7\ W/(m^2 \cdot K)$ 的范围内选取。单位面积传热量越小、围护结构越厚、占地越大，工程造价也就越高。根据库内、外温差及隔热材料和隔热结构的不同，单位面积传热量控制指标也不同。不同情况下所推荐的单位面积传热量控制指标见表4-5。

表 4-5　　　　　不同情况下所推荐的单位面积传热量控制指标

部位	温差 Δt_r /℃	稻壳隔热的 q_r /(W/m²)	软木隔热的 q_r /(W/m²)	聚苯乙烯泡沫塑料隔热的 q_r /(W/m²)	聚氨酯泡沫塑料隔热的 q_r /(W/m²)
冻结间外墙	55	12.8	10.5	10.5	10.5
冷藏间外墙	50	8.1	8.1	8.1	8.1
屋顶通风阁楼	49	8.1	8.1	8.1	8.1
屋顶无阁楼	49	11.7	12.8	11.7	12.8
地坪	49	11.7	12.8	11.7	12.8

由式(4-6)可知，取定单位面积传热量之后，室内、外计算温差越大，相应的传热系数就越小。室内、外计算温差每相差 7 ℃，传热系数会递增或递减 $0.58\ W/(m^2 \cdot K)$。由此可以建立一个确定单位面积传热量与传热系数之间关系的简便计算公式：

$$K = 0.638 - 0.008\ 1\Delta t_r \tag{4-7}$$

式(4-7)适用于库内温度为 $-30 \sim 10$ ℃。

三、隔热层厚度

隔热层厚度应满足外表面不凝露和单位面积传热量小于一定数值这两个条件。在设计时，按两种限定条件得出的隔热层厚度应取较大值，并加以调整。

首先是限定隔热结构外表面的最低温度，使其高于环境空气露点温度 0.2 ℃，以免外表面产生凝露现象，即：

$$t_{w1} \geqslant t_{w2} + 0.2 \tag{4-8}$$

式中　t_{w1}——隔热结构外表面温度，℃；

　　　t_{w2}——室外空气露点温度，℃。

室外空气露点温度由室外计算干球温度和室外计算湿球温度确定。室内用装配式冷库,则按相对湿度为 80% 确定。

根据围护结构的温度分布,可以写成三个温度梯度:

$$t_w - t_{w1} = \frac{q_r}{\alpha_w} \tag{4-9}$$

$$t_{w1} = t_{n1} = q_r \left(\frac{\delta_r}{\lambda_r} + \sum \frac{\delta_i}{\lambda_i} \right) \tag{4-10}$$

$$t_{n1} - t_n = \frac{q_r}{\alpha_n} \tag{4-11}$$

式中 t_{n1}——隔热结构内表面温度,℃;

t_n——室内计算温度,℃。

将式(4-10)和式(4-11)相加得:

$$t_{w1} - t_n = q_r \left(\frac{1}{\alpha} + \frac{\delta_r}{\lambda_r} \right) \tag{4-12}$$

用式(4-9)除(4-12)得:

$$\frac{t_{w1} - t_n}{t_w - t_{w1}} = \frac{1}{\alpha_w} \left(\frac{1}{\alpha_n} + \frac{\delta_r}{\lambda_r} + \sum \frac{\delta_i}{\lambda_i} \right) \tag{4-13}$$

将式(4-8)代入(4-13)并整理可得隔热结构外表面不产生凝露现象的最小厚度:

$$\delta_{min} = \lambda_r \left(\frac{t_{wd} + 0.2 - t_n}{t_w - t_{wd} - 0.2} - \frac{1}{\alpha_n} - \sum \frac{\delta_i}{\lambda_i} \right) \tag{4-14}$$

其次是限定围护结构的单位面积传热量,将围护结构各结构层和隔热层的热阻代入式(4-4)求出传热系数,所需隔热层厚度为:

$$\delta_h = \lambda_r \left(\frac{1}{K} - \frac{1}{\alpha_w} - \sum \frac{\delta_i}{\lambda_i} - \frac{1}{\alpha_n} \right)$$
$$= \lambda_r \left(\frac{\Delta t_r}{q_r} - \frac{1}{\alpha_w} - \sum \frac{\delta_i}{\lambda_i} - \frac{1}{\alpha_n} \right) \tag{4-15}$$

围护结构任何一层的表面温度可按式(4-16)计算:

$$t_i = t_w - k(t_w - t_n) \left(\frac{1}{\alpha_w} + \sum \frac{\delta_i}{\lambda_i} \right) \tag{4-16}$$

【例 4-1】 某室内用装配式冷库的使用环境为:库外空气干球温度 $t_w = 32$ ℃,露点温度 $t_{wd} = 28.2$ ℃,库内空气温度 $t_n = -18$ ℃,隔热板外侧空气对流换热系数 $\alpha_w = 11.6$ W/(m² · ℃),隔热板内侧空气对流换热系数 $\alpha_n = 29.1$ W/(m² · ℃),隔热材料为硬质聚氨酯泡沫塑料,导热系数 $\lambda_r = 0.024$ W/(m² · ℃)。除围护结构隔热材料外,其他各层热阻可以忽略不计,限定围护结构单位面积传热量为 10 W/(m² · ℃)。试求隔热层厚度。

解： 由式(4-14)计算隔热层最小厚度:

$$\delta_{min} = \lambda_r \left(\frac{t_{wd} + 0.2 - t_n}{t_w - t_{wd} - 0.2} - \frac{1}{\alpha_n} - \sum \frac{\delta_i}{\lambda_i} \right)$$
$$= 0.024 \times \left(\frac{28.2 + 0.2 + 18}{32 - 28.2 - 0.2} - \frac{1}{29.1} \right)$$
$$= 0.025\ 8\ (m)$$

由式(4-15)计算限定围护结构的单位面积传热量所需隔热层厚度:

$$\delta_{\mathrm{h}} = \lambda_{\mathrm{r}} \left(\frac{\Delta t_{\mathrm{r}}}{q_{\mathrm{r}}} - \frac{1}{\alpha_{\mathrm{w}}} - \sum \frac{\delta_i}{\lambda_i} - \frac{1}{\alpha_{\mathrm{n}}} \right)$$

$$= 0.024 \times \left(\frac{32+18}{10} - \frac{1}{11.6} - \frac{1}{29.1} \right)$$

$$= 0.117 \ (\mathrm{m})$$

取整,因此 $\delta_{\mathrm{r}} = 0.12$ m。

第五节　冷库围护结构隔热、防潮材料及选择

一、冷库的隔热、防潮

（一）土建式冷库的隔热和防潮

冷库隔热、防潮结构是指冷库外部围护结构的建筑部分和隔热、防潮层的组合。

冷库隔热防潮结构的基本要求如下:

（1）隔热层有足够的厚度和连续性。

（2）隔热层应有良好的防潮和隔热性能。

（3）隔热层与围护结构应牢固地结合。

（4）隔热防潮结构应防止虫害和鼠害,并应符合消防要求。

需要注意隔热防潮层应具备良好的连续性,即冷库外墙内壁隔热层与库顶、地面或多层冷库地板的隔热层连成一体,防止产生冷桥。

为防止隔热层受潮,应将防潮层设置在隔热层的高温侧。

（二）装配式冷库的隔热和防潮

装配式冷库一般均为单层结构,其隔热材料是由专业工厂制造的预制隔热板。冷库围护结构的隔热、防潮性能直接影响到冷库内温度的稳定和食品冷却、冻结储藏质量。选择和合理地配置良好的隔热和防潮材料可以有效地降低冷库内温度的波动和冷库使用时间。选择与合理配置新建冷库的围护结构材料,可以降低建造投资和提高冷库的经济性。但要注意预制隔热板由单层或多层隔热材料粘贴组合或浇制（发泡）而成。地墙隔热层应选用密度较大、能承重的硬质泡沫塑料芯材。

二、冷库围护结构用隔热材料及选择（表 4-6）

表 4-6　　　　　　　　　　　　　常见隔热材料的性质

材料名称	导热系数 $\lambda / [\mathrm{W}/(\mathrm{m} \cdot \mathrm{K})]$	防火性能
软木	0.05～0.058	易燃
聚苯乙烯泡沫塑料	0.029～0.046	易燃,耐热（70 ℃）
聚氨酯泡沫塑料	0.023～0.029	离火即灭,耐热（140 ℃）
稻壳	0.113	易燃
炉渣	0.15～0.25	不燃
膨胀珍珠岩	0.04～0.10	不燃
蛭石	0.063	难燃

选择冷库隔热材料时应考虑冷库建筑方案、隔热要求、隔热材料性能和来源以及经济指标等因素,要求隔热材料具有热导率小、轻质价廉、抗湿抗冻、安全无毒、环保、坚固耐压、消防耐用等性能。

可用于冷库的隔热材料很多,尤其是高分子合成有机隔热材料的出现促进了冷库建筑技术的发展。按化学成分隔热材料可分为无机隔热材料和有机隔热材料两大类。

（一）有机隔热材料

1. 软木及其制品

软木为碳化软木的简称,是一种优良的隔热材料,具有密度小、导热系数小、抗压强度高、无毒、不易腐烂等优点,但其可燃、产量低、价格高。

软木由栓皮栎或黄波罗树皮加热使之表面碳化而成。该类树皮松软且含有无数个呈六边形的密闭小孔,并含大量树脂。将树皮经破碎、筛选、加压、烘熔等过程,制成各种形状和尺寸的软木板、砖、管壳等制品。

2. 稻壳

目前,稻壳是我国食品冷库中大量使用的隔热材料之一,其产地广、易就地取材、价格便宜,具有良好的隔热性能,但占用体积大、易受潮腐烂、下沉量大、受潮后热导率显著增大。一般用于外墙阁楼层,使用时应过筛除尘,尽量晒干,湿度不超过 10%。

3. 聚苯乙烯泡沫塑料及制品

聚苯乙烯泡沫塑料由可挥发性聚苯乙烯颗粒在模具中加热而成。成形的硬质聚苯乙烯泡沫塑料可以是板材,也可以是其他形状。对聚苯乙烯泡沫塑料的性能要求如下:

① 密度小于等于 35 kg/m³。

② 50%抗压强度小于等于 0.15 MPa。

③ 吸水率小于等于 0.15 kg/m³。

④ 自熄时间小于等于 2 s。

硬质聚苯乙烯泡沫塑料夹芯板材是用聚氨酯作黏合剂将硬质聚苯乙烯泡沫塑料板材与金属面层黏结在一起,用作冷库隔热时,密度应不小于 25 kg/m³,具有质松、隔热性能好、吸水性小、耐低温性能好、有一定的弹性、易于切割等特点。

4. 聚丙烯泡沫塑料及制品

聚丙烯泡沫塑料的性能参数如下:

① 密度为 11～71 kg/m³。

② 抗压强度大于等于 0.065 MPa。

③ 闭孔率为 100%。

④ 吸水率小于等于 0.7%。

⑤ 燃烧速率为 0.001 3 m/s。

聚丙烯泡沫塑料的密度可大到 800～900 kg/m³,称之为合成木材。

5. 硬质聚氨酯泡沫塑料及制品

硬质聚氨酯泡沫塑料的典型配方如下(质量比例):

A 组分　　　聚醚多元醇　　　100

　　　　　　三乙烯二胺　　　2～4

　　　　　　R11　　　　　　35

水溶性硅油	2～4	
阻燃剂	5	
B组分 异氰酸酯	130	

其中,聚醚多元醇和异氰酸酯为主体材料,三乙烯二氨为催化剂,R11为发泡剂,水溶性硅油为泡沫稳定剂。由于 R11 对环境有破坏作用,因此目前生产厂家多采用环戊烷或R245fa 作发泡剂。

在工厂制造时,隔热结构通常采用中压发泡或高压发泡工艺;修理时一般采用低压或常压发泡。

硬质聚氨酯泡沫塑料夹芯板材是在铝模具中机械灌注并一次发泡成型,依靠其自身黏结力直接黏结在面层,发泡时压力不应小于 0.2 MPa,其机械性能和安全性能要求如下:

① 密度为 30～60 kg/m³。

② 抗拉强度大于等于 0.2 MPa。

③ 吸水率小于等于 3%。

④ 10%抗压强度大于等于 0.2 MPa。

⑤ 闭孔率为 97%。

⑥ 自熄时间小于等于 7 s。

冷库用隔热板的尺寸应符合建筑模数的要求,即其长度应是 100 mm 的整数倍,通常为1 800～8 000 mm;宽度应为 300 mm 的整数倍,通常为 300～1 200 mm。厚度尺寸没有限制,但应是 10 mm 的整数倍。对成品隔热板的机械性能要求如下:

① 黏结强度大于等于抗拉强度。

② 长度偏差小于等于 2 mm。

③ 宽度偏差小于等于 2 mm。

④ 对角线偏差小于等于 2 mm。

6. 软质聚氨酯泡沫塑料及制品

软质聚氨酯泡沫塑料是热塑性聚氨酯泡沫塑料,其原料与硬质聚氨酯泡沫塑料一样,只是配方有所区别。制冷用软质聚氨酯泡沫塑料一般用模塑法制成各种形状与规格的制成品,如块、板、条等。

7. 软质聚氯乙烯泡沫塑料及制品

软质聚氯乙烯泡沫塑料主要用于对管道与设备进行隔热。一般制成各种形状与规格的制成品,如隔热套管、板、条等。还可在其一面涂胶,可方便地粘贴,工程中称为不干胶海绵。

(二)无机隔热材料

1. 玻璃棉及制品

玻璃棉是熔化的玻璃液经压缩空气(或水蒸气)加压以高速喷吹而成的一种矿物棉,具有密度小、导热系数小、不燃烧、无毒、无虫蛀鼠咬、不腐烂、吸水率低等优点,根据纤维直径的不同可分为普通玻璃棉和超细玻璃棉。普通玻璃棉纤维直径约 12 μm,施工时对人的皮肤和呼吸道有较强刺激。超细玻璃棉直径小于 4 μm,呈白色柔软棉状,施工时对人的皮肤无刺激,对呼吸道刺激较小。

玻璃棉一般制成制品使用,加入作为骨料的有碱超细玻璃棉和作为黏结剂的酚醛树脂,可制成有碱超细玻璃棉板、管。

2. 硅酸铝盐

硅酸铝盐颗粒是用熔融状硅酸铝矿物制成的一种多孔颗粒,因其具有珍珠裂隙结构又称膨胀珍珠岩,化学成分主要是 SiO_2 和 Al_2O_3,具有密度小、导热系数小、不燃烧、无毒、无虫蛀鼠咬、不腐烂等优点,但其吸水率高。如以水泥为黏结剂,可将膨胀珍珠岩制成水泥膨胀珍珠岩制品,形状为板、砌块和管。

3. 加气混凝土

用水泥、生石灰、矿渣、砂、铝粉(加气剂)等原料制成加气混凝土,有素砌块、配筋屋面板、外墙板及隔墙板等,具有强度高、导热系数小、不燃烧、无毒、无虫蛀鼠咬、不腐烂、拼装施工方便等优点,但其吸水率高、密度较大。

4. 炉渣

炉渣可用作 0 ℃以上冷库地坪的隔热材料,其导热系数较大、密度大、颗粒不均匀,但价格特别低。施工时要求湿度小,因此使用前需过筛清除杂质,然后曝晒干燥。

三、冷库用防潮隔汽材料及选择

冷库建筑工程中可用的防潮隔汽材料很多,常用的有石油沥青、油毛毡、一毡二油、二毡三油、聚乙烯塑料薄膜、玻璃钢等。

(一)沥青及制品

(1)沥青

沥青具有很好的防水性能和黏合力,常用的沥青有石油沥青和煤焦油沥青两类。

石油沥青是天然石油蒸馏出轻油、重油后剩余的胶状物质或胶状物质氧化物。石油沥青分为四种:建筑石油沥青、道路石油沥青、普通石油沥青和专用石油沥青。冷库建筑中可用建筑石油沥青和普通石油沥青作防潮隔汽材料。

煤焦油沥青是用烟煤制焦炭或煤气时,从所得到的煤焦油中提炼出各种油质后所得的残渣,又称柏油。煤焦油沥青具有高度抗水性,但遇热易流淌、遇冷易脆裂,宜用于地下防水工程,不能用作冷库防潮隔汽材料。用于冷库低温部分的沥青,其针入度要大、软化点要低,使之在低温下不易脆裂;用于屋面、外墙的沥青则要求针入度小、软化点高,以免当外界温度较高时发生流淌。

(2)冷底子油

冷底子油是由石油沥青和挥发性溶剂(如轻柴油、汽油、苯)配制而成。在粘贴油毡之前,将冷底子油涂抹在混凝土或水泥砂浆基面上,溶剂挥发后剩下一层沥青膜可使油毡和基面更紧密地黏结在一起。冷底子油可涂在金属和木材表面,用于防锈、防腐。冷底子油易燃,使用时必须特别注意防火和通风。

冷库建筑工程中常用的冷底子油是由 30%～40%(30 号或 10 号)或 60%～70%的有机溶剂(冷库多用汽油)配制而成。

(3)石油沥青玛蹄脂

石油沥青玛蹄脂即沥青胶,根据有无溶剂可分为热用和冷用两种,可黏结不同的物体。

热用石油沥青玛蹄脂是由石油沥青加热熔化后加入填充料配制而成,必须在熔化状态下(约 180 ℃)使用,主要用于在混凝土或水泥砂浆基面上黏结油毡和玻璃纤维布;冷用石油沥青玛蹄脂是由石油沥青用溶剂溶化后加入填充料配制而成,可在常温下使用(在气温5℃以下使用时需加热),主要用于黏结多层油毡和聚苯乙烯泡沫塑料。

(4)石油沥青油毡

油毡是用低软化点石油沥青浸渍原纸,然后用高软化点石油沥青涂覆油纸两面,再将撒布材料粘在两表面而成,按原纸质量的不同分为200号、350号、500号三种标号。按浸渍的沥青材料,分为石油沥青油毡和煤焦油沥青油毡。由于撒布材料的不同,石油沥青油毡又分为片状撒布材料面油毡和粉状撒布材料面油毡两种。冷库围护结构的防潮隔汽层应使用不低于350号的片状撒布材料面油毡。煤焦油沥青油毡适用于地下防水工程。

(5)沥青塑料防水材料

沥青塑料防水材料是用煤焦油沥青、聚氯乙烯、滑石粉、苯二甲酸二丁醛为原料,经混合压制而成。这种卷料具有高度不透水性、足够的强度、较好的延展性、耐热(150℃)、−20℃时不脆裂,以及较好的耐腐蚀性。

沥青塑料防水材料已向油膏型和乳(胶)液型方向发展。如聚乙烯防水油膏和聚氯乙烯防水乳液在冷库防潮隔汽层中已广泛应用。聚乙烯防水油膏的防水性、弹塑性、耐热性、耐低温性、黏结性能、耐老化性均很好。聚氯乙烯防水乳液的性能更为优越,除聚乙烯防水油膏的优点外,还可冷施工以消除热施工带来的不便,在−80~20℃时能保持良好的性能。

(二)塑料薄膜和涂料

(1)聚乙烯塑料薄膜

聚乙烯塑料薄膜的水蒸气渗透系数小、无毒、吸水率低、柔软、耐冲击性好,其缺点是不耐紫外线辐射。聚乙烯塑料薄膜的厚度为0.02~0.07 mm。双层或多层聚乙烯塑料薄膜错缝粘贴,成为性能极好的防潮隔汽层。聚乙烯塑料薄膜较难黏结,施工时聚乙烯塑料薄膜可用醋酸乙烯-丙烯酸酯、乙烯-醋酸乙烯、聚丙烯酸酯、聚氨酯胶等黏结剂来黏结,聚氨酯胶的性能较好。水泥与聚乙烯塑料薄膜之间可用乙烯-醋酸乙烯和聚氯酯胶黏结。

(2)聚氯乙烯塑料薄膜

聚氯乙烯塑料薄膜的密度为1 230~1 350 kg/m³,防潮隔汽性能与聚乙烯塑料薄膜的性能接近,但抗拉强度和黏结性能优于聚乙烯塑料薄膜,透气性小于聚乙烯塑料薄膜。聚氯乙烯塑料薄膜通常为宽度3~9 m,厚度为0.02~0.20 mm的卷材,广泛用于制作农业种植、包装、制作雨衣等防水产品。施工时聚氯乙烯塑料薄膜可用聚醋酸乙烯、醋酸乙烯-丙烯酸酯、过氯乙烯、聚丙烯酸酯、聚氨酯胶等黏结剂进行黏结,推荐采用聚氯酯胶。水泥与聚氯乙烯塑料薄膜之间可用聚醋酸乙烯和聚氨酯胶黏结。

(3)聚氨酯防水涂料

聚氨酯防水涂料是异氰酸酯和羟基化合物反应生成的高分子化合物,是一种双组分液态涂料。施工时将两组分按规定比例混合并搅拌均匀,即可涂刷、喷涂于防水基础材料表面,数小时即可固化,形成一种富有弹性的、无接缝的橡胶防水层。这种涂料强度较高、弹性好、与基础材料黏结性能好,形成的防水层对基础材料有较好的适应性,遇冷不开裂、遇热不流淌,具有良好的耐酸碱、耐老化性能。

冷库建筑工程中常用防潮隔汽材料的性能见表4-7。

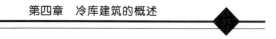

表 4-7　　　　　　　　　　　　　冷库常用防潮隔汽材料的性能

材料名称	密度 ρ /(kg/m³)	厚度 g /(mm)	导热系数 λ /[W/(m²·℃)]	比热容 c /[kJ/(kg·K)]	蒸汽渗透系数 k /[kg/(m·s·Pa)]	蒸汽渗透阻 R /(m²·s·Pa/kg)
350 号石油沥青油毡	1 130	1.5	0.27	1.59	3.85×10^{-7}	3 900
刷一层石油沥青	980	2.0	0.20	2.14	2×10^{-6}	960
一毡二油	—	5.5	—	—	—	5 900
二毡三油	—	9.0	—	—	—	10 800
三毡四油	—	12.5	—	—	—	15 700
聚乙烯塑料薄膜	915	0.07	0.16	1.42	5.6×10^{-9}	12 400

第六节　冷库制冷设备和管道的隔热

　　制冷设备和管道的隔热目的是为了减少冷量损失和回气过热,同时也为了防止设备和管路表面凝露、结霜。冷库制冷工程中,某些设备和管道的常用隔热方法有:在其外表面覆盖一层隔热材料,以适当的构造和形式构成结构合理的隔热结构,可获得良好的隔热效果并减少冷量损失。

　　低温管道若不进行隔热处理,管子外表面与周围空气接触后管壁表面就要凝水,管内工质温度越低,凝水越多,低于 0 ℃就会结霜,甚至结冰。管道保温层的厚度与保温材料性能、管道规格、管道和设备内制冷剂温度以及周围空气温度有关。管道的隔热保温工作是在吹污、试压、刷防锈漆并干燥之后及灌注制冷剂之前进行。

一、管道隔热结构的要求

　　冷库管道的隔热结构一般由保温层和保护层两部分组成。隔热结构设计直接关系到保温效果、投资费用、使用寿命及外表面的整齐美观等,设计时应认真选择。一般对隔热结构主要有以下的要求:

　　(1)保证热损失较小(当已知被保温管道及内部介质温度时)。热损失主要取决于保温材料的导热系数,导热系数越小,保温层就越薄,反之保温层就越厚。

　　(2)隔热结构应有足够的机械强度。因室外管道受风、雨、水、泥沙等作用,且室外温度变化较大,管道和保温材料因膨胀系数不同,伸缩量相差较大,保温结构很容易破坏。因此,要求保温材料坚固耐用。

　　(3)吸水率低、耐水性好。

　　(4)抗水蒸气渗透性好。

　　(5)材料不易燃烧、不易霉烂。

　　(6)隔热结构要考虑管道和设备的振动情况。由于冷库在运行过程中不停地振动并传到管上,如果保温结构不牢靠,时间一长就会产生裂纹以致脱落。因此,要求保温结构必须牢固。

（7）施工方便。

二、保温结构施工

（1）防锈层

一般在管道隔热施工前，先清除管外的铁锈污垢并擦拭干净，然后用红丹防锈漆涂1～2层，或用冷底子油涂刷1～2遍。

（2）隔热层

在防锈层后施工，根据管道和设备结构尺寸、形状不同，可采用多种施工方法。

（3）防潮层

应设置在隔热层的高温侧。

（4）保护层

常用的保护层材料有石棉、石膏保护层，玻璃布外刷油漆保护层，覆铝箔玻璃钢或成形的金属薄板保护层等。

（5）识别层

根据使用管理的需要或有关规范要求，刷不同颜色的油漆或箭头标志。

管道的隔热施工应在系统试压、抽真空合格后进行。管道在隔热施工前应先清除铁锈污垢并擦拭干净，然后涂上一层红丹防锈漆以保护金属表面不受腐蚀。硬质的隔热材料（软木制品、聚苯乙烯泡沫塑料）应先加工成所需的形状和尺寸，半硬质的隔热材料（玻璃棉、矿棉制品）则加工成管壳状。

包隔热层时板材应先浸以热沥青成错缝排列并与管道压紧。管壳应对好接缝并嵌入玛蹄脂。第一层包好后再涂热沥青，之后依次包第二层和第三层。为了防止空气中水分渗入而破坏隔热层性能，在隔热层外需设防潮层。常用的防潮材料有沥青玛蹄脂夹玻璃布，沥青油毡及塑料薄膜等。防潮层外再包一层金属丝网或缠绕玻璃布，而后做一层石棉石膏涂抹料保护层。最后在保护层上涂刷一层防腐蚀兼识别用的油漆。图4-2为用软木作为隔热材料的管道隔热结构。

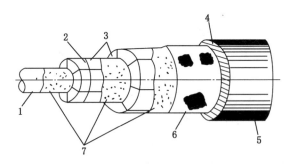

图 4-2　管道的软木隔热层结构

1——管道；2——铁丝；3——软木；4——石灰膏；5——面漆；6——钢丝网；7——沥青漆

当用硬质聚氯酯泡沫塑料时，也可用现场发泡的方法将配好的原料喷涂到管道或容器表面，或者先做好模板，然后将配好的原料注入其中，待成型固化后将模板拆除。管道也可以用松散性材料，此时应预先用薄木板或铁皮做成圆形或方形外套，再将材料填入其中即可。

当几条平行管道较接近时可将其隔热结构做在一起，即管道上的阀门、法兰接头等一般

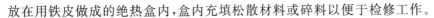

放在用铁皮做成的绝热盒内,盒内充填松散材料或碎料以便于检修工作。

三、管道保温层厚度的计算

(1) 在蒸发压力下工作的管道和设备均应包隔热层。中间冷却器、过冷器、过冷氨液管、融霜用热氨管和排液管、冻结间的融霜给水管、冷却间及冷却物冷藏间内的氨管和水管均应包隔热层。根据通过保温管或保温设备每层单位长度传热量相等的原则,保温层厚度可按式(4-17)计算:

$$\frac{t_2-t_1}{t_2-t_3}=1+\frac{1}{2\lambda}\,\alpha D_1\ln\frac{D_1}{D_2} \tag{4-17}$$

式中　t_1——管道或设备内工质的温度,℃;

　　　t_2——绝热管道或设备周围空气温度,℃;

　　　t_3——绝热层外表面温度,应采用稍高于周围空气露点温度,℃;

　　　λ——绝热材料的导热系数,W/(m²·℃);

　　　D_1——包绝热层后的外径,m;

　　　D_2——管道或设备的外径,m;

　　　α——外表面对流换热系数,W/(m²·℃)。

保温层的厚度 δ 为:

$$\delta=\frac{D_1-D_2}{2} \tag{4-18}$$

常用管道隔热层厚度也可按表4-8查取,常用设备绝热层厚度可按表4-9查取。

表 4-8　　　　　　　　　　　　　管道隔热层厚度　　　　　　　　　　　单位:mm

| 管道外径/mm | $t_2=30$ ℃ | | | | | | | | $t_2=15$℃ | | | | | | | |
| | $t_1=-10$ ℃ | | $t_1=-15$ ℃ | | $t_1=-33$ ℃ | | $t_1=-40$ ℃ | | $t_1=-10$ ℃ | | $t_1=-15$ ℃ | | $t_1=-33$ ℃ | | $t_1=-40$ ℃ | |
	$\lambda=$ 0.047	$\lambda=$ 0.07	$\lambda=$ 0.047	$\lambda=$ 0.07	$\lambda=$ 0.047	$\lambda=$ 0.07	$\lambda=$ 0.047	$\lambda=$ 0.07	$\lambda=$ 0.047	$\lambda=$ 0.07	$\lambda=$ 0.047	$\lambda=$ 0.07	$\lambda=$ 0.047	$\lambda=$ 0.07	$\lambda=$ 0.047	$\lambda=$ 0.07
22	50	70	55	75	75	100	80	105	30	45	35	50	50	65	55	75
32	55	75	60	80	80	105	95	115	35	45	40	50	55	75	60	85
38	60	80	65	85	85	110	90	120	35	45	40	55	60	80	65	85
57	75	85	70	95	90	120	100	135	35	50	45	60	65	85	70	95
76	65	90	75	100	95	130	105	140	40	55	45	60	65	90	75	100
89	70	95	75	105	100	135	110	145	40	55	45	65	70	95	75	105
118	70	100	80	105	105	140	110	155	40	55	50	65	70	100	80	110
133	75	100	80	110	105	145	115	160	45	60	50	70	75	100	85	115
159	75	105	85	120	110	155	120	165	45	60	50	70	75	105	85	120
219	80	110	90	125	120	165	130	180	45	65	55	75	80	110	90	125

注:取外表面对流换热系数为 8.141 W/(m²·℃)。

表 4-9　　　　　　　　　　　　设备绝热层厚度　　　　　　　　　　单位：mm

桶形设备直径管/m	$t_2=30\ ℃$								$t_2=15\ ℃$							
	$t_1=-10\ ℃$		$t_1=-15\ ℃$		$t_1=-33\ ℃$		$t_1=-40\ ℃$		$t_1=-10\ ℃$		$t_1=-15\ ℃$		$t_1=-33\ ℃$		$t_1=-40\ ℃$	
	$\lambda=$ 0.047	$\lambda=$ 0.07	$\lambda=$ 0.047	$\lambda=$ 0.07	$\lambda=$ 0.047	$\lambda=$ 0.07	$\lambda=$ 0.047	$\lambda=$ 0.07	$\lambda=$ 0.047	$\lambda=$ 0.07	$\lambda=$ 0.047	$\lambda=$ 0.07	$\lambda=$ 0.047	$\lambda=$ 0.07	$\lambda=$ 0.047	$\lambda=$ 0.07
0.5	90	125	100	140	135	190	150	205	50	70	60	85	90	125	100	145
0.75	95	135	105	150	140	200	155	220	50	70	60	85	95	135	105	150
1.0	95	135	105	155	145	210	160	230	50	75	60	90	100	140	110	155
1.20	100	140	110	155	155	210	165	235	55	80	60	90	100	140	110	160

注：表中 t_1 为设备内制冷剂温度；t_2 为设备间空气温度。

（2）管道绝热层在穿过墙洞时不能间断。

（3）绝热层的施工。管道的隔热施工应在系统试压、抽真空合格后进行。管道隔热层施工前，除应先清除铁锈污垢并擦拭干净，然后涂上一层红丹防锈漆以保护金属表面不受腐蚀。

硬质的隔热材料（软木制品、聚苯乙烯泡沫塑料）应先加工成所需的形状和尺寸，半硬质隔热材料（玻璃棉、矿棉制品）则加工成管壳状。

包隔热层时板材应先浸以热沥青成错缝排列并与管道压紧。管壳应对好接缝并嵌以玛蹄脂。第一层包好后再涂热沥青，之后依次包第二层及第三层。为了防止空气中水分渗入而破坏隔热层性能，在隔热层外需设防潮层。常用的防潮材料有沥青马蹄脂夹玻璃布、沥青油毡及塑料薄膜等。防潮层外再包一层 20 mm×20 mm 的金属丝网或缠绕玻璃布，而后做一层石棉石膏涂抹料保护层。石棉石膏用建筑用石膏与五、六级石棉按 3：1 或 2：1 调配而成，保护层厚度一般为 10 mm，分两次涂抹。最后在保护层上涂刷一层防腐蚀及兼识别用油漆。管道隔热结构如图 4-3 所示。

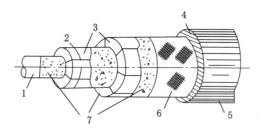

图 4-3　管道的隔热垫结构示意图

1——防锈漆；2——ϕ1.2 mm 镀锌铁丝（间距 300 mm）；

3——隔热材料；4——石棉石膏保护层；5——油漆；

6——20 mm×20 mm 铁丝网；7——沥青涂层

对于露天的隔热管，其石棉石膏保护层由石棉绒水泥砂浆代替。

随着隔热材料的发展，管道隔热有了两种更简便的方法，现介绍如下：

① 用聚氨酯灌注发泡

先用镀锌薄钢板把管子套成密闭空间，然后把聚氨酯 A、B 料按规定比例混合后注入套管内，在套管上方每隔 1.5 m 左右开一直径 8 mm 气孔，聚氨酯发泡后隔热结构即完成。

② 用聚乙烯泡沫制作

聚乙烯泡沫是一种新型隔热材料,具有优良的防水、隔热性能以及加工工艺性好、易分切、热合、黏结。用平板弯曲即可对圆管进行隔热,而后用电热风热合或用黏结剂黏结,外面再用塑料胶带包扎,既美观又方便,而且质量好。有一种产品在聚乙烯泡沫板的一面贴有铝箔,用作管道隔热时,铝箔层在外对隔热体起保护作用。聚乙烯泡沫的性能参数见表 4-10。

表 4-10　　　　　　　　聚乙烯泡沫塑料性能参数表

密度 /(g/m³)	抗拉强度 /MPa	导热系数 /[W/(m·K)]	压缩强度 /kPa	吸水性 /(kg/m²)
≤0.025	≥0.15	≤0.038	≥25	≤0.042

融霜用热氨管采用厚 75 mm 的石棉隔热层,外裹玻璃布。

四、管道颜色的识别

机房制冷系统的各种管道,不管是否隔热,都应涂上不同颜色的油漆以供识别,这对安全操作十分重要。油漆颜色一般为:排气管——红色、高压液管——浅黄色、中压管——粉红色、回气管——淡蓝色、放油管——浅棕色、工艺冷水(盐水)的供水管道——绿色、冷却水管道——深灰色、安全管——黑色。

第七节　冷库的平面布置

一、布置要求

冷库建筑的平面布置主要根据生产工艺拟定的加工程序将冷库的各个组成部分做出具体的组合安排,使之既能满足生产要求,又能符合建筑设计的一般准则以及建筑热工和制冷工艺等方面的要求。尽管各类冷库的使用性质、生产规模、服务对象以及其他客观条件各不相同,但建筑平面布置都应当满足以下基本要求:

(1)工艺流程顺且不交叉,生产和进、出库运输线畅通,不干扰且路线较短。

(2)符合库区总平面布局的要求且与其他生产环节和进库物资流向衔接协调。

(3)高、低温分区明确,并尽可能各自分开。

(4)在温度分区明确、内部分间和单间使用合理的前提下尽可能缩小绝热围护层的面积。

(5)柱网布置力求整齐、柱距力求统一、结构力求简单。

(6)适当考虑扩建和维修的可能。

此外,还应注意冷藏间柱网尺寸和净高应根据建筑模数、货物包装规格、托盘大小、货物堆码方式以及堆码高度等因素确定;冷间应按不同的设计温度分区和分层布置;设计冷间建筑时应尽量减少建筑的外表面积。

二、冷间在冷库中的布局

冷间指的是冷库的冷却间、冻结间、冷却物冷藏间、冻结物冷藏间等。

在布置冷冻间时应考虑冷冻间本身的特点、与冻结前后工序的联系,以及与冷库设计和使用有关的多方面的因素,其中包括:① 维修因素;② 前后工序有关设施的安排;③ 与冷藏间空间高度的关系;④ 多层冷库的冷冻间布局与冷库的吞吐量关系。

如果条件许可,将冷冻间和冷藏间分开独建优点较多且效果较好;冷冻间升温维修不影响冷藏间的正常使用;在冻结工序前后布置辅助生产用房比较方便;空间高度可以各取所需;多层冷库的首层能有较大的冷藏量,从而垂直运输量就可以减少以及吞吐效率可以大大提高;使用管理方便,有利于延长冷库建筑的使用寿命。

但是,冷冻间单独另建需占去用地面积,因此,在建库基地面积较紧或地质条件较差时,须因地制宜,不应强求冻结间分开独建。

三、温度分区

冷库各类库房的温度大致可分为高于 0 ℃的高温库房和低于 0 ℃的低温库房。在建筑平面布置上应根据各类库房的要求及热湿交换状况分开布置,这种处理方法称为温度分区。具体的做法有以下两种:

1. 分开处理

分开处理是指将高温库房与低温库房分为两个独立的围护结构体,这种处理效果最好,有条件的地方应当采用。

2. 分边处理

分边处理是指将高温间组合在一边,将低温间组合在另一边,中间用一道隔热墙分开。楼板、地板也分隔开,高、低温柱之间不应当有连续梁。若为多层冷库,分界线应上下对齐且在同一轴线上,钢筋混凝土楼板应彻底分开。

四、单元组合设计

冷库建筑的主要组成部分包括:冻结间,冷藏间及机房,有的兼有制冰、储冰间。只要将这些主要的组成部分按不同的生产能力设计为单元的形式,根据具体的设计任务进行选择,以及根据库区地形及总平面设计进行布置,充分运用穿堂、走道的功能将各个组成部分进行组合,从而通用设计的适应性就会大大提高。

大中型冷库多为高层建筑,设计时需考虑的因素较多。虽然如此,将冷藏间、冷冻间、机房分别设计为单元的形式供组合选择之用仍然是可能的。

复习思考题

1. 冷库隔热防潮结构的基本要求主要有哪些?

2. 简单叙述冷库围护结构常用的隔热材料,并说明装配式冷库在布置时应注意的事项。

3. 请举出保证冷库库体密封工作的一般技术处理措施。

第五章 冷库的辅助建筑

第一节 冷库门的使用和构造

冷库门也是冷库围护结构的重要组成部分,其主要作用是供人和货物出入库房。门扇构造类似彩钢夹心保温板,面层材料除彩钢板外还有不锈钢和玻璃钢。冷库门里面增加了钢龙骨以增强门的坚固性。冷库门在围护结构中最容易损坏和泄漏冷量,其质量好坏不仅影响冷库的降温和保温效果,还直接影响冷库的使用寿命。为减少开门时的冷量损失和库内霜、冰的额外生成量,通常在冷库门上方设置可以隔断库内外热湿交换的空气幕。

一、冷库门使用和构造要求

冷库门的设计首先考虑满足使用要求。冷库门应设在方便货物进出库房的位置,其尺寸大小根据使用要求既要考虑尽可能减少库门开启时的冷量损失,又要适应运输、堆码工具的需要,见表 5-1。

表 5-1　　　　　　　　　　　冷库的门洞尺寸

门的位置		门洞尺寸/mm		备注
		宽	高	
冷藏库	冷库门	1 200	2 000	用手推车搬运
	冷库门	1 500	2 400~2 600	用电动叉式码机搬运
	水产脱盘传递门	600	400	
结冻间	双扇外开门	>1 100	2 500	吊运轨道的轨面离地高度一般为 2.3 m。每扇门在 2.3 m 处开一缺口,以便轨道通过
	单扇门另加轨孔小门	>1 100	2 100	吊运轨道在进门处采取活络可脱卸的做法,轨孔小门与轨道活络段设有连杆,当轨道小门开启时轨道能自动或半自动接轨
	搁架式结冻的解冻间口	1 200 (800)	2 000	用手推车搬运(括号内为手推车不进入的门洞宽)
冰库	冰库门	800	1 900	
	冰块进出小门	400~1 200 (或提升设备室)	400~650	高度 400 的门适用于搬运快速制成的冰块

为减少库房外部空气温湿度对室内的影响,冷库门应具有一定的隔热性能,因此冷库门的门扇应设置足够厚度的隔热层,并设置相应的隔汽层以防隔热层受潮失效。目前冷库门的隔热材料一般采用聚苯乙烯泡沫塑料或软木,而相应采用塑料薄膜或热沥青作为隔汽层。为了减少冷库门部位的热量传递,冷库门的门扇与门框应有足够的搭接宽度,并应保证门扇在关闭时具有良好密封性。冷库门的门框在设计时也必须注意避免形成冷桥。

冷库门要求关闭紧密、开启灵活、结构牢固、变形小、机械强度高、刚性好。为了减轻门扇的重量,冷库门应尽可能采用密度较小的结构材料和隔热隔汽材料制作。例如,采用聚苯乙烯泡沫塑料做隔热层、外包塑料薄膜做隔汽层的冷库门与用软木做隔热层、涂沥青做隔汽层的冷库门相比,密度大大减轻,因此有条件时一般均采用前者制作冷库门。

冷库门还应考虑安全要求。为了便于库内人员在发生意外时能迅速离开库房,库门一律采用外开的方式且关闭的库门均必须可从库内打开;电动门必须附设手动装置,并应在库内装报警装置。

冷库门是库房货物进出的咽喉,开启频繁。当库门打开时,库内、外的冷热空气就在门洞附近进行冷热交换,门洞周围的墙面、地板面、天棚底面等处很容易出现凝露、滴水、结霜、结冰现象,这样会造成围护结构隔热材料受潮而降低其隔热效能、缩短冷库使用寿命并影响库房工人的安全操作。另外,在门窗和门框的搭接部位以及门脚处也常因密封性不好而严重冻结,从而影响库门的启闭。因此,应设法提高冷库门的隔热隔汽性能、加强搭接密封性外,以及必须采取一些有效的辅助措施。例如,为减少库内、外空气的热交换以及减小热交换造成的危害,在冷库门外设置空气幕,并不设隔热回笼间;为了防止门扇周围冻结,在冷库门上设置电热防冻装置等。

为保护门洞以防止货物和运输工具撞坏门洞壁,应在门洞两壁做 1 200～1 500 mm 高的金属防撞板设施(通常采用镀锌铁皮或铝板),棱角处加 L30×20×3 的角钢。

二、冷库门的形式

1. 嵌入式冷库门(包括半嵌入式冷库门)

门扇嵌入门洞内,如果门扇、门樘制作准确且骨架材料又不变形时,其密闭性很好,但实际情况往往并非如此,主要有以下原因:

(1) 门扇制作尺寸不可能非常准确,制作、安装的误差与材料的变形难以避免。

(2) 使用时间长了,门扇就会变形,且门扇与门樘的接缝有松有紧,另外,缝隙中易结冰,使门扇的开启有时很吃力。

(3) 嵌入式冷库门,不论门扇还是门樘,其构造都较复杂。

因此,嵌入式冷库门现在采用得不多。

2. 外贴式冷库门

(1) 外贴式冷库门避免了嵌入式冷库门的缺点,门扇和门樘的几何尺寸稍有变形但影响不大。若密封条性能良好、压紧装置有效,则其密闭性很好。

(2) 门扇和门樘的外形简单、制作安装方便,可做成多种开启形式(如平开、推拉、电动等)。

(3) 不易结冰,如果结冰易于清除。

外贴式冷库门最普通的是门轴式平开大门,此外还有水平推拉的、电动的,种类较多。

三、冷库门的分类

按门的开启方式分为旋转门和推拉门;按开启方式分为手动门和自动门;按门扇结构分为单扇门和双扇门;按冷间的性质分为高温库冷库门、低温库冷库门和气调库冷库门;按用途分为普通门和供通行吊运轨道(冻结间用)的特殊门等。

常见的冷库门有平开手动冷库门、平移式手动冷库门、滑升式冷库门、电动式冷库门、冷库自由门等。常见的冷库门如图 5-1～图 5-9 所示。

图 5-1　手动平移气调库门

图 5-2　电动/手动冷库门

图 5-3　平开冷库门

图 5-4　行人进出的门

图 5-5　平移保温门

图 5-6　回归门

图 5-7 快速卷帘门

图 5-8 防撞门封和滑升门

图 5-9 电动平移门

四、冷库开门防冷量损失设施

减少冷库开门冷量损失,防止外界热湿负荷进入的基本措施有:在冷库门内侧设门斗和门帘;在冷库门上方设置空气幕;设置定温穿堂和封闭式站台,并在站台装卸口设置保温滑开门、站台高度调节板、密闭软接头等。

1. 门帘和门斗

冷库门帘一般挂在库门内侧紧贴冷库门,早期多采用棉门帘,近年来多采用 PVC 软塑料透明门帘。

冷库门斗设在冷库门内侧,其宽度和深度约 3 m。门斗的尺寸既要方便作业,又要少占

库容;材料以简易、轻质和易更换为宜;门斗地坪应设电热设施以防结冰。

2. 空气幕

空气幕的作用是为了减少库内、外热湿交换,方便装卸作业。

空气幕的基本形式:轴流式空气幕和贯流式空气幕,贯流式应用较广。

3. 货物进出货装卸口设施

冷库进出货作业时要保持冷藏链不会"断链",因此,在装卸口设置保温滑升门、月台高度调节板、车辆限制器和密闭接头等是必要的。

第二节　辅助用房

一、冷加工辅助用房

1. 脱钩间和脱盘间

白条肉一般用扁担钩或单钩吊挂着冻结,冻结完成后要卸下脱钩。分割肉、副产品、水产品等用铁盘盛载放入吊笼中或搁架上冻结。冻结完成后要经过托盘盛或在托盘时同时镀冰衣。

专用冷库根据使用性质设脱钩间(亦称卸肉间)或脱盘间。由于肉类冷库以铁盘盛载冻结的食品品种日益增多,脱钩间与脱盘间基本上共用。

脱钩的方法有人工脱钩和机械脱钩两种。只脱钩不兼脱盘时多利用走道,走道的宽度不小于4.0 m。脱钩间需设两条以上的吊轨,1条是待脱钩轨,1条是回转空轨。冻结物脱钩后用手推车或机动车运送到冷藏间,因而要求脱钩间的位置应便于运输。

脱钩间的环境温度有低温和常温两种。采用常温的较多,因为对冻结物的质量基本还能保证。

托盘方法有气脱和水脱两种。气脱是利用空气供给的热量使冻结物与铁盘分离;水脱则是将盘装冻结物放入水槽中浸泡一下再进行敲脱。工作间内装置有水槽和敲盘台等,房间宽度不宜小于5 m。水脱对冻结物兼起镀冰衣作用。采用气脱法或水脱法脱盘与食品品种和冷冻加工要求有关,即由食品加工工艺确定。

脱盘间的环境温度宜为常温。在低温工作间内脱盘缺点较多,工人操作条件较差。有的冷库使用低温脱盘间,为求脱盘过程运输的方便,始终将门敞开,因此平顶滴的水、墙面淌的水、从水槽拖出盘装冻结物时流落的水使地面积水,工人穿雨鞋才能工作,且事后难免不结冰。还有的冷库在生产旺季过后,低温脱盘间的温度听任自然。不论哪种原因都说明低温脱盘间的围护结构容易由于冻融循环很快损坏,所以除非食品加工工艺有特殊要求,一般应尽量设计为常温脱盘间。

脱钩后吊钩运回屠宰间以及脱盘后的铁盘运回整理加工间,一般都是采用小车运输。而吊笼连滚轮是从吊轨上回去。回轨线路与脱钩、脱盘间应联系方便,必须避免吊轨迂回交叉的情况。

2. 包装、整理间

包装、整理间是专指设在冷库建筑内冷加工过程中的包装、整理工作间。

冷加工冻结物的包装有冻结前的包装和冻结后的包装两种。但冻猪肉、冻禽肉、冻副产品等的包装在冻结前、后兼有。冻结前的包装工序,有的冷库就在冷却间内进行,并且在冷却间安排所需工作面积。假如这些产品都采取装纸箱整箱进冻的，冻结后还要扣箱；如采取装铁匣进冻的，冻结后还要换纸箱。冻结后进行的工序应在设计为低温的工作间内进行。

一般来说，为保证产品质量以低温包装间较好。但工人在低温环境下长期工作易得职业病。目前采用常温包装的也很多，但要看冻结物的具体情况。凡在冻结过程中加水或包了冰衣的冻结物都可考虑常温包装。能否保证常温条件下包装的产品质量，即使是加水或包冰衣的冻结物，仍取决于工序的紧密衔接和劳动组织工作。

常温包装间应设纱门、纱窗，不能利用开敞式月台或开敞式常温穿堂包装。

包装间的面积指标没有具体规定。设计包装间时，包装物料的运输和备用堆放应结合考虑。

整理间是对正在冷藏的食品（主要为冷却物）进行质量检查、处理及包装整理的工作间，但一般不单独设置，可考虑在冷藏间内进行。

二、装卸月台

1. 公路月台

目前有关规定指出 1 000 t 以下的小型冷库以公路运输为主。

公路月台的长度和宽度按吞吐量大小确定。对于吞吐量大、装卸频繁、专为市场服务的分配性库，由于节日调运以及装卸的车辆较多，可设计长一些。

以铁路运输为主时基本上是整批进、整批出的库，难免也兼有少量的公路运输任务，所以仍需设公路月台。这种公路月台只按少量汽车装卸考虑即可。

月台的罩棚不宜过高，根据月台的大小和深度适当考虑，且檐口不宜翘得太高。罩棚太高或檐口翘得太高对防雨、遮阳均不利。月台高出回车场地面 1.0～1.2 m；月台地面要有 1% 外斜坡度以利排水；月台外缘应镶嵌角钢以防碰撞损坏。

2. 铁路月台

我国的冷库铁路月台绝大多数采用敞开式，只有少数有围挡结构。月台高出铁轨面 1.1～1.3 m，月台宽度为 6～8 m。月台长度应根据吞吐批量和保温车种类而定。吞吐批量与冷库库容量有关。一般库容量为 1 500～5 000 t 的冷库，按小列机械保温车的一半长度计算，月台长度为 108 m。库容量在 5 000 t 以上的冷库，按小列机械保温车的全长计算，月台长度为 216 m。如厂内自备牵引机车或牵引绞车时，月台长度可适当缩短。

支承车站罩棚的柱子按 6 m、9 m 模数布置。为了防止车门正对柱子，便于装卸作业，柱子中线至月台边缘距离应不小于 2 m。

采用加冰保温的车辆应与铁路运输部门联系并确定是否必须由冷库负责向车辆加冰，如必须由冷库负责加冰时，应在月台设计中考虑输冰、碎冰、提冰、加冰设施。

三、穿堂

穿堂分为常温穿堂、高温穿堂、低温穿堂等多种。

四、楼梯和电梯间

楼梯是多层冷库上下交通的要道，某些情况下是唯一的通道。楼梯的设计应满足人和货物的垂直运输要求、使用方便、有足够的通行宽度和疏散能力。主要楼梯必须做单独的防火楼梯间。

楼梯的主要的布置方式有直上式、双折式和三折式。

电梯间是多层冷库货物垂直运输的主要设备,是影响多层冷库吞吐速度的主要环节,因此电梯的数量和规格根据总吞吐量确定。

电梯由轿厢、电梯间、起重设备组成。冷库用电梯需较大面积轿厢以便于连车带货一起进入。

电梯井壁需平整,可做成封闭的不燃墙或做成镶玻璃的网状铁栅。电梯井的平面尺寸应根据电梯平衡锤的位置、轿厢的规格大小而定。

五、制冷系统调节站

库内制冷系统调节站根据制冷工艺做出安排,但应设在良好通风条件的常温区域。

设在常温区域的调节站,其阀门有水下滴,因此要在阀门下设接水沟和装置下水管。

六、管理和生活用房

管理用房指办公室、值班室、劳动保护用品室、工具室等。

生活用房有冷藏工人更衣室、休息室、卫生间等。冷藏工人更衣室应有烘衣设备,休息室最好能直接受到阳光照射。单层的小型冷库可不设卫生间;多层的大中型冷库需设置卫生间,但不宜设在库房出入口。

曾把管理和生活用房围绕冷库外墙布置,以减少库房外墙外露面积的设计方法。但实践证明,凡紧贴库房外墙的辅助用房由于通风不良,墙表面易结露、室内比较潮湿,对人的健康不利。即使按上述的设想,实际意义也很有限,因为这样处理对减少冷库围护结构的耗冷量是微不足道的。

冷库的管理和生活用房应与整个库区的建筑布置统一考虑。在有些情况下,将部分生活管理用房合并在临近冷库的其他建筑物内反而更经济合理。

第三节　穿堂和装卸月台的设计

一、穿堂

穿堂通常有常温穿堂和低温穿堂。

常温穿堂是温度经常保持接近于或略低于室外大气温度。在建筑构造上无需做绝热处理,而且一般要求有自然通风条件。只要处理得当,使其内部不淌水、不结冰即可延长冷库使用年限并降低工程造价,点较多。

常温穿堂要保持常温,因此需要外界向穿堂补充热量,具体的做法:① 常温穿堂的围护结构不宜大面积与低温房间共用,以便外界的热量能通过传导途径进入穿堂;② 为穿堂创造自然通风条件,以便外界空气以对流方式进入穿堂。

低温穿堂的温度为0℃以下,要保持低温,其围护结构就必须有隔热层且必须布置制冷设备。为了能快速有效地吸收外界空气和货物带入穿堂的水蒸气,制冷设备常采用小型吊顶式冷风机。若低温穿堂的温度时而高于0℃、时而低于0℃,就会产生时而结冰、时而融化的现象,从而损坏围护结构。在设计中若可以采用常温穿堂,就不采用低温穿堂。

二、装卸月台

为了便于装卸货物,冷库中必须设置月台。根据户外运输工具的不同,月台可分为铁路月台和公路月台。

月台宽度和冷库规模、货物周转量、装卸工具、装卸数量等有关。一般机械装卸速度快，要求月台比较宽；人工装卸速度慢，要求月台比较窄。

表 5-2 冷库月台的宽度 单位：m

运输工具	铁路月台宽度	公路月台宽度	备注
手推车	7～9	5～7	大中型冷库，大中城市分配性冷库取上限
电瓶铲车	8～10	6～8	

铁路月台的长度应按同时停靠装卸的车厢数量决定。大型冷库月台长为 218 m，中型冷库月台长度为 108 m。在南方多雨区吞吐量大的中型冷库，铁路月台要设防雨罩棚。月台标高应高出轨面 1.10 m；月台边缘至铁路中心距离为 1.75 m；月台罩棚的柱子外边缘距月台边缘不小于 1.2 m；如通行电瓶车，则不应小于 2.4 m；铁路月台的罩棚柱距一般为 9 m。

以铁路运输为主，基本上是整批进、整批出的库，难免兼有少量公路运输任务，仍需设公路月台。公路月台只按少量汽车装卸考虑即可。

公路月台长度应根据货物运量和同时装卸的车辆数量确定。对于吞吐量大、装卸频繁、专为市场服务的分配性库，由于节日调运同时装卸的车辆较多，可设计长一些。月台至回车场地面距离应与运输车辆车厢高度相适应，一般为 1.1～1.2 m。公路月台应全部设防雨罩棚，罩棚的柱距一般不小于 6 m；罩棚至月台的净高一般不低于 3.0 m。

月台的罩棚不宜过高，根据月台大小和深度适当考虑，且檐口不宜翘得太高。罩棚太高或檐口翘得太高对防雨、遮阳均不利。

月台高出回车场地面 1.0～1.2 m；月台地面要有 1% 外斜坡度以利排水；月台外缘应镶嵌角钢以防碰撞损坏。

月台有敞开月台和封闭月台两种，上述均为敞开月台。在气候特别炎热和风沙特别大的地区还可采用封闭月台，使火车和汽车进入室内进行装卸。

与常规月台相比，封闭月台就是将常规月台增加了隔热围护结构使之形成一个保温隔热的封闭空间；同时对进、出冷库的食品或物品对接的汽车、铁路列车门设置一个专用的密封门装置，使货物在进、出月台这个环节上与室外大气隔断，确保食品或物品的质量和卫生。

封闭月台的配套设备有各类防撞装置、滑升门、月台高度调节装置等。

冷库进、出货作业时要保持冷藏链不会"断链"，在装卸口设置保温滑升门、月台高度调节板、车辆限制器和密闭接头等是必要的，图 5-10 为这些设施的组合示意图；图 5-11 为结合式密封装卸货口；图 5-12 和图 5-13 分别为充气式门封和机械式门封示意图。

月台高度调节板的主要作用是将封闭式月台和冷藏车连成整体，方便叉车的机械化门对门作业。常见的调节板有机械式、液压式和气袋式等，分别如图 5-14、图 5-15 和图 5-16 所示。

图 5-10　装卸口设施组合示意图

1——保温滑升门;2——冷库月台;3——充气套式密封设施;4——冷藏车;5——月台高度调节板

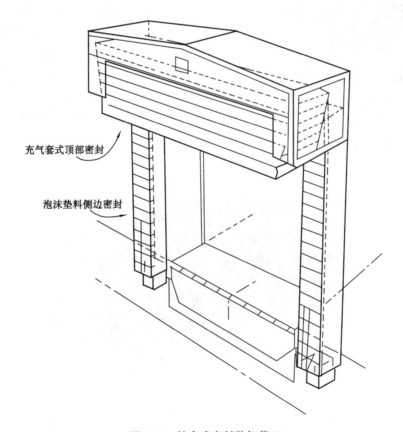

充气套式顶部密封

泡沫垫料侧边密封

图 5-11　结合式密封装卸货口

图 5-12　充气式门封

图 5-13　机械式门封

图 5-14　机械式高度调节板

图 5-15　液压式高度调节板

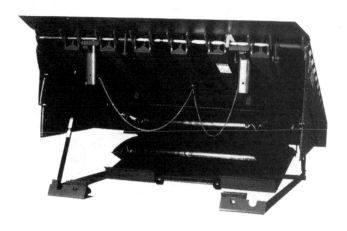

图 5-16　气袋式高度调节板

第四节 冷库内运输设施

一、手推车和输送机

手推车是冷库或配进中心常用的搬运工具之一,其特点是装卸方便、承载量大、灵活轻便。常用的手推车有尼龙轮手推车、小轮胎手推车、家禽冻结手推车和液压托盘搬运车等。

输送机分为辊子式输送机和电动带式输送机,前者货物由人力推动,后者货物由传动带自动传送。

二、冷库搬运机械

1. 平衡重式叉车

如图 5-17 所示,平衡重式叉车采用大轮胎,稳定性好,可适用于在室外和适当坡度斜坡上作业,其作业通道宽度为 4 m,适用于多种储存货架。

2. 前移式起重叉车

如图 5-18 所示,前移式起重叉车设有举重门架、货叉,能进入货架中进行作业,所需通道宽度仅为平衡重式叉车的 2/3,能灵活地在平坦的窄道中操作,适用于多种储存货架。

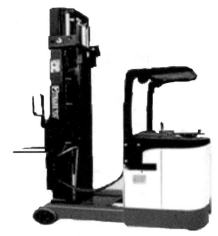

图 5-17 平衡重式叉车　　　　　　　　图 5-18 前移式起重叉车

3. 伸臂式起重叉车

伸臂式起重叉车由具有伸缩功能的货叉、上下滑动的门架及撑脚组成,可深入深储式货架中存取货物,并具有良好的稳定性,适用于双重深储型或电控移动型货架。

4. 巷道特高起重铲车

巷道特高起重铲车一般称为"塔楼"式叉车。因搬运托盘不需在通道中转向,所以通道比托盘宽度稍宽即可。通常提升高度可达 14 m,沿导轨存取货物极为迅速且货物流动量大,适用于巷道型货架。

5. 电控堆垛型起重机

当货架高度超过 14 m 时,电控堆垛型起重机尤为适用。它是在移动货架的塔架上装配伸缩型货叉,通常每一条通道配置一台起重机,但当货物流量较低时也可转轨用于多条通道,其控制方式有手动、半自动和全自动等,适用于巷道形式自动储存型货架。

6. 升降拣货型铲车

升降拣货型铲车有一升降平台,能将操作人员提升到所有货架面在一个托盘或一个货格中对某一商品进行小批量选取,其移动方式同巷道特高起重铲车,适用于巷道形式自动储存型货架。

7. 轻便拣货型起重车

轻便拣货型起重车是一种轻便型电动堆垛起重机,人工操作可达 10 m。它一般固定安装在构架上,故运行操作安全、方便"拣寻"时间,适用于巷道形式自动储存型货架。

第五节　食品储存的机械设备

冷库内储存设施的选择必需满足最大空间利用率和最少的操作费用要求。随着"物流"概念的形成和应用,现代化的物流仓库已受到重视。国内外先进冷库的储存已有固定货架储存、活动货架储存和高货架立体自动储存等多种形式,同时机械化运输和计算机管理得以应用。

冷库的托盘货架储存系统包括标准型托盘货架、双重深储型货架、巷道型货架、自动存取型货架、叉车驶入型货架、电控移动型货架、托盘自滑动型货架、后推型货架等。

1. 标准型托盘货架(图 5-19)

标准型托盘货架结构简单、安装方便、投资少,适用于不同的搬运机械。该货架每块托盘可单独存入、移动,货物流通量大,装卸迅速,货架强度大,能有效利用库房上层空间,但货架通道面积大、储存密度较低。

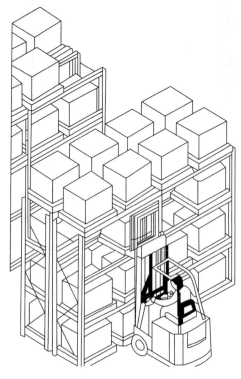

图 5-19　标准型托盘货架

2. 双重深储型货架

双重深储型货架储存深度 2 倍于标准型,储存密度较大,库房利用率较高,但需用特殊搬运叉车进行作业,储存高度一般不超过 6～8 m。

3. 巷道型货架(图 5-20)

巷道型货架结构和使用特点是:货架较高;巷道铲车可在高达 14 m 的高度下作业,其储存密度大;因货架较高,要求有较高强度的货架及严格地进行结构安装以保证正常作业和货架本身的安全、稳定。新型货架可采用电脑自动定位控制对高层货架托盘作用。

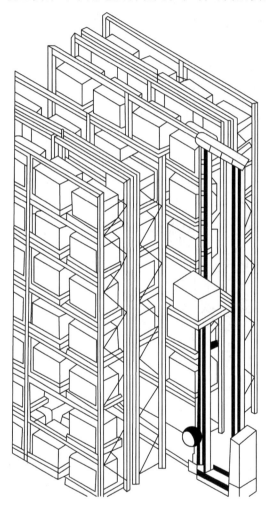

图 5-20　巷道型货架

4. 自动存取型货架

自动存取型货架高度可达 30 m,可手动、半自动和全自动控制进行作业,适用于不同品种的货物存取,应用电脑控制进、出货,具有长期效益,但一次性投资较大、设计要求高。

5. 叉车驶入型货架(图 5-21)

叉车可以在整体货架中作业,作业效率高、库房储存密度大。货架高达 10 m,生产成本较低,适用于品种单一、数量较大的货物存取。

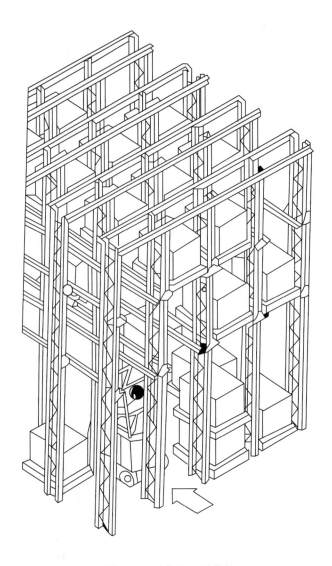

图 5-21　叉车驶入型货架

6. 电控移动型货架

电控移动型货架的每组货架均可由电力驱动,单独在轨道上移动。一条通道可解决多组货架作业,货架高达 12 m。该货架库房利用率高(不需要专门搬运机械)、生产成本较低、要求配备遥控装置。

7. 托盘自滑动型货架(图 5-22)

托盘自滑动型货架存货时托盘从货架斜坡高端进入滑道,通过导向轮向下滑并逐个存放;取货时从货架斜坡低端取出,其后托盘逐一下滑待取。该货架适用于大批量单一品种储存,库房利用率较高,但设计安装技术要求高。

8. 后推型货架

后推型货架结构类同托盘自滑动型货架,设有倾斜可伸缩的轨道货架,托盘均在同方向存取,适用于自动存取系统,库房空间利用率很高、货损少,但要求操作人员操作谨慎、小心。

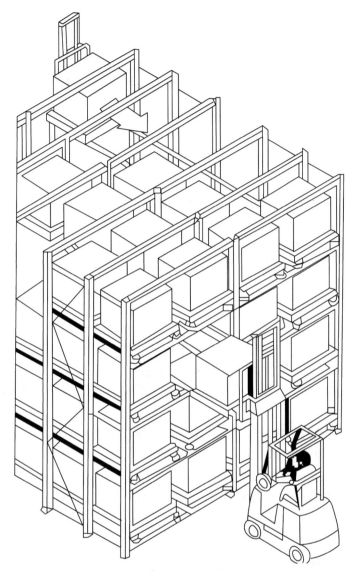

图 5-22 托盘自滑动型货架

复习思考题

1. 试分析制冷量不足时,致使冷库温度降不下来的原因。
2. 简述冷库门的基本要求。
3. 减小冷库开门冷量损失,防止外界热湿负荷进入的基本措施有哪些?

第六章　冷库设计基础

第一节　冷库库房容量和冷加工能力的设计

在前面的章节中,我们已经学习了冷藏库建筑的特点和组成、冷间设计、组合布局等部分内容。由于冷加工工艺、冷库土建结构以及其他方面的要求不同,冷库实际生产能力和冷库容量往往与设计的要求有出入,因此要根据已确定的冷间面积、高度、冷加工形式和冷却设备的安装位置等计算冷库实际生产能力和冷库容量。冷间指的是冷却间、冻结间、冷却物冷藏间及冻结物冷藏间等,下面将分别对冷库容量、冷加工量的确定予以介绍。

一、冷库容量计算

冷库容量包括食品冷藏量(鲜蛋、水果、蔬菜等)和冷加工量(冷却加工和冻结加工能力,如冻肉、冻鱼、冻禽、冻兔、冰蛋等)。根据冷库设计规范规定冷库设计规模,应以冷藏间公称容积为计算标准,通常冷库的容量有三种表示方法:

(1)冷库公称体积为冷藏间或冰库净面积(不扣除柱、门斗和制冷设备所占的面积)乘以房间净高。

(2)冷库计算吨位以代表性食品计算密度、冷间公称体积和其体积利用系数计算。

(3)冷库实际吨位按实际冷间堆货情况计算。

1. 冷库计算吨位

冷却物冷藏间、冻结物冷藏间及储冰间的容量(计算吨位)可按式(6-1)计算。

$$G = \frac{\sum V\rho\eta}{1\ 000} \tag{6-1}$$

式中　G——冷库储藏吨位,t;

　　　V——冷藏间、冰库的公称容积,m^3;

　　　η——冷藏间、冰库的容积利用系数,不应小于表 6-1 和表 6-2 中的规定值;

　　　ρ——食品的计算密度,kg/m^3,见表 6-3;

　　　$1\ 000$——吨换算成千克的数值。

表 6-1　　　　　　　　　　　冷藏间容积利用系数

公称容积 V/m^3	500~1 000	1 001~2 000	2 001~10 000	10 001~15 000	>15 000
容积利用系数 η	0.40	0.50	0.55	0.60	0.62

注:1. 对于仅储存冻结食品或冷却食品的冷库,表 6-1 中公称容积为全部冷藏间公称容积之和;对于同时储存冻结食品和冷却食品的冷库,表内公称容积分别为冻结食品冷藏间或冷却食品冷藏间各自的公称容积之和。

2. 蔬菜冷库的容积利用系数为表中数值乘以修正系数 0.8。

表 6-2　　　　　　　　　　　　　　　冰库容积利用系数

冰库净高/m	≤4.2	4.21~5.00	5.01~6.00	>6.00
容积利用系数 η	0.40	0.50	0.60	0.65

表 6-3　　　　　　　　　　　　　　　食品的计算密度

食品名称	密度/(kg/m³)	食品名称	密度/(kg/m³)
冻猪白条肉	400	盘冻鸭	450
冻牛白条肉	330	木箱装鲜鸡蛋	300
冻羊腔	250	篓装鲜鸡蛋	230
块装冻剔骨肉或副产品	600	篓装鸭蛋	250
块装冻鱼	470	筐装新鲜水果	220(200~230)
块装冻冰蛋	630	箱装新鲜水果	300(270~330)
冻猪油(冻动物油)	650	托盘式活动货架蔬菜	250
罐冰蛋	600	木杆搭固定货架蔬菜	220
纸箱冻家禽	550	篓装蔬菜	250(170~340)
盘冻鸡	350	机制冰	750
其他	按实际密度采用		

注:同一冷库如同时存放猪、牛、羊肉(包括禽兔)时,其密度均按照 400 kg/m³ 计;当只存放冻羊腔时,其密度按 250 kg/m³ 计;只存放冻牛、羊肉时按 330 kg/m³ 计。

2. 按实际堆货体积计算冷库实际吨位

$$G = \frac{\sum V \rho \eta}{1\,000} \tag{6-2}$$

式中　G——冷库实际吨位,t;

　　　V——冷藏间、储冰间的实际堆货体积,m³;

　　　ρ——食品计算密度,kg/m³,见表 6-3;

　　　η——冷藏间、储冰间的体积利用系数,见表 6-1、表 6-2。

二、冷库冷加工能力计算

在冷库建筑设计中,冻结间的建筑平面尺寸和空间高度主要根据冻结能力、采用的制冷设备、装载食品的冻结设施、出入口等因素确定。冷库冷加工能力主要包括冷却间、冻结间的生产能力计算,由于肉类冷加工采用直接冻结工艺,一般无需设置冷却间,因此对冷却间的冷加工能力不做介绍。

1. 生产能力计算

冷加工量与库房大小、食品放置方式及周转次数有关。冻结间生产能力(简称冻结能力)是指冻结间一昼夜所能加工的冻结食品总量,以吨/昼夜(t/昼夜)计。冻结能力与食品冻结时间有关,即与周转一次所需时间有关。例如,食品装载量为 5 t 的冻结间每昼夜周转一次时,冻结能力为 2.5 t/昼夜。冻结周转一次所需时间包括食品冻结时间和进、出冻结间操作时间。冻结能力根据冻结方法和计算公式不同,设有吊轨的冻结间冻结能力 G 按式(6-3)计算。

$$G = L \cdot g \cdot N = L \cdot g \cdot 24/\tau \qquad (6-3)$$

式中　G——设有吊轨的冻结间每昼夜冻结能力,t;

　　　N——周转次数;

　　　L——吊轨有效长度,m;

　　　τ——冻结工序时间(包括食品进、出操作时间),h;

　　　g——吊轨单位长度载货量,t/m,应按表6-4规定取值。

表 6-4　　　　　　　　　吊轨单位长度载货量　　　　　　　单位:t/m

食品类别		吊轨单位长度载货量	
肉类	猪胴体	人工推动载货量为 200～265	机械传动载货量为 175～250
	牛胴体	人工推动 1/2 胴体吊挂 载货量为 295～400	人工推动 1/4 胴体吊挂 载货量为 130～265
	羊胴体	人工推动载货量为 170～240	—
鱼类		用冻鱼车盘装,20 kg 盘载货量为 486;15 kg 盘载货量为 405	
虾类		用冻鱼车盘装,2 kg 盘载货量为 216	

当冻结间内采用搁架式冷却排管时,其冷加工量按式(6-4)计算:

$$m = \frac{24gg'\eta'A'}{\tau A} = \frac{24g'N}{\tau} \qquad (6-4)$$

式中　m——冻结间每日冷加工量,kg;

　　　g'——每件(盘、听或箱)食品净重,kg;

　　　η'——搁架利用系数,冻盘装食品为 0.85～0.90,冻听装食品为 0.70～0.75,冻箱装
　　　　　食品为 0.70～0.85;

　　　A——搁架各层水平面面积之和,m²;

　　　A'——每件食品所占面积,m²;

　　　N——搁架式冻结设备设计摆放冻结食品容器的件数。

对于大型冷库,当同时有冷却间和冻结间时,其冷加工量应分别进行计算。小型冷库无冷藏间和冷加工间之分,但在使用中也可能进入一些新鲜食品进行冷加工,其加工量与它们所配置的制冷机制冷量有关,一般加工量都不大。因此,应通过计算确定其冷加工能力,使用中对进入的新鲜食品量要进行限制。

2. 冻结间面积和空间高度确定

目前国内生产和使用的食品冻结设备按冻结方式分为强冷风式冻结设备、直接接触式冻结设备、不冻液沉浸式冻结设备和喷淋式冻结设备四大类。冻结间的任务是在指定时间内完成食品的冻结加工工序,达到规定的质量指标。不但要求冻结速度快,而且要求冻结速度均匀,因此目前大多采用冷风机,同时应结合冻结加工工艺特点并考虑合理的气流组织。

冻结能力相同时,冻结间面积的确定与冻结食品设施、制冷装置、冻结间长宽以及出入口数量有关。

(1)采用吊顶式冷风机的冻结间

采用落地式冷风机是比较老式的设计,目前趋于使用吊顶式冷风机,其风压小、气流分

布均匀,而且设置时可以充分利用建筑空间,不占建筑面积,是一种较好的冷却方式。但如果设落地导风板时,应扣除导风板所占面积,吊轨到导风板的距离小于 750 mm 为宜。冻结间的净高 $H=h_1+h_2$,其中 h_1 为冷风机总高度,h_2 为冷风机安装或维修时所需高度,约 $600\sim800$ mm。

(2)搁架式冻结间

搁架式冻结即制冷剂在排管中直接蒸发,放在搁架排管上的盘装或盒装食品被冻结。室内空气可以自然对流,也可以加轴流风机使空气强制流动;其所需面积,包括管架占地面积和走道面积;其空间高度取决于管架高度及管架以上是否装设冷却排管或吹风设备。

第二节 冷库制冷热负荷的设计

冷藏库制冷负荷计算的目的在于合理地确定各库房的冷分配设备和冷间机械负荷,以便在设计中正确选择制冷设备。所谓冷间的制冷负荷,就是指单位时间内必须从冷间取出的热量,或者说是冷间在单位时间内从制冷机获得的冷量。

1. 室外计算参数确定

计算冷库热负荷所用的室外气象参数应采用"采暖通风和空气调节设计参数"。此外,还需注意一些选用原则。具体规定如下:

(1)冷间围护结构传入热量计算所用的室外计算温度,应采用夏季空气调节日平均温度。计算冷间围护结构最小总热绝缘系数时的室外空气相对湿度应采用最热月月平均相对湿度。

(2)开门热量和冷间换气热量计算的室外温度应采用夏季通风温度,室外相对湿度应采用夏季通风室外计算的相对湿度。

(3)蒸发式冷凝器计算的湿球温度应采用夏季室外平均每年保证 50 h 的湿球温度。

(4)鲜蛋、水果、蔬菜及其包装材料的进货温度以及计算水果、蔬菜冷却时的呼吸热量的初始温度,均按当地进货旺月的月平均温度计算。若无确切的生产旺月的月平均温度时,可采用夏季空气调节日平均温度乘以季节修正系数 n_1。

2. 室内设计参数确定

室内设计参数确定即冷间设计温度和相对湿度,见表 6-5。

表 6-5 冷间设计温度和相对湿度

序号	冷间名称	室温/℃	相对湿度/%	适用食品范围
1	冷却间	0		水果、蔬菜、肉、蛋
2	冻结间	$-23\sim-18$ $-30\sim-23$		水果、蔬菜、肉、禽、兔、蛋、 鱼、虾、冰淇淋、果汁等
3	冷却物冷藏间	0	$80\sim95$	冷却后的水果、蔬菜、肉、禽、兔、 副产品、蛋、冰鲜鱼、冰鲜虾等

续表 6-5

序号	冷间名称	室温/℃	相对湿度/%	适用食品范围
4	冻结物冷藏间	−23～−18	85～90	冻结的水果、蔬菜、肉、禽、兔、副产品、蛋、鱼、虾、冰淇淋、果汁等
5	储冰间	−6～−4 −10～−6		盐水制冰的冰块快速制冰的冰,如管冰、片冰等

注:冷却物冷藏间设计温度一般取 0 ℃,食品实际储藏的温度应按照产地、品种、成熟度和降温时间等设定温度和相对湿度。

　　冷库是一个低温体,其周围环境或进出货作业的热量要流入冷库,冷库内部也有热量散发。流入冷库的热量可归纳为五种热流量:① 由于室内、外温差通过围护结构流入冷间的热量,称为围护结构热流量;② 由货物(包括包装材料和运载工具)在库内降温及其有呼吸作用货物在库内冷却和储存时释放出来的热量,称为货物热流量;③ 储存有呼吸作用货物,其冷间需要通风换气,有操作人员长期停留的冷间需要送入新鲜空气,由这两方面因素带入冷间的热量,称为通风换气热流量;④ 由于电动机或其他用电设备带入库房的热量,称为电动机运转热流量;⑤ 由于照明、开门和操作人员传入冷库的热流量,称为操作热流量。这五种热流量组成了冷库的热负荷。

　　根据计算目的不同,冷库的制冷热负荷通常由五个部分组成:

　　① 由于冷间内、外温差,通过围护结构的传热量 Q_1,kW;

　　② 货物在冷加工过程中放出的热量,简称货物热 Q_2,kW;

　　③ 由于室内通风换气而带进的热量,简称换气热 Q_3,kW;

　　④ 电动机运转产生的热量 Q_4,kW;

　　⑤ 由于冷间操作人员、各种发热设备工作而产生的热量,简称操作热 Q_5,kW。

　　下面分别对上述五种热流量进行叙述:

　　(1)围护结构的传热量 Q_1 计算

　　外界环境通过围护结构渗入冷间的热量包括三部分:① 通过墙壁、楼板及屋顶等,因空气对流渗入的热量 Q_{1a};② 太阳辐射渗入的热量 Q_{1b};③ 由于地坪传热渗入的热量 Q_{1c}。因此渗入热 Q_1 可表示为:

$$Q_1 = Q_{1a} + Q_{1b} + Q_{1c} \tag{6-5}$$

　　为简化计算,冷库设计规范中提出围护结构的传热量 Q_1 可按式(6-6)计算:

$$Q_1 = \sum Ak(t_w - t_n)a \tag{6-6}$$

式中　　A——每一朝向围护结构的计算面积,m^2;

　　　　k——每一朝向围护结构的传热系数,$kW/(m^2 \cdot K)$;

　　　　t_w、t_n——冷藏库室外、室内的计算温度,℃;

　　　　a——围护结构两侧温差修正系数,见表 6-6。

表 6-6 围护结构两侧温差修正系数 *a* 值

序号	围护结构部位		*a*
1	D>4 的外墙	冻结间、冻结物冷藏间	1.05
		冷却间、冷却物冷藏间、冰库	1.10
2	D>4 且相邻有常温房间的外墙	冻结间、冻结物冷藏间	1.00
		冷却间、冷却物冷藏间、冰库	1.00
3	D>4 的冷间顶棚(其上为通风阁楼,屋面有隔热层或通风层)	冻结间、冻结物冷藏间	1.15
		冷却间、冷却物冷藏间、冰库	1.20
4	D>4 的冷间顶棚(其上为不通风阁楼,屋面有隔热层或通风层)	冻结间、冻结物冷藏间	1.20
		冷却间、冷却物冷藏间、冰库	1.30
5	D>4 的无阁楼屋面(屋面有通风层)	冻结间、冻结物冷藏间	1.20
		冷却间、冷却物冷藏间、冰库	1.30
6	D≤4 的外墙	冻结物冷藏间	1.30
7	D≤4 的无阁楼屋面	冻结物冷藏间	1.60
8	半地下室外墙外侧为土壤		0.20
9	冷间地面下部无通风等加热设备时		0.20
10	冷间地面隔热层下有通风等加热设备时		0.60
11	冷间地面隔热层下为通风架空层时		0.70
12	两侧均为冷间时		1.00

注:1. 负温穿堂可参照冻结物冷藏间选用 *a* 值。

2. 表内未列的室温等于或高于 0 ℃的其他冷间可参照各项中冷间的 *a* 值选用,表中 *D* 为围护结构的热惰性指标。

计算过程中,当计算外墙、屋面、顶棚、地面下部无通风等加热装置或地面隔热层下为通风架空层时,其外侧的计算温度应采用夏季空气调节日平均温度;当计算内墙和楼面时,围护结构外侧计算应取其邻室的室温;若邻室为冷却间或冷冻间时,应取该类冷间空库保温温度:冷却间为 10 ℃,冻结间为 −10 ℃;当冷间地面隔热层下设有通风加热装置时,其外侧温度按 1~2 ℃计算。

(2) 货物热流量计算

在工程中,货物在冷加工过程中放出的热量 Q_2 可按式(6-7)计算:

$$Q_2 = Q_{2a} + Q_{2b} + Q_{2c} + Q_{2d} = \frac{m(h_1 - h_2)}{3\,600\tau} + \frac{m_b c_b (t_1 - t_2)}{3\,600\tau} + \frac{m(q_1 - q_2)}{2} + (m_s - m)q_2 \quad (6\text{-}7)$$

式中 Q_{2a}——食品热量,kW;

Q_{2b}——包装材料和运载工具热量,kW;

Q_{2c}——货物冷却时的呼吸热量(kW),仅计算鲜水果、蔬菜冷藏间;

Q_{2d}——货物冷藏时的呼吸热量(kW),仅计算鲜水果、蔬菜冷藏间;

m——冷间的每日进货量,kg;

h_1——货物进入冷间初始温度时的比焓,kJ/kg;

h_2——货物在冷间终止降温时的比焓,kJ/kg;

τ——货物冷加工时间(h),对冷藏间取 24 h,对冷却间、冻结间取设计冷加工时间;

m_b——每次进货的包装物量,kg;

c_b——包装材料或运载工具的比热容,kJ/(kg·K);

t_1——包装材料或运载工具进入冷间时的温度,℃;

t_2——包装材料或运载工具在冷间内终止降温时的温度(℃),宜为该冷间的设计温度;

q_1——货物冷却初始温度时单位质量的呼吸热量,kW/kg;

q_2——货物冷却终止温度时单位质量的呼吸热量,kW/kg;

m_s——冷间的储藏量,kg。

其中,冷间的每日进货质量 m 应按下列规定取值:

① 冷却间或冻结间应按设计冷加工能力计算。

② 存放果、蔬的冷却物冷藏间不应大于该间计算吨位的 8%。

③ 存放鲜蛋的冷却物冷藏间不应大于该间计算吨位的 5%。

④ 有从外库调入货物的冷库,其冻结物冷藏间每间每日进货质量应该按该间计算吨位的 5%。

⑤ 无外库调入货物的冷库,其冻结物冷藏间每间每日进货质量一般宜按该库每日冻结质量计算;如该进货的热流量大于该冷藏间计算吨位 5% 计算的进货热流量时,则可按上一条规定的进货质量计算。

⑥ 冻结质量大的水产冷库,其冻结物冷藏间的每日进货质量可按具体情况确定。

由式 6-7 可知,每次进货量 m 的数值越大,则 Q_2 也越大,而 Q_2 越大会导致库温的升高。因此,规范中对 m 的取值有规定,一般不超过 m_s 的 5%~8%。

包装材料或运载工具进入冷间时温度的取值:

① 在本库进行包装的货物,其包装材料或运载工具温度的取值应按夏季空气调节日平均温度乘以生产旺月的温度修正系数,按表 6-7 取值。

表 6-7　　　　　　　　包装材料或运载工具进入冷间的温度修正系数

进入冷间的月份	1	2	3	4	5	6	7	8	9	10	11	12
温度修正系数	0.10	0.15	0.33	0.53	0.72	0.86	1.00	1.00	0.83	0.62	0.41	0.20

② 自外库调入已包装的货物,其包装材料温度应为该货物进入冷间时的温度。

货物进入冷间时的温度应按下列规定计算:

① 未经冷却的鲜肉温度按 35 ℃ 计算,已经冷却的鲜肉温度按 4 ℃ 计算。

② 从外库调入的冻结货物温度按 -10~-8 ℃ 计算。

③ 无外库调入的冷库,进入冻结物冷藏间的货物温度按该冷库冻结间终止降温时或包冰衣后、包装后的货物温度计算。

④ 冰鲜鱼虾整理后的温度按 15 ℃ 计算。

⑤ 鲜鱼虾整理后进入冷加工间的温度按整理鱼虾用水的水温计算。

⑥ 鲜蛋、水果、蔬菜的进货温度按当地食品进入冷间生产旺月的月平均温度计算。

(3) 通风换气热流量

对于储藏蔬菜、水果的冷间,为了适应果、蔬的生命活动,应及时排除 CO_2 和防止果、蔬腐烂变质等因素。因此,必须对冷间进行通风换气。另外,从改善工人的劳动条件方面来说,带有生产性质的冷间也需要经常换气。在换气过程中,外界空气在冷间放出的热量可按式(6-8)计算:

$$Q_3 = Q_{3a} + Q_{3b} = \frac{1}{3\ 600} \left[\frac{(h_w - h_n) n V_n \rho_n}{24} + 30 n_r \rho_n (h_w - h_n) \right] \tag{6-8}$$

式中 Q_{3a}——冷间货物换气热量,kW;

      Q_{3b}——操作人员需要的新鲜空气的热量,kW;

      h_w——冷间外空气的比焓,kJ/kg;

      h_n——冷间内空气的比焓,kJ/kg;

      n——每日换气次数,一般取 2~3 次;

      V_n——冷间内净体积,m³;

      ρ_n——冷间内空气密度,kg/m³;

      30——每个操作人员每小时需要的新鲜空气量,m³/(h·人);

      n_r——操作人员数量。

按规范的规定,Q_{3a}仅在储存有呼吸的食品冷藏间需计算;Q_{3b}仅在有长期停留操作人员的冷间,如加工间、包装间等需计算。

(4)电动机运转热流量

冷间的一些工作机械,如冷风机等都需要用电动机驱动。电动机运转产生的热量与电动机功率和安装位置有关。

$$Q_4 = \sum P_d \xi \tau_2 / \tau \tag{6-9}$$

式中 P_d——电动机额定功率,kW;

      ξ——热转化系数,电动机在冷间内取 1,在冷间外取 0.75;

      τ_2——电动机运转时间(h),对冷风机配用的电动机取 τ,对冷间内其他设备配用的电动机可按实际情况取值,如按每昼夜操作 8 h 计。

(5)操作热流量

冷间由于操作管理上的需要,不可避免地存在各种制冷负荷。冷间操作热 Q_5 包括:照明产生的热流量 Q_{5a}、冷间库门开启热流量 Q_{5b}、操作人员热流量 Q_{5c}。其中,照明产生的热流量是由于照明的电能转化为热能而引起的制冷负荷;冷间库门开启热流量是由于库内外温、湿度差引起空气通过门洞对流换热而导致热、湿交换的结果;操作人员热流量是由于操作人员在冷间中进行操作时人体所散发的热量而引起的制冷负荷,该部分热流量与冷间的空气温度、操作繁重程度、衣着薄厚以及人体体重等因素有关。

操作热流量可按式(6-10)计算:

$$Q_5 = Q_{5a} + Q_{5b} + Q_{5c} \tag{6-10}$$

① 照明热 Q_{5a}通常可按式(6-11)计算:

$$Q_{5a} = q_{5a} A_{5a} \times 10^{-3} \tag{6-11}$$

式中 q_{5a}——地板单位面积照明热量,W/m²;

      A_{5a}——冷间地面面积,m²。

按照冷库照明规定,对冷间地板单位面积的照明热量规定为:冷却间、冻结间、冷藏间、冰库和冷间内穿堂取 2.3 W/m²;操作人员长时间停留的加工间、包装间等取 4.7 W/m²。

② 每扇门的开门热量 Q_{5b} 可按式(6-12)计算：

$$Q_{5b} = \frac{1}{3\,600} \times \frac{nn_k V_n (h_w - h_n) M \rho_n}{24}$$ （6-12）

式中　n——门樘数；

　　　n_k——每日开门换气次数，容积 $200 \sim 800 \text{ m}^3$ 的冷间取 $2 \sim 5$；

　　　M——空气幕效率修正系数，可取 0.5，不设空气幕时取 1；

　　　ρ_n——冷间空气密度，kg/m^3。

③ 操作人员所产生的热量 Q_{5c}——每个操作人员产生的热量在冷间设计温度高于或等于 -5 ℃时，宜取 279 W；冷间设计温度低于 -5 ℃时，宜取 395 W。操作人员所产生的热量可按式(6-13)计算：

$$Q_{5c} = \frac{3}{24} n_r q_{5c}$$ （6-13）

式中　q_{5c}——每个操作人员产生的热量，kW；

　　　n_r——操作人员数量；

　　　$\frac{3}{24}$——每日操作时间系数，按每日操作 3 h 计。

对于冷却间、冻结间不计制冷负荷。

第三节　冷库冷却设备负荷和机械负荷的设计

在第二节中已讲述了冷间制冷负荷由围护结构的传热量 Q_1、货物热流量 Q_2、通风换气热流量 Q_3、电动机运转热流量 Q_4 和操作热流量 Q_5 五个部分构成。考虑冷库库房各种热量的特性，便于冷库制冷装置在任何情况下能够确保预先设定的库温参数。但是，围护结构热流量和通风换气热流量随季节和昼夜变化；货物热流量则与库房入货量、季节特性、食品种类及冷加工工艺有关；各库房电动机运转时间和操作管理的时间并不是同时进行，受人员操作管理合理程度的影响。因此，需要考虑具体情况，对冷藏库的热量应进行适当的修正，分别求出冷却设备负荷和冷间机械负荷来选配冷间的冷却设备(蒸发器)、制冷机及其他辅助设备。

一、冷却设备负荷和机械负荷的计算

各冷间冷分配设备的配置都是以各自的冷负荷为依据。因此，冷间冷却设备负荷 Q_s 可按式(6-14)计算：

$$Q_s = Q_1 + BQ_2 + Q_3 + Q_4 + Q_5$$ （6-14）

式中　Q_s——冷却设备负荷，W；

　　　Q_1——围护结构热流量，W；

　　　Q_2——货物热流量，W；

　　　Q_3——通风换气热流量，W；

　　　Q_4——电动机运转热流量，W；

　　　Q_5——操作热流量，W；

　　　B——货物热流量系数，对于冷却间、冻结间和货物不经冷却而直接进入冷藏间的冷却物冷藏间，B 取 1.3，对于其他冷间取 1.0。

在计算中，机械负荷的计算不同于冷却设备负荷的计算。因为冷却设备负荷是按照最不利生产条件计算,而在实际生产中各种最不利因素同时出现的概率极小。因此,在确定制冷机械负荷时需要考虑管路、设备冷量损失和冷间同期操作系数等因素的影响。目前冷间机械负荷或制冷压缩机的总负荷 Q_j 应分别根据不同蒸发温度按式(6-15)计算:

$$Q_j = \left(n_1 \sum Q_1 + n_2 \sum Q_2 + n_3 \sum Q_3 + n_4 \sum Q_4 + n_5 \sum Q_5 \right) R \qquad (6\text{-}15)$$

式中　Q_j——机械负荷,W;

　　　n_1——围护结构传热量的季节修正系数,取1;

　　　n_2——货物热量折减系数;

　　　n_3——同期换气系数,取 $0.5 \sim 1.0$(同时最大换气量与全库每日总换气量的比数大时取大值);

　　　n_4——冷间用的电动机同期运转系数;

　　　n_5——冷间同期操作系数;

　　　R——制冷装置和管道冷损失补偿系数,直接冷却系统取 1.07,间接冷却系统取 1.12。

货物热流量折减系数 n_2 应根据冷间的性质确定,即冷却物冷藏间取 $0.3 \sim 0.6$(冷藏间的公称体积为大值时取小值);冻结物冷藏间取 $0.5 \sim 0.8$(冷藏间的公称体积为大值时取大值);冷加工间和其他冷间应取 1。

冷间用的电动机同期运转系数 n_4 和冷间同期操作系数 n_5 应按表6-8规定取用。

表 6-8　　　　　　　冷间用电动机同期运转系数和冷间同期操作系数取值

冷间总间数	n_4 或 n_5	冷间总间数	n_4 或 n_5
1	1	≥5	0.4
2~4	0.5	—	—

注:冷却间、冷却物冷藏间、冻结间 n_4 取1;其他冷间按本表取值。

二、各类冷间热负荷经验数据

1. 小型冷间负荷经验数据

表6-9中的数据适合公称容积在 3 000 m^3 以下的小型冷藏库的冷藏库负荷估算。

表 6-9　　　　　　　　　　　小型冷藏库单位制冷负荷的估算

冷冻产品	序号	冷间容量/t	冷间温度/℃	单位制冷负荷/(W/t)	
				设备冷却负荷	机械负荷
肉、禽、水产品	1	50 以下	−18~−15	195	160
	2	50~100		150	130
	3	100~200		120	95
	4	200~300		82	70
水果、蔬菜	1	100 以下	0~2	260	230
	2	100~300		230	210
鲜蛋	1	100 以下	0~2	140	110
	2	100~300		115	90

2. 大中型冷间负荷经验数据

肉类冷冻加工单位制冷负荷估算,见表6-10。

表6-10   肉类冷冻加工单位制冷负荷估算

加工方式	序号	冷间温度/℃	肉内降温情况/℃		冷冻加工时间/h	单位制冷负荷/(W/t)	
			入冷间时	出冷间时		冷却设备负荷	机械负荷
冷却加工	1	-2	+35	+4	20	3 000	2 300
	2	-7/-2×2	+35	+4	11	5 000	4 000
	3	-10	+35	+12	8	6 200	5 000
	4	-10	+35	+10	3	13 000	10 000
冻结加工	1	-23	+4	-15	20	5 300	4 500
	2	-23	+12	-15	12	8 200	6 900
	3	-23×3	+35	-15	20	7 600	5 800
	4	-30	+4	-15	11	9 400	7 500
	5	-30	-10	-18	16	6 700	5 400

注:1. 冷冻加工时间不包括肉类进、出冷间搬运的时间。

2. 此处系指冷间温度先为-7℃,待肉体表面温度降到0℃时改用冷间-2℃继续降温。

3. 系一次冻结(不经过冷却),表中的冷却设备负荷包括食品冷加工热量 Q_2 的负荷系数 P(即 $1.3Q_2$)的数值,机械负荷数值包括管道等冷损耗补偿系数 7%。

冷藏间、制冰等单位制冷负荷估算见表6-11。

表6-11   冷藏间、制冰等单位制冷负荷估算

	序号	冷间名称	冷间温度/℃	单位制冷负荷/(W/t)	
				冷却设备负荷	机械负荷
冷藏间	1	一般冷却物冷藏间	0、-2	88	70
	2	250 t 以下的冻结物冷藏间	-15、-18	82	70
	3	500～1 000 t 冻结物冷藏间	-18	53	47
	4	1 000～3 000 t 单层库冻结物冷藏间	-18、-20	41～47	30～35
	5	1 500～3 500 t 多层库冻结物冷藏间	-18	41	30～35
	6	4 500～9 000 t 多层库冻结物冷藏间	-18	30～35	24
	7	10 000～20 000 t 多层库冻结物冷藏间	-18	28	21
制冰间及冰库	1	盐水制冰间	—	—	7 000
	2	桶式制冰间	—	—	7 800
	3	冰库	—	—	420

第四节　冷库制冷设备的选择

冷库制冷系统设备选型计算主要包括制冷压缩机、冷凝器、冷却设备、节流装置和冷库

用辅助制冷设备(如中间冷却器、高压储液器、油分离器、气液分离器及低压储液器等)的选型计算。根据冷却设备负荷和机械负荷进行制冷压缩机和设备选型计算。

一、制冷压缩机的选型依据

压缩机选型计算主要根据制冷系统冷却设备负荷、机械负荷和系统设计工况确定压缩机的台数、型号、每台压缩机的制冷量以及配用电动机的功率。

冷库制冷系统压缩机形式有活塞式和螺杆式两种,一般根据冷库制冷使用条件、制冷剂种类、制冷循环形式和系统制冷量要求进行选择。

1. 活塞式压缩机形式选择

冷库制冷系统压缩机制冷量应满足冷库生产旺季高峰负荷的要求,所选机器制冷量应大于或等于机械负荷数值,同时应考虑以下有关参数的规定。

(1)工作参数确定

① 蒸发温度

蒸发温度主要取决于被冷却环境或介质所要求温度。在间接冷却系统中应考虑减少食品干耗、提高制冷效率、节约能源、降低投资成本等要求,蒸发湿度一般比载冷剂温度低5 ℃。在直接冷却系统中蒸发温度一般比库房温度低10 ℃左右。

② 冷凝温度

冷凝温度与所用冷凝器形式、冷却方式、冷却介质温度以及制冷压缩机规定的排气温度和压力有关。对于立、卧和淋激式冷凝器,若进、出水温度分别为 t_1、t_2 时,其冷凝温度按(6-16)计算:

$$t_1 = (5\sim7) + \frac{t_1 + t_2}{2} \tag{6-16}$$

对于蒸发式冷凝器,冷凝温度按(6-17)计算:

$$t_1 = t_s + (5\sim10) \tag{6-17}$$

式中　t_s——夏季空气调节室外计算湿球温度,℃。

③ 过冷温度

制冷剂液体在冷凝压力下冷却到低于冷凝温度称为过冷温度。一般来说,氨系统的过冷温度通常比过冷器进水温度高约3 ℃,两级压缩制冷系统中高压液体过冷温度比中间温度高3~5 ℃。

④ 吸气温度

吸气温度与制冷系统供液方式、吸气管长短、管径大小、供液量及隔热等因素有关。对氨制冷系统,压缩机允许吸气湿度和吸气过热度见表6-12。

表6-12　　　　　　　氨压缩机允许吸气温度　　　　　　　单位:℃

蒸发温度	0	−5	−10	−15	−20	−25	−28	−30	−33	−40	−45
吸气温度	1	−4	−7	−10	−13	−16	−18	−19	−21	−25	−28
过热度	1	1	3	5	7	9	10	11	12	15	17

氟利昂制冷系统的吸气应有一定的过热度。采用热力膨胀阀时,蒸发器出口气体应有3~7 ℃过热度,单级压缩机和两级压缩机的高压级吸入温度一般不超过15 ℃。在回热系

统中,气体出口比液体进口温度宜低 $5\sim10$ ℃。其中,两级压缩的中间温度 t_m 与中间压力 p_m 的经验公式分别为:

$$t_m=0.4t_c+0.5t_e+3 \qquad (6\text{-}18)$$

$$p_m=\sqrt{p_c}\cdot\sqrt{p_e} \qquad (6\text{-}19)$$

式中　t_c、t_e——分别为冷凝温度和蒸汽温度,℃;

　　　p_c、p_e——分别为冷凝压力和蒸发压力,MPa。

(2)活塞式制冷压缩机级数选择

根据设计工况的冷凝压力与蒸发压力之比确定制冷压缩机级数。氨制冷系统 p_c/p_e 大于 8 时采用两级压缩,p_c/p_e 小于或等于 8 时采用单级压缩;氟利昂制冷系统 p_c/p_e 大于 10 时采用两级压缩,p_c/p_e 小于或等于 10 时采用单级压缩。

(3)单机容量和台数选择

制冷压缩机单机容量和台数应按便于能量调节和适应制冷对象工况变化等因素确定。一般情况下,机械负荷数值较大的冷库应选用大型压缩机,以免使用机器台数过多,否则相反。在制冷系统中使用压缩机总台数一般不低于 2 台,对于生活服务性小冷库也可以选用 1 台。但在采用多台压缩机同时工作时,应尽可能采用同一系列或型号相同的压缩机便于控制、管理及零配件更换。

(4)制冷压缩机工作范围和自动控制

在压缩机运行工况满足系统要求的前提下进行系统设计时,可以采用设有微电脑对制冷压缩机进行控制,要与整个制冷系统控制程序协调配合。

2. 螺杆式制冷压缩机特性

螺杆式制冷压缩机有单螺杆压缩机和双螺杆压缩机,且有开启式和半封闭式的区别。目前螺杆式制冷压缩机的应用越来越广泛,各种开启式和半封闭式螺杆式制冷压缩机已经形成系列产品,近几年又出现全封闭式系列。螺杆式制冷压缩机的内容积比是随外界温度变化而变化,一般有 2.6、3.6 和 5.0。表 6-13 给出三种内容积比的螺杆压缩机适应工况范围。螺杆压缩机单级压缩比较大时有较宽的运行条件,带有经济器的单级螺杆制冷压缩机可以得到更高的运行效率,但在低温工况下由于 t_c 很低,应选择两级压缩。

表 6-13　　　　　　　　　　螺杆式氨制冷压缩机适应工况范围

		R717 标准工况压缩比=4.92					
内压缩比	适用的压缩比范围	$t_c=30$ ℃		$t_c=40$ ℃		$t_c=45$ ℃	
		t_c/℃	压缩比	t_c/℃	压缩比	t_c/℃	压缩比
2.6	$\dfrac{p_2}{p_1}\leqslant4$	5	2.20	5	3.2	5	
		0	2.72			0	4.14
		−10	4.0	−3	4.05	0	4.14
3.6	$4\leqslant\dfrac{p_2}{p_1}\leqslant6.3$	−10	4.0	−3	4.05	0	4.14
		−20	6.13	14	6.3	−11	6.37
5.0	$6.3\leqslant\dfrac{p_2}{p_1}\leqslant9.7$	20	6.13	−14	6.3	−11	6.37
		−30	9.7	−24	9.8	−21	9.78

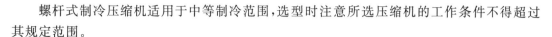

螺杆式制冷压缩机适用于中等制冷范围,选型时注意所选压缩机的工作条件不得超过其规定范围。

二、冷却设备选择

冷却设备是在制冷系统中产生冷效应的低压换热设备,利用制冷剂液体经节流阀节流后在较低温度下蒸发沸腾转变为蒸汽并吸收被冷却物体或介质的热量,使被冷却介质温度降低。由于制冷剂流经冷却设备时吸热蒸发,所以又称为蒸发器。对制冷系统而言,它是制冷系统中制取冷量和输出冷量的设备。

1. 冷却设备形式选择

冷却设备形式选择应根据食品冷加工、冷藏或其他工艺要求确定,所选用的冷却设备使用条件和技术要求应符合现行的制冷装置用冷却设备标准的要求。冷库库房中的冷却设备可根据库房采用的冷却方式对应的采用排管或冷风机。一般在自然对流式冷却库房中设置排管;强制循环式冷却库房中设置冷风机;混合冷却式库房中则同时设置排管和冷风机。

(1)冷却间、冻结间和冷却物冷藏间的冷却设备应采用冷风机,对于冻结物冷藏间来说一般也采用冷风机,但当食品无良好包装时,可以选用排管进行冷却降温。

(2)食品包装间冷却设备的选择根据冷间设计温度进行选择,高于-5 ℃时选用冷风机,低于-5 ℃时选用排管。

(3)冻结间内冷却设备的选择应根据不同食品的冻结工艺要求选用合适的冻结设备,如平板冻结、螺旋式冻结、流态化冻结以及搁架式冻结等。

2. 冷却设备冷却面积计算

冷却设备的选型是以冷却面积为依据,计算出冷却设备的冷却面积后根据相关条件选择冷却设备的型号和数量。

以空气为冷媒,采用直接供冷方式的空气冷却器(冷风机)的冷却面积应按式(6-20)计算:

$$A = \frac{Q_s}{K\Delta t} \tag{6-20}$$

式中 A——冷风机的冷却面积,m^2;

  Q_s——冷间的设备负荷,W;

  K——冷风机传热系数,$W/(m^2 \cdot ℃)$;

  Δt——冷间温度与制冷剂的对数平均温差(℃),可取 7~10 ℃,冷却物冷藏间也可采用更小的温差。

在设计计算中,考虑到空气冷却器使用一段时间后,由于凝霜会导致其传热系数降低,应将计算所得的传热面积增加 10% 的富裕量。

2. 排管设计和计算

冷藏库库房中自然对流的空气一般用排管来进行冷却。冷却过程中,排管中的制冷剂(或载冷剂)直接与外表面空气进行热量交换,从而使库内空气温度降低而达到制冷目的。

目前冷却排管类型很多,按照库房的具体条件不同可分为盘管式排管、立管式墙排管、集管式顶排管、氨液内循环式排管、氨泵强制供液系统用排管、搁架式排管等,其特点是制冷剂在管内蒸发,管外的空气呈自然对流状态。选型时应考虑冷间除霜、进出货物碰撞、制冷系统供液方式及冷间设定温度等因素。

冷却排管的冷却面积按式(6-21)计算：

$$K = \frac{Q_s}{K\Delta t} \tag{6-21}$$

式中　A——顶排管的冷却面积，m^2；

　　　Q_s——冷间的设备负荷，W；

　　　K——管的传热系数，$W/(m^2 \cdot ℃)$；

　　　Δt——冷间温度与制冷剂温度的算术平均温差($℃$)，一般取 10 $℃$。

冷间温度与冷却设备蒸发温度差应根据减少食品干耗、提高制冷机工作效率、节约能源及初投资等因素通过技术经济比较确定。光滑顶、墙排管的传热系数按式(6-22)计算：

$$K = K'C_1C_2C_3 \tag{6-22}$$

式中　K——光滑排管在设计条件下的传热系数，$W/(m^2 \cdot ℃)$；

　　　K'——光滑排管在特定条件下的传热系数，$W/(m^2 \cdot ℃)$；

　　　C_1——构造换算系数，为管子间距 S 与管子外径 D 之比；

　　　C_2——管径换算系数；

　　　C_3——供液方式换算系数。

第五节　冷库制冷系统辅助设备的选择

冷库制冷系统中，除压缩机、冷凝器、蒸发器和节流装置四大件外，通常根据制冷系统工作要求和运行特点还设一些辅助设备。常规制冷系统的辅助设备有油分离器、高低压储液器、中间冷却器、集油器、气液分离器、膨胀容器、空气分离器、过滤干燥器、输液泵、安全阀、紧急泄氨器、回热器等。

1. 油分离器和集油器的选择

压缩机排气中均带有润滑油，润滑油随高压排气一起进入排气管并有可能进入冷凝器和蒸发器内。对于氨制冷系统，润滑油会在换热器表面形成严重的油污，从而降低换热器的传热系数致使制冷剂的蒸发温度升高；对于氟利昂制冷系统，尽管不会在换热器表面形成油污，但对蒸发温度的影响也是比较大，因此在系统中设置油分离器将系统管路中的润滑油分离出来。

油分离器的选型计算主要是确定油分离器的进、出气管直径，保证制冷剂在油分离器内的流速符合分油的要求以达到良好的分油效果。根据进、出气管管径选择，油分离器管径按式(6-23)计算：

$$d = \sqrt{\frac{4\lambda V}{3\,600\pi w}} \tag{6-23}$$

式中　d——油分离器进、出气管管径，m；

　　　λ——压缩机的输气系数，两级压缩时为高压级压缩机的输气系数；

　　　V——压缩机的理论输气量，两级压缩时为高压级压缩机的输气量，m^3/h；

　　　w——油分离器内气流速度(m/s)，填料式油分离器宜采用 0.3～0.5 m/s，其他形式的油分离器宜不大于 0.8 m/s。

润滑油的收集设备又称集油器，也称放油器，仅适用于氨制冷系统，用于收集和存放从油分离器、冷凝器、储液器及蒸发器等系统设备中分离出来的润滑油。因为氨液与润滑油不相容,且油重于氨液,油易在容器底部积存。为了不影响换热器的换热效果,必须定期将润滑油从油分离器、冷凝器、储液器中放出。集油器的作用是可在低压下从系统中放出润滑油,既安全可靠又不会造成制冷剂损耗。集油器一般设置在分油器附近。通常根据制冷系统标准工况下的制冷量大小确定集油器形式。

2. 气液分离器的选择

气液分离器的作用是使混合的气、液制冷剂分离,有机房用和库房用两种。机房用气液分离器与机房压缩机的总回气管路相连,用以分离回气中的液滴并防止压缩机发生液击现象。库房用气液分离器一般设置在氨重力供液系统中的各个库房,用以分离节流后的低压制冷剂液态中夹带的液滴,并借助其设置的高度(0.5～2.0 m)向各冷间设备供液。

氨制冷系统重力供液用的气液分离器应保持液面高于冷间最高层冷分配设备约0.5～2.0 m,其没有供液机构——浮球阀或液位控制器配供电磁阀、手动节流阀等。氟利昂制冷系统中的气液分离器是一种带 U 形管的气液分离器,并多与回热式换热器合为一体。它除了分离混合气体中的液滴外还可以作为一个回气换热器,并可保证回气中的润滑油顺利返回压缩机以及多台压缩机回油量的均匀分配。立式气液分离器使液滴分离是通过变化气体流速和方向实现的,设计时,气体在室内的流速不应大于0.5 m/s。工程选用时可参考《冷库设计手册》或工厂产品说明书。

(1) 机房氨液分离器选型按式(6-24)计算:

$$d = \sqrt{\frac{4\lambda V}{3\ 600\pi w}} \tag{6-24}$$

式中 d——机房氨液分离器的直径,m;

λ——压缩机的输气系数,两级压缩时为低压级压缩机的输气系数;

V——压缩机的理论输气量,两级压缩时为低压级压缩机的输气量,m^3/h;

w——氨液分离器内气流速度(m/s),一般采用0.5 m/s。

(2) 库房氨液分离器选型按式(6-25)计算:

$$d = \sqrt{\frac{4qv}{3\ 600\pi w}} = 0.018\ 8\sqrt{\frac{qv}{w}} \tag{6-25}$$

式中 d——库房氨液分离器的直径,m;

q——通过氨液分离器的氨液量,kg/h;

v——蒸发温度相对应的饱和蒸汽比体积,m^3/kg;

w——氨液分离器内气流速度(m/s),一般采用0.5 m/s。

3. 储液器的选择计算

制冷剂储存设备主要指储液器,用于储存制冷剂液体。在氨制冷系统中,按储液器功用可分为高压储液器和低压储液器。储液器容积按制冷剂循环量进行计算,应考虑环境温度变化时储液器内液体制冷剂受热膨胀而造成的危险。储液器的体积按式(6-26)计算:

$$V = \frac{\varphi}{\beta}v\sum q_{\mathrm{m}} \tag{6-26}$$

式中 V——储液器的体积,m^3;

$\sum q_\mathrm{m}$——制冷装置中制冷剂的总循环量,kg/h;

υ——冷凝温度下液体的比体积,$\mathrm{m^3/kg}$;

φ——储液器的体积系数,取值见表 6-14;

β——储液器的液体充满度,一般取 0.7。

表 6-14   储液器的体积系数

冷库公称体积/$\mathrm{m^3}$	≤2 000	2 001～10 000	10 001～20 000	≥20 000
储液器的体积系数 φ	1.2	1.0	0.8	0.50

高压储液器与冷凝器安装在一起,用以储存由冷凝器来的高压制冷剂液体,保证液体不会淹没冷凝器传热面并适应工况变动进行调节和稳定制冷剂循环量,一般不超过储液桶容积的 70%～80%;低压储液器是液泵供液系统的专用设备,其作用是储存和稳定地供给液泵循环所需的低压液体,且能对库房回气进行气、液分离保证压缩机的安全运行,必要时可兼作排液桶。低压储液器按作用不同可分为两类:

(1) 排液桶:用于蒸发器融霜或制冷设备检修时储存制冷系统的制冷剂液体。

(2) 循环储液桶;蒸发器为氨泵供液时,用于储存循环的低压制冷剂液体。

4. 不凝性气体分离器的选择

制冷系统排空不彻底、充灌制冷剂或补充润滑油,以及设备检修、更换零件等过程中都会有空气残余或混入系统。对于蒸发温度较低、蒸发压力小于大气压力的制冷系统,一般均应设置不凝性气体分离器。不凝性气体分离器一般不进行计算,而是根据经验选择。目前生产的不凝性气体分离器主要有两种规格,其筒径直径分别为 108 mm 和 219 mm。当制冷站总制冷量小于 1 163 kW 时,宜采用 108 mm 的不凝性气体分离器;当制冷站总制冷量大于 1 163 kW 时,宜采用 219 mm 的不凝性气体分离器。

5. 分液器的选择

为了使热力膨胀阀节流后的制冷剂气、液两相流体能均匀地分配到蒸发器的各个管组,通常在膨胀阀出口管和蒸发器进口管之间设置分液器。它只有一个进液口,却有几个甚至十几个出液口,将膨胀阀节流后的制冷剂均匀地分配到各个管组(或蒸发器)中。

分液器均匀供液的原理:分液器的特点是通道尺寸较小,制冷剂液体流过时有较大的压降,约 50 kPa,同时在分液管中也有相近的压差,因此即使蒸发器各回路的阻力降有差异,但与在分液器中产生的压力降叠加后,蒸发器各通路管组总压降大致相等,从而使制冷剂能均匀地分配到蒸发器的各路管组中及各部分传热面积可以得到充分利用。在安装分液头时,各分液管必须具有相同的管径和长度以保证各路管组压降相等。

6. 中间冷却器选择计算

中间冷却器用于两级压缩制冷系统,其作用是用来冷却低压级压缩机的排气,同时还对进入蒸发器的制冷剂液体进行过冷以提高低压级压缩机的制冷量和减少节流损失,同时,还起着油分离器的作用,分离低压级压缩机排气所夹带的润滑油和液滴。在两级压缩制冷系统中,中间冷却器的工作原理与洗涤式油分离器的作用相似,利用增大通道截面,降低蒸汽流速和改变气体流向,以及用低温液体对过热蒸汽进行洗涤冷却。为了达到上述目的,需要向中间冷却器供液使其在中间压力下蒸发,吸收低压级压缩机排出的过热蒸汽和高压饱和液体所需移去的热量。

（1）中间冷却器桶径的计算：

$$d = \sqrt{\frac{4\lambda V}{3\ 600\pi w}} \tag{6-27}$$

式中　d——中间冷却器的内径，m；

　　　λ——高压级压缩机的输气系数；

　　　V——高压级压缩机的理论输气量，m³/h；

　　　w——中间冷却器内气流速度(m/s)，一般不大于 0.5 m/s 。

（2）蛇形盘管传热面积的计算：

$$A = \frac{\phi_q}{K\Delta t_d} \tag{6-28}$$

式中　A——蛇形盘管所需的传热面积，m²；

　　　ϕ_q——蛇形盘管内的热流量，W；

　　　K——蛇形盘管内的传热系数，按产品规定取值，无规定时按 465～580 W/(m²·℃)

　　　　　取值；

　　　Δt_d——蛇形盘管的对数平均温差，℃。

在中间冷却器的横截面上，氨气的流速一般不大于 0.5 m/s，蛇形盘管出口的氨液温度与中间压力下的沸腾温度之差为 3～5 ℃。中间冷却器的选型应根据计算求得的中间冷却器桶径和蛇形盘管传热面积的数值进行。

复习思考题

1. 冷库热负荷主要包括哪些？简要叙述冷却设备负荷和机械负荷的确定方法。

2. 试分析在制冷量不足时致使冷库降温困难的原因。

3. 各类冷库的室内设计温度一般为多少？如何进行库房制冷设备的计算？

4. 试分析冷库开门冷量的损失以及防止外界热湿负荷进入库内的基本措施。

5. 试分析在制冷系统中不凝性气体是如何产生的。

第七章 冷库制冷系统

制冷装置的使用效果与所选用的制冷系统有着密切关系,如果选择不当就会给冷库建筑带来不必要的经济损失以及导致冷库设备操作、管理不便。因此,计算制冷负荷并根据制冷系统的需要合理地选择最佳的制冷系统是极其重要的。

第一节 冷库制冷系统

制冷系统就是利用外界能量使热量从温度较低的物质(或环境)转移到温度较高的物质(或环境)的系统。

一、冷库制冷系统分类

冷库制冷系统按系统使用的制冷剂不同分为氨制冷系统、氟利昂制冷系统及特殊制冷剂的制冷系统;按系统冷却方式不同分为直接冷却系统和间接冷却系统[直接、间接冷却系统根据制冷间内空气流动情况又可分为直接盘管(或排管)冷却和直接吹风冷却以及间接盘管(或排管)冷却和间接吹风冷却];按系统供冷方式的不同分为集中供冷制冷系统和分散供冷制冷系统;按制冷剂供液方式不同,分为直接膨胀供液制冷系统、重力供液制冷系统和液泵供液制冷系统。

二、冷库制冷系统的选择

冷库制冷系统设计时选择合适的制冷系统是一项极其重要的工作。根据工程建设要求必须考虑:冷库温度范围、制冷量大小、制冷工质限制、能源供给、水资源、环保要求、噪声要求以及制冷机使用范围等。只有对技术、经济、环保和长远规划等方面进行综合分析和比较,才可能确定一个比较合理的制冷系统。

冷库制冷系统中传统制冷多用氨制冷剂,其单位制冷量大、价格便宜,但对人体有危害且易燃、易爆,特别要注意安全操作。氟利昂制冷剂多用于中小型冷库,对人体无害、不燃、不爆、制冷系统简单,但价格昂贵,管系多选用铜和铝合金等管材。20世纪80年代后期CFCs工质禁用后,氟利昂制冷剂的应用受到极大限制,氨制冷剂的应用有逐步扩大的趋势。

冷库的制冷系统中为保证食品的安全和管系的布置,以氨为制冷剂的间接制冷系统在大中型冷库中应用已非常普遍。经氨制冷剂冷却的低温盐水(载冷剂)通过载冷剂泵输送到各冷间的冷却盘管或冷间的冷风机向冷间供冷,通常有两个制冷循环系统,即制冷剂(氨)制冷循环系统和载冷剂(盐水)循环系统。间接式氨制冷系统中,制冷剂的蒸发温度较低,制冷机运行经济性较差。以氟利昂为制冷剂的中、小型土建式冷库和装配式冷库多为直接冷却式,其制冷系统较简单,工况调节方便。新型冷库均以R22为制冷剂,R12制冷剂已被禁用,新的替代制冷剂R134a等被采用。近年来,不少中小型冷库也有采用氨直接盘管冷却和氨直接吹风冷却的制冷系统。

以氨为制冷剂的大中型冷库均采用集中式制冷系统,其系统总投资较少、集中管理方便、冷间负荷调节方便、总能耗相对较低,但系统管路工艺设计、安装调试复杂,装置安全可靠性较差。以 R22、R134a 等为制冷剂的中小型冷库采用分散式制冷系统,机组简单,使用、调试、安装方便,负荷调节灵活,更易实现设备运行自动化,且设备运行安全性好,但系统总投资较大。

蒸汽压缩式制冷是借助制冷剂液体在低压条件下汽化吸热来实现制冷,故其供液方式便是影响制冷效果好坏的关键。供液方式分为直接供液、重力供液和液泵供液三种。

直接供液系统的供液器件和制冷系统简单、操作调试方便,但蒸发器换热效果差、制冷工况变化过大、易造成活塞压缩机液击,多用于氟利昂制冷系统或小型氨制冷系统。

重力供液系统与直接供液系统相比,其蒸发器换热效率较高、易实现向蒸发器均匀供液、保证压缩机安全运行,但供液稳定性差、融霜操作也麻烦,主要用于氨制冷系统。

液泵供液系统中,蒸发器具有较高的蒸发换热效率、能保证长距离供液、操作简单、便于集中控制和实现自动化、方便融霜,但系统增设氨泵后能耗增加,液泵供液适合大中型氨制冷系统。另外,液泵供液系统根据低压液态进出蒸发器的上、下位置分为"上进下出"和"下进上出"两种形式。上进下出供液方便回油、库温控制简单、蒸发器充液量较少;下进上出供液时,库温控制有一定难度、蒸发器充液量较多、易集油。实际系统应用中,冻结物冷藏间和底层库房多采用下进上出以利于均匀供液。冷却物冷藏间较多采用上进下出式,以利于库温控制和简化自控装置。

系统按照冷库制冷系统的供液方式可分为直接膨胀供液、重力供液、液泵循环供液等。根据冷库的大小和冷却设备的形式不同,分别选用不同的供液方式。

1. 直接膨胀供液系统

直接膨胀供液系统是以制冷剂液体的冷凝压力和蒸发压力的压力差为动力,将高压的制冷剂液体经节流阀节流降压后向冷却设备供液,如图 7-1 所示。直接膨胀供液系统结构简单,但在供液期间需要根据负荷变化情况随时调节节流阀的开启度,以避免发生供液量不足或供液量过多的现象。直接膨胀供液方式适用于单独的冷却设备或小型冷库的制冷系统。自动控制的小型氟利昂制冷系统利用热力膨胀阀供液,大多采用这种供液方式。

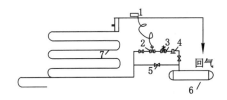

图 7-1　直接膨胀供液系统示意图
1——感温包;2——热力膨胀阀;3——电磁阀;
4——过滤干燥器;5——手动旁通节流阀;
6——储液器;7——蒸发盘管

2. 重力供液系统

重力供液系统是利用气液分离器内正常液面与冷却设备液面之间的液柱静压力向冷却设备供液。由图 7-2 可知,来自储液器的高压氨液经节流阀节流后进入气液分离器,在液柱的静压力作用下液体由气液分离器下部的出液管进入冷却设备吸热气化,冷却设备的回气经过气液分离后从回气管返回压缩机。

重力供液系统必须在冷却设备的上方设置气液分离器并保持合适的液位差。在工程中,气液分离器应高于冷间冷却设备最高点 0.5～2.0 m。在多层冷藏库中可以分层设置气

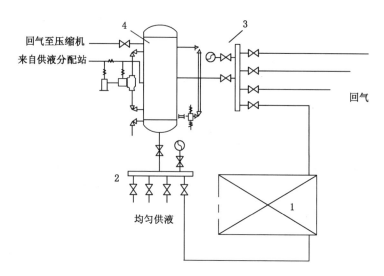

图 7-2 重力供液制冷系统原理图
1——空气冷却器;2——供液调节站;3——回气调节站;4——氨液分离器

液分离器,也可多层共用一个气液分离器。

重力供液系统很早以前已经投入使用,而且现在仍然在使用。其优点是:经过气液分离器,节流后的闪发气体不进入冷却设备,提高了冷却设备的传热效果;回气经过气液分离后进入压缩机,可避免发生湿压缩;由气液分离器向并联的冷却设备供液时,可以利用液体分液调节站调节各冷却设备的供液量达到均匀供液。其缺点是:气液分离器的安装位置高于冷却设备,所以一般需要加建阁楼,从而增加了土建造价;另外,制冷剂液体在较小的压差下流动,其流速小、传热系数较小,而且冷却设备内容易积油从而影响传热。因此,在大中型冷藏库中已较少采用重力供液系统。

3.液泵供液

液泵供液是利用液泵向冷却设备供液,与重力供液系统的组成和工作过程基本相同,两者主要区别是:重力供液是利用液柱的压差向冷却设备供液,而液泵供液是借液泵的机械作用克服管道阻力及静压力来输送制冷剂液体。

图 7-3 表示氨泵供液系统的原理:利用泵将低压循环桶内的低温液体制冷剂送到冷却设备进行强制供液,供液量比冷却设备蒸发所需的流量大,多余的液体随同蒸发的气体回到低压循环桶与桶内液体一起再由泵送至冷却设备,气体则被压缩机吸走。液泵供液系统虽然增加了液泵及其动力消耗,但却具有下列优点:由于依靠液泵的机械作用输送液体,气液分离器的高度可以降低;液体在冷却设备中是强迫流动,因而提高了冷却设备传热效果,容易实现系统的自动化。这种供液系统起初只用于大型多层冷库,由于它具有很多优点,所以目前在国内外的多层或单层冷库中都广泛采用,以及一些本来采用重力供液的老冷库也改造成液泵供液系统。对于采用氟利昂为制冷剂的大中型冷库的制冷系统也可采用液泵供液。

三、冷库制冷系统的管路设计要求

冷库制冷系统的管路设计要求如下:

(1)制冷管路必须根据制冷工艺要求进行布置,应保证设备的安全运行、方便操作维

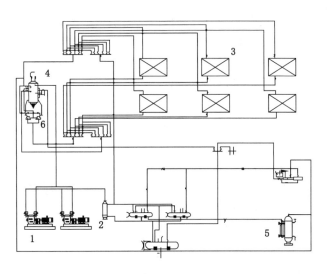

图 7-3 氨泵供液制冷系统原理图

1——压缩机;2——油分离器;3——空气冷却器;4——低压循环储液器;5——集油器;6——液泵

修、尽可能降低管路阻力、兼顾布置整齐美观。

(2)制冷管路选用的钢材、阀门和仪表根据制冷剂和形式而定。氨系统管路采用无缝钢管,氟系统采用纯钢管或无缝钢管。

(3)制冷系统的管路布置按工艺流程要求选用合理的弯曲直径,宜短而平直,保证制冷循环通畅,不至于产生影响制冷的气、液囊。有时在制冷剂流向考虑一定的坡度。制冷管路的连接必须兼顾检修操作及设备的方便更换和冷热伸缩。

(4)低温管路做隔热处理,其支、吊架上应设一定厚度经防腐处理的木垫块以免产生"冷桥"。

四、冷藏库的冷却方式

冷库制冷系统冷却方式按使用介质的种类可分为制冷剂直接蒸发冷却和载冷剂冷却两种;按室内空气的运动情况可分为自然对流和强制对流两种。目前这两种冷却方式分类方法都普遍采用。

1. 冷藏间的冷却方式

冷库的制冷系统大多采用直接蒸发的制冷方式。室内空气的循环方式则是随库房的种类而定。

冻结物冷藏间和小型冷库一般都采用蒸发排管自然对流冷却室内的空气。蒸发排管可分为顶排管和墙排管。顶排管的传热系数大,可使室内温度比较均匀,应优先采用。对有些货物储存期不长的小冷库,为了简化系统可以只装顶排管。但顶排管安装不便,且排管上的结霜融化时,有可能掉在货物上。墙排管安装方便,而且当沿外墙布置时用来吸收通过外墙传入的热量很有效,能防止室内温度产生较大的波动。采用排管的冻结物冷藏间可采用人工扫霜。为了便于除霜,应采用光滑管制作排管。近年来,冻结物冷藏间也趋于使用冷风机,尤其是采用氟利昂为制冷剂更是如此,其优点是可节省管材、便于安装、简化操作管理、易于实现自动化。使用冷风机的关键问题是如何防止食品产生过大的干耗。在冷藏工艺方面采取措施,如包装食品、镀冰衣、加覆盖等,也是减少食品干耗的一种方法。但是,如何确定冷风机的各项运行参数,改善室内空气循环的气流组织以控制食品干耗,仍是制冷工艺设计方面的重要课题。冻结物冷藏间采用冷风机时通常希望:室内风速保持在 0.5 m/s 以下;控制冷风机蒸发温度与进、出风平均温度的温差为 6~8 ℃;冷风机进出风温度差为 2~4 ℃;在气流组织方面,希望冷风机送出的低温空气沿冷藏间的平顶和外墙形成贴附射流,使冷藏货物处于循环冷风的回流区,有利于减少食品干耗。

冷却物冷藏间主要用于冷藏水果、蔬菜、鲜蛋等,室温一般保持在 0 ℃左右。习惯将库温为 0 ℃左右及以上的冷库称高温库。果、蔬等都是有生机的食品,在冷藏期间吸收氧气、放出二氧化碳,同时放出热量,所以库内大都采用冷风机。若室内空气不流通,就可能使局部的冷藏条件恶化而引起食品变质。采用顶排管时,其滴水较难处理。这种库房必要时也可增设墙排管,但应考虑其排水问题。图 7-4 为冷却物冷藏间冷风机剖面图,它是单风道系统,风道布置在冷间顶部中央,可使风道两侧送风射流的射程基本相等,利用中央走道作为回风道。室内空气由冷风机下方进风口进入,经冷风机冷却后的空气由送风道上的喷嘴送至顶部各处。储存果、蔬鲜品等的冷藏间还应考虑吸入新鲜空气和排除污浊空气的设施。

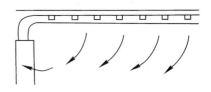

图 7-4　冷却物冷藏间冷风机剖面图

2. 冻结间的冷却方式

冻结间的作用是在指定的加工时间内完成食品的冻结加工工序并达到规定的质量指标,不但要求冻结速度快,而且要求同一批食品冻结速度均匀,因此目前大多采用冷风机,同时应结合冻结加工工艺的特点考虑合理的气流组织。

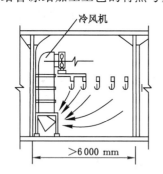

图 7-5　落地式冷风机的冻结间布置

在装有吊轨的冻结间中将整片肉吊挂起来进行冻结,吊轨间距为 750~850 mm。冻结间比较老式的设计是采用落地式冷风机,如图 7-5 所示。冻结间的宽度一般为 6 m,轨道股数不多于 5 道。冷风机沿冻结长度方向布置,可以达到在 24 h 或更短的时间内周转 1 次。靠近冷风机一侧处于冷空气的回流区,冻结速度不如冷风机对面靠墙一侧快。对于单间冻结能力在每昼夜 20 t 以上的冻结间,为了使每股轨道上冻品的冻结速度均匀,宜采用回转式传送链条,即在每个周期中定时开动链条顺序移动使每股轨道上的冻品都可得到最好的冻结条件。在冻结间内也可设临时货架或吊笼以冻结分层搁置的盘装食品或散装食品,故适应性较强。冷风机的融霜接水盘应架空在冻结间的地坪以上,以便观察是否漏水。此外还应考虑融霜和给排水回路的设计。

最近趋于在冻结间采用吊顶式冷风机。图 7-6 为吊顶式冷风机冻结间的布置示意图。吊顶式冷风机一般吊装在冻结间平顶下,可以充分利用建筑空间而不占建筑面积。其特点是风压小、气流分布均匀,是一种较好的冷却形式。安装时,吊顶式冷风机距冻结间平顶应不小于 500 mm、吸风侧距墙应大于 500 mm、出风侧应大于 700 mm,以改善循环冷风的气流组织。该冻结间的宽度一般为 3~6 m、长度不受限制,可以构成隧道式冻结装置。由于吊顶式冷风机设置在冻结间的顶部,所以应妥善处理融霜水的排放问题,防止融霜水外溢或飞溅。

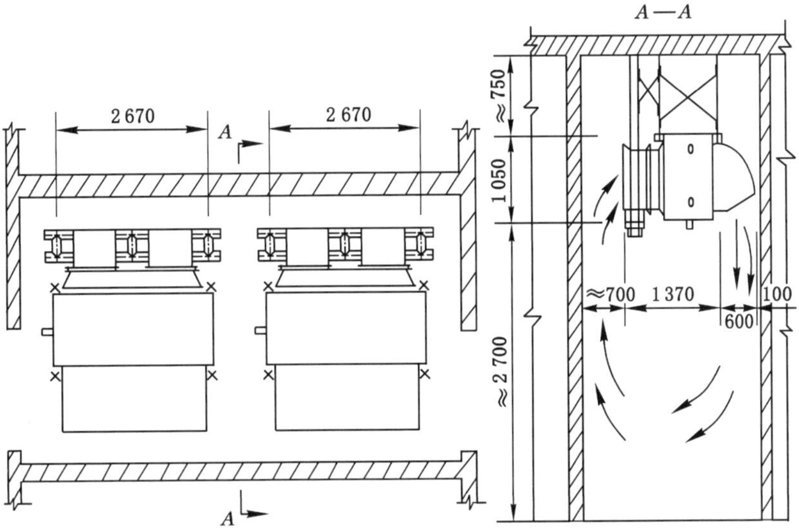

图 7-6　吊顶式冷风机冻结间的布置示意图

在设有搁架式排管的冻结间,制冷剂在排管中直接蒸发使放在搁架式冷却排管上的盘装或盒装食品冻结。室内空气可以自然对流,也可装轴流风机使空气强制流动。因为排管与食品直接接触,所以传热效果较好。如果采用横向吹风,其传热系数约为墙排管的1.6～2.5 倍;采用垂直方向吹风,则约为 3～5 倍。吹风搁架式排管的每吨食品配风量约为1 000 m³/h。

近几十年来,人们在不断寻求新的冷加工方法和冷加工设备。例如,采用隧道式或螺旋带式冻结装置;对于一些特殊的冻品采用流床式或浸沉冻结设备,采用直接喷洒液氮或液态二氧化碳的方法使食品速冻。

第二节　机房系统和设备

在冷库制冷系统中,制冷系统循环的过程主要包括蒸发过程、节流过程、压缩过程和冷凝过程四部分。其中,蒸发过程是在库房内进行、节流过程是在机房或设备间完成、压缩过程和冷凝过程则在机房内完成。建筑设计时总是将机房和设备间布置在库房隔热建筑结构之外。机房是冷库制冷系统部分设备进行操作运转的场所,因此,机房设计布置是否合理直接关系到制冷系统运行的经济性以及操作管理人员的运行管理和安全可靠性。

一、机房、设备间及设备布置

制冷机房和设备间是冷藏库的主要组成部分,在冷藏库的总平面布置中应使机房和设备间靠近冷藏库的制冷负荷中心,同时要避开库区主要通道、干道。设备布置应符合制冷工艺流程,适当考虑操作管理和维护保养设备的需要,同时应合理紧凑以节省建筑面积,主要通道的实际宽度不应小于 1.5 m,非主要通道的宽度不小于 0.8 m。

冷库系统中,制冷机房内设备的布置必须满足制冷原理、系统流向畅通、系统之间的管道连接短而直,以确保生产操作安全和安装、检修方便。同时在土建方面,机房布置应尽可能地紧凑,充分利用机房空间以节约建筑面积。例如,机房内主要通道的宽度应视机器间总面积的大小确定,一般为1.5~2.5 m,非主要通道的宽度应大于或等于0.8 m;压缩机间突出部位的间距应不小于1 m,并留出检修压缩机时抽出曲轴的距离;设备间内主要通道的宽度不应小于1.5 m,非主要通道的宽度不应小于0.8 m;在设备间布置容器时还要考虑窗户的开启方便和自然采光。

设备布置时应满足以下要求:

(1)制冷压缩机的布置

制冷压缩机布置要根据压缩机的尺寸、台数、机房内布置形式和机房内平面尺寸来考虑。通常制冷压缩机必须设置在室内并应有减振基础;若有数台压缩机,可根据压缩机的台数在机房内排成1列或2列;机房内的操作通道不宜过长,一般不大于12 m;两台压缩机之间的距离应满足抽出压缩机曲轴所需要的长度,一般不应小于1 m。

(2)冷凝器的布置

布置冷凝器时要根据其结构形式不同,考虑不同的布置方式,而且冷凝器的安装高度必须使制冷剂液体能借助重力顺畅地流入储液器。立式冷凝器应安装在室外且离机房出入口较近的地方。在土建初期,如果采用底部冷却水池作基础,则要求水池壁面与机房等建筑物墙体的距离大于3 m,以防止系统运行时溅出的水损坏建筑物;卧式冷凝器一般布置在设备间,布置时应留清洗和更换传热管子的位置。为保证出液顺畅,出液管截止阀至少应低于出液口300 mm;淋水式冷凝器一般布置在室外较宽阔的地方或者制冷压缩机房的房顶上,并保证其排管垂直于当地夏季主导风向;蒸发式冷凝器大多布置在机房的房顶上,而且要求周围通风良好。布置时主要考虑两点:其一,冷凝器的出液管应与足够长的垂直立管连接,长度不小于1.2~1.5 m;其二,立管下端设置存液弯并留有一定高度的封液,旨在抵消冷凝管组之间出口压力差以防止冷凝器工作的有效换热面积减小。

(3)油分离器的布置

油分离器布置应根据使用场所和结构形式进行合理布置。洗涤式油分离器需要从冷凝器的出液管引进氨液。冷凝器出液管与油分离器进液管的相对高差应不小于300 mm,亦不宜过大。而且在布置时力求远离制冷压缩机,确保排气在进入油分离器前得到额外地冷却以提高分离效果。因此,洗涤式油分离器的布置位置应满足便于引进氨液和控制液位的要求。

(4)储液器、集油器和空气分离器的布置

储液器一般布置在设备间且设置位置应靠近冷凝器,其安装高度应满足来自冷凝器的制冷剂液体依靠重力自动流进储液器。两个或两个以上储液器相连接时除在其上部设置气体均压管外,还应在其底部设液体均压管。集油器应设置在各放油设备附近或室外,其基础标高为300~400 mm以便于放油操作。空气分离器一般靠墙设置并临近冷凝器和储液器。集油器和空气分离器布置在室内时,其放油管和放空气管应用金属管或橡皮管连于室外以保证操作安全。

(5)低压循环桶和氨泵布置

低压循环桶是氨泵供液系统的专用设备,布置时应考虑不同的蒸发温度以确定其设置位置,一般设置在设备间。其安装高度要满足氨泵正常运转要求,桶内最低工作液位与氨泵中心轴线的高度差需满足防止氨泵汽蚀所要求的高度。氨泵一般布置在低压循环桶的下面,基础稍高于地坪,周围场所要求通风、排水流畅并有足够的操作管理和维修保养空间。设置多台氨泵时,其间距应满足不小于 0.5 m 以便操作检修。紧急泄氨器和紧急泄氨阀均应设置在外门便于操作的附近地方。

图 7-7 为某制冷压缩机机房平面布置示意图。

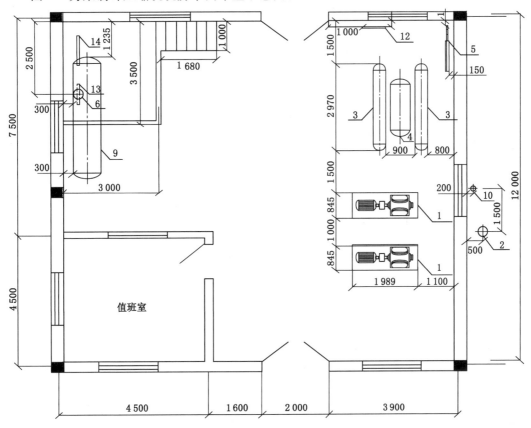

图 7-7 某机房平面布置图

1——压缩机;2——油分离器;3——冷凝器;4——储液器;5——空气分离器;6——氨液分离器;9——排液桶;10——集油器;11——紧急泄氨器;12——总调节站;13——液体调节站;14——气体调节站

二、制冷系统管道的布置要求

1. 制冷系统管道的设计原则

(1)制冷系统管路必须根据制冷工艺要求进行布置,应保证设备安全运行、操作维修方便、尽可能降低管道阻力并兼顾布置总体整齐美观。

(2)制冷系统管路选用的管材、阀门和仪表根据制冷剂和形式而定。氨制冷系统管路采用无缝钢管。

(3)制冷系统管路布置按工艺流程要求宜短而平直,选用合理的弯曲半径并保证制冷循环的通畅,即不至于产生影响制冷的气、液囊,有时在制冷剂流向上考虑一定的坡度。制冷管路的连接必须兼顾检修操作及设备更换和冷热伸缩。

低温管路做隔热处理时,其支、吊架上应设一定厚度经防腐处理的木垫块,以免产生"冷桥"。管道三通连接时应将支管以冷媒流向弯成弧形再进行烧焊[图 7-8(a)];当支管与干管同径且管道内径小于 50 mm 时,则在干管上加大一号直径的管段再按以上规定烧焊[图 7-8(b)];不同管径直线焊接时应将大管焊接端管径滚小成与小管同心同径,再进行对焊[图 7-8(c)]。

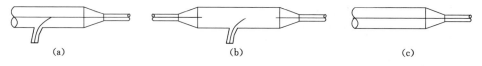

(a)   (b)   (c)

图 7-8 管道焊接示意图

压缩机吸气管和排气管路上均应装截止阀,以便于在检修机器时能将气流与机器切断。吸气管和排气管敷设在同一支架或吊架上时,应将吸气管敷设在排气管的下面。数根平行管之间应具有一定的安装、检修距离。一般情况下,管道间净距离不应小于 200～250 mm。为了避免泄漏,应尽量减少连接管件。各种管路原则上均采用煨制弯头,且弯曲半径一般不小于 4 倍管道外径。

管道一般应用支架、吊架固定在梁、柱、楼板和墙上。支架、吊架的最大允许间距和管道敷设高度应符合制冷规范要求,见表 7-1 和表 7-2。同时,管路、支架、吊架布置时还应考虑压缩机排气管路的热膨胀,一般均应利用管路弯曲部分进行自然补偿。

表 7-1　　　　　　　　　　　　　　　支架、吊架的最大允许间距

管道外径×壁厚/(mm×mm)	无保温的间距/m	有保温管的间距/m
10×2	1.0	0.6
18×2	2.0	1.5
22×2	2.0	1.5
32×3.5	3.0	2.0
45×3.5	4.0	2.5
57×3.5	5.0	3.0
108×4	6.0	4.0
159×4.5	7.5	5.0
219×6	9.0	6.0

表 7-2　　　　　　　　　　　　　　　管道安装高度

安装场所	安装高度/m	备注
机房内架空管道通过人行道	＞2.0	管底至室内地坪
机房外低支架	0.3～0.8	管底与地面之间净距
机房外架空管道通过人道	＞2.5	—
机房外架空管道通过车行道	4～4.5	—
不防水地沟	0.5	地沟应比地下水位高

压缩机吸、排气管均设置不小于 1‰ 的坡度,吸气管坡向氨液分离器,排气管坡向冷凝器。冷凝器和储液器之间的自流管道应沿冷媒流向保持 0.3‰～0.5‰ 坡度。管道布置在地沟内时,沟底应有不小于 0.01 的坡度,并应在沟底最低点处设置地漏或其他排水装置。制冷设备之间的连接管道的敷设坡度和坡向应符合《冷库设计规范》的规定,见表 7-3。

表 7-3 制冷管道的敷设坡度和坡向

管道名称	坡向	坡度
压缩机进气水平管(氨)	蒸发器	≥0.005
压缩机进气水平管(氟)	制冷机	0.01
压缩机排气水平管	油分离器	0.01～0.02
油分离器至冷凝器的水平管	油分离器	—
机器间至调节站的供液管	调节站	—
调节站至机器间的回气管	调节站	—

从液体主管接出支管时一般应从主管底部接出;从气体主管接出支管时一般应从主管上部或侧部接出。管道穿过墙或顶棚时应设置套管,以便管道因温度变化而伸缩。冷凝器、储液器中的不凝性气体与氨的混合物由放空气管进入空气分离器的壳体,冷却用的氨液膨胀阀进入管圈。混合气体中的氨气冷凝成液体后进入储液器,剩余的不凝性气体则从放空气阀排出。空气分离器顶端插入温度计,根据壳体内温度的变化掌握放空气操作。高压容器放油应经过集油器,低压容器可以不通过集油器而直接放油,但放油阀和放油管径应大于25 mm,采用过集油器放油的方案时,不宜与高压侧的放油共用集油器,以免由于操作失误或阀门关闭不严而引起"串压"。

2. 制冷剂管道管径的确定

制冷剂管道直径的确定应综合考虑经济、压力损失和回油等三个因素。例如,从初投资角度来看,管径越小则越经济。但是管径的减小将增大压力损失,从而引起压缩机的吸气压力降低、排气压力升高,导致压缩机制冷能力降低和单位制冷量耗电量增加。

制冷剂管道直径可由式(7-1)确定:

$$d_i = \sqrt{\frac{4G_R V_R}{\pi w}} \tag{7-1}$$

式中 d_i——制冷剂管道直径,m;

G_R——制冷剂的质量流量(kg/s),各个冷间的制冷剂流量根据各自的机械负荷、总机械负荷、总的制冷剂流量来确定;

V_R——制冷剂的比体积,m³/kg;

w——制冷剂在管道中的流速,m/s。

3. 阀类的设计和布置

在氨系统中,阀类选择应符合规范要求,阀体应是灰铸钢、可锻铸铁或铸钢,其公称压力不应小于 2 MPa;氨专用阀门和配件不得有铜质和镀锌、镀锡的零配件;氨制冷装置应采用专用压力表,其量程不得小于工作压力的 1.5 倍,精度不低于 2.5 级,用于低压侧的压力表应采用真空压力表;应设置倒管阀座,使阀件开启后能在运行中更换填料。氨系统中常用的阀有:截止阀、膨胀阀、安全阀、止回阀、浮球阀等。截止阀主要用于控制流体的通和断,或者切断压缩机及辅助设备与制冷系统的联系,是制冷系统中使用量最大的一种阀门。其中,截止阀公称通径按配管内径选用,公称压力选用 2.5 MPa 以满足氨制冷系统最高工作压力要求。结构形式一般按安装位置确定。膨胀阀又称节流阀,是实现制冷循环过程中节流膨胀的重要部件,不能用其他阀门随意代替。膨胀阀的最大节流能力和可调范围应与负荷变化相适应。一定开启度下的膨胀阀通过氨液的能力与阀前、后的压力差有关,目前主要是根据设备最大制冷量选用。在重力供液系统中将膨胀阀装在氨液分离器的进液管上,节流中产生的闪发气在氨液分离器中被分离出来。安全阀属于安全保护装置。压缩机及其辅助设备在出厂时已配有安全阀,无须另行配置。浮球阀应根据设备制冷能力选用,其功能:一方面,通过浮球阀对高压氨液起节流膨胀作用;另一方面,控制容器内氨液的液位。

三、制冷机房制冷系统

根据库房温度要求不同,机房系统有单级压缩系统、双级压缩系统或单、双级同时存在的压缩制冷系统。机房制冷系统一般由压缩机、冷凝器、储液器、调节站等几部分组成。如果采用热气融霜,还应包括融霜系统。所采用的压缩机和其他制冷设备的型号及台数根据具体设计确定。图7-9为某冷藏库的制冷系统原理图。冷藏库的计算吨位为100 t,储藏期为6个月,即本年度10月至次年5月。库房蒸发温度为-25 ℃,采用氨制冷的重力供液系统,其中供液、回液都通过调节站进行调节。冷藏间设置双层顶排管,冻结间采用冷风机。采用冷凝器冷却水、压缩机汽缸套冷却水及融霜用水综合循环用水方案。排管除霜采用人工除霜和热氨冲霜两种方式;冷风机除霜采用水力除霜和热氨冲霜两种方式。

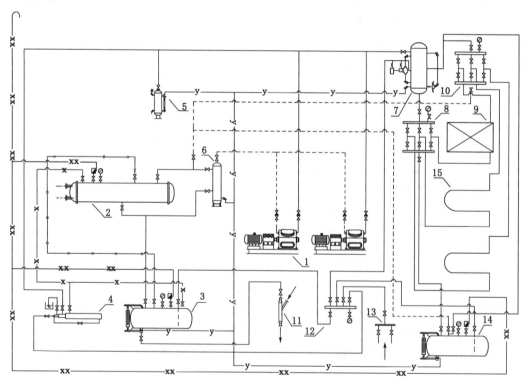

图 7-9 某地区 100 t 冷藏库制冷系统原理图

1——制冷压缩机;2——卧式冷凝器;3——储氨器;4——空气分离器;5——集油器;6——油分离器;
7——氨液分离器;8——供液调节站;9——空气冷却器;10——回气调节站;11——紧急泄氨器;
12——总调节站;13——充氨站;14——排液桶;15——顶排管

第三节　冷库制冷系统的融霜

冷表面结霜是制冷工程领域中最常见的现象之一。结霜工况下,空气冷却器内空气的流动、传热、传质过程比较复杂,而且霜层的生长是一个非稳定的动态过程。

空气冷却器是冷库中的一个重要制冷设备,一般是在低温、高湿的环境中运行。其运行工况一般是冷却表面为负温结霜的空气析湿冷却工况。库内空气在风机驱使下,受迫流过食品表面,冷风与食品表面之间发生受迫对流换热,且随着冷冻进行,空气冷却器的表面会出现结霜现象,当霜层增加到一定程度时,霜的绝缘大大地增加了传热热阻,而且库内空气流过冷风机的换热面积减小、流经蒸发器的阻力增大,逐渐使其表面传热恶化并使系统的性能逐渐降低。

当制冷系统的蒸发温度低于 0 ℃时,蒸发器表面必将出现霜层。霜层不仅使传热热阻增大,而且强制循环的蒸发器(如冷风机)还会使空气流动阻力增加,这些都会影响热交换效率。所以,无论冷库采用何种冷却方式,都应该经常清除霜层。因此,为了保证空气冷却器在较高产冷量和较小流动阻力条件下运转,以及维持其良好的换热能力,空气冷却器要定期去除其外表面的结霜。除霜的方法很多,应根据冷库的具体条件和冷却方式进行选择。常用的融霜方法有:人工除霜、水融霜、电加热融霜、热氨融霜、热气-水融霜和热氟融霜等。各种融霜方法的优、缺点见表 7-4。

表 7-4　　　　　　　　　　　几种常用的融霜方法

融霜方式	优点	缺点
人工除霜	简单易行,对库温影响不大	劳动强度大、除霜不彻底
水冲霜	操作程序简单,解决了蒸发器外表面霜层对传热的不良影响	温度波动大,对氨制冷系统而言,不能解决蒸发器内部积油问题
热气融霜	对于氨制冷系统,除霜的同时还能解决蒸发器内部积油问题	不仅融霜效率低,而且霜层融化的水排放困难
电加热法	系统简单、操作方便	耗电
热气-水融霜	对于氨制冷系统,既解决蒸发器外表面霜层对传热的不良影响,又解决蒸发器内部积油对传热的不良影响	融霜操作程序复杂

1. 人工除霜

人工除霜具有简单易行、对库温影响较小等优点,但在除霜过程劳动强度较大且除霜效果不彻底,从而干扰生产过程的连续性,造成食品质量的降低。

2. 热气融霜

热气融霜是利用压缩机排出的过热蒸汽冷凝时放出热量来融化蒸发器表面的霜层,具有实用性强、能量利用合理等优点,但融霜时间较长,故对库温有一定的影响。

(1)热氨融霜

热氨融霜就是将压缩机排出的热氨气引进蒸发器,利用过热蒸汽冷凝时所放出的热量,将蒸发器表面的霜层融化。蒸发器内原来积存的氨液和润滑油在压差的作用下排入融霜排液桶或低压循环储液器。

必须保证融霜所用的热氨气有足够的量及适当的压力和温度。用于融霜的热氨量一般不能大于压缩机排气量的1/3,融霜热氨压力为600～900 kPa。融霜用热氨气应从油分离器的排气管中接出。在较大的制冷系统中宜设置专用的油分离器(非洗涤式)。融霜热氨管不宜穿过低温地段,而应设置在常温穿堂内,并敷设隔热层。隔热材料应采用石棉、玻璃纤维、矿棉毡或水玻璃膨胀珍珠岩制块等材料,而不能采用软木或泡沫塑料之类不能耐高温的材料。热氨融霜一般仅用于冷库冷藏间的光滑排管中。融化后的霜和水必须立即清扫,否则将重新冻结成冰。当冷藏间的顶排管或墙排管融霜时,一般在货物或地板上铺设油布之类的覆盖物以避免融霜水冻结在货物或地板上。冷风机已不单独采用热氨融霜,因为不仅效率低,而且霜层融化生成的水的排放也有许多麻烦,一般冷风机多采用水融霜或者热气-水融霜。热氨融霜系统一般都和制冷系统供液和回气调节站结合起来布置,因此其布置方法与制冷系统的形式密切相关。

(2) 氟利昂热气融霜

氟利昂热气融霜和热氨融霜类似,但一般不设融霜排液桶。常见的排液方法有以下三种:① 排气自回气端进入蒸发器,被霜层冷却凝结成液体后从供液管排出,流至另一组正在工作的蒸发器中蒸发。这种排液方法适用于小型制冷系统,如单机多库的食堂冷库等;② 排气自回气端进入蒸发器,被霜层冷却凝结成液体后从供液管排出直接排至储液器,然后经恒压阀节流降压后进入冷凝器,吸收外界热量蒸发成蒸汽后被压缩机吸入,一般适用于大型或单机单库的制冷系统;③ 排气从液管进入蒸发器,被霜层冷却凝结成液体后由回气管排出,经恒压阀节流后,或者经蓄热槽的蒸发盘管和液体汽化器后再被压缩机吸入,或者直接被压缩机逐渐吸入,一般只适用于冰箱或单间小冷库的制冷系统。

3. 水融霜

水融霜操作程序简单,通过喷水装置向蒸发器表面淋水,使霜层被水流带来的热量融化并从排水管道排走,一般用于冷风机融霜。水融霜比热气融霜的效果好得多,操作程序也比较简单,所以已被广泛采用。但是水对冷库的危害也是很大的,因此在设计水融霜系统时必须采取多方面技术措施以防止由于设计不当或管理不善而导致降低冷库使用寿命。

融霜用水温度以25 ℃左右较为合适,过高会在库内产生"雾气",导致冷库围护结构内表面产生凝结水;过低则需要较多的水量或者延长喷水时间。在冬季或寒冷地区,可以采用冷凝器排出的冷却水作为融霜用水。融霜水源可以直接用自来水,或者专门设置融霜给水泵。直接采用自来水,一方面不经济,另一方面自来水管网压力不稳定,导致难以掌握给水阀的开启度,有可能因为水压过高使给水量过大而造成融霜水外溅等不良后果,或者水压偏低使水量不足,从而在规定的时间内融霜不净,甚至使霜层越积越厚而难以融掉。设置专用融霜水泵和循环用水系统,或者利用冷凝器冷却水循环水池,既可节省用水量,又有助于冷却水的降温,所以是比较经济合理的。特别是专用融霜水泵的压力和流量都比较稳定,因而便于掌握给水阀的开启度和喷水时间,比较安全可靠,而且便于实现融霜的自动操作。采用的水融霜冷风机必须有密封不漏水的外壳以防止融霜水溅出库内的承水盘,还应有畅通的排水系统,否则都将造成冷库损坏的严重后果。

4. 热气-水融霜

同时采用热气融霜和水融霜比单独用水融霜或热气融霜的效果更好。

水融霜只解决蒸发器外表面霜层对传热的不良影响,而没有解决蒸发器内部积油对传热的不良影响,因此对于冷风机的融霜,除了考虑水融霜以外,同时还应设置热气融霜系统,这种融霜称为热气-水融霜。融霜时先将热气送至蒸发器使冰霜与蒸发器表面脱离,然后喷水即可很快把霜层冲掉。停水后还可利用热气"烘干"蒸发器的表面,避免蒸发器表面的水膜结成冰影响传热。但是,这将使融霜操作或自动融霜装置的程序复杂化。所以经常性的融霜一般以水融霜为主,为了简化自动融霜装置的程序和节省自控元件,热气融霜装置可以采用手动操作。

5. 电加热融霜

电加热融霜是利用电热元件发热对蒸发器表面霜层进行融化,具有系统简单方便、易于实现自动化控制等优点,但耗电较多、增加运行能耗。

第四节　氨制冷系统的设计

冷库制冷系统主要包括制冷剂循环系统、润滑油循环系统、冷却水循环系统和载冷剂循环系统等。其中,制冷剂循环系统按系统中使用制冷剂的不同分为氨制冷系统、氟利昂制冷系统和特殊制冷剂制冷系统。本节将叙述氨制冷系统设计。

一、氨制冷系统的管道设计

氨制冷系统管道设计必须重视其物理化学性质。因为氨有毒性、有燃烧爆炸的危险,所以在设计时应首先确保制冷系统能够安全运行以及操作人员人身安全,并且应当考虑到一旦发生事故,能将其主要设备隔开以减少泄漏和便于修理,因此在设备之间需设置阀门。另一个值得重视的问题是:制冷系统中的润滑油不能溶解在氨液体中,因此设计管道时应注意解决润滑油的排放和回收问题。

二、氨制冷系统管道设计时的注意事项

1. 制冷压缩机吸气管道设计

制冷系统工作时为了防止停车时管道中的液体制冷剂返流回制冷压缩机而造成液击,自蒸发器至制冷压缩机的吸气管道应设置大于或等于 0.003 的坡度,且必须坡向蒸发器。同时,为了防止干管中的液体吸入制冷压缩机,应将吸气支管在主管顶部或侧部向上呈 45°接出。

2. 制冷压缩机排气管道设计

为了防止停车时制冷系统管道中的润滑油和凝结的制冷剂返流回制冷压缩机而造成液击,自制冷压缩机至冷凝器的排气管道应设置大于或等于 0.01 的坡度,且必须坡向油分离器或冷凝器。为了防止润滑油进入不工作的制冷压缩机,应将排气支管在主管顶部向上呈45°接出。

设计多台制冷压缩机进行布置排气管道时,应将支管错开接至排气主管,并且需考虑排气管道的伸缩余地和防止产生过分振动。

3. 冷凝器至储液器间的管道设计

采用卧式冷凝器时,当冷凝器与储液器之间的管道不长且未设均压管时,管道内液体流速应按 0.5 m/s 设计。

4. 冷凝器或储液器至洗涤式氨油分离器间的管道设计

采用洗涤式氨油分离器时,其进液管应从冷凝器出液管(多台时为总管)的底部接出。为了使液体氨能够通畅地进入氨油分离器,应保证氨油分离器内有一定高度的液位(参考生产厂家产品说明书),故洗涤式氨油分离器规定的液位高度应比冷凝器的出液口低 200～300 mm(蒸发式冷凝器除外)。

5. 浮球调节阀的管道设计

浮球调节阀管道设计必须考虑浮球阀投入运转时使液体制冷剂流经过滤器和浮球阀进入蒸发器。此外,还应考虑浮球阀需要检修时液体制冷剂能够经旁通管道进入蒸发器。

6. 储液器与蒸发器间的管道设计

储液器至蒸发器的液体管道可以经调节阀自接接入蒸发器中,也可先接至分配总管,然后再分几条支管接至各蒸发器中(即设调节站)。储液器与蒸发器之间若设置调节站时,其分配总管的截面积应大于各支管截面积之和。

7. 安全阀的管道设计

氨制冷站的冷凝器、储液器、中间冷却器、氨液分离器和管壳卧式蒸发器等设备上均应设置安全阀和压力表。如在安全管上装阀门时,必须装在安全阀之前,并须呈开启状态和加以铅封。

安全阀管道的直径不应小于安全阀的公称通径。当几个安全阀共用一根安全总管时,安全总管的截面积应不小于各安全阀分支管截面积的总和。

设计排至大气的安全管道高度时应考虑到避免排出的氨气危害周围人群的身体健康,以及造成周围环境的严重污染,所以其排放管口应高于周围 50 m 内最高建筑物的屋脊 5 m,并设防雨罩。

8. 排油管道设计

氨制冷系统中常混有润滑油,为了使制冷装置能良好地运行,所以必须考虑系统中设有排放润滑油管道。因为润滑油密度大于液体氨密度,所以集聚在冷凝器、储液器和蒸发器等设备底部的润滑油,均应从底部接管放出。为了防止制冷剂损失,在氨制冷系统中一般情况下均应经集油器放油。润滑油黏度随温度降低而增大,所以在 -20 ℃ 以下的低压管道和蒸发器处的润滑油就难于放出,因此在设计排油管道时应选择较大的管道直径,使排油时流速低些,同时也可减少液体氨随油放出造成不必要的麻烦。

三、冷却水系统设计

在制冷系统中,需要有大量的冷却水来冷却制冷设备,其中主要有制冷压缩机、冷凝器等。在设计水系统时,应根据水源的水量、水质、水温和气象等自然条件,以及冷却设备的形式和冷却水量的大小、水质、水温要求、技术经济等因素确定。

1. 冷却水系统选择

冷却水系统根据水源条件可以分为:一次用水、循环用水和排污用水。

(1)一次用水

在水源充足、水温适宜的地区优先选择直接供水系统,这种系统较简单,除了水泵站以外不需其他构筑物,用完以后直接排入地下管道或者结合农田排灌系统综合利用。

(2)循环用水

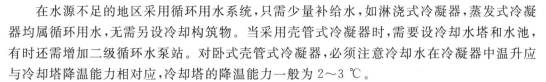

在水源不足的地区采用循环用水系统,只需少量补给水,如淋浇式冷凝器,蒸发式冷凝器均属循环用水,无需另设冷却构筑物。当采用壳管式冷凝器时,需要设冷却水塔和水池,有时还需增加二级循环水泵站。对卧式壳管式冷凝器,必须注意冷却水在冷凝器中温升应与冷却塔降温能力相对应,冷却塔的降温能力一般为 2~3 ℃。

(3)排污用水

排污用水系统以温度较低的深井水作为补充水,与部分温度较高的冷却水回水混合作为冷凝器的冷却水。

2. 冷却塔的选择

冷却塔选择应考虑冷却水的水量、水温、水质及其运行方式(全年或间断运行),气象条件、地质条件和水文地质条件,建筑场地大小,建筑材料,风机的供应条件和施工条件,经济技术比较等因素,进行冷却水量计算、冷却水系统水力计算(包括管道管径选择、水头损失、水泵扬程的确定等)、冷却水池容积计算,并经过技术经济比较后选择冷却塔。

第五节 氟制冷系统的设计

本章第一节已经讲述了冷库制冷系统的分类方法:按制冷剂种类分为氨制冷系统、氟制冷系统、空气等为工质制冷系统;按其用途分为空气调节制冷系统、商业制冷系统、工业制冷系统;按制冷剂的供液方式分为直接膨胀供液、重力供液和液泵供液制冷系统等。

制冷系统选定是设计制冷系统时极为重要的一项工作,必须依据工程建设的实际需要来选定合适的制冷系统,必须考虑制冷系统所能达到的温度范围、制冷量大小、当地能源供应条件、当地水源供应条件、环境保护的要求、振动强度的要求、噪声高低的要求以及制冷机的适用范围,方可选定合适的制冷系统。当遇到两种以上制冷系统可供选择时,应对其技术、经济、环境保护和长远规划等方面进行综合分析对比后选定。

一、制冷系统管道设计的要求

制冷系统设计成功与否在相当大程度上取决于制冷剂管道系统设计是否合理,以及对该系统中制冷设备的认识水平。制冷剂管道系统设计应当遵循如下的原则:

(1)必须使制冷系统的所有管道做到工艺系统流程合理,操作、维修、管理方便,运行安全可靠,确保生产。

(2)设备与设备、管道与设备、管道与管道之间必须保持合理的位置关系。

(3)必须保证供给蒸发器适量的制冷剂,对各个蒸发器能均匀供液,并且能够顺利地在制冷系统内循环。

(4)管道的尺寸要合理,尽可能短而直,弯曲的曲率半径尽量大些,不允许产生过大压力降,以防止系统的效率和制冷能力降低。

(5)根据制冷系统的不同特点和不同管段,必须设计有一定坡度和坡向。

(6)输送液体的管段除有特殊要求外不允许设计成倒 U 形管段,以免形成气囊阻碍流体的流动;输送气体的管段除特殊要求外不允许设计成 U 形管段,以免形成液囊阻碍流体的流通。

(7)必须防止润滑油积集在制冷系统的其他无关部分。

(8) 制冷系统开始运行后如遇部分停机或全部停机时,必须防止液体倒流回制冷压缩机。

(9) 必须按照制冷系统所用制冷剂特点选用管材、阀门、仪表和密封材料等。

二、冷系统管道管材确定

(1) 氨制冷系统管道一律采用无缝钢管(GB/T 8163—2008)输送流体。

(2) 氟制冷系统管道,对于小直径管道(直径在 20 mm 以下),一般均采用紫铜管;对于较大直径管道,一般均采用无缝钢管(GB/T 8163—2008)输送流体。

(3) 水系统管道一般均采用低压流体输送用镀锌焊接钢管(GB/T 3091—2015),也可采用低压流体输送用焊接钢管、螺旋电焊接钢管、铸铁管。

(4) 制冷剂制冷系统管道则应根据载冷剂物理化学性质确定采用何种管道材料合适。

三、氟制冷系统设计

采用氟利昂作为制冷剂的系统称为氟制冷系统,简称氟系统。由于氟利昂与氨有不同特性,所以其制冷系统也各具特点。

氟利昂系统主要特点:双级压缩时采用中间不完全冷却;采用直接膨胀供液方式进行制冷系统供液;同时,系统中利用热交换器使进入节流阀前的高压液体氟利昂与蒸发器出来的低压气体氟利昂进行热交换,导致液体过冷、气体过热,从而产生较大的过冷度、降低节流阀前后的氟利昂温差、减少节流损失、提高冷却设备的传热系数和冷却面积的利用率等。

氟利昂系统具有密度大、与润滑油互溶、融水性较小和等熵指数较小等主要特性。

卤代烃制冷剂能溶解不同数量的润滑油。当制冷压缩机投入运行时,在其排气端即使设计有油分离器,制冷剂中仍然会夹杂着润滑油随压缩机排气进入冷凝器。气体制冷剂被冷凝后,润滑油就溶解在制冷剂液体中。随着制冷系统运行,润滑油又将随制冷剂一起进入蒸发器。由于液体制冷剂汽化,润滑油与制冷剂分离,分离后的润滑油能否顺利地由吸气管返回制冷压缩机是氟制冷系统设计中非常重要的问题。在系统的设计中必须保证在开车、停车、满负荷和轻负荷时均能使系统中的润滑油返回压缩机。由于蒸发器与制冷压缩机相对位置不同,必须依据具体情况采取不同的措施。

当多台制冷压缩机并联运行时,润滑油能否良好地循环及均匀地回至每台制冷压缩机将直接关系到制冷站能否正常运转。在氟制冷系统中,特别是在自动控制的氟制冷系统中,目前一般不采用并联连接。如因某种因素需要多台制冷压缩机并联连接时,则在制冷系统设计中必须采取解决润滑油的平衡措施。

1. 制冷压缩机吸气管道设计

制冷压缩机吸气管道设计原则:保证压力降不超过允许的限度;上升立管中应保证必要的带油速度;防止未蒸发的液体制冷剂进入压缩机。

(1) 制冷压缩机的吸气管道应设大于或等于 0.02 的坡度,且必须使其坡向制冷压缩机,用以确保停机时润滑油能自动流回制冷压缩机以及工作时能够连续地随制冷剂气体一起返回制冷压缩机。

(2) 蒸发器和制冷压缩机布置在同一水平位置时,其管道连接可设计成如图 7-10 所示的形式。当吸气主管道在蒸发器上部经过时,应将每一组蒸发器吸气管道局部设计成一个 U 形弯。为防止放置感温包处的管段内积存液体而影响膨胀阀正常工作,应在此 U 形弯和

蒸发器间的水平管段上放置膨胀阀感温包。每一吸气支管道在顶部与主管道的连接如图
7-11 所示。

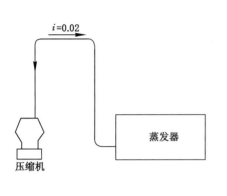

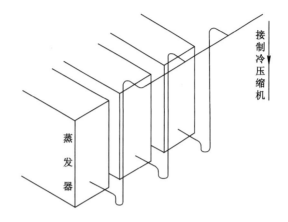

图 7-10 蒸发器与制冷压缩机在相同
标高的管道连接形式

图 7-11 三台相同标高的蒸发器
管道连接形式

（3）蒸发器布置在制冷压缩机之上时，通常应在蒸发器上部设计成一个倒 U 形弯，以
防止制冷压缩机停止运行时液体流向制冷压缩机，从而引起再启动制冷压缩机时的液击。
其管道连接形式如图 7-12、图 7-13 和图 7-14 所示。

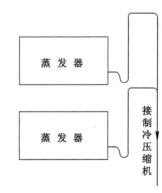

图 7-12 单台蒸发器管道连接形式

图 7-13 两台不同标高的蒸发器管道连接形式

（4）双吸气竖管一般情况下均将向上吸气竖管按制冷压缩机的最大工作容量设计成单
管，其管道直径应满足在该工况下能将油带回制冷压缩机。图 7-15 为双吸气竖管的两种连
接形式。

（5）蒸发器布置在制冷压缩机之下时，管道设计可分为三种情况。

（6）制冷系统采用单台制冷压缩机时，在制冷压缩机吸气管入口处不装 U 形集油
弯管。

（7）制冷系统小，采用两台制冷压缩机并联连接时，设计吸气管道时应予以对称布置。

（8）制冷系统小，采用三台或多台制冷压缩机并联连接时，应设置一个集管，且须使吸
入气体能够顺利地流入集管。

（9）为了解决制冷系统中需要采用压缩机并联的问题，国内已有专用的气液分离器。

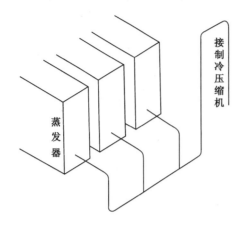

图 7-14　三台相同标高的蒸发器管道连接形式　　　图 7-15　双吸气竖管的两种连接形式

2. 制冷压缩机排气管道设计

制冷压缩机排气管道设计时应当注意到系统在低负荷运行时,能确保管道内部气体流速将润滑油均匀地由竖管带出(排出口无分油器时),以及防止在排气管内部产生储存润滑油的可能。此外,还必须杜绝液体制冷剂从制冷压缩机接往冷凝器的排气管道返流回制冷压缩机,以免造成液击事故。为了确保排气管道设计正确,设计时必须注意以下问题:

(1) 制冷压缩机排气管道应设计成大于或等于 0.01 的坡度,且必须坡向油分离器或冷凝器,以确保停机时管道中的润滑油和制冷剂气体一起流向油分离器或冷凝器。

(2) 对于不设油分离器的制冷压缩机,当制冷压缩机高度低于冷凝器时,应将排气管道靠近制冷压缩机先向下弯至地面处,然后再向上接往冷凝器形成 U 形弯,可以防止冷凝液体制冷剂和润滑油返流回制冷压缩机。同时,制冷压缩机停车后排气管的 U 形弯也可作为存液弯用,以防止制冷压缩机停车后由于冷凝器的环境温度高,制冷压缩机的环境温度低,制冷剂自冷凝器蒸发而泄回至制冷压缩机的排气管道之中,当再次开车时造成液击事故。为了防止液体倒流,应在管道中设置止回阀或油分离器。

(3) 制冷压缩机排气管道竖向长度超过 3 m 时,应根据其排气管道的竖向长度在靠近制冷压缩机处的管段上设一积液弯管,然后再每隔 8 m 设一积液弯管。

(4) 当两台制冷压缩机合用一台冷凝器且冷凝器设计在制冷压缩机下面时,从制冷压缩机接出的排气管道向下去冷凝器时,应把水平管段设有向下的坡度,同时在汇合处将管道做成 45°Y 形三通连接。但要防止 Y 形接头处由于两台制冷机排出气体时形成脉冲而发生振动;当只有一台制冷压缩机运行时,可防止油流入另一台制冷压缩机。

(5) 当制冷压缩机和冷凝器都在两台以上,且制冷压缩机设在冷凝器上面时,排气管道直径应与制冷压缩机排气管上的阀门口径相同。

(6) 对有能量调节的制冷压缩机,在设计中亦应考虑排气竖管在制冷系统低负荷运行时能将润滑油从竖管中带出的问题。

3. 冷凝器和储液器之间的管道设计

冷凝器和储液器之间的管道设计主要考虑要保持冷凝面积以获得最高效率,为此,冷凝器中的液体应能顺利地流入储液器。

从冷凝器到储液器的液体是利用液体重力经过管道自由流入,因此,为保证从冷凝器排出液体时不存液位,冷凝器和储液器之间应保持一定的高差,且须使管道保持一定坡度。

4. 蒸发式冷凝器至储液器之间的管道设计

蒸发式冷凝器至储液器之间的管道设计应当考虑到蒸发式冷凝器没有储存液体的容积,所以必须设置储液器以调节由于冷负荷变动而引起的波动。

5. 冷凝器或储液器至蒸发器之间的管道设计

冷凝器或储液器至蒸发器之间的管道设计主要是指液体管道设计。一般情况下,除了选择适当的管道直径保证合理的压力降外,液体管道在设计中的问题是比较少的。

四、氟制冷系统中蒸发器的供液流向

氟制冷系统一般采用直接膨胀供液的干式蒸发器,含油的液态氟利昂进入蒸发器后不断吸收被冷却介质的热量而蒸发沸腾,同时将携带的润滑油析出存于蒸发器内。随着积油量的增加,蒸发面积逐渐减少,换热效率不断降低。因此,应采用有利于回油的上进下出式供液流向,利用低压蒸汽流速将所带的润滑油引进吸气管道以返回制冷压缩机。

五、氟制冷系统的热气融霜设计注意事项

氟制冷系统与热氨融霜系统类似,但一般不设融霜排液桶。

由于氟制冷系统采用热力膨胀阀,在设计制冷管路时应使热蒸汽进入蒸发器及冷凝液出蒸发器均不经过热力膨胀阀。进行热气融霜时,由于氟制冷系统排气温度较低,致使融霜时间较长,在设计时需考虑保证系统有充足热气来源,适当情况下进行热气旁通能量调节以满足低负载时压缩机停机。

复习思考题

1. 冷库制冷系统按制冷剂供液方式不同可以分为哪几种? 并分别叙述其优缺点。
2. 试分析制冷机房设计布置的合理性与制冷系统运行的关系。
3. 试分析冷表面结霜的机理。在冷库设计中为何设置融霜系统?
4. 常用冷库的融霜系统有哪些? 并分别叙述其优缺点。
5. 氨制冷系统的管道设计时有哪些注意事项?

第八章　食品的冷加工技术

第一节　食品的热物理特性

食品按其来源可分为动物性(包括肉、禽、蛋、乳、水产品等)和植物性(包括粮食、水果、蔬菜等)两种。食品中含有人体所需的多种营养成分,如蛋白质、脂肪、碳水化合物、维生素、酶、水和矿物质等。食品的营养价值和食用价值在很大程度上取决于新鲜食品的原始质量,但在常温下很难长久地保持其原始质量,因此,人们一直不断地探索新的食品储藏方法。研究和实践表明,冷加工法保持新鲜食品原有形态、质量、新鲜度和营养成分的效果最好。植物性物料和动物性物料的特性对比见表 8-1。

表 8-1　　　　　　　　　　植物性物料和动物性物料的特性对比

植物性物料特性	动物性物料特性
组织较脆弱、易受机械损伤;含水量高、冷藏时易萎缩;营养成分丰富,易被微生物利用而腐烂变质	含水量较高,营养成分丰富,易被微生物利用
具有呼吸作用,有一定的天然抗病性和耐储藏性等特点	没有呼吸作用,但仍有生化反应进行
采收后有继续成熟的过程。冷藏前食品物料的成熟度愈低,冷藏的储藏时间相对越长	动物性食品物料经历热鲜肉→僵直肉→解僵肉过程,应选择动物屠宰或捕获后的新鲜状态进行冷藏

在进行冷加工之前,需要对食品的热物理性质有所了解(比如食品的冻结点、比热容、比焓等),然后根据冷库制冷工艺基础资料进行计算制冷负荷以确定冷却或冷冻时间以及冷间所需各种制冷设备等。表 8-2 中列举出部分食品的含水率、初始冻结点、比热容等有关数据。其中,果蔬含水率与其收获时间、成熟程度等因素有关,表中所列数据是指成熟的果蔬在采摘后的平均值。新鲜肉类含水率是指屠宰或成熟后的数值。腌制过的食品的含水率视加工过程特点而定。食品的初始冻结不仅对保持食品的合适储藏条件很重要,而且在计算制冷负荷时也是必需的。

表 8-2　　　　　　　部分食品的含水率、初始冻结点温度、比热容及食品溶解热

食品类型		含水量 /%	初始冻结点温度 /℃	冻结前比热容 /[kJ/(kg·K)]	冻结后比热容 /[kJ/(kg·K)]	食品溶解热 /(kJ/kg)
果蔬类	卷心菜	92.2	−0.9	3.94	1.97	308
	胡萝卜	87.8	−1.4	3.77	1.93	295
	芦笋	92.4	−0.6	3.94	2.01	312
	芹菜	94.6	−0.5	3.98	2.01	315
	甜菜	87.6	−1.1	3.77	1.68	295
	蚕豆	90.3	−0.7	3.94	2.39	298

食品类型		含水量 /%	初始冻结点温度 /℃	冻结前比热容 /[kJ/(kg·K)]	冻结后比热容 /[kJ/(kg·K)]	食品溶解热 /(kJ/kg)
果蔬类	黄瓜	96.0	−0.5	4.10	2.05	322
	茄子	92.0	−0.8	3.94	2.01	312
	蒜头	58.6	−0.8	3.31	1.76	204
	韭菜	83.0	−0.7	3.98	1.91	285
	莴苣	95.9	−0.2	4.02	2.01	318
	蘑菇	91.8	−0.9	3.89	1.97	305
	鲜苹果	83.9	−1.1	3.60	1.84	281
	香蕉	74.3	−0.8	3.35	1.76	251
	梨	83.8	−1.6	3.75	1.89	278
	杏	86.3	−1.1	3.68	1.93	285
	柠檬	87.4	−1.4	3.85	1.93	298
	西瓜	91.5	−0.4	4.06	2.01	312
	柑橘	82.3	−0.8	3.77	1.93	292
		87.7	−0.9	3.77	1.93	298
		91.6	−0.8	3.89	1.14	302
鱼类和肉类	鳕鱼	81.2	−2.2	3.77	2.05	261
	金枪鱼	68.1	−2.2	3.18	1.72	235
	牛肉胴体	58.2	−1.7	2.90	1.46	164
	牛肝	69.0	−1.7	3.43	1.72	235
	猪胴体	49.8	—	2.60	1.31	124
	羊肉	74.1	—	3.30	1.66	218
	鸡	66.0	−2.8	3.31	1.55	248
	鸭	48.5	—	3.40	1.71	231

1. 食品比热容计算

当食品温度等于冻结点温度,其比热容可按式(8-1)计算取值;当食品温度低于冻结点温度,食品中水分冻结量按式(8-2)计算:

$$c = 4.19 - 2.30x_s - 0.628x_s^3 \tag{8-1}$$

式中　c——温度等于冻结点的食品比热容,kJ/(kg·K);

　　　x_s——食品所含固形物的质量分数,%。

$$x_s = \frac{1.105x_w}{1 + \dfrac{0.8765}{\ln(t_f - t + 1)}} \tag{8-2}$$

式中　x——食品中水分冻结质量分数,%;

　　　x_w——食品含水率,%;

　　　t_f——食品初始冻结温度,℃;

　　　t——食品冻结结束温度,℃。

2. 食品比焓计算

食品比焓一般是根据食品冻结潜热、水分冻结率以及食品比热容值计算。食品温度等于初始冻结点温度和低于初始冻结点温度时的比焓值分别按式(8-3)、式(8-4)进行计算：

$$h=h_f+(t-t_f)(4.19-2.30)x_s-0.628x_s \tag{8-3}$$

式中　h——食品温度高于初始冻结点温度时的比焓，kJ/kg；

　　　h_f——食品温度与初始冻结点温度相等时的比焓，kJ/kg；

　　　t——食品内在温度，℃；

　　　t_f——食品初始冻结点温度，℃；

　　　x_s——食品中所含固形物的质量分数，%。

食品温度低于初始冻结点时的比焓计算公式为：

$$h=(t-t_r)\left[1.55+1.26x_s-\frac{(x_w-x_t)r_st_f}{t_f}\right] \tag{8-4}$$

式中　h——食品温度低于初始冻结点温度时的比焓值，附表 2-1 列出了部分食品不同温度时的比焓值，kJ/kg；

　　　t_r——食品中水分全部冻结时的参考温度，一般为-40℃；

　　　t——食品冻结终了温度，℃；

　　　r_s——水的冻结潜热(333.6 kJ/kg)；

　　　x_w——食品含水率，%；

　　　x_t——食品结合水（食品中与固形物结合的水分，与食品的蛋白质含量有关）含量，%。

3. 食品热扩散率计算

热扩散率反映物体对热的惯性反应，其他条件相同时，物体热扩散率越高，物体受热和冷却时温度变化越快；反之，物体受热和冷却时温度则变化越慢。通常随着食品冻结过程的进行，热扩散率将逐渐增加。值得注意的是，食品在冻结过程中虽然由于内部的大量水分冻结成冰使食品的质量定压热容减小、热导率增加、热扩散率增大、食品冻结时温度下降更为迅速，但是当食品中大量水分冻结成冰时，也会放出大量的潜热而加大食品降温程度，特别是冻结食品中心温度在-5～-1 ℃温度范围内降温幅度更为缓慢。食品的热扩散率可用式(8-5)表示。

$$\alpha=\frac{3.6\lambda}{c\rho} \tag{8-5}$$

式中　α——食品热扩散率，m²/h；

　　　λ——食品热导率，W/(m·K)；

　　　c——食品质量定压比热容，kJ/(kg·K)；

　　　ρ——食品密度，kg/m³；

　　　3.6——功率折算系数，1 W＝3.6 kJ/h。

第二节　食品的低温储藏

食品低温储藏即通过降低食品温度抑制微生物和酶类的活动，以及降低食品基质活性并维持低温水平或冻结状态，以延缓或阻止食品腐败变质，从而保持食品的新鲜度和营养价值,达到食品远途运输和短期或长期储藏的目的的保存方法。冷藏是目前效果较好、价格较低、保鲜时间较长、采用最普遍的食品储藏方法。

一、食品低温储藏

食品低温储藏也称为食品冷冻储藏,可分为冷藏储藏和冻结储藏两类。其中,冷藏储藏是将经过冷却或冻结的食品放置在不同温度的冷藏间内进行短期或长期的储存;冻结储藏是将食品的温度下降直至食品中绝大部分水变成冰晶,达到长期储藏的目的。

对于动物性食品,如禽、畜、鱼等,在储藏时很容易被细菌污染,且细菌能很快繁殖,从而造成食品腐败。但是微生物繁殖和酶活性的发挥都需要合适的温度和水分条件,环境不适宜时,微生物就会停止繁殖甚至死亡,酶也会丧失催化能力甚至被破坏。把动物性食品放在低温条件下就可抑制微生物的繁殖和酶对食品的作用,因而可以储藏较长时间而不会腐败变质。

对于植物性食品,腐烂的原因主要是呼吸作用。水果、蔬菜在采摘后虽然不能继续生长,但其是一个有机体,仍然有生命、有呼吸作用。低温能够减弱果蔬食品的呼吸作用,延长其储藏期限。但温度不能过低,否则会导致植物性食品生理病害甚至冻死。因此植物性食品冷藏温度应该选择接近其冰点但又不致使植物发生冻死现象。

(一)食品在冷藏中的特性变化

1. 食品干耗

食品干耗即食品的干缩损耗,是指食品在冷加工过程中随着热交换作用的进行将有水分从食品表面蒸发出来并伴随热量散出,造成食品质量损失,致使食品风味和外形变差的现象。

2. 食品的冷害和串味

食品冷害是指某些水果、蔬菜在冷藏过程中,当储藏温度低于某一温度界限时,其正常生理机能受到障碍而出现紊乱的现象。食品的串味是指将有强烈香味或臭味的食品与其他食品放在一起冷藏时发生气味交叉转移、串通的现象。

3. 果蔬的后熟变化

果蔬在冷藏过程中,其呼吸作用和后熟作用仍在继续进行,从而体内的成分也不断发生变化,如淀粉和糖的比例、糖和酸的比例、果胶物质和维生素 C 的含量变化等。

(二)食品冷藏工艺

食品冷藏工艺是指不同食品在冷藏过程中采用各自所需的冷藏温度、空气相对湿度以及冷间空气流速等冷藏要求。

1. 冷藏温度

冷藏温度是指冷间内的空气温度。冷间内温度变化对冷藏的食品品质影响很大,在通常情况下,除进、出货物时温度变化幅度小于或等于 3 ℃,一般不得超过 0.5 ℃。为了避免冷间温度变化幅度过大,建造冷库时应设置隔热层。研究资料表明:最适宜生梨冷藏的温度为1.1 ℃;若将冷间温度提高到 4 ℃,其冷藏期缩短 7～10 天;若将冷间温度降至－2.2 ℃以下,生梨就会被冻结而导致其组织结构破坏,失去营养价值和风味。

2. 空气相对湿度和流速对冷藏的影响

冷藏间内空气相对湿度不宜过高也不宜过低,应根据冷藏食品的品质和特性进行取值,满足不同食品要求。相对湿度过高,不仅易长霉菌,而且会有水分在食品表面凝结,从而导致食品腐烂;相对湿度过低,食品中的水分则会迅速蒸发而导致萎缩以增加干耗。冷藏室内空气流速一般只需保持低速的循环最佳,流速过大会使食品和空气之间的水蒸气压差随之增大,致使食品的水分蒸发率上升。部分食品适宜的冷藏条件和储藏期见表8-3。

表 8-3 部分食品适宜的冷藏条件和储藏期

食品种类	冷藏温度/℃	相对湿度/%	储藏期限
苹果	−1.1～0	85～88	2～7 月
梨	−1.5～0.5	85～90	2～7 月
桃类	−0.5～0	85～90	2～4 周
李子	−0.5～0	80～85	3～4 周
柿子	−0.5～0	85～90	2～3 周
草莓	−0.5～0	85～90	7～10 天
柠檬	12.7～14.5	85～90	1～4 月
黄瓜	7.2～10	90～95	10～14 天
牛肉	−1.1～0	85～90	3 周
猪肉	0～1.1	85～90	3～7 天
禽类	−2.2	85～90	10 天
蛋类	−1.7～−0.5	85～90	9 月
鱼类	0.5～4.4	90～95	5～20 天

二、食品的冻结与冻藏

食品冻结是指将食品的温度降至食品冻结点以下某一预定温度(一般要求食品的中心温度达到−15 ℃或更低),使食品中的大部分水分冻结成冰晶体。食品冻藏是指采用缓冻或速冻方法将食品冻结后储藏于冻结物冷藏间内,库温一般为−23～−15 ℃,相对湿度为85%～95%。目前冻结食品已发展成为方便食品中的重要组成部分,在国外已成为家庭、餐馆、食堂膳食菜单中常见的食品。

冷冻冻藏工艺流程:食品前处理→预冷→辅助处理→冻结→冻藏→解冻→销售。

(1)禽类生产性冷库加工工艺流程:入库→检验、分级→冷却→过磅、包装→冻结、冻藏→过磅→出库→销售。

(2)肉类生产性冷库加工工艺流程:

① 宰杀入库→检验、分级→冷却→冻结、冻藏→过磅→出库→销售。

② 宰杀入库→检验、分级→冷却→冷藏→过磅→出库→销售。

(3)鱼、虾类生产性冷库加工工艺流程:入库→理鱼(清洗、分级、装盘等)→冻结→脱盘、包装→冻藏→过磅→出库→销售。

三、低温对微生物的影响

微生物正常生长、繁殖都有一定的温度范围,温度越低,其活动能力也越弱。当温度降至微生物的最低生长温度时,微生物就会停止生长、滋生,繁殖就会减慢,酶的活性也会减弱,从而可以延长食品的储藏期。例如,许多嗜温菌和嗜冷菌的最低生长温度低于 0 ℃,有的甚至可低达－8 ℃(荧光杆菌的最低生长温度为－8.9 ℃)。当食品的温度降至－18 ℃以下时,食品中 90%以上的水分都会变成冰,所形成的冰晶可以以机械的方式破坏微生物细胞,细胞或因失去养料、或因部分原生质凝固、或因细胞脱水等,都会造成微生物死亡。

1. 低温对微生物活力降低的影响

温度下降,微生物细胞内酶的活性随之下降,使物质代谢过程中各种生化反应速度减慢,微生物细胞内原生质黏度增加,胶体吸水性下降,蛋白质分散度改变。当对食品进行冻结加工时,冰晶体的形成会使得微生物细胞内的原生质或胶体脱水,细胞内溶质浓度的增加常会促使蛋白质变性;同时冰晶体的形成还会使微生物细胞受到机械性破坏。

2. 致使微生物活力降低的因素

致使微生物活力降低的因素通常有两种:一是温度,二是降温速度。当冷间温度在食品冰点或冰点以上时,仍有部分微生物在低温环境下滋生、繁殖,致使被冻食品腐败变质。但食品经过冻结后冷藏,情况大有好转,因为冻结食品中微生物的生命活动及酶的生化作用均受到抑制,水分活度下降,因此经过冻结的食品可以较长时间的储存。研究表明,冻结温度以上冷藏时,降温速度越快,微生物的死亡率越高;降温速度越缓慢,情况则相反。因为在迅速降温过程中微生物细胞内新陈代谢所需的各种生化反应的协调一致性被迅速破坏,而在食品缓冻过程中因缓冻而形成少量的冰晶体,对微生物细胞不仅产生机械性破坏作用,还促使蛋白质变性。速冻时对细胞威胁性最大的温度范围为－5～－2 ℃,若迅速降至－18 ℃以下还能终止微生物细胞内酶的反应和延缓胶质体变性。

第三节　食品冷加工原理

一、食品的腐败和变质

常温储藏时,新鲜的鱼、肉、禽、蛋、果蔬等食品的色、香、味和营养成分都会发生变化,使食品质量逐渐下降。如果储存时间长,食品的成分就会发生分解,以致完全不能食用。食品的这种变化称为食品的腐败和变质。引起食品腐败变质的主要原因有三种:

1. 微生物和酶的作用

食品在从采摘或捕获、加工、储藏、运输到销售等环节中很容易受到微生物的污染与侵袭。新鲜食品中又含有大量水分和丰富的营养物质,适合细菌、酵母、霉菌等微生物的生长、繁殖。微生物在生命活动过程中会分泌各种酶类物质。酶是一种特殊的蛋白质,是活细胞产生的一种有机催化剂,可促使食品中的蛋白质、脂肪、糖类等营养成分发生分解,使食品的质量下降,从而出现发霉、发酵或腐败变质。因此,微生物和酶的作用是使食品变质的主要原因。

微生物的生存和繁殖需要一定的环境条件,如温度、湿度、有无氧气等,其中温度是其生存的主要条件。

2. 呼吸作用

植物性食品(主要是果蔬类食品)在采摘以后虽然不再继续生长,但仍然有生命、具有呼吸作用、能抵抗微生物的入侵,从而体内养分逐渐消耗、抗病能力减弱或由于呼吸作用加强,放出热量增加使温度升高,微生物因此乘虚而入使食品彻底腐败。

3. 化学作用

化学作用主要是由于食品碰伤、擦伤后发生氧化而使食品变色、变味、腐败,如维生素C、天然色素的氧化破坏,油脂与空气接触发生的酸败等。

虽然上述三种原因各有特点,但其不是孤立存在的,而是相互影响且有时是同时进行的。例如,水果碰伤后伤口迅速氧化、变色,呼吸强度同时加大,天然的免疫能力开始减弱以至丧失,微生物乘机侵入繁殖使水果腐烂。所以防止食品变质必须对上述三种使食品腐败变质的原因联系起来分析。

二、食品的冷藏原理

新鲜食品在常温下储存时间长后会发生腐败变质,其主要原因是微生物的生命活动和食品中的酶所进行的生化反应。微生物生命活动和酶催化作用都需要在一定的温度和水分条件下进行。如果降低储藏温度,微生物的生长、繁殖就会减慢,酶的活性也会减弱,从而可以延长食品的储藏期。此外,低温下微生物新陈代谢会被破坏,其细胞内积累的有毒物质和其他过氧化物能导致微生物死亡。当食品温度降至$-18\ ℃$以下时,食品中90%以上的水分都会变成冰,所形成的冰晶可以机械方式破坏微生物细胞,使细胞或因失去养料、或因部分原生质凝固、或因细胞脱水等,从而造成微生物死亡。因此,冻结食品可以更长期地保持食品原有的品质。

对于果蔬等植物性食品,为了保持其鲜活状态,一般都在冷却状态下进行储藏。果蔬仍然是具有生命力的有机体,还在进行呼吸活动,控制引起食品变质的酶的作用,并对外界微生物的侵入有抵抗能力,降低储藏环境的温度可以减弱其呼吸强度、降低物质的消耗速度,延长储藏期。但是,储藏温度也不能降得过低,否则会引起果蔬活体的生理病害以至冻伤。所以,果蔬类食品应放在不易发生冷害的低温环境下储藏。此外,如鲜蛋也是活体食品,当温度低于冻结点,其生命活动就会停止。因此,活体食品一般都是在冷却状态下进行低温储藏。

禽、鱼、畜等动物性食品储藏时因物体细胞都已死亡,所以不能控制引起食品变质的酶的作用,也无法抵抗微生物的侵袭。因此,储藏动物性食品时要求在其冻结点以下的温度保藏以抑制微生物的繁殖、酶的作用和减慢食品内的化学变化,食品就可以较长时间维持它的品质。

三、食品的冷加工工艺

食品冷加工是食品加工方法之一,是指采用人工方法提供一个低温环境,将食品温度降到设定温度后使之长期处于设定低温状态的加工方法。

食品冷加工过程包括降温和保温两种,旨在保持食品的新鲜度,延长食品的储藏期,防止食品腐败、变质,维持或改善食品冷加工前的营养价值。

(一) 肉类的冷加工工艺

肉内含有丰富的营养物质,是微生物繁殖的优良场所,如控制不当,外界微生物会污染肉表面并大量繁殖致使肉腐败、变质,失去食用价值,甚至会产生对人体有害毒素引起食物中毒。另外肉自身的酶类也会使肉产生一系列变化,在一定程度上可改善肉质,但若控制不当,亦会造成肉变质。肉的储藏保鲜就是通过抑制或杀死微生物、钝化酶的活性、延缓肉内部物理和化学变化,达到较长时间储藏保鲜目的。

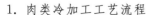

1．肉类冷加工工艺流程

肉类冷加工工艺流程：

① 白条肉→检验、分级、称重→冻结→销售 → 称重 → 冻结物冷藏 → 称重→ 出库。

② 白条肉→检验、分级、称重→冷却→冷却物冷藏→销售→称重→冻结物冷藏→称重→出库。

2．冷却条件和方法

（1）冷却条件的选择

① 冷间温度

肉类在冷却过程中，虽然其冰点为－1 ℃左右，但它却能冷到－10～－6 ℃,使肉体短时间内处于冰点及过冷温度之间，不致发生冻结。肉体热量大量导出是在冷却开始阶段，因此冷却间在未进料前应先降至－4 ℃左右，等进料结束后可以使库温维持在 0 ℃左右，随后的整个冷却过程中维持在－1～0 ℃ 之间。温度过低有引起冻结的可能、温度高则会延缓冷却速度。

② 相对湿度

水分是助长微生物活动的因素之一，因此空气湿度越大，微生物活动能力越强（如霉菌）。过高的湿度无法使肉体表面形成一层良好的干燥膜，但湿度太低使质量损耗太多，所以选择空气相对湿度时应从多方面综合考虑。

③ 流动速度

由于空气的热容量很小（不及水的 1/4），因此对热量的接受能力很弱。同时因其导热系数小，所以在空气中冷却速度缓慢。因此在其他参数不变的情况下，只能增大空气流速以达到冷却速度目的。

（2）冷却方法

肉类冷却方法按冷却介质种类可分为在液体介质中冷却和在空气介质中冷却两种。在液体介质中冷却的优点是可以加速冷却过程和防止肉体中水分蒸发。但是当肉体在液体中浸泡时，肉中的可溶性蛋白质和矿物质等营养物质会被浸出。如果利用盐水溶液作为冷却介质还会引起肉类颜色的变化。因此在冷却时，肉体一般与液体介质不直接接触。目前，肉类冷却均以空气为冷却介质，采用冷风机进行吹风冷却。各种肉类在冷却间内部都是吊挂在吊运轨道的带滚轮吊钩上进行冷却。冷库的吊轨宜采用自动传送链条装置以减轻体力劳动、提高产品质量。但需注意的是，在向冷却间吊挂白条肉时要最大限度利用冷却间的有效容积，并尽可能保证肉品降温均匀一致。

3．肉类的一次冷却和二次冷却工艺

肉类的冷却过程宜在最短时间内完成。

（1）一次冷却工艺

肉体的冷却工艺均采用干式冷风机吹风，室内空气温度一般在 0 ℃左右。冷却开始时，相对湿度一般可以维持在 95％～98％，随着肉温下降和肉体中水分蒸发强度减弱，相对湿度逐渐降低至 90％～92％。空气在肉体间的流速为 0.5～1.5 m/s。一般情况下，冷却猪白条和牛的 1/4 片肉体的时间为 20 h，羊整腔为 10～20 h。当肉体大腿最厚部分的中心温度达到 0～4 ℃，即可结束冷却过程。

（2）二次冷却工艺

二次冷却工艺是指在较低温度下将肉体表面温度迅速降至-2 ℃左右进行冷却。冷却工艺过程有两个阶段:首先把肉体存放在$-15\sim-10$ ℃室温的冷却间内(空气流速控制在$1.5\sim3$ m/s、冷却时间为$2\sim3$ h),肉体表面温度冷却至-2 ℃左右;然后保持该温度继续冷却$10\sim16$ h,直至肉体内部温度达到$3\sim6$ ℃。肉品冷却后具有干耗小(和一般冷却方法相比可减少$40\%\sim50\%$)、品质好、外观良好等优点。表8-4、表8-5分别列出肉类一次冷却工艺、二次冷却工艺的操作条件和技术数据。

表 8-4 肉类一次冷却条件

冷却过程	半片猪白条肉		1/4片牛肉体		羊整腔	
	室温/℃	相对湿度/%	室温/℃	相对湿度/%	室温/℃	相对湿度/%
入冷却间前	$-4\sim-3$	$90\sim92$	-1	$90\sim92$	-1	$90\sim92$
入冷却间后	$0\sim3$	$95\sim98$	$1\sim3$	$95\sim98$	$0\sim4$	$95\sim98$
冷却 10 h 后	$-2\sim0$	$90\sim92$	$-1\sim0$	$90\sim92$	$0\sim1$	$90\sim92$
冷却 20 h 后	$-3\sim0$	$90\sim92$	$-1\sim0$	$90\sim92$	—	—

表 8-5 猪白条肉二次快速冷冻技术数据

第一阶段

质量/kg	冷却间温度/℃		冷却时间/h	猪腿终温/℃		猪颈终温/℃	
	始温	末温		内部	表面	内部	表面
55	-19.5	-15.0	5.0	17.6	-4.5	17.2	-2.0
$52\sim55$	-18.0	-13.1	5.0	18.5	-3.8	16.4	-2.4
$52\sim54$	-16.9	-13.3	4.0	22.6	-3.6	22.1	-1.2

第二阶段

质量/kg	冷却间平均温度/℃	冷却时间/h	猪腿终温/℃		猪颈终温/℃	
			内部	表面	内部	表面
55	—	—	—	—	—	—
$52\sim56$	-1.2	10.0	4.0	1.6	0.4	0.1
$52\sim54$	1.3	14.5	3.8	2.0	0.2	0.1

4. 冻结速度及其对肉制品品质的影响

经过冷却的肉类虽能储藏一定时期,但不能长时间储藏。因为在储藏温度和湿度的条件下,冷却后的肉制品温度虽然在冰点以上,但其细胞组织中的水分尚未冻结,而且在一定程度上只是对微生物和酶的活动能力有所抑制,而不能使其终止。因此,要使肉类能长期储存并适于长途运输,必须将肉冻结以形成不利于微生物生长、繁殖和延缓肉内各种生化反应的条件。肉的冻结速度一般用单位时间内肉体冻结的速度来表示,通常分为以下三种:

（1）缓慢冻结

冻结速度为 0.1～1 cm/h。瘦肉中冰形成过程研究表明，冻结过程越快，所形成的冰晶越小。在肉冻结期间，冰晶首先沿肌纤维之间形成和生长是因为肌细胞外液的冰点比肌细胞内液的冰点高。缓慢冻结时，冰晶在肌细胞之间形成和生长，从而使肌细胞外液浓度增加。由于渗透压作用，肌细胞会失去水分而发生脱水收缩，在收缩细胞之间形成相对少而大的冰晶。

（2）中速冻结

冻结速度为 1～5 cm/h。

（3）快速冻结

冻结速度为 5～20 cm/h。快速冻结时，肉热量散失很快，从而使肌细胞来不及脱水便在细胞内形成了冰晶。换句话说，肉内冰层推进速度大于水蒸气速度。结果在肌细胞内、外形成大量小冰晶。

冰晶在肉中的分布和大小很重要。缓慢冻结的肉类因为水分不能返回到原来位置，在解冻时会失去较多的肉汁，而快速冻结的肉类不会产生这样的问题，所以冻肉的质量高。此外，冰晶的形状有针状、棒状等不规则形状，冰晶大小为 $100～800\ \mu m$。如果肉块较厚，冻肉的表层和深层所形成的冰晶不同：表层形成的冰晶体积小而多，深层形成的冰晶少而大。

（二）水产品的冷加工工艺

1. 冻鱼

在水产品加工产品中，冷冻制品占很大比例。为了保持捕获后鱼类的色泽、风味和营养，应立即冷冻、冷藏。其加工工艺流程为：海水、淡水鱼→分级→冲洗→称重→装盘→冻结→镀冰衣→冷藏→再次镀冰衣→包装、检验→冰鱼成品出库。

在开始冻结前，先将冷却设备上的霜层除去，然后将温度降至最低；在冻结过程中，冻结间温度控制在 −24 ℃左右，冻结终温要求鱼体中心温度达到 −10 ℃以下。

2. 冻虾

虾类经济价值很高，在国内外都作为贵重的水产品之一。目前冻虾有海产对虾（无头）、河虾生虾仁以及河虾熟虾仁等品种。在此以冻海产对虾为例，对其鲜度标准和生产工艺流程进行叙述。

（1）原料鲜度标准

① 色泽方面：具有鲜虾本色（青色），表面有光亮。

② 外形方面：头身整齐，壳身无花斑现象。

③ 肉层方面：肉质紧实，完整肥大。

（2）工艺流程

冻虾制作的工艺流程：原料处理→去头修尾→盐水浸洗（稀盐水以精盐和水配成 5％浓度，水温一般为 4～6 ℃）→称重、装盘→速冻（温度为 −30 ℃左右）、镀冰衣→包装、称重→出库。

第四节　食品冷藏条件

食品冷加工工艺学属于专门领域的学科,本节主要从食品冷加工工艺对冷库的建筑和制冷设计工艺设计的一般要求出发,对食品的冷藏条件(包括食品冷藏时的最佳温度和适宜储藏空气的相对湿度两方面)简要介绍。

一、新鲜食品的冷却及其冷藏要求

新鲜食品在常温下放置久了会发生腐败变质,其主要原因是微生物生命活动和食品中酶进行生化反应。微生物生命活动和酶的催化作用都需要适当的温度和水分条件,如果降低温度,微生物的生长、繁殖就会减慢,酶的活性减弱,其催化的生化反应速度变慢,食品的储藏期从而延长。当食品温度降至-18 ℃以下,食品中90%以上的水分都变成冰,水分活性大大减小,微生物的生命活动受到抑制且繁殖停止;酶促反应也受到严重抑制,固相条件下的化学反应速度会变得十分缓慢,因此冻结食品可做长期储藏而不会腐败变质。

二、活体食品的冷却及其冷藏要求

为了保持活体食品(如新鲜的水果、蔬菜、鲜蛋)鲜活状态,一般都在冷却状态下进行储藏。水果、蔬菜等植物性食品在采摘后仍是一个有生命力的有机体,能控制体内酶的作用和对引起腐败、发酵的外界微生物侵入有抵抗能力。但另一方面,由于它是活体,要进行呼吸,它与采摘前不同之处是不能再从母株上得到水分和其他营养物质,而是不断地消耗其生长过程中积累的各种营养物质并逐渐失去水分,其色泽、风味、质地、营养成分不断变化,最后衰老变成死体。为了长期储藏果蔬类植物性食品,就必须维持其活体状态,同时又要减弱其呼吸作用。降低储藏环境的温度能减弱果蔬类食品的呼吸强度,从而降低物质消耗水平以延长储藏期。但储藏温度也不能降得过低,否则会引起生理病害,甚至冻死。所以果蔬类食品应放在不发生冷害的低温环境下储藏。另外,像鲜蛋也是活体食品,当温度低于其冻结点时,其生命活动就会停止。因此,活体食品一般都是在冷却状态下进行低温储藏。例如,船舶伙食的蔬菜库为了抑制果蔬的呼吸、延缓其成熟,温度一般保持在$0\sim5$ ℃、相对湿度控制在$85\%\sim90\%$;气调冷库库内氧气的浓度控制在$2\%\sim5\%$、二氧化碳的浓度控制在$2\%\sim8\%$,旨在延长果蔬储藏期限。

三、非活体食品的冻结及其冷藏要求

非活体食品(如畜肉、禽、鱼等动物性食品)在储藏时一般均为没有生命力的生物体,其构成细胞均已死亡。非活体食品冻结一般可分为缓慢冻结和快速冻结。缓慢冻结会使细胞膜内大部分水分冻结成较大冰晶、解冻时冰晶融化成水、食品汁液流失,使食品失去或减少原有的鲜味和营养价值;快速冻结则使细胞膜内大部分水分冻结成细小冰晶,对食品品质影响较小,若保持冻结温度为$-30\sim-23$ ℃、冻结速度为$2\sim5$ cm/h,其冻结后品质与新鲜时相近。一般来说,非活体食品的储藏温度越低,其储藏期越长。

动物性食品在冻结点以上的冷却状态下只能短期储藏,如呈冻结状态(一般在-18 ℃以下)就可较长期地储藏;速冻蔬菜、水果、冰蛋等非活体食品在-18 ℃以下冻结时,可保持冻前的优良品质,其储藏期长短因品种而异。表8-6、表8-7分别列出部分肉类、鱼类、贝类、禽、蛋类、果蔬类及其他商品的冷藏条件。

表 8-6　　　　　　　　　　　部分肉、鱼类、贝类和禽、蛋类食品的冷藏条件

	食品名称	储藏温度/℃	相对湿度/%	储藏期限
猪肉	新鲜猪肉	0～1.1	85～90	3～7 天
	胴体(47%瘦肉)	0～1.1	85～90	3～5 天
	腹部(35%瘦肉)	0～1.1	85	3～5 天
	脊背部肥肉	0～1.1	85	3～7 天
	肩膀肉(67%瘦肉)	0～1.1	85	3～5 天
	冻猪肉	−23.3～−17.8	90～95	4～8 月
香肠	散装香肠	0～1.1	85	1～7 天
	烟熏香肠	0	85	1～3 周
牛肉类	新鲜牛肉	−2.2～1.1	88～95	1 周
	牛肝	0	90	5 天
	小牛肉(瘦)	−2.2～1.1	85～90	3 周
	冻牛肉	−23.3～−17.8	90～95	6～12 月
羊肉	新鲜羊肉	−2.2～1.1	85～90	3～4 周
	冻羊肉	−23.3～−17.8	90～95	8～12 月
鱼类	鳍、河鲈	−0.6～1.1	95～100	12 天
	狗鳕、牙鳕	0～1.1	95～100	10 天
	大比目鱼	−0.6～1.1	95～100	18 天
	大马哈鱼	−0.6～1.1	95～100	18 天
	金枪鱼	0～2.2	95～100	14 天
	冷冻鱼	−20～−8.9	90～95	6～12 月
贝类	虾	0.6～1.1	95～100	12～14 天
	龙虾	5.0～10.0	在海水中	单个保鲜
	冷冻贝类	−34.4～−20	90～95	3～8 月
蛋类	带壳蛋(冷却过)	10.0～12.8	70～75	2～3 周
	带壳蛋	−1.7～0	80～90	5～6 月
	全蛋(冷冻)	−17.8	—	12 月以上
	蛋黄(冷冻)	−17.8	—	12 月以上
	蛋白(冷冻)	−17.8	—	12 月以上
禽类	新鲜禽类	−2.2～0	95～100	1～3 周
	鸡肉	−2.2～0	95～100	1～4 周
	鸭肉	−2.2～0	95～100	1～4 周
	冷冻禽类	−23.3～−17.8	90～95	12 月

表 8-7　　　　　　　　　　　　　　　部分果、蔬类食品的冷藏条件

食品名称		储藏温度/℃	相对湿度/%	储藏期限
水果类	苹果	0～3.3	90～95	3～8 月
	梨	−1.7～−0.6	90～95	2～7 月
	桃子	−0.6～0	90～95	2～4 周
	杏子	−1.1～0	90～95	1～3 周
	李子	−0.6～0	90～95	2～4 周
	柑橘、香橙	0～1	85～90	8～14 周
	葡萄	0.6～0	85～90	2～8 周
	柠檬	11.1～12.8	85～90	1～4 月
	荔枝	1.7	90～95	3～5 周
	草莓	−0.6～0	90～95	5～7 天
	香蕉	13.3～14.4	85～95	2 周
	西瓜	4.4～10	90	2～3 周
	芒果	10.0～12.8	85～90	2～3 周
	柿子	−1.1	90	3～4 月
	菠萝(熟的)	7.2	85～90	2～4 周
蔬菜类	卷心菜	0	98～100	5～6 月
	芹菜	0	98～100	2～3 月
	韭菜	0	95～100	2～3 月
	黄瓜	7.2～10	95	10～14 天
	茄子	7.2～12.2	90～95	7～10 天
	玉米	0	95～98	4～8 天
	藤菇	0	95	3～4 天
	马铃薯	3.3～4.4	90～95	5～8 月
	蔬菜叶(新鲜)	0	95～100	10～14 天
	菠菜	0	95～98	10～14 天
	南瓜	10～12.8	50～75	2～3 月
	速冻蔬菜	−23.3～−17.8	—	6～12 月
	石榴	4.4	90～95	2～3 月
	罗马甜瓜	2.2～4.4	95	5～15 天
	速冻水果	−24.4～−17.8	90～95	18～24 月
其他类	速冻奶油	−23.3	70～85	12～20 月
	冰淇淋	−28.9～−26.1	90～95	3～23 月
	牛奶巧克力	−17.8～1.1	40	6～12 月
	全脂奶粉	21.1	低	6～9 月
	脱脂奶粉	7.2～21.1	低	16 月
	啤酒	1.7～4.4	≤65	3～6 月
	罐头食品	0～15.6	≤70	12 月

四、食品的冷藏要求

1. 食品预冷

食品预冷是指食品在长途运输或冷藏前预先进行的一种冷却方法,其主要的要求是将待储食品快速降至规定温度。预冷通常在冷库和预冷间进行。常用的预冷方法有自然空气冷却、通风冷却、真空冷却和冷水冷却等。

2. 温度要求

从理论上讲,冷藏温度越低,被冻食品质量保持得就越好,保存期限也就越长,但成本也随之增大。对肉制品而言,$-18\ ℃$是比较经济合理的冻藏温度。近年来,由于水产品组织纤维细嫩、蛋白质易变性、脂肪中不饱和脂肪酸含量高等原因,水产品的冷藏温度有下降趋势。

3. 空气流动速度

在空气自然对流情况下,流速为$0.05\sim0.15\ m/s$,空气流动性差,温、湿度分布不均匀,但被冻食品的干耗损失较小。

在强制对流冷库中,空气流速一般控制在$0.2\sim0.3\ m/s$,最大不能超过$0.5\ m/s$,其特点是:温、湿度分布均匀,被冻食品干耗损失较大;对于冷藏胴体而言,一般没有包装,冷藏库多用空气自然对流方法,如采用冷风机强制对流,要避免冷风机吹出的空气正对胴体。

4. 湿度的控制

冷库常因蒸发器大量吸热而不断地在其上结附冰霜,又不断地将冰霜融化流走,致使库内湿度常低于食品储藏要求。可以采用增大蒸发器面积、减少结霜、安装喷雾设备或自动喷湿器来调节冷库内湿度。另外,因货物出入频繁使库内相对湿度增大时,可安装吸湿器吸湿并加强冷库管理,严格控制货物和人员的频繁出入。对肉制品而言,在$-18\ ℃$的低温条件下,温度对微生物的生长、繁殖影响很微弱,从减少肉品干耗考虑,空气湿度越大越好,一般控制在$95\%\sim98\%$。

复习思考题

1. 简述食品低温储藏的原理,并分析食品的热物理特性及其冷却条件。
2. 分析活体食品与非活体食品对温度的要求不同的原因。
3. 什么是食品的冻结速度？试分析冻结速度对肉制品品质的影响。
4. 试分析食品腐败变质的原因。

第九章　食品的冷冻工艺和设备

冷藏库是以人工制冷的方法对易腐食品进行冷加工和储藏的设施,主要由冷却间、冻结间、冷藏间、储冰间和冷包装间等组成,实际上就是大型的固定式冰箱,简称冷库。食品在冷库中低温储藏,抑制引起食品腐败、变质的微生物生命活动和食品中酶的生物化学反应,因此食品可以在较长时间保持其原有质量而不会腐败、变质。

第一节　食品的冷冻工艺

冷藏库是在特定温度和相对湿度条件下加工和储藏食品等物品的专用建筑,是经营肉类、蛋类、水果和蔬菜食品不可缺少的一环。目前,随着世界经济飞速发展和人们生活水平提高,外贸事业交易量日益扩大,从而对食品的质量要求也相应提高。各种食品应按其特点和储藏要求,选用适宜冷藏温度、湿度,即采用不同的冷加工工艺。食品冷加工是指利用低温储存食品的过程,包括食品的冷却、冻结、冷藏、解冻等冷加工工艺方法。

一、食品冷加工工艺

食品冷加工工艺主要指食品的冷却、冻结、冷藏、解冻的方法,是利用低温最佳保存食品和加工食品的方法。冷间设计温度和相对湿度见表 9-1。

1. 食品的冷却

食品的冷却是指将食品温度降至某一指定温度,但不低于其汁液冻结点温度。较低温度下微生物的活动受到抑制,因而可以延长食品的保存期限。冷却的温度通常为 0 ℃左右,并以冷风机为冷却设备。尽管食品冷却储藏可延长食品的储藏期,并能保持其新鲜状态,但由于在冷却温度下细菌、霉菌等微生物仍能生长繁殖,因此冷却的肉类食品只能短期储藏。

2. 食品的冻结

食品的冻结是指将食品温度迅速降至食品汁液冻结点以下,使食品中的水分部分或全部冻结成冰。因为冻结食品中微生物生命活动和酶生化作用均受到抑制,水分活度下降,因此经过冻结的食品可较长时间地储存。冻结间的温度通常为 −30～−23 ℃。冻结间是借助冷风机或专用冻结装置来冻结食品的。

3. 食品的冷藏

食品的冷藏是将经过冷却或冻结的食品,在不同温度冷藏间内进行短期或长期的储存。冷藏间的温度应不高于食品冷却终了或冻结终了时的温度。食品冷藏的基本要求是最大限度地保持食品的品质,减少食品在冷藏期中的干耗。根据食品冷却或冻结加工温度的不同,冷藏可分为冷却物冷藏和冻结物冷藏两种,冷藏间也相应分为冷却物冷藏间和冻结物冷藏间两类。

（1）冷却物冷藏间采用冷风机作为冷却设备,温度通常为 −2～4 ℃,相对湿度保持在85％～90％,主要用于储存经过冷却的鲜蛋、水果和蔬菜等。为了消除储存期内的异味和供储存食品呼吸用,冷却物冷藏间需定期换气通风。

（2）冻结物冷藏间通常采用冷却排管（包括固定在墙支柱上的墙排管、吊挂搁架上的顶排管等）和冷风机作为冷却设备,温度一般为－25～－18 ℃、相对湿度保持在90％～95％,用于较长期的冻结食品储存。对一些多脂鱼类和冰淇淋,欧美国家建议冷藏温度为－30～－25 ℃,以获得较高的食品质量和延长食品的储藏期限。

表 9-1　　　　　　　　　　　　　冷间设计温度和相对湿度

冷间名称	室温/℃	相对湿度/％	适用食品范围
冷却间	0	—	肉、蛋等食品
冻结间	－30～－18	—	肉、禽、兔、冰蛋、蔬菜等
	－30～－23	—	鱼、虾等
冷却物冷藏间	0	85～90	冷却后的肉、禽
	－2～0	80～85	鲜蛋
	－1～1	90～95	冰鲜蛋
	0～2	85～90	苹果、鸭梨等
	－1～1	90～95	大白菜、蒜薹、葱头、菠菜、胡萝卜等
	2～4	85～90	土豆、橘子、荔枝等
	7～13	85～95	柿子椒、菜豆、黄瓜、西红柿、菠萝等
	11～16	85～90	香蕉等
冻结物冷藏间	－20～－15	85～90	冻肉、禽、兔、冰蛋、冻蔬菜、冰棒等
	－23～－18	90～95	冻鱼、虾等
储冰间	－6～－4	—	盐水制冰的冰块

4. 食品的解冻

解冻是指将冻结食品中的冰晶融化成水恢复到冻结前的新鲜状态。解冻是冻结的逆过程,对于作为加工原料的冻结品,一般只需升温至半解冻状态即可。

随着人民生活水平提高,消费者对水产品质量要求也在不断提高,冰温冷藏和微冻冷藏是近年来迅速崛起的两种水产品冷加工新方法。

（1）冰温冷藏

冰温冷藏是将食品储藏在0 ℃以下至各自冻结点范围内,属于非冻结冷藏。冰温冷藏可延长水产品的储藏期,但可利用的温度范围狭小（一般在－2～－0.5 ℃）,所以设定温度带非常困难。

（2）微冻冷藏

将水产品储藏在－3 ℃的空气或食盐水（或冷海水）中的一种储藏方法。由于在略低于冻结点的微冻温度下储藏,鱼体内部分水分发生冻结能达到对微生物生命活动的抑制作用,使鱼体能在较长时间内保持其鲜度不发生腐败变质。微冻冷藏法的储藏期约为冰温冷藏法的2.5～3倍。

二、食品冷藏要求

食品的冷藏要求主要指冷藏时的最佳温度和空气中的相对湿度。有些食品在冷藏前需经过加工处理(如腌、熏、烤、晒等)。食品冷藏的储藏期是指保持该食品新鲜与高商品质量而言的储藏时间,而不是基于营养成分变化而言。储藏温度是指长期储藏的最佳温度,是指食品的温度而不是空气的温度。

从冷间内取出食品时必须注意防止水分凝结在低温食品表面。当环境中空气露点高于冷却食品或包装材料的表面温度时,就会出现凝露现象;如果食品表面温度低于 0 ℃就会出现结霜现象。这些情况会促使微生物繁殖生长,从而影响食品质量。包装可起到防止食品表面凝露的作用。有时冷间内采用托盘式堆垛,当从货架取出时可将整个托盘上的货物加以覆盖,使食品表面不凝露。如食品表面出现凝露时应设法尽早去除凝露,可通过在空气较干燥的房间内将其升温实现。

第二节　食品的冷却方法和设备

食品冷却是在冷却间内进行。冷却间是对食品进行冷加工的房间,其特点是被冷却食品热负荷较大,既要迅速降温,又不能使食品温度降得过低而产生冻害现象。

一、食品冷却的方法

食品冷却是将食品温度降至食品的冰点附近,但不发生冻结。它是一种被广泛采用的用以延长食品储藏期的方法。

食品冷却方法通常有真空冷却、差压式冷却、通风冷却、冷水冷却、碎冰冷却等。根据食品种类和冷却要求不同,可以选择合适的冷却方法。表 9-2 列出了几种冷却方式及其适合冷却的食品品种。

表 9-2　　　　　　　　　　　冷却方式及冷却品种

冷却方式	适合冷却的品种
真空冷却	水果、蔬菜等
差压式冷却	肉类、禽类、蛋类、水果、蔬菜等
通风冷却	肉类、禽类、蛋类、水果、蔬菜等
冷水冷却	禽类、鱼类、水果、蔬菜等
碎冰冷却	禽类、鱼类、水果、蔬菜等

二、食品冷却的原理和设备

1. 食品真空冷却的原理和设备

真空冷却又称减压冷却,其原理是根据水在不同压力下具有不同的沸点。如在正常的 101.3 kPa 压力下,水在 100 ℃沸腾;当压力为 0.66 kPa 时,水在 1 ℃就沸腾。表 9-3 为水在不同压力下的沸点和汽化潜热数值。

表 9-3　　　　　　　　　　　　水在不同的压力下的沸点和汽化潜热

压力/kPa	沸点/℃	汽化潜热/(kJ/kg)
101.3	100	2 253.8
13.6	52	2 374.3
4.0	29	2 429.5
1.2	10	2 474.2
0.66	1	2 495.6
0.61	0	2 497.7

真空冷却就是利用水在真空压力下吸收汽化潜热，对被冷却食品进行冷却降温的原理。为利用该原理组装设备，必须设置冷却食品真空槽及相应设施。图 9-1 为真空冷却系统图。

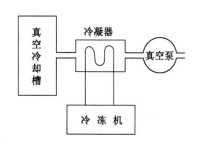

图 9-1　真空冷却系统图

真空冷却主要用于生菜、芹菜等叶菜类的冷却。收获后的蔬菜经挑选、整理，然后装入打孔的塑料箱内，之后推入真空槽，关闭槽门并开动真空泵和制冷机。当真空槽内压力下降至 0.66 kPa 时，水在 1 ℃时沸腾，需吸收约 2 496 kJ/kg 的热量，使蔬菜本身的温度迅速下降到 1 ℃。因冷却速度快，20～30 min 后蔬菜中水分汽化量仅为 2%～4%，不会影响到蔬菜新鲜饱满的外观。真空冷却是蔬菜的各种冷却方式中冷却速度最快的一种。冷却时间虽然因蔬菜种类不同稍有差异，但一般用真空冷却设备需 20～30 min；差压式冷却装置需 4～6 h；通风冷却装置需 12 h；冷藏库冷却需 15～24 h。

由图 9-1 可见，系统中的冷冻机不是用于直接冷却蔬菜，而是为了保持真空槽内稳定的真空度以用于冷凝水蒸气的(当压力为 0.61 kPa、温度为 0 ℃时，体积要增大近 21 万倍，如果使用真空泵进行工作，耗电多、效果差)。真空冷却的特点：冷却速度快、冷却均匀、品质高、保鲜期长、损耗小、干净卫生、操作方便，但设备初次投资大，运行费用高，以及冷却品种有限，一般只适用于叶菜类，如白菜、甘蓝、菠菜、韭菜、菜花、春菊、生菜等。

2. 空气冷却方式及其装置

真空冷却设备对表面水分容易蒸发的叶菜类，以及部分根菜和水果可发挥较好的作用，但对难以蒸发水分的苹果等水果、大部分根菜以及禽、蛋等食品，则需要采用空气冷却、冷水冷却等方法进行冷却。空气冷却方式的效果主要取决于冷空气的温度、相对湿度和流速(冷却室内的冷风流速一般为 0.5～3 m/s)。一般食品冷却时所采用的冷风温度不低于食品的冻结点，以免食品发生冻结。对某些易受冷害的食品，如香蕉、柠檬、番茄等，宜采用较高的冷风温度。冷却室内的相对湿度对不同种类的食品(指被冷却食品有无包装情形)影响不同：当被冷却食品采用不透蒸汽的材料包装时，冷却室内的相对湿度对其影响较小。冷风冷却时通常把被冷却的食品放在传送带(由热导率大的金属材料制成)上，可连续对食品进行冷却。图 9-2 是隧道式冷风冷却装置示意图。

(1) 冷藏间冷却

冷藏间冷却将需冷却食品放在冷却物冷藏间内冷却，这种冷却主要以冷藏为目的，库内

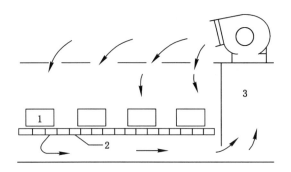

图 9-2　隧道式冷风冷却原理示意图

1——被冷却食品；2——传送带；3——冷却装置

由自然对流或小风量风机送风，冷却与冷藏同时进行，其制冷能力小、冷却速度慢，但操作简单，一般只限于苹果、梨等产品，对于易腐和成分变化快的水果、蔬菜，不适合采用冷藏间冷却。

（2）通风冷却

通风冷却又称空气加压式冷却，与自然冷却的区别在于配置了较大风量、风压的风机，因此又称强制通风式冷却。该冷却方式的冷却速率高于冷藏间冷却速率，低于差压式冷却的冷却速率，图 9-3 为两种冷风冷却的比较。

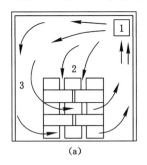
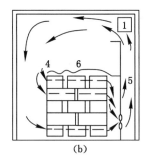

(a)　　　　　　　　　　(b)

图 9-3　强制通风式与差压式冷却的比较

（a）强制通风式冷却；（b）差压式冷却

1——通风机；2——箱体间通风空隙；3——风从箱体外通过；

4——风从箱体上的孔中通过；5——差压式空冷回风风道；6——盖布

（3）差压式冷却

差压式冷却是近几年国外开发的新技术。图 9-4 为差压式冷却装置示意图，其原理是：将食品放在出风口的两侧，铺上盖布，使高、低压端形成 2～4 kPa 压差，利用这个压差使 −5～10 ℃ 的冷风以 0.3～0.5 m/s 的速度通过箱体上开设的通风孔顺利地在箱内流动，用此冷风进行冷却。根据食品种类不同，差压式冷却一般需 4～6 h，有的可在 2 h 内完成。一般最大冷却能力为货物占地面积 70 m²，大于该值时可对储藏空间进行分隔，在每个小空间设出风口。

差压式冷却方式的特点：能耗小、冷却速度快、冷却均匀、冷却品种多、易于由强制通风冷却改建；食品干耗较大、货物堆放（通风口要求对齐）麻烦、冷库利用率较低。

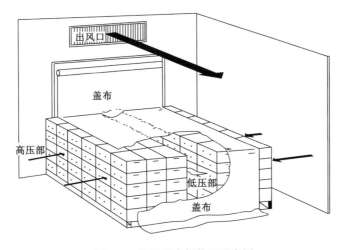

图 9-4　差压式冷却装置示意图

3. 冷水冷却方式及其装置

冷水冷却是利用 0～3 ℃的低温水作为冷媒把被冷却食品冷却到要求温度。由于水的热容量比空气的热容量大,因此相对来说其冷却效果较为明显。

冷水冷却设备通常有喷水式、浸渍式、混合式(喷水和浸渍)三种。

(1)喷水式冷却

喷水式冷却设备如图 9-5 所示,主要由冷却水槽、传送带、冷却隧道、水泵和制冷系统等部件组成。在冷却水槽内设冷却盘管,由压缩机制冷使盘管周围的水部分结冰,因而冷却水槽中的是冰水混合物。启动水泵将冷却水抽到冷却隧道的顶部,被冷却食品则从冷却隧道的传送带上通过。冷却水从上向下喷淋到食品表面,冷却室顶部的冷水喷头大小根据食品种类不同进行选择:耐压产品采用较大的喷头孔;柔软产品采用较小的喷头孔。

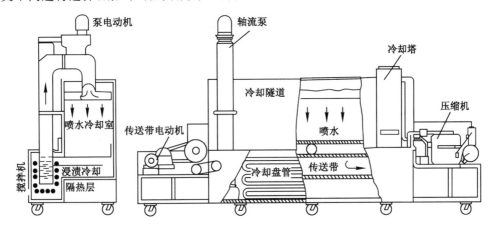

图 9-5　喷水式冷水冷却设备示意图

(2)浸渍式冷却

浸渍式冷却设备一般在冷水槽底部有冷却排管,上部有放冷却食品的传送带。将欲冷却食品浸没到冷却槽中,靠传送带在槽中移动经冷却后输出。冷水冷却设备适用于家禽、鱼、蔬菜、水果的冷却,具有冷却速度较快、被冷却产品无干耗现象等优点,但要防止冷水被污染以致影响被冷却食品质量。特别注意的是,冷却室的空气相对湿度较低时被冷却食品的干耗较大。为了避免冷却室的空气相对湿度过低,冷却装置蒸发器和室内空气的温度差尽可能小些,一般为5~9℃。表9-4列出部分食品的冷风冷却工艺要求。

表9-4　　　　　　　　　部分食品的冷风冷却工艺要求

冷却品种	冷却室室温/℃		相对湿度/%	冷风风速/(m/s)		冷却时间/h
	始温	终温		初速	末速	
菠萝	7.2	3.3	85	1.25	0.75	3
苹果	4.4	−1.1	85	0.75	0.3	24
香蕉	21.1	13.3	90~95	0.75	0.45	12
西红柿	21.1	10	85	0.75	0.45	34
青豆	4.4	0.56	85	0.75	0.45	20
羊肉	7.22	−1.1	90	1.25	0.45	5
牛肉	7.22	−1.1	87	1.25	0.75	18
禽类	7.22	0	85	0.75	0.45	5

4. 碎冰冷却

碎冰冷却的原理是采用冰(既可采用淡水冰,又可使用海水冰)作为冷却介质,当冰与食品接触时,冰融化成水要吸收334 kJ/kg的相变潜热,从而使食品冷却。为了提高碎冰冷却的效果,应使冰尽量细碎以增加冰与被冷却食品的接触面积。碎冰冷却主要用于鱼的冷却,也可以用于水果、蔬菜等产品的冷却。

碎冰冷却用于鱼类保鲜时使鱼湿润、有光泽,无干耗。但碎冰在使用中容易重新结成冰块,而且由于冰具有不规则形状,所以容易对鱼体造成损伤。

三、食品冷却的影响因素和传热过程

影响食品冷却速度和冷却终了温度的因素有:冷却介质相态、冷却介质运动状态(自然流动或强制流动)和速度、冷却介质和食品的温差、冷却介质物理性质(热容)、食品厚度与物理(质量、热容和热导率)特性等。

(一)冷却介质

冷却介质是从食品中吸收热量并把热量传递给冷却装置的介质。通常采用的冷却介质有气体、液体和固体三种。

1. 气态冷却介质

气体介质普遍采用的是空气(对流传热系数较小、冷却速度缓慢)。如食品在空气介质里长时间冷却时将会引起食品的不良变化;当食品未采用不透气材料包装并以空气作为冷却介质时,在水蒸气压差作用下食品表面的水分会向空气中蒸发,导致食品的质量损失,同时吸收了食品的热量和水分的热、湿空气与冷却装置的冷表面接触换热时会在冷却装置的排管上出现凝水或结霜现象。

2. 液态冷却介质

一般来说,液体冷却介质有冷水和冰水混合物两种。水的对流传热系数大、冷却速度快,使用冷水作为冷却介质没有氧化和干耗的问题。但用冷水作为冷却介质容易对食品造成交叉污染,如禽类冷却时的沙门氏菌的污染问题;用冷水作为冷却介质还会产生食品中可溶性物质的损失和食品带水量过多的问题。

3. 固态冷却介质

固体冷却介质主要是淡水冰。用冰作为冷却介质,食品的冷却速度比用空气作为冷却介质的快,但比以水作为冷却介质的慢。用冰作为冷却介质没有氧化和干耗问题,但冰作为冷却介质有劳动强度较大的缺陷。冰冷却法对鱼类来说是最好的冷却方法。

(二)食品冷却过程中的传热问题

食品在冷却过程中的热交换既有对流传热也有传导传热。对流传热是流体和固体表面接触时互相间的热交换过程。食品冷却时,热量从食品表面向冷风或冷水传递就属于对流传热。对流传热的热量与对流传热系数、传热面积、食品表面和冷却介质的温差成正比。

单位时间内从食品表面传递给冷却介质的热量 Φ_t(W)可用式(9-1)计算:

$$\Phi_t = hA(T_s - T_r) \tag{9-1}$$

式中　h——对流放热系数,W/(m² · K);

　　　A——食品的冷却表面积,m²;

　　　T_s——食品的表面温度,K;

　　　T_r——冷却介质的温度,K。

四、食品的冷却设备

冷却设备是在制冷系统中产生冷效应的低压换热设备,利用制冷剂液体经节流阀节流后在较低的温度下蒸发,吸收被冷却介质的热量使被冷却介质的温度降低。

食品冷却设备按冷却介质不同可分为两种:一种是空气介质冷却设备;一种为液体介质冷却设备。其中,空气介质设备又可分为空气自然对流换热和空气强制对流换热两种形式,以液体作为冷却介质时,一般为盐水或低温水。目前,冷库建筑中广泛采用以制冷剂直接蒸发式排管为冷却换热设备,根据制冷系统采用的制冷剂、传热表面状况、在库房中配置的位置以及制冷剂的供液方式可以分为以下几种:

1. 冷却排管(多用于冷库和试验用制冷装置)

冷却排管的类型很多,按照库房的具体条件不同可分为固定在墙支柱上的墙排管、吊挂搁架上的顶排管两种,其特点是制冷剂在管内蒸发,管外的空气呈自然对流状态。

(1)盘管式冷却排管

盘管式排管一般采用 ϕ38 mm×3 mm 的无缝钢管弯制而成。管子中心线之间的距离为 110～180 mm。氨液从下端进入,氨气从上端引出。重力供液系统管组的管子总长度不应超过 120 m。盘管式冷却排管的特点是构造简单、沸腾所产生的蒸汽不能及时排出。盘管用于氟利昂系统时多采用铜管,翅片一般采用套片,供液方式为上进下出,便于溶解在制冷剂液体中的润滑油顺利返回压缩机。

(2)横管式冷却排管

横管式冷却排管仅用于墙管,由两根竖立的集管和中间焊接的数十根绕有翅片的横管组成。液体制冷剂从竖立的管子下端进入,吸收被冷却介质热量后变成气态制冷剂由另一侧竖管的上端导出。横管式冷却排管特点是管子接口出焊头较多、加工时耗用工作量大、运行时容氨量大约 80%、液面不易控制,致使氨液不完全沸腾和压缩机出现液击现象。

（3）竖管式冷却排管

竖管式冷却排管只用作墙管,由两根直径为 $\phi76\ mm\times3.5\ mm$ 或 $\phi89\ mm\times3.5\ mm$ 的横集管与数十根直径为 $\phi38\ mm\times3\ mm$ 或 $\phi57\ mm\times3.5\ mm$、长度为 $2.0\sim2.5\ m$ 的立管焊接而成。氨液从下集管进入排管管组,蒸汽从上集管引出。竖管式冷却排管的特点:制冷剂蒸汽分离比盘管式排管迅速、传热效果较好、除霜方便、润滑油容易排出管组、管子接口出焊头较多、加工时耗用工作量大。

2. 冷风机（空气冷却器）

冷风机是一种冷却空气的设备,广泛用于冷藏库和低温试验箱中,管外空气是在风机的作用下受迫流动。对制冷系统而言,它是从系统外吸热的换热器,其作用是利用液态制冷剂在低压下沸腾转变为蒸汽并吸收被冷却物体或介质的热量,达到制冷目的。

冷风机按冷却空气所采用的方式可分为干式、湿式和干湿混合式三种。其中,干式冷风机又分为落地式冷风机和吊顶式冷风机。

干式冷风机主体内装有翅片盘管,空气通过管外壁时被冷却,然后送到室内冷却食品,目前冷库广泛采用这种形式的冷风机。湿式和干湿混合式冷风机由于锈蚀钢管和钢板的情况严重,而且空气吹出时带出的盐水细滴会污染食品、降低食品质量,近年来已不再使用。

（1）落地式冷风机

落地式冷风机从结构上分为上、中、下三部分,上部为排风的风帽,内部装设风机,根据风量和风压的要求分别配置相应的台数轴流式风机和离心式风机;中部是错列布置的蒸发管组:采用 $\phi25\ mm\times2.0\ mm$ 无缝钢管及 $\phi25\ mm\times0.8\ mm$ 钢带绕制而成,片距为 12.5 mm;其下端是用来作为支撑冷风机主体的部分,同时又是空气的吸入端。

（2）吊顶式冷风机

吊顶式冷风机由于安装时不占用冷藏库库房使用面积,已广泛用于冻结间或中、低温穿堂,其送风方式有单面送风和双面送风两种。

第三节　食品的冻结方法和装置

食品冻结就是移去食品中的显热和潜热,在指定的加工时间内迅速将食品的温度降至冰点以下,导致食品中所含水分部分或全部转变成冰,达到规定的质量指标。食品冻结结束后进行冷加工包装工序,然后直接送往冻结物冷藏间储藏。

由于食品可以近似看作溶液,溶液在冻结的过程中随着固相冰不断析出,剩余液相溶液的浓度不断提高,冰点不断下降,其完全冻结温度远低于 $0\ ℃$。因此,食品的冻结应根据食品的具体条件和工艺标准,采用不同的方法和冻结装置实现,以致冻结食品中微生物的生命活动及酶的生化作用均受到抑制,水分活度下降。为了满足功能要求,冻结间内的温度要足够低,同时应配有适当的风速使空气循环流动。总之,要求在经济合理的原则下,尽可能提高装置的制冷效率、加快冻结速度、缩短冻结时间、保证冻结产品质量。

一、食品冻结的理论基础

食品冻结就是运用冻结技术（包括设备和工艺）在尽可能短的时间内将食品的温度降至食品冻结点以下的某一预定温度,使食品中的大部分水分形成冰晶体,从而减少微生物活动和食品生化变化所必需的液态水分。

（一）冻结点和冻结率

冻结点是指冰晶开始出现时的温度。食品冻结的实质是其内含水分的冻结，通常食品物料要降到 0 ℃ 以下才产生冰晶，在 −30 ～ −18 ℃ 时，食品中绝大部分水分已冻结，能够达到冻藏的要求。低温冷库的储藏温度一般为 −25 ～ −18 ℃。温度为 −60 ℃ 左右，食品内水分全部冻结。冻结率是指冻结结束时，食品内水分的冻结量。

在低温介质中，随着冻结的进行，食品的温度逐渐下降。图 9-6 所示的冻结曲线表示冻结过程中温度随时间的变化。

第一阶段，食品温度从初温降至食品的冻结点。该阶段食品放出的热量是显热，与冻结过程全部放出的热量相比，其数值较小。其降温速度快、冻结曲线较陡。

第二阶段，食品温度从食品冻结点降至 −5 ℃ 左右。该阶段食品中的大部分水结成冰，放出大量的潜热（整个冻结过程中食品的绝大部分热量在此阶段放出）。其降温速度慢、冻结曲线平坦。

第三阶段，食品温度从 −5 ℃ 左右继续下降至终温。该阶段放出的热量分为两部分，一部分是由于冰的降温，另一部分是由于残余少量水继续结冰。该阶段冻结曲线较陡峭。

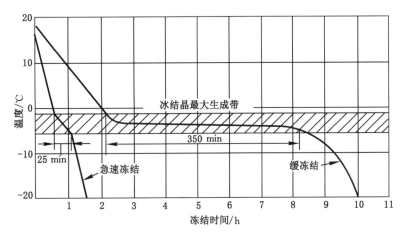

图 9-6　食品在冻结过程中温度随时间的变化

（二）结晶条件和结晶曲线

1. 结晶条件

当液体温度降至冻结点时，液相和结晶相处于平衡状态。要使液体转变为结晶体就必须破坏这种平衡状态，也就是必须使液相温度降至稍低于冻结点，而造成液体过冷。因此，过冷现象是水中有冰结晶生成的先决条件。

在降温过程中，水的分子运动逐渐减慢，以致其内部结构在定向排列的引力下逐渐趋向于形成近似结晶体的稳定性聚集体，只有温度降至开始出现稳定性晶核或在振动的促进下，才会立即向冰晶体转化并放出潜热，使温度回升到水的冰点。水在降温过程中开始形成稳定性晶核时的温度或开始回升的最低温度称为过冷临界温度或过冷温度。过冷温度通常比冰点低，当温度回升到冰点后，只要液态水仍在不断地冻结并放出潜热，冰水混合物的温度就不会低于 0 ℃，只有当全部水分冻结，其温度才会迅速下降。

2. 冻结水量

根据拉乌尔定律,冰点降低和溶质的浓度成正比。食品中的水分不是纯水而是含有有机物和无机物溶液,包括盐类、糖类、酸类以及有机大分子等,因此食品的温度要降到0 ℃以下才产生冰晶。由于食品种类、溶解的溶质浓度等不同,各种食品的冻结点是不相同的。一般食品的冻结点为−3～−0.6 ℃,表9-5、表9-6分别列出部分食品冻结点温度和在冻结过程中水分冻结率。

表 9-5 部分食品冻结点温度

食品种类	食品冻结点温度/℃	食品种类	食品冻结点温度/℃
葡萄	−2.2	猪肉	−2.8
苹果	−2	牛肉	−1.7～−0.6
青豆	−1.1	鱼类	−2～−0.6
橘子	−2.2	蛋类	−0.55
香蕉	−3.4	牛奶	−0.5

表 9-6 部分食品在冻结过程中水分冻结率

品名	食品温度/℃											
	−1	−2	−3	−4	−5	−6	−10	−15	−18	−20	−25	−30
肉、禽	0～0.25	0.52～0.60	0.67～0.73	0.72～0.80	0.75～0.80	0.77～0.82	0.825～0.875	0.875～0.90	0.89～0.91	0.90～0.92	0.92～0.95	0.93～0.96
鱼	0～0.45	−0.68～0	0.32～0.77	0.45～0.82	0.53～0.84	0.58～0.855	0.705～0.905	0.74～0.935	0.76～0.95	0.77～0.96	0.80～0.97	0.82～0.97
蛋	0.60	0.78	0.845	0.87	0.89	0.905	0.93	0.945	0.95	0.955	0.965	0.97
牛乳	0.45	0.68	0.77	0.82	0.84	0.855	0.905	0.935	0.95	0.955	0.965	0.97
番茄	0.30	0.60	0.70	0.76	0.80	0.82	0.88	0.90	0.91	0.915	0.93	0.95
洋葱、蚕豆、青豆	0.10	0.50	0.65	0.71	0.75	0.77	0.835	0.875	0.89	0.90	0.92	0.93
大豆、胡萝卜	0	0.28	0.50	0.58	0.645	0.68	0.77	0.83	0.84	0.85	0.87	0.90
苹果、梨、李子、马铃薯	0	0	0.32	0.45	0.53	0.58	0.70	0.78	0.80	0.82	0.85	0.87
杏、柠檬、葡萄	0	0	0.20	0.32	0.41	0.48	0.655	0.72	0.75	0.77	0.80	0.83
樱桃	0	0	0	0.20	0.32	0.40	0.58	0.67	0.71	0.72	0.74	0.76

(三)冻结对食品品质的影响

1. 食品的冻结速度

食品在冻结过程中除必须保证设备制冷量足以满足冻结食品所需的冷耗量外,还必须考虑食品冻结速度。食品冻结速度快慢决定被冻食品冻结时间,直接影响到冷库制冷设备生产力以及被冻食品品质。

食品内含成分的导热性越强,其冻结速度越快;食品和制冷剂间温差越大,包装和块片状食品厚度越薄,其冻结速度越快;库内空气循环、制冷剂循环加速,制冷剂冷效应或吸热力度越大,其冻结速度越快。

2. 食品在冻结过程中的变化

冻结食品时将导致食品质改变,出现乳化液被破坏、蛋白质变性以及其他物理化学变化等情况。因此,合理控制食品的冻结程度对食品品质的影响是保证冻制食品品质的重要条件,主要体现在体积膨胀与内压增加、冻结对溶液内溶质重新分布的影响、冰晶体产生对食品的危害等方面。

(1)在冻结过程中,食品冻结速度越缓慢,水分重新分布越显著,生成的冰晶体颗粒也越大,从而破坏食品的营养组织。

(2)在冻结过程中,食品冻结速度越快,水分重新分布的现象减轻、冰晶体颗粒生长速度越慢,一定程度上降低了食品组织损伤程度,从而保证冻品的质量。

二、食品的冻结方法

1. 食品冻结的基本方式

按食品在冷却、冻结过程中放出的热量被冷却介质(气体、液体或固体)带走的方式可分为以下几种:

(1)鼓风式冻结

鼓风式冻结是用空气作为冷却介质对食品进行冻结,是目前应用最广泛的一种冻结方法。由于空气表面传热系数较小,在静止空气中冻结的速度很慢,所以在生产中已很少采用。增大风速、强制冷空气不断循环流动、提高被冻结食品表面换热系数,可使冻结速度加快。强制空气循环冻结示意图如图 9-7 所示。表 9-7 为 7.5 cm 厚板状食品在冻结过程中的空气流动速度和食品冻结速度的关系。

表 9-7　　　　　　　　　　**空气流动速度和食品冻结速度的关系**

风速/(m/s)	表面换热系数/[W/(m² · K)]	冻结速度增加量/%
0.0	5.8	0
1.0	10	72
1.5	12.1	109
2.0	14.2	145
3.0	18.4	217
4.0	22.6	290
5.0	27.4	372
6.0	30.9	432

鼓风式冻结常用于搁架式冻结间、批量(间歇)式冻结间、网状传带式(隧道)冻结装置、螺旋式冻结装置、流化床式冻结装置以及其他冷冻装置。

(2)接触式冻结

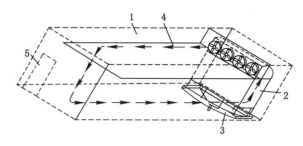

图 9-7 强制空气循环冻结示意图

1——冻结室隔热层;2——冷风机;3——冷风机接水盘;4——冻结室吊顶;5——冻结室外门

接触式冻结的特点是将被冻食品放置在两块金属平板之间,依靠导热来传递热量。由于金属的热导率比空气的表面传热系数大数十倍,所以接触式冻结的冻结速度快,其主要适用于冻结块状或规则形状的食品。

半接触式冻结法主要是指被冻食品的下部和金属板直接接触靠导热传递热量,上部由空气强制循环,进行对流换热,从而加快食品冻结。

(3)液化气体喷淋冻结

液化气体喷淋冻结又称深冷冻结,其主要特点是将液态氮或液态二氧化碳直接喷淋在食品表面进行急速冻结。用液氮或液态二氧化碳冻结食品时,其冻结速度快、冻品质量也很高,但要注意防止食品的冻裂。

(4)沉浸式冻结

沉浸式冻结的主要特点是将被冻食品直接沉浸在不冻液(如盐水、乙二醇、丙二醇、酒精溶液或糖溶液等)中进行冻结。由于液体表面传热系数比空气的大数十倍,因此沉浸式冻结法的冻结速度快、冻结时间短,而且价格低廉。尽管该冻结方法冻结能力大、耗能小,但是在冻结食品过程中,不冻液容易向食品内部渗透,使被冻食品质量下降,因此在选用不冻液时应根据温度条件和使用目的来确定,确保不冻液满足食品卫生要求。

2. 冻结速度

国际制冷学会对食品冻结速度的定义做了如下规定:食品表面至热中心点的最短距离与食品表面温度达到 0 ℃后,食品热中心点温度降至比冻结点低 10 ℃所需时间之比,称为该食品的冻结速度 v。通常,冻结速度分为快速冻结($v=5\sim20$ cm/h)、中速冻结($v=1\sim5$ cm/h)和慢速冻结($v=0.1\sim1$ cm/h)三种。

目前国内使用的各种冻结装置由于性能不同,冻结速度差别很大。一般鼓风式冻结装置的冻结速度为 $0.5\sim3$ cm/h,属中速冻结;流态化冻结装置的冻结速度为 $5\sim10$ cm/h,液氮冻结装置的冻结速度为 $10\sim100$ cm/h,均属快速冻结装置。

三、食品的冻结装置

1. 鼓风式冻结装置

鼓风式冻结装置一般用于管架式冻结间和隧道冻结间,食品冻结是靠风吹,加大吹风速度可提高冻结间空气循环流动次数,目的是为了提高食品冻结速度、缩短食品冻结时间、保证被冻食品质量。食品在冻结过程中的热量交换顺序为:食品→空气→蒸发器,其中空气是传输热量的介质。

鼓风式冻结装置发展很快、应用很广,有间歇式、半连续式、连续式三种基本形式。在气流组织、冻品的输送传递方式上均有不同的特点和要求,因此形成不同形式的冻结装置。下面介绍几种连续式鼓风冻结装置。

(1) 钢带连续式冻结装置

连续输送式冻结装置是指食品在装置中移动的同时受空气冷却器的冷风冷却,避免因冻结间风速不均匀、气流组织不合理而导致被冻食品冻结速度差异很大、冻结时间延长等现象。为了使被冻食品冻结速度均匀,一般采用连续输送式冻结装置,可使制冷机负荷均衡,提高冻结装置的制冷效率。

钢带连续式冻结装置是在连续式隧道冻结装置的基础上发展起来的,如图 9-8 所示。该冻结装置由不锈钢薄钢传送带、空气冷却器(蒸发器)、传动轮(主动轮和从动轮)、调速装置、隔热外壳等部件组成。钢带连续式冻结装置换热效果好,被冻食品的下部与钢带直接接触,进行导热换热;上部为强制空气对流换热,因此冻结速度快。在空气温度为 $-35 \sim -30$ ℃时,冻结时间随冻品的种类、厚度不同而异,一般为 $8 \sim 40$ min。为了提高冻结速度,在钢带的下面加设一块铝合金平板蒸发器,与钢带紧紧相贴,热交换效果比单独钢带要好。值得注意的是,安装时必须使钢带和平板蒸发器紧密接触。

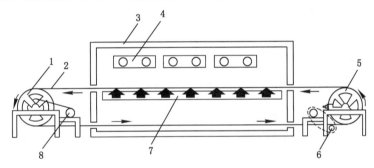

图 9-8 钢带连续式冻结装置

1——主动轮;2——不锈钢传送带;3——隔热外壳;4——空气冷却器;
5——从动轮;6——钢带清洗器;7——平板蒸发器;8——调速装置

另一种结构形式是使用不冻液(常用氯化钙水溶液)在钢带下面喷淋冷却,代替平板蒸发器。虽然它可以起到接触式导热效果,但是不冻液盐水系统需增加盐水蒸发器、盐水泵、管道、喷嘴等许多设备,同时,盐水对设备的腐蚀问题都要很好地解决。

钢带连续式冻结的装置是兼有传送和冷冻两种功能,具有导热和对流两种热交换方式、冻结速度快等特点。钢带下的蒸发器为主要冷源,鼓风式冷却器起辅助作用。在选用时,根据冷冻能力确定钢带宽度和冷冻板长度,确保被冻食品的冻结质量。另外,钢带连续式冻结装置可用于汉堡牛肉片、炸肉饼、鲜鱼片、虾仁等水产品厚度较小的食品冻结。而且钢带连续式冻结装置的钢带表面光滑,不宜粘上食品残渣,洗涤、杀菌程序简单,从卫生角度考虑也较为理想,多在冷冻食品厂和生产流水线配套使用。

(2) 螺旋式冻结装置

由于钢带或网带传动的连续冻结装置占地面积大,所以研制了多层传送带的螺旋式冻结装置,如图 9-9 所示。这种传送带的运动方向不是水平的,而是沿圆周方向做螺旋式旋转运动,避免水平方向传动因长度太长而造成占地面积大的缺点。螺旋式冻结装置主要由转筒、不锈钢网带(传送带)、空气冷却器(蒸发器)、网带清洗器、变频调速装置、隔热外壳等部件组成。不锈钢网带(网带需专门设计,既可直线运行,也可缠绕在转筒的圆周上,在转筒的带动下做圆周运动)的一侧紧靠在转筒上,靠摩擦力和转筒的传送力随着转筒一起运动。网带脱离转筒后由链轮带动。由于网带很长,网带的张力很小,动力消耗不大。网带的速度由变频调速装置进行无级调速。冻结时间为 20 min～2.5 h,可适应多种冻品的要求,从食品原料到各种调理食品,都可在螺旋冻结装置中进行冻结,是一种发展前途很好的连续冻结装置。

螺旋式冻结装置的特点:可连续化作业、冻结能力大;冻结速度较快,被冻食品干耗损失小;结构紧凑、占地面积少,特别是装置出、入口布置合理,容易和前、后流水线配套使用,使整个生产工序连续化、系列化。该冻结装置可用于单个食品、易碎食品、调理食品等食品的冻结。

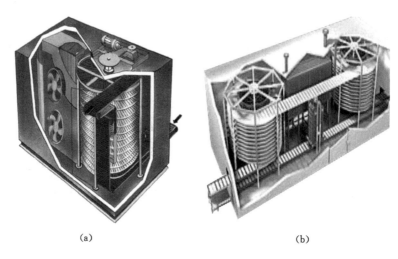

(a)　　　　　　　　　　　　　　　　(b)

图 9-9　螺旋冻结装置结构图
(a) 单螺旋式;(b) 双螺旋式

（3）气流上、下冲击式冻结装置

气流上、下冲击式冻结装置如图 9-10 所示。该冻结装置是连续式隧道冻结装置的一种最新形式,因其在气流组织上的特点而得名,其工作原理是由装置中空气冷却器吹出的高速冷空气分别进入上、下两个静压箱。在静压箱内,气流速度降低,由动压转变为静压,并在出口处装有许多喷嘴,气流经喷嘴后产生高速气流(流速为 30 m/s 左右)。高速气流垂直吹向不锈钢网带上的被冻食品,使其表层很快冷却。被冻食品的上部和下部都能均匀降温达到快速冻结。目前此类冻结装置的有些产品将静压箱出口

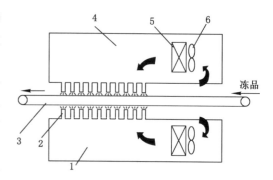

图 9-10　气流上、下冲击式冻结装置
1——上部静压箱;2——喷嘴;3——不锈钢带;
4——下部静压箱;5——蒸发器;6——轴流风机

处设计为条形风道代替喷嘴,风道出口处的风速可达 15 m/s,温度为－35 ℃左右。

气流上、下冲击式冻结装置具有可连续化作业、冻结速度快、被冻食品干耗损失小等特点,适合青豌豆、玉米、鱼片等较薄食品(厚度为 25 mm 以下)的冻结。

（4）流态化冻结装置

流态化冻结的主要特点是将被冻食品放在开孔率较小的网带或多孔槽板上,高速冷空气流自下而上流过网带或槽板将被冻食品吹起呈悬浮状,使固态被冻食品具有类似于流体的某些特性。

流态化冻结装置属于强烈吹风、快速冻结装置,按其机械传送方式不同可分为三种基本形式:带式(不锈钢网带或塑料袋)流态化冻结装置、振动式流态冻结装置、斜槽式(固定板式)流态冻结装置。

① 带式(不锈钢网带或塑料袋)流态化冻结装置

该冻结装置为目前使用最广泛的一种流态化冻结装置,又可分为一段带式流态化冻结装置和两段带式流态化冻结装置,大多采用两段式结构,即被冻食品分成两区段进行冻结:第一区段主要为食品表层冻结,将被冻食品表层温度快速降到冰点温度并使其表面冻结,而颗粒之间或颗粒与传送带不锈钢网带之间呈离散状,彼此互不黏结;第二区段为冻结段,将被冻食品中心温度冻结至－18～－15 ℃。

带式流态化冻结装置具有变频调速装置,对网带的传递速度可进行无级调速。蒸发器多数为铝合金管和铝翅片组成的变片距结构,风机为离心式或轴流式(风压较大,一般为490 Pa 左右)。该冻结装置还附有振动滤水器、斗式提升机和布料装置、网带清洗器等设备,其冻结能力为 1～5 t/h。在第一传送带上可以加设驼峰,目的是防止物料之间的黏结。运行过程中,转速(80～1 400 r/min 之间)采用无级调节。

② 振动式流态冻结装置

振动式流态冻结装置的特点是结构紧凑、冻结能力大、能耗低、易于操作,并设有气流脉动旁通机构和空气除霜系统,是一种较先进的冻结装置。该装置采用带有打孔底板(打孔底板为 2～3 mm 厚的不锈钢板)的连杆式振动筛,取代了传送带结构,风机采用离心式风机。

振动式流态冻结装置是将被冻食品置于冻品槽(底部为多孔不锈钢板)内,由连杆机构带动做水平往复式振动以增加流化效果,适合于肉丁、小虾等食品的冻结。

③ 斜槽式流态冻结装置

斜槽式流态冻结装置如图 9-11 所示:无传送带或振动筛等传动机构,主体部分为一块固定的多孔底板(称为槽),槽的进口稍高于出口,被冻食品在槽内依靠上吹的高速冷气流使其得到充分流化,并借助具有一定倾斜角的槽体向出料口流动。料层高度可由出料口的导流板进行调节,以控制冻结时间和冻结能力。

斜槽式流态冻结装置具有构造简单、成本低、冻结速度快、流化质量好、冻品温度均匀等特点。

流态化冻结主要适用于颗粒状、条片状食品的冻结,其主要优点为:① 热交换效果好、冻结速度快、冻结时间短。与传统的空气强制循环冻结相比,由于食品呈悬浮状在空气中进行冻结,食品表面的静止空气层被消除掉了,食品表面与空气之间的表面传热系数大约可提高 4倍,有效换热面积可增加 3～5 倍。② 被冻食品脱水损失少、质量高。③ 该冻结装置可实现单体快速冻结。采用流态冻结技术,可使小体积食品如青豌豆、玉米、鱼片、虾仁等厚度在 25 mm

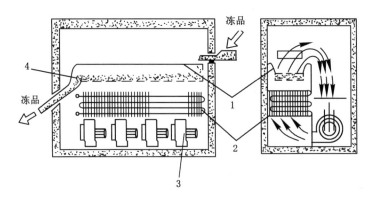

图 9-11　斜槽式流态冻结装置
1——斜槽;2——蒸发器;3——离心式风机;4——出料挡板

以下的较薄食品实现单体快速冻结。④ 可进行连续化冻结工序的生产,劳动强度低。

2. 接触式冻结装置

平板冻结装置是接触式冻结方法中最典型的一种冻结方式。它是由多块铝合金为材料的平板蒸发器组成,平板内有制冷剂循环通道。平板进、出口接头用耐压不锈钢软管连接。平板之间的间距的变化由油压系统驱动进行调节,可将被冻食品紧密压紧。由于食品与平板间接触紧密,且铝合金平板具有良好的导热性能,所以其传热系数高。当被冻食品与平板的接触压力为 $7\sim30$ kPa 时,传热系数可达 $93\sim120$ kJ/(m²·h·K)。

平板冻结装置具有冻结时间短、被冻食品干耗损失少、冻结速度快、装置运行时耗能小、占地面积小、便于机械化生产、操作方便、维修简单等优点,其缺点是不适合对形状不规则的、怕挤压的以及厚度较大的食品进行冻结。

平板冻结装置按平板放置方向,分为卧式和立式(主要应用于渔轮等冻结作业)两种基本形式。其中卧式平板冻结装置用于冻结工艺要求较高的箱装、盘装等食品;立式平板冻结装置可将无包装的食品直接放入两板之间,其冻结效率高于卧式平板冻结装置的效率,具有操作简单、劳动强度低等特点,适用于冻结畜类、块状肉及鱼类产品。

3. 液氮喷淋冻结装置

液氮喷淋冻结装置是一种高效、快速、低温速冻装置。与接触式冻结装置相比,该冻结装置的冻结温度低、装置中没有制冷循环系统、冻结设备简单、操作方便、维修保养费用低、冻结装置功率消耗很小、冻结速度快(约比平板冻结装置快 $5\sim6$ 倍)、冻品脱水损失少、冻品质量高,因此又称为低温或深冷冻结装置。

液氮喷淋冻结装置由三个区段组成,即预冷段、液氮喷淋段和冻结均温段,如图 9-12 所示。首先将被冻食品置于不锈钢带上与氮气呈逆向流动,在预冷段内进行预冷和表层冻结,然后进入液氮喷淋段,喷出的液氮在 -196 ℃下蒸发吸收被冻食品的热量,使食品快速冻结。液氮喷淋冻结装置主要适合于块状、球状肉类、禽类以及水产食品和珍贵果蔬类产品。

液氮喷淋冻结装置的主要优点为:① 冻结速度快,冻结能力大,冻结装置功率消耗少;② 冻结设备简单,不需制冷系统设备;③ 操作方便,维修保养费用低;④ 被冻食品干耗损失小,冻品质量高;⑤ 可连续化作业,占地面积较小;等等。

液氮喷淋冻结装置的主要缺点为:① 冻结成本高,约比一般鼓风式冻结装置高 4 倍左右,主要是因为液氮的成本较昂贵;② 液氮不能回收,消耗量大,一般每千克冻品液氮消耗量约为 0.9～2 kg。

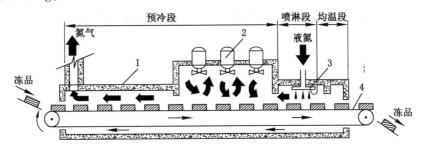

图 9-12　液氮喷淋冻结装置

1——隔热外壳;2——轴流风机;3——液氮喷嘴;4——传送带

第四节　食品解冻

　　冻结食品在消费或加工前必须解冻,根据食品解冻后的用途解冻可分为半解冻(−5～−3 ℃)和完全解冻。冻结食品解冻是将冻品中的冰结晶融化成水,力求恢复到未冻结前的状态。作为食品加工原料的冻结品,通常只需升温至半解冻状态。

　　解冻是冻结的逆过程,但解冻过程的温度控制却比冻结过程困难得多,也很难达到高的复温速率,原因是:冻结食品在解冻过程中冻品的外层首先被融化,供热过程必须先通过这个已融化的液体层。另外,在冻结过程中,食品外层首先被冻结,吸热过程通过的是冻结层。表 9-8 列出冰和水的某些热物理性质数据。由表可见,冰的比热容值只有水的一半,而热导率却为水的 4 倍、导温系数为水的 8.6 倍。因此,冻结过程的传热条件要比融化过程好得多,在融化过程中很难达到较高的复温速率。此外,在冻结过程中,人们可以将库温降得很低,以增大和食品材料的温度差来加强传热、提高冻结速率。然而在融化过程中外界温度却受到食品材料的限制,否则将导致组织破坏,因此融化过程的热控制要比冻结过程更为困难。

表 9-8　　　　　　　　　　　**0 ℃水和冰的某些热物理性质**

物理量	密度/(kg/m)	比热容/[kJ/(kg·K)]	热导率/[W·(m·K)]	热扩散率/[m²/s]
冰	917	2.120	2.24	11.5×10^{-7}
水	999.87	4.217 7	0.561	1.33×10^{-7}

一、食品的解冻方法

　　解冻是食品冷加工后不可缺少的环节。由于冻品在自然条件下也会解冻,所以解冻这一环节往往未引起人们重视。然而,要使冷冻食品经冻结、冷藏后尽可能地保持其原有的品质,就必须重视解冻这一环节,这对于需要大量冻品解冻后进行深加工的企业尤为重要。

　　在解冻的终温方面,作为加工原料的冷冻肉和冷冻水产只要求解冻后满足下面的加工工序(如分割、冷包等)需要即可。冻品的中心温度升至−5 ℃左右即可满足上述要求。此时,在冷冻食品内部接近中心的部位仍然存在冰晶,尚未发生相变,但仍可以认为解冻已经完成。解冻不单纯是冷冻食品冰晶融化、恢复冻前状态的概念,还包括作为加工原料的冷冻食品升温到加工工序所需温度的过程。

解冻后食品品质主要受两方面的影响:① 食品冻结前的质量;② 冷藏和解冻过程对食品质量的影响。即使冷藏过程相同,也会因解冻方法不同有较大差异。好的解冻方法不仅解冻时间短,而且应解冻均匀,使食品液汁流失少以及 TBA 值(脂肪氧化率)、K 值(鲜度)、质地特性、细菌总数等指标均较好。因此,不同食品应考虑选用适合其本身特性的解冻方法。目前,食品的解冻方法大致可以分为空气解冻法、水解冻法、电解冻法以及其他解冻法,见表 9-9。

表 9-9　　　　　　　　　　　　　　　　　解冻方法的分类

序号	空气解冻法	水解冻法	电解冻法	其他解冻法
1	静止空气解冻(低温微风型空气解冻)	静水浸渍解冻	红外辐射解冻	接触传热解冻
2	流动空气解冻	低温流水浸渍解冻	高频解冻	高压解冻
3	高湿度空气解冻	水喷淋解冻	微波解冻	—
4	加压空气解冻	水浸渍和喷淋结合解冻	低频解冻	—
5	—	水蒸气减压解冻	高压静电解冻	—

此外,还有其他的分类方法,如按照解冻速度不同可以分为慢速解冻、快速解冻;按照是否有热源分为加热解冻、非热解冻(或称为外部加热解冻)和内部加热解冻等。下面介绍几种典型解冻方法和相应的解冻装置。

二、食品的解冻装置

1. 空气解冻

空气解冻是以空气为传热介质的解冻方法,可分为静止空气解冻、流动空气解冻、高湿度空气解冻、加压空气解冻等几种解冻类型。

(1)静止空气解冻

静止空气解冻将冷冻食品(如冷冻肉制品)放置在冷藏库(通常温度控制在 4 ℃左右)内,利用低温空气自然对流对冷冻食品进行解冻。

(2)流动空气解冻

流动空气解冻是指通过加快低温空气的流速来缩短解冻时间的一种方法。解冻一般也在冷藏库中进行。用 0～5 ℃、相对湿度 90% 左右的湿空气(可另加加湿器),利用冷风机使气体以 1 m/s 左右的速度流过冻品,解冻时间一般为 14～24 h,可以全解冻也可以半解冻。

(3)高湿度空气解冻

高湿度空气解冻是利用高速、高湿的空气进行解冻。

图 9-13 为高湿度空气解冻装置,采用高效率的空气和水接触装置使循环空气通过多层水膜,水温与室内空气相近,充分加湿,空气温度可达 98% 以上,空气温度可在 -3～2 ℃范围调节,并以 2.5～3.0 m/s 的风速在室内循环。采用高湿度空气解冻方法可使冷冻食品在解冻过程中减少干耗,防止冷冻食品在解冻后色泽变差。

（4）加压空气解冻

加压空气解冻是指将压缩的空气注入铁质的筒形容器内（压力为 0.2～0.3 MPa，容器内温度为 15～20 ℃，空气流速为 1～1.5 m/s）。其解冻原理：容器内压力升高致使冻品的冰点降低，由于冰的溶解热和比热容减少而热导率增加，同时辅以流动空气加大对流换热强度，从而可改善冷冻食品热交换表面的传热状态，使解冻速度大大提高。

2. 水解冻

水解冻是以水为传热介质，与空气解冻相比，其解冻速度快、干耗损失小。水解冻一般有水浸渍解冻、水喷淋解冻、水浸渍和喷淋相组合的解冻等几种方法。

（1）水浸渍解冻法

① 流动水解冻

流动水解冻是指将被解冻品浸没在流动的低温（水温一般为 5～12 ℃，槽内水流速为 0.25 m/s）水槽内，使其解冻。解冻时间由水温和水的流速决定。

② 静水解冻

静水解冻是指将解冻品浸没和静置在水中进行解冻，其解冻速度与水温、解冻品量和水量有关。

（2）水喷淋解冻法

水喷淋解冻法是利用喷淋水所具有的冲击力提高解冻速度，其解冻速度与喷淋冲击、喷淋水量和喷淋水温有关。

（3）组合解冻法

组合解冻法是将水喷淋、浸渍两种解冻形式结合对冻品进行解冻，旨在改善冻品解冻质量、提高冻品解冻速度，如图 9-14 所示。

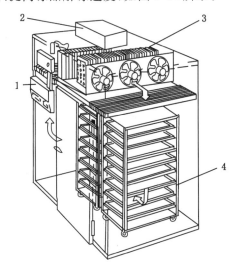

图 9-13 高湿度空气解冻装置
1——控制箱；2——给水装置；
3——换热器；4——手推冻车

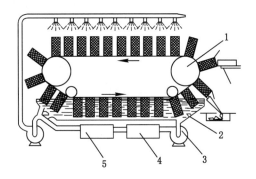

图 9-14 浸渍和喷淋组合解冻装置
1——传送带；2——水槽；3——泵；
4——过滤器；5——加热器

3. 真空解冻

真空解冻又称水蒸气减压解冻，即利用水在较低的压力下沸腾产生的水蒸气在低温冷冻品表面凝结时放出凝结潜热,使其温度升高而解冻。

4. 电解冻

电解冻方法与以空气或水为传热介质进行解冻的方法相比,具有解冻速度快,解冻后冻品品质下降少等优点,属于内部加热,使冻品升温。电解冻法一般可分为远红外解冻、高频解冻、微波解冻、低频解冻和高压静电解冻等几种。

5. 其他解冻方法

(1) 接触加热解冻

接触加热解冻是指将冷冻食品与传热性能优良的铝板紧密接触,铝制中空水平板中流动着温水,冻品夹在上、下水平铝板间解冻。接触加热解冻装置结构与接触冻结装置相似,中空铝板与冻品接触的另一侧有肋片,以增大传热面积。此外,装置中还设有风机。

(2) 高压解冻

由水的固液平衡相图可知,存在一个高压、低温水不冻区,加压 200 MPa 的条件。小于该压力时,随着压力增大,冰点下降;反之则升高。对于高压冰,随温度降低(即对应平衡压力增高),高压冰的融解热、比热容减少,热扩散率增大。与常压解冻不同的是,对冻品加以高压时,原有的部分冰温度剧降,放出显热转化为另一部分冰的融解潜热,使其融化。该过程无需外界加入热量,所以降温迅速,同时使解冻温差增大,导致传热速度加快,而且压力可以瞬时、均一传递到冻品内部,内、外可同时快速解冻。高压解冻具有解冻速度快的优点,而且不会有加热解冻造成的食品热变性;高压还有杀菌作用,解冻后汁液流失少,色泽、硬度等指标较好。相关实验表明,直径 100 mm、长 200 mm 的冰块在 10 ℃水中静置解冻,常压解冻需 180 min,加压 120 MPa 解冻只需 11.5～20 min,可见高压解冻具有解冻快的特点。

复习思考题

1. 简述食品冷加工方法,比较其共同和不同之处。

2. 引起食品腐败变质的因素有哪些?试说明降低温度可抑制食品腐败变质的原因。

3. 试叙述低温储藏食品的原理,并分析活体食品与非活体食品在储藏时对温度的不同要求。

4. 什么是冷却?有哪些冷却方法和冷却装置?

5. 什么是冻结?有哪些冻结方法和冻结装置?

6. 什么是食品冻结速度?什么是快速冻结和慢速冻结?

7. 试分析在选择冻结装置时应考虑哪些因素?

8. 常用冻品解冻方法有哪些?影响冻品解冻后质量的主要因素是什么?

第十章　气调储藏和设备

气调冷库简称气调库,是在传统的高温冷藏库基础上发展起来的,既具有"冷藏"功能,又具有"气调"功能,但是气调库并非普通高温冷库和气调设备的简单叠加,与一般高温冷库相比,气调库在系统方案设计、热负荷计算、土建及气密性设计等方面都有自己的特点和注意事项。

果蔬气调储藏就是调整果蔬储藏环境中的气体成分:是由冷藏、降低储藏环境中氧气的含量、增加二氧化碳浓度组成的综合储藏方法,目前主要用于果蔬的保鲜。

第一节　果蔬的组成和特性

由于果蔬的储藏是活体储藏,果蔬采摘后进行的各种生理活动只能消耗自身的营养物质,如果蔬组织中的糖类、酸类和其他有机物质等,从而引起果蔬的品质、质量和形状的变化,使其逐渐从成熟走向后熟和衰老,造成其变化的主要因素是果蔬的呼吸作用、蒸发作用和微生物作用。因此,在果蔬储藏期,一定要设法减弱果蔬的呼吸强度,达到果蔬气调库的最佳储藏保鲜功能。

一、果蔬的分类

果蔬为果品和蔬菜的简称,是食物中所需矿物质和维生素等的主要来源。按果品的生物学特性,可将其分为仁果类(如苹果、山楂、梨等)、核果类(如桃、李、梅、杏、樱桃等)、浆果类(如葡萄、猕猴桃、香蕉、石榴、无花果、草莓、桑葚、木瓜等)、柑橘类(如柑橘、柠檬、柚子等)、复果类(如菠萝、板栗、白果、松子等)、坚果类(如核桃、板栗、白果等)、荔枝类(如荔枝、桂圆等)等七类;按蔬菜的生物特性,可将其分为根菜类(如萝卜、胡萝卜、大头菜、甜菜等)、茎菜类(如竹笋、芦笋、莴笋、葱头、蒜头、芋、马铃薯、菊芋、姜、慈姑、香椿、茭白、山药、藕等)、叶菜类(如卷心菜、雪里红、菠菜、大葱、小白菜、叶用盖菜、芹菜、苋菜、大白菜、韭菜、茴香、茼蒿、紫苏等)、花菜类(如花菜、紫菜苔、花椰菜、金针菜、朝鲜蓟、绿花菜等)、果菜类(如青豌豆、四季豆、蚕豆、毛豆、甜玉米、番茄、西瓜、冬瓜、黄瓜、南瓜、嫩荚豆类、茄子、辣椒等)、食用菌类(蘑菇、草菇、香菇、金针菇、平菇、木耳等)等六类。

二、果蔬的组成和营养价值

果蔬的颜色、香味、风味、质地和营养等都是由不同的化学物质组成的,其所含化学成分与水果、蔬菜的品质和储藏特性有着密切的关系。

1. 果蔬的组成

果蔬所含物质的主要成分为水、碳水化合物(淀粉、糖、纤维素、半纤维素、果胶物质)、有机酸、含氮化合物(蛋白质、氨基酸)、维生素、矿物质、色素、单宁酸及芳香物质等。这些物质是果蔬在生长过程中通过新陈代谢过程转化而成的,它们的存在对果蔬品质有极大影响,有利于人类的身体健康。

2. 果蔬的品质

果蔬的品质是指消费者对果蔬外观和食用口感好坏程度的感觉和对它的评价。品质的好坏与果蔬的储藏性能也有极大关系。果蔬外观包括形状、大小、颜色、光泽、洁净度、新鲜度；内在品质包括质地和风味。

3. 果蔬的呼吸作用

呼吸作用是一切植物体最基本的生理活动过程。果蔬采摘后，其根部水分供应被切断，而呼吸作用仍在进行，从而带走了一部分水，造成水果、蔬菜的萎蔫，促使酶的活力增加，加快了一些物质的分解，造成营养物质的损耗，并且减弱了果蔬的耐储性和抗病性。因此，脱离母株的果蔬产品是依赖呼吸作用来提供生命活动所需要的能量和再合成的原料。如果呼吸作用失调，会产生生理障碍，削弱抗病性和耐储性。采用储藏保鲜技术可使果蔬的新陈代谢作用大大减缓、呼吸作用大大减弱，而且延缓了其后熟过程，可有效地抑制叶绿素的分解，保持水果的硬度和酸度，从而延长果蔬的品质保证期。果蔬的呼吸作用主要有有氧呼吸和无氧呼吸两种。另外，采后果蔬的呼吸强弱（呼吸强度）与生物学特性、生理状态以及储藏环境条件有密切的关系：呼吸强度高的果蔬，其耐储性差。表 10-1 列出了 0～2 ℃温度时几种常见果蔬的呼吸强度。

表 10-1　　　　　　　　　　几种常见果蔬的呼吸强度　　　　　　　　单位：mg/(kg・h)

果蔬种类	果蔬呼吸强度	果蔬种类	果蔬呼吸强度
甜玉米	30	马铃薯	1.7～8.4
菠菜	21	胡萝卜	5.4
菜豆	20	葡萄	1.5～5.0
番茄	18	甜瓜	5.0
豌豆	14.7	甘蓝	6.0
苹果	1.5～14.0	洋葱	2.4～4.8
柿子	7.5～8.5	甜橙	2.0～3.0

三、果蔬的冷藏基础

果蔬呼吸是一个放热作用，放出的热量称为呼吸热。同一品种的果蔬，其温度不同，呼吸热也不同，如 10 ℃时呼吸强度和呼吸热是 0 ℃时的 2～4 倍。从母株采后的果蔬的气温往往很高，具有较高的田间热，如不及时进行储藏会加快果蔬衰老、变质。因此，对于果蔬等植物性食品，为了保持其鲜活状态，一般都在冷却的状态下进行储藏。果蔬仍然是具有生命力的有机体，还在进行呼吸活动，能控制引起食品变质的酶的作用，并对外界微生物的侵入有抵抗能力。降低储藏环境的温度，可以减弱果蔬呼吸强度、降低物质的消耗速度、延长储藏期。但是，储藏温度也不能降得过低，否则会引起果蔬活体的生理病害，甚至冻伤。所以，果蔬类食品应放在不发生冷害的低温环境下储藏。

1. 果蔬冷却过程的传热

果蔬冷却过程的传热通常有导热、对流两种传热方式，即果蔬在冷却时，一方面，热量从其内部温度较高部分向温度较低部位的外表传递的导热传热；另一方面，经预冷的库房空气吸收了果蔬的热量后温度升高，因冷热空气密度的变化而向库顶上升移动的对流换热。

2. 冷藏温度的一致性

植物性物料具有如下的特性:具有组织较脆弱,易受机械伤;含水量高,冷藏时易萎缩;营养成分丰富,易被微生物利用而腐败变质;具有呼吸作用,有一定的天然抗病性和耐储藏性等特点。因此,果蔬采收后有继续成熟的过程。一般来说,果蔬采收后、冷藏前食品物料的成熟度越低,冷藏的储藏时间越长。

冷藏温度的一致性是指冷库各方位的温度一致和预先设定库房温度的变化幅度一致两类。在实际运行当中,往往因为冷风循环不一致和库内储藏果蔬的释放热量不同,导致库房温度不同。温差过大会造成果蔬后熟进程不一致,此时需要考虑库房风机配置是否适宜以及库内货箱堆垛是否有利于冷风的均匀循环等因素。

第二节 气调冷库的建筑特点

气调冷库是在传统果蔬冷库的基础上逐步发展起来的,其建筑群体主要包括气调间、包装挑选间、化验室、制冷机房、气调机房、泵房、循环水池、配电间和月台等。按照气调储藏技术要求,气调冷库在建筑结构和使用管理方面,既与果蔬冷库有相同之处,又与果蔬冷库有很大的区别。气调冷库不仅要求围护结构有较好的隔热性以减少外界热量对库内温度的影响,更重要的是要求对围护结构进行气密处理以减少库内、外气体成分的交换。

一、气调冷库的建筑结构

现代的气调冷库几乎都是单层地面建筑,因为果蔬在库内运输、垛码和储藏时,地面要承受很大的动、静荷载。气调冷库地面不仅要满足承载和隔热的要求,而且要满足气密的要求。气调冷库这种特有的建筑形式是以气密性和安全性为前提而形成的。

气调冷库存在多种建筑结构形式,有砖木或混凝土结构(砌筑式)、装配组合式等不同形式。

砌筑式(土建式)气调冷库的构造与传统的冷藏库相比,在建筑、保温材料的选取等方面基本相同,而在库体内表面或外表面的围护结构直接铺设了一层气密层。砌筑式(土建式)气调冷库具有造价低、热惯性大和库温稳定等特点,但其施工周期长、施工难度大,气密处理较为困难。目前,我国的砌筑式(土建式)气调冷库主要分布在北方地区。

装配组合式的气调冷库是现代气调冷库的主要形式,其围护结构多由聚氨酯夹芯彩钢板搭建,该板具有隔热、防潮和气密三种功能,且施工周期短、外表美观,在国内得到广泛应用。但装配库造价较高、热惯性较小,为了减少因环境温度波动而造成的内、外压差,要求围护结构的热阻大于相同性质的冷库,即设计较厚的隔热层以增大传热热阻。当气调冷库的建筑尺寸较小时,采用外结构架型,较大时则采用内结构架型。

二、气调冷库建筑的特点

冷库结构主要是指承担建筑物各部分重量(如人、货物、设备等)和建筑本身重量的主要部件,如屋架、梁、楼板、柱子和基础等,这些构件构成了建筑的传力系统,按承重部分组成的材料不同,一般可分为钢结构、钢筋混凝土结构、混合结构和砖木结构等几种结构类型。冷库建筑也是由同样的构件或构架组成冷库结构。

冷库属于仓库类建筑物,其地面的负载比普通建筑物大、库容量大、冷库附属设备设有制冷设备、生产使用时库内长期处于低温状态。冷库建筑一般由围护结构和承重结构组成:

冷库的围护结构除了可遮挡风沙、雨雪的侵袭外,还起隔热、防潮和隔汽的作用;承重结构起承受风力、积雪重量、自重、设备与货物和人的重量,并通过基础传到地基上。正因为冷库具有低温的特殊性,其在建筑结构设计和建筑构造方面有特殊的要求及特点。

1. 气密性

气密性是气调冷库在建筑要求上有别于普通冷藏库的一个最主要的特点。如果库体密封不严密,库内就不能保持所要求的低氧、高二氧化碳的气体成分,也就达不到气调保鲜的目的。由于气密性能的好坏直接关系到气调冷库内气体成分的调节速度和波动幅度,进而影响储藏成本和货物品质,故库体、库门以及所有穿墙管道处均应做气密处理。因此,气密性对于气调冷库来说至关重要,要想在气调冷库内形成气调工况,并在果蔬储藏中长时间地维持所要求的气体介质成分,减少或避免库内、外气体的交换,气调库必须有较严格的气密性。所以,气调冷库围护结构的气密性主要从以下三个方面考虑:① 依靠由气密材料构成的气密层实现;② 围护结构方案的选择也影响到气密性;③ 各种管线(如制冷、气调、给排水、配电等管线)进入气调间内,需对所有穿墙孔进行气密处理。通常是先预置好穿墙塑料套管,套管和墙洞用聚氨酯现场发泡密封,穿透件与塑料套管之间应有 6 mm 以上空隙,同时,套管内用硅胶树脂充填密封。图 10-1 为装配式气调库墙板与顶板连接处密封处理示意图,图 10-2 为管道穿透洞孔处气密处理示意图。

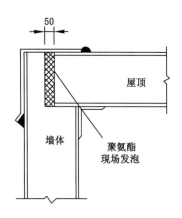

图 10-1　装配式气调库墙板与顶板连接处
密封处理示意图

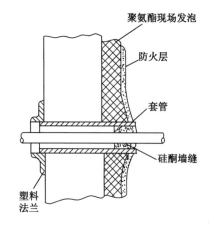

图 10-2　气调库管道穿透孔处
气密处理示意图

2. 安全性

气调库的安全性是随同其气密性而来的问题。由于气调冷库是一种密闭式冷库,当库内温度降低或在气调设备运行以及气调冷库气密试验过程,在库内、外两侧随着温度的变化而产生库内、外气压差。为避免压力差对围护结构产生危害和不必要的损失,必须采用均压措施把压力差及时消除或控制在一定的范围内。

3. 采用单层建筑

根据气调冷库的特点,气调冷库一般均建成单层地面建筑物。原因是果蔬在库内运输、堆码和储藏时,地面要承受很大的动、静载荷,如果采用多层建筑,不仅气密处理复杂,而且在运行过程中易破坏气密层。

4. 库房利用率高

气调冷库容积利用系数是指气调库内果蔬储藏时实际占用的容积(含包装)与气调库的公称容积之比值。在使用管理上,气调库要求高堆满装和快进整出。气调库在堆放果蔬时,除留出必要的通风、检查通道等自由空间,果蔬应尽量堆高装满,使库内剩余的空隙较小,减少气体的处理量,加快气调的速度,缩短气调的时间,使气调状态尽早形成。

5. 快进整出

气调储藏要求果蔬入库速度快,尽快装满封库和气调库,让果蔬在尽可能短的时间内进入气调储藏状态。果蔬出库时最好一次出完,或在短期内分批出完,否则频繁开启库门会引起库内、外热湿交换和气体指标变化,增加运行费用,从而影响储藏效果。

三、气调冷库库体的密封

气调冷库库体的密封处理措施主要有以下两个方面:

(一)土建式气调冷库库体密封处理

1. 墙体与库顶连接处的密封处理措施

(1)冷库的隔热墙体和屋顶全部采用聚氨酯进行现场喷涂发泡以密封缝隙。

(2)传统建筑施工的冷库隔热墙体和屋顶均采用 0.1 mm 厚的波纹形铝箔,并铺贴层厚 5 mm 的沥青马蹄脂内置于围护结构库内表面,作为库房的密闭层。

(3)传统建筑施工的冷库隔热墙体和顶板连接处采用 0.8～1.2 mm 厚的镀锌钢板固定在库内墙表面,通过气焊方法连接钢板缝隙以形成整体密闭层。

2. 墙体与地板交接处的密封处理措施

相对墙体与库顶连接处的密封处理来说,墙体与地板交接处的密封处理较为困难,特别注意防止由于底层地板的下沉而造成墙体与地板交接处的气密层分离。为防止地板下沉,应对地板以下的地基填土进行分层夯实,并使地板不铺设在墙体与地板交接处,同时设置靴型气密设施以确保完整的气密性。

(二)装配式气调冷库库体密封处理

对于装配式气调冷库,由于所使用的聚氨酯或聚苯乙烯夹芯板本身就具有良好的隔汽、防潮和隔热性能,所以进行密封处理时,关键是对墙板与地板交接处、墙板与顶板交接处以及板与板之间连接处进行密封处理(即夹芯板接缝密封)。

(1)在围护结构的墙角处、内外墙体交接处和墙板与顶板交接处的夹芯板采用现场发泡填充密实,并在内表面涂抹密封胶。

(2)在进行夹芯板选取时,尽量采用单块、面积较大的板材,以减少接缝和漏气点。

第三节　果蔬的气调储藏和设备

气调储藏主要是指在特定的气体环境中进行果蔬保鲜储藏的方法,具有无污染、保鲜效果好、储藏期长等特点,是目前最佳的储藏保鲜方法之一。果蔬储藏是活体储藏:果蔬采摘后具有很大的田间热,仍然保持着旺盛的生命活动,进行各种生命活动,但已经不能从母株和光合作用中获得物质和能量补偿生理活动的消耗,只能消耗自身的营养物质,从而引起果蔬质量、形状发生变化,直至后熟和衰老。低温储藏可以减弱果蔬的呼吸作用、水分蒸发和抑制微生物繁殖,有利于果蔬的储藏、保鲜。

一、气调储藏工艺

气调储藏的特点是:保持适宜的低温条件,降低环境中气体的含氧量;适当提高环境气体中的二氧化碳含量,以抑制果蔬呼吸强度、减小果蔬中的营养物质损耗;及时清除环境气体中的乙烯,以抑制其对果蔬的催熟作用;适当增加环境气体中的相对湿度,以降低果蔬的蒸腾作用。

因此,根据气调储藏的特点,气调冷库需配有降温、控湿、降氧、吸收二氧化碳等设备,使库内保持在一定的低温、低氧、适宜的二氧化碳浓度和一定的湿度,及时掌握和排除库内的有害气体、降低果蔬的呼吸作用和水分蒸发、抑制乙烯的生物合成和催熟作用。为达到需要的氧和二氧化碳的浓度,通常采用的气调设备有氧气转换器、二氧化碳洗涤器、硅橡胶气体交换器等。

图10-3为气调储藏工艺流程图。空气经空压机压缩后进入气调装置,将所含氧气和氮气分离开并同时向气调库内注入氮气,将库内含有氧气、氮气、二氧化碳和乙烯等气体的混合气体抽出,如此循环操作,使库内达到气调储藏所要求的气体成分含量。气调过程中,库内温度和相对湿度分别由制冷装置和加湿装置控制,从而保证气调储藏所要求的温度、相对湿度条件。

为了减少气调库内储存的新鲜果蔬的干缩损耗,要求库内相对湿度保持在92%以上,且气调冷库内传热温差要小(一般为2~4 ℃),以便于减少蒸发器上的凝霜或凝露,从而保证库内较高的且稳定的相对湿度。气调冷库内冷风机的换热面积比一般冷库中的大得多,通常达到库房面积的3~3.5倍。此外,为保持库内温度均匀和各处气体组分一致,应控制库内空气的循环次数和风速,一般循环次数为15~20 次/h,风速为5 m/s。果品刚进库储藏时热负荷较大,为了迅速降温,要求加大冷风机的循环风量,使空气交换次数高达30~40 次/h,所以必须选用双速风机。

为保证库内较高的相对湿度,可以采用库内地面浸水或电加湿器两种方法:前一种方法使库内相对湿度难以控制;后一种方法会加大库内热负荷,形成较大的温度波动。因此,目前多采用压力式喷雾,并用风机吹拂雾化的加湿系统。这种方法不仅效果好,而且也便于自动控制。此外,还可采用超声波加湿器加湿。

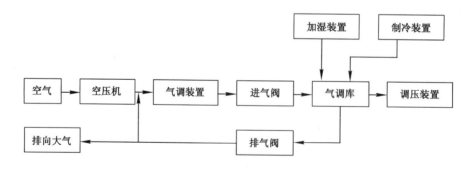

图10-3　气调储藏工艺流程图

二、气调冷库系统

气调冷库系统包括气调冷库制冷系统和气调冷库气调系统。

（一）气调冷库制冷系统

根据果蔬气调冷库储藏果蔬的库内温度要求，通常采用单级压缩制冷循环系统，而且要求所配备的制冷设备具有较高的可靠性。

气调冷库制冷负荷计算的目的是确定制冷设备的制冷能力和选配库内冷却设备，其计算方法与普通果蔬冷库基本相同，但也有其特点，可按式(10-1)计算：

$$Q_q = Q_1 + Q_2 + Q_3 + Q_4 + Q_5 + Q_6 \tag{10-1}$$

式中　Q_q——库内冷却设备负荷，W；

　　　Q_1——围护结构传热量，W；

　　　Q_2——果蔬冷却和呼吸形成的热负荷，W；

　　　Q_3——气调库内、外气体交换形成的热负荷，W；

　　　Q_4——气调库操作管理形成的热负荷，W；

　　　Q_5——库内加湿形成的热负荷，W；

　　　Q_6——气调设备形成的热负荷，W。

1. 围护结构传热量

$$Q_1 = K \cdot A(t_w - t_n) \tag{10-2}$$

式中　Q_1——围护结构传热量，W；

　　　K——围护结构的传热系数[W/(m²·℃)]，如冷间设定温度为$-5\sim5$ ℃时，对于装配式冷库和土建式冷库，其传热系数分别取 0.4 W/(m²·℃) 和 0.33 W/(m²·℃)；

　　　A——围护结构的传热面积，m²；

　　　$t_n、t_w$——分别为围护结构内、外侧计算温度，℃。

2. 果蔬冷却和呼吸形成的热负荷

$$Q_2 = Q_{2a} + Q_{2b} + Q_{2c} = G \cdot c(t_c - t_n)/\tau + G_b \cdot C_b(q_1 + q_2)/2 \tag{10-3}$$

式中　$Q_{2a}、Q_{2b}、Q_{2c}$——分别为果蔬呼吸形成的热负荷、果蔬包装材料形成的热负荷、果蔬冷却形成的热负荷，W；

　　　$G、G_b$——分别为果蔬入库量、包装材料量，kg；

　　　$c、c_b$——分别表示果蔬比热容和包装材料的比热容，J/(m²·℃)，果蔬包装材料的比热容按表 10-2 取值；

　　　t_c——果蔬和包装材料的初始温度，℃；

　　　t_n——果蔬和包装材料冷却终了时温度，℃；

　　　τ——储藏过程中冷却时间，s。

表 10-2　　　　　　　　　　包装材料比热容 c_b　　　　　　　单位：J/(m²·℃)

果蔬包装材料	比热容	果蔬包装材料	比热容
木材	2 512	黄油纸	1 507.3
铁皮	418.5	竹器类	1 507.3
铝皮	879.3	瓦楞纸箱	1 465.5

3. 气调冷库内、外气体交换的热负荷

气调冷库不仅要求围护结构隔热,而且要求围护结构密闭,以减少气体通过气密层以扩散方式发生的定量泄露。对于小型气调冷库,因该部分热负荷很少,所以在进行制冷负荷计算时,可以近似取 Q_3 为 0。

4. 气调冷库操作管理热负荷

$$Q_4 = Q_{4a} + Q_{4b} + Q_{4c} + Q_{4d} \tag{10-4}$$

式中　Q_{4a}——操作人员形成的热负荷,W;

　　　Q_{4b}——开启库门形成的热负荷,W;

　　　Q_{4c}——库内照明热负荷,W;

　　　Q_{4d}——冷却设备的通风机工作时形成的热负荷,W。

但考虑到气调冷库在实际运行当中为防止内、外气体交换,一般不允许开门,Q_{4a}、Q_{4b}、Q_{4c} 可以忽略不计,因此,式(10-4)可写成:

$$Q_4 = Q_{4d} = 1\,000Nn/\eta \tag{10-5}$$

式中　N——通风机配用电机的轴功率,kW;

　　　n——库内冷风机配用通风机的台数,当电机功率 $N = 0.75 \sim 7.5$ kW 时,$\eta = 0.8 \sim 0.88$;

　　　η——通风机电动机的效率。

5. 库内加湿形成的热负荷

$$Q_5 = WI \tag{10-6}$$

式中　W——库内加湿时单位时间内加入库内的水蒸气量,kg/s;

　　　I——水蒸气的焓值,J/kg。

6. 气调设备形成的热负荷 Q_6

进行气体调节时,当气调设备送入库内的气体温度高于库内温度 5 ℃ 以上时,应考虑由此在库内形成的热负荷,其公式为:

$$Q_6 = M_q c_q (t_c - t_n) \tag{10-7}$$

式中　M_q——气调设备的产气量,kg/s;

　　　c_q——气体介质的比热容,J/(m^2 · ℃);

　　　t_c——气体介质在气调库气口处的温度,℃;

　　　t_n——库内温度,℃。

当气体介质在气调库气口处的温度与库内温度相差大于或等于 15 ℃ 时,应将气调设备制取的气体介质在进库之前进行再次冷却,以免增大气调库内的热负荷而引起库温波动。

(二)气调冷库的气调系统

气调冷库的气调系统可分为机房气调系统和库房气调系统两部分,通常是指为达到和保持库门气调工况所必需的气调设备和连接这些设备的管路阀门所组成的开式或闭式气体循环系统(包括气体成分分析仪器、取样管和阀门等组成的气体成分分析控制系统)。

1. 机房气调系统

机房气调系统是为建立和保持库内规定的气调工况所必需的气调设备、检测仪器、控制系统、供(回)气总管以及取样总管的总称,是果蔬气调库的重要组成部分。

(1)气调设备

气调设备是气调装置的全称,包括制氮降氧装置、二氧化碳脱除(或洗涤)装置,以及除乙烯装置等。目前常用的制氮降氧装置有:催化燃烧快速降氧装置、碳分子筛制氮装置、中空纤维制氮装置。

(2)气体成分分析控制系统

气体成分分析控制系统是由气调机房中的控制室负责监测和控制。用气体分析仪分析各个气调库内的气体成分时,可在取样集管上取样,也可以到各个气调间取样,在各个气调间上预留取样管口。

2. 库房气调系统

库房气调系统包括从各个气调间回气的回气管和回气总管及往各个气调间的供气管和供气总管。回气管和供气管的根数与气调间的间数相对应。

库房气调系统通常有两种形式:有供、回气调节站的库房气调系统和无供、回气调节站的库房气调系统。

三、气调设备

果蔬的气调储藏是目前果蔬储藏最先进的方法之一,具有保鲜效果好、储藏损失小、无污染等特点。

(一)常用的气调设备

气调设备进行空气的分离,主要是进行氧气、氮气分离,因此气调设备实际上是制氮设备。常用的气调设备主要有:① 催化燃烧降氧机(通过燃烧除去空气中的氧气,达到降氧目的)。例如,氧气转换器又叫氮气发生器,其作用是利用丙烷在催化剂的作用下与氧气燃烧,去掉氧气。燃烧后的气体经换热器冷却,再经二氧化碳洗涤后送入室内。② 分子筛制氮机(利用碳分子的吸附、脱附过程不断地产生低氧高氮气体送入库内降氧)。例如,二氧化碳洗涤器(湿式和干式两种),其中湿式洗涤是将库内气体抽出,通过氢氧化钠水溶液,使之发生化学反应而吸收二氧化碳;干式洗涤是利用对二氧化碳具有较强吸附能力的多孔表面物质来吸附二氧化碳。常用的吸附剂有分子筛、活性炭等。③ 中空纤维制氮机(利用气体对膜的渗透系数不同,进行气体分离)。例如,硅橡胶气体交换器是利用硅橡胶薄膜具有一定选择性的透气作用,对氧和二氧化碳的渗透比为 4:1。当库内二氧化碳浓度增高、氧的浓度降低,将库内空气通过硅橡胶气体交换器进行"过滤",使二氧化碳气体向库外渗透,从而保证库内控制的二氧化碳含量。④ 二氧化碳脱除机(利用活性炭的吸附作用对气调冷库内的二氧化碳进行吸附、脱除)。⑤ 乙烯脱除机。

(二)气调方法

气调储藏是指调节和控制储藏环境中的各种气体的含量,其中最主要的是降氧和增大二氧化碳的浓度。气体调节方法很多,根据气调方法和气调设备工作原理的不同,可以有不同的分类方法。

1. 自然降氧法

自然降氧是利用果蔬本身的呼吸作用使储藏环境中的氧气量减少、二氧化碳量增加。当二氧化碳的浓度过大时,可用气体洗涤器(亦称二氧化碳脱除器)除去;当氧气不足时,可吸入新鲜空气补充。自然降氧的特点是操作简单,不需配备专门的气调设备。但降氧速度慢、储藏环境中的气体成分不能较快地达到一定的配比,从而影响果蔬气调效果。

2. 快速降氧法

快速降氧法是指为克服自然降氧法降氧速度慢的缺点,使工业汽油、液化石油气等燃料与从储藏环境中引出的空气混合,通过气体的燃烧迅速减少氧气含量,增加二氧化碳气体量。燃烧过程通常在气体发生器内进行,燃烧后生成的无氧气体经冷却水冷却后送入库内。图 10-4 为燃烧降氧调储藏示意图。

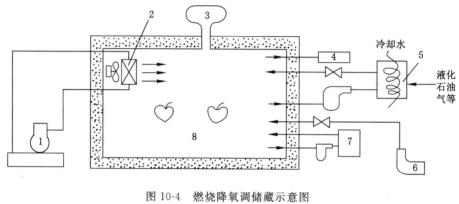

图 10-4　燃烧降氧调储藏示意图

1——冷冻装置;2——冷却器;3——气囊;4——气体分析仪;

5——气体发生器;6——鼓风装置;7——洗涤器;8——气调冷库

快速降氧法的特点:操作工艺复杂、降氧速度快、能迅速达到所需的气体组成配比要求。

3. 混合降氧法

使气体发生器将氧、二氧化碳、氮等气体按照最佳气体成分指标要求配制成混合气体充入库内,使库内的气体组成迅速达到既定要求(如将库内空气的含氧量从 21% 迅速降到 10% 左右),然后再用自然降氧法加以运行管理。该方法储藏效果好,可节省日常运行费用,但成本较高。

4. 充氮降氧法

为了尽快达到果蔬气调储藏所需的气体组成,将制氮机产生的氮气强制性地充入库内置换空气,或在二氧化碳含量过高时置换二氧化碳,以达到快速降氧和控制二氧化碳含量的目的。

5. 硅窗气调法

硅窗气调法是根据不同果蔬储藏和储藏要求的温、湿度条件在聚乙烯塑料薄膜帐上镶嵌一定比例面积的硅橡胶薄膜,然后热合于用聚乙烯或聚氯乙烯制成的储藏帐上,作为气体交换的窗口,简称硅窗。硅橡胶是一种有机硅高分子聚合物,其薄膜具有比聚乙烯薄膜大 200 倍的透气性能,而且对气体透过有选择性,氧气和二氧化碳气体可在膜的两边以不同速度穿过,因此塑料薄膜帐内的氧气的浓度可自动维持在 3%～4%,二氧化碳的浓度则维持在 4%～5%。硅窗气调法可在普通的果蔬冷藏室中对水果进行气调储藏,不需要特殊设备,而且操作管理工艺简单。

6. 减压气调法

减压气调法也称为低压气调储藏法,通过使用真空泵将气调库内的一部分气体抽出,同时将库外空气减压加湿后送入库内的办法,来改变果蔬的储藏环境的气体成分,达到延长储藏期的目的。例如,当储藏环境的气压从常压(0.101 325 MPa)降至 10.132 5 kPa 时,空气中的气体含量也随之降低到原来的 1/10,氧气含量从 21% 降低至 2.1%。减压气调法不同于常规改变气体成分的气调方法,因为它不是通过降低氧含量来形成低氧环境,而是依靠降低气体的密度来实现低氧环境。减压气调法通过减少氧气的供应量降低果蔬的呼吸强度和乙烯产生的速度;同时,果蔬在储藏中释放出的二氧化碳、乙醛和乙烯等会随时移至库外,从而延缓了果蔬的后熟和衰老,减轻果蔬的生理病害。

第四节　气调储藏的管理

气调冷库是指在特定的环境条件下对果蔬进行冷藏保鲜,以调节果蔬市场的供应随季节变化出现不均的情况。因此,搞好库房管理工作对保证果蔬的质量和提高企业的经济效益非常重要。

一、库房操作管理

实践表明,果蔬气调储藏的经济效益提高取决于入库的优质果蔬和创造最佳气调储藏环境。因此,合理地使用和管理气调冷库是一项重要工作。

（一）气调冷库的储前准备

1. 围护结构气密性的检查

普通冷库对气密性几乎没有特殊的要求,而气密性对于气调冷库来说至关重要,因为要在气调冷库内形成一定要求的气体成分,并在果蔬储藏期间较长时间地维持设定的指标,以避免库内、外气体的渗气交换,气调冷库就必须具有良好的气密性。因此,气调冷库在使用之前很有必要进行气密性检查,以便确认气密性是否符合标准,发现可疑部位应及时检查补救。

2. 检查设备完好性

在果蔬入库之前,应检查气调冷库内配置的制冷设备、气调设备、加湿设备、电气设备、控制设备、供排水设备等,并做好使用前的准备工作。

3. 进库前合理降温

冷库温度管理的原则是适宜、稳定、均匀及产品进、出库时的合理升、降温。因此,无论果蔬在入库储藏前是否经过预冷,提前降温是必要的,未进行此项工序,库内空气和库壁存在较高温度,而且果蔬入库后释放田间热和呼吸热等,将增加制冷负荷、延长制冷时间。空库降温可以缩短果蔬入库后达到最适宜储藏温度的时间,尽早建立气调储藏条件。空库降温的最低温度应控制在欲入库果蔬品种的最适宜储藏温度以上,如苹果、猕猴桃、蒜薹等最适宜温度为 0 ℃,空库的温度可以预先降至 0~5 ℃。

（二）果蔬的入储及储后管理

果蔬入库后,盛装果蔬的容器的品种、数量和堆垛的方式不同等都与储藏效果和库容量的利用率有关,并且直接影响气调储藏的经济效益。

1. 盛装果蔬容器

无论采用哪种容器盛装果蔬,装箱时都不宜过满,以免堆码时压伤果实。果箱装满后即可用电瓶铲车或电瓶板车运输入库。

2. 入库品种

在同一间储藏室内应入储相同品种、相同成熟度的果实。如果一个品种不能充满储藏室而要用其他品种补足时,应储入相同采收期和对储藏条件有相同要求的品种。绝不允许将不同种类、不同品种的水果或蔬菜混放在同一间储藏室内,以免释放的乙烯及其他有害气体相互影响储藏品质。

3. 入库数量

果蔬入库时不宜一次装载完毕,果蔬释放的田间热和呼吸热加上冷库门长时间开放引入外界的大量热量会使库温升高,并使库温在很长时间内降不下来,从而影响储藏效果。因此要分批入库,且每次入库量不应超过库容总量的 20%、库温上升不应超过 3 ℃。对已经预冷处理过的果蔬,每次的入库数量可以酌情增加。

4. 堆码

储藏箱堆码时,要求整齐、规格化,垛的大小要适宜,过大会影响通风,造成库内温度不均匀,垛太小将降低库容量,提高储藏成本。垛与库壁至少相距 20 cm,垛高不能超过冷风机的出风口。垛与垛之间要留有 20~30 cm 间距,堆垛的行向应与空气流通方向一致。如果库房体积不大,每垛中箱与箱之间要留有 1.5~2 cm 宽的间隙,库内还应留有适当宽度的通道,以利于工作人员和载重车出入。堆码时要离蒸发器 2 m 距离,因蒸发器附近的温度过低而时常会产生低温伤害。

堆码时除留出必要的通风和通道之外,应尽可能地将库内装满以减少库内气体的自由空间,从而加快气调速度、缩短气调时间,使果蔬在尽可能短的时间内进入气调储藏状态。

5. 气调库生产前的准备工作

气调库生产前的准备工作主要有:给水封安全阀注水,将安全阀的水封柱高调节到 24.5 Pa(25 mmH$_2$O)时较为合适;校正好遥测温度、湿度以及气体成分分析的仪器;检查照明设备;给所有进、出库房的水管道(如冲霜、加湿、溢流排水等)的自封注水。

(三)适宜的气调储藏参数

果蔬气调储藏的适宜环境条件主要由温度、湿度、二氧化碳和氧浓度几个参数配比而成。气调参数主要根据以下几个因素确定:

(1) 欲储产品的储藏特性,尤其是对低温、高浓度二氧化碳或低氧的敏感性,这些储藏特性因果蔬特性种类、品种、产地的不同而有差异。

(2) 气调库的库体结构及其保冷、气密性能,配备的制冷及气调设备、仪器、仪表的质量,设备运转自动化控制程度,对气调参数调节及测定的精确度。

(3) 预定储藏期的长短。储藏期越长,对储藏环境条件要求越苛刻,参数与参数间的配比值越接近储藏果蔬易产生生理障碍的临界值,对气调参数的调控精确度和测定技术的要求也越高。

因此,适宜的气调储藏条件没有一个固定的模式,而要根据果蔬的储藏特性、期望获得的储藏期和食用品质的要求提出具体的指标参数。各地区在气调储藏时,必须结合当地的具体情况、具体要求,在试验研究的基础上,科学地确定适合于本地区使用的气调指标参数。当然也应吸取外地或国外的经验,但只能作为参考,而不能生搬硬套。表 10-3、表 10-4 分别列出了部分国家的果蔬气调储藏参数和我国部分地区或单位采用的果蔬气调储藏参数。

表 10-3　　　　　　　　　　　　国外部分果蔬气调储藏参数

种类	品种	国家	温度/℃	湿度/%	CO_2 浓度/%	O_2 浓度/%	储藏期/d
苹果	元帅	意大利	0.3～1.5	91～93	1.4～1.8	1.8	230
	红星	匈牙利	1.0～1.5	90～91	3～4	2～3	—
		美国	0～1	90～95	3	3	180
	金冠	意大利	1.0～1.5	93～95	2.5～3.0	1.8	320
		匈牙利	0.5～1.0	94～96	3～4	2～3	—
		荷兰	1	—	4	1.2	250
		瑞士	2.5	92	4	2	240
		德国	2	95	3～5	2.5	210
	富士	意大利	1.0～1.5	90～93	1.0～1.5	1.8	280
	乔纳金	意大利	1.0～3.0	90～92	1.8～2.2	1.8	250
梨	Anjou	美国	−1	90～95	0.5～1	2～3	180
			0	90～95	2.5	2.5	210
	Bosc	美国	−1	90～95	0.5～1	2～3	120
		瑞士	0	92	2	2	150
樱桃		意大利	0.5	90～95	12	18.5	14～18
			4.5	90～95	20	3	21
			−0.5	90～95	10	3	25
		法国	0	90～95	10	3	42
		加拿大	−0.5	90～95	4～13	4～10	28
		比利时	0	90～95	5～7	4～10	28
		美国	7.5	90～95	16～60	3.5	10
			−0.6	90～95	10	3	25～50
		挪威	2	95～100	2.5～5.0	3	14～20
		瑞士	0～2	85～90	2.5～5.0	3	8～10
杏		意大利	10～12	90	0	12	10
		瑞士	0	94	2.5	2.5	20
			1	90～97	2.5	5.0	30～45
		美国	−1～0	90～97	2.5	2～3	50
桃		意大利	0	85～90	5	1	42～63
			0	85～90	8	1.5～2	20～30
		美国	0	85～90	5	2.5～3	42～63
		日本	0～2	—	2～4	5～7	35

表 10-4　　　　　　　　　　　国内部分果蔬气调储藏参数

种类	温度/℃	湿度/%	CO_2 浓度/%	O_2 浓度/%	储藏期/d
红星苹果	0～1	90～95	3	3	150
金冠苹果	0～1	90～95	3～5	3	150
秦冠苹果	0～1	90～95	3	3	180～220
富士苹果	0～1	90～95	3	3	180
鸭梨	0	90～95	0	7～10	210
葡萄	−1～0	90	3	3～5	60～210
山楂	−2～0	90～95	5～10	7～15	90～120
杏	0～1	90～95	2.5～3	2～3	7～21
桃	3～5	90～95	1～5	3～9	14～42
	0	85～90	5	3	42
李	0～1	85～90	5	3～5	14～28
柿	0～1	85～90	3～8	2～5	60～120
	−1	90	8	3～5	90～120

（四）气调库的运行管理

气调库是保证新鲜果蔬能够长期供应市场、调节果蔬供应随季节变化而产生的不平衡、改善人民生活不可缺少的重要环节。搞好气调库的管理工作对保证果蔬气调储藏的质量和提高企业的经济效益非常重要。

果蔬气调库不仅在建筑结构要求、设备配置以及果蔬的储藏条件等方面不同于普通果蔬冷库，而且在管理工作方面也有自己的特点，对管理工作的要求比普通冷库严格得多，主要表现在运行操作、气体成分分析以及气调储藏期果蔬的质量检测等几方面。

1. 果蔬储藏的生产管理

果蔬储藏的生产管理主要包括果蔬储藏条件的调节、控制（包括库房预冷和果蔬预冷）和气调状态稳定期的管理（从降氧结束到出库前的管理）两方面。

入库果蔬质量的好坏直接影响到气调储藏的效果，在保证入库果蔬质量的前提下，入库速度越快越好。因此，在使用管理时，气调库要求高堆满装和快进快出。气调库在堆放果蔬时，除留出必要的通风、检查通道外，果蔬应尽量堆高装满，使库内剩余的空隙尽量小，从而减少气体处理量、加快气调的速度、缩短气调的时间，使气调状态尽早形成。果蔬出库时，最好一次性出完或在短期内分批出完，不能像普通冷藏库那样采用"先进先出、后进后出、随进随出"的办法，因为当气调库进入气调状态后，如果频繁地开门进货、出货，很难保持气体成分的气调状态。

2. 果蔬气调储藏的技术管理要求

果蔬气调储藏的技术要求主要指气调库内传热温差要小（一般为 2～4 ℃），以便减少蒸发器上的凝霜，从而保证库内较高的且稳定的相对湿度；气调库内冷风机的换热面积比一般冷库中的大得多，通常要达到库房面积的 3～3.5 倍；此外，为了保持库内温度的均匀和各处气体组分的一致，应控制库内空气的循环次数和风速，一般循环次数控制在 15～20 次/h，风速控制在 5 m/h；果品刚进库储藏时热负荷较大，为了迅速降温，要求加大冷风机的循环风量,使空气交换次数高达 30～40 次/h,因此在选型时选用双速风机为最佳选择;为了保证库内较高的相对湿度,可以采用库内地面浸水和电加湿器等方法。

3. 果蔬气调储后的生产管理要求

果蔬气调储后的生产管理要求主要有以下几个方面:

(1) 果蔬在出库前要提前 24 h 解除气调储藏的气密状态。

(2) 停止气调设备的运行后,通过自然换气使气调库内气体恢复到大气成分。

(3) 当库门开启后,在确定库内空气为安全值前不允许工作人员进入。

(4) 出库后的挑选、分级、包装、发运过程,注意快、轻,尽量避免延误和损失。

(5) 上货架后要跟踪质量监测。

4. 设备和库房管理

设备和库房管理主要有以下几个注意事项:

(1) 每年果蔬入库前都要对所有气调库进行气密性检测和维护。

(2) 果蔬储藏中要对制冷、气调设备、气体测量仪等进行检查与试运行。

(3) 果蔬全部出库后停止所有设备运行,对库房结构、制冷、气调设备进行全面检查和维护。

二、库房卫生管理

(一) 清扫与消毒

在果蔬的常年储藏周转过程中,在储藏库内墙壁、货架、箱筐及空气中存有较多的病原孢子,通常以细菌、青霉、曲霉、根霉及链格孢孢子居多,这些真菌和细菌是果蔬储藏过程中发生侵染病害的主要病原,因此储藏前和储藏后对库体及储藏用具进行清洗和消毒十分重要。清洗消毒方法较多,可采取熏蒸、喷洒或物理方法。

(二) 出库及销售前的处理

根据市场需求和果蔬储藏的质量变化情况,决定要出库时应当有计划安排出库日期并通知操作人员,以便做好出库前的准备工作:气调状态的去除、清洗和打蜡、分级、包装等处理工序。

(三) 气调库的安全管理

气调库的安全管理是一项十分重要的工作,由气调库的特殊性决定。任何忽视安全管理的认识和做法都有可能造成不良后果和事故。因此,要求气调库的操作和管理人员一定要掌握气调库的安全管理知识,熟练掌握呼吸装置的使用方法和气调装置的操作工艺流程。

复习思考题

1. 简要叙述气调冷库的建筑特点。

2. 在气调储藏中,常用的气体调节方法有哪些?

3. 什么叫气调冷藏库? 如何进行气调冷库制冷负荷的计算?

4. 要保证气调冷库库体的密封,有哪些处理措施?

5. 什么是气调保鲜? 常用的气调设备有哪些?

第十一章　商业冷冻和冷藏运输设备

第一节　食品冷藏链概述

一、食品冷藏链的构成

食品冷藏链是指易腐败食品在生产、储藏、运输、销售、直至消费前的各个环节中始终处于规定的低温环境下,以保证食品的质量、减少食品损耗的一项系统工程。它是随着科学技术的进步、制冷技术的发展而建立起来,以食品冷冻工艺学为基础、以制冷技术为手段。按食品从加工到消费所经过的顺序,食品冷藏链由冷冻加工、冷冻储藏、冷冻运输和冷冻销售四个方面构成。

食品的冷冻加工包括畜禽屠宰后的冷却和冷冻、水产品捕捞后的冷却和冻结、果蔬采收后的预冷和速冻果蔬的加工等,主要涉及冷却装置与冻结装置。

食品的冷冻储藏包括食品的冷却储藏和冻结储藏,也包括果蔬的冷调储藏,主要涉及各类冷藏库、冷藏柜、家用电冰箱等。

食品的冷冻运输包括地区之间的中、长途运输及市内送货的短途运输,主要涉及冷藏火车、冷藏汽车、冷藏船、冷藏集装箱等低温运输工具。在流通领域,食品的冷冻运输必不可少。冷藏车、船都可以看作是可移动的小型冷藏库,是固定冷藏库的延伸。在冷冻运输过程中,温度的波动是引起食品质量下降的主要原因之一,因此,冷藏车、船必须具有良好的性能,不但要保持规定的低温,更切忌产生大的温度波动,尤其是长距离运输时间长,应引起足够的重视。

食品的冷冻销售包括冷冻食品的批发和零售等,由生产厂家、批发商和零售商共同完成。食品零售商店和机关团体单位的食堂,一般设有小型冷库或冷藏柜。家庭中有电冰箱,用以短期储藏食品。零售商店中的冷藏陈列销售柜兼有冷藏与销售的功能,是食品冷藏链的重要组成部分。

二、食品冷藏链的基本结构

食品冷藏链的结构大致如图 11-1 所示。影响冷冻食品质量的因素主要是储藏温度和时间。在食品冷藏链中,任何一个环节出现问题都会影响食品的质量。相对而言,食品在冷藏库中的储藏时间最长,冷库温度对食品的质量影响最大。在食品冷藏链中,储藏温度一般是固定的,而储藏时间则是灵活的,要在食品的高质量储藏期内将食品销售给顾客。

三、我国食品冷藏链概况

中华人民共和国成立前,我国制冷业非常落后,冷藏库总容量不过 3 万余 t,冷冻冷藏装置更是寥寥无几,根本谈不上冷藏链的建设。中华人民共和国成立后,我国制冷业有了很大的发展。截至 1988 年,有各型冷库 1 000 多座,总容量为 220 万 t,比中国化人民共和国成立前增加了近 70 倍。各种冷冻运输装置也有了很大的发展,据统计,1996 年

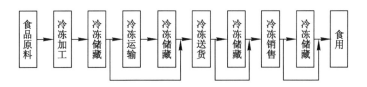

图 11-1　食品冷藏链结构

铁道部门共有铁路冷藏车 5 400 多辆,冷藏汽车的总数已达到15 000多辆。如今,凡具有一定规模的食品商场均配有冷冻冷藏陈列柜,电冰箱更已成为家庭必备之物。所有这些,使我国的食品冷藏链已基本形成。食品冷藏链虽已形成,但很不完备,现阶段我国食品冷藏链建设存在的问题表现在以下四个方面:

1. 食品冷冻加工能力不足

(1)冻结设备品种少,产品不能多样化。冷冻厂主要冻结装置是装有冷风机的冻结间,适用于冻结白条肉,虽然也可以用来冻结盘装食品,但效率较低。冻结白条肉很不经济,因为肉中含有 10% 的骨头,骨头的冻结纯属浪费,虽然也生产接触式平板冻结装置和流化速冻装置,但数量太少。

(2)渔船冷冻加工能力不足。只有少量渔船配备冷冻装置,绝大多数渔船靠冰块保鲜,大部分渔船没有隔热船舱,所以带冰出海时,冰块容易融化。冰块保鲜仅能维持 $10\sim12$ 天。渔船回港后,舱底早期捕捞的鱼质量较差。港口设施不完善,有相当一部分渔港没有冷库,其制冰能力和冷冻能力不足。鱼汛期,因冷冻加工能力不强,相当一部分鱼产品要加工成咸鱼。

(3)果蔬产地冷库太少,产品不能预冷。由于缺少冷库和预冷装置,进入果蔬原料收摘旺季时,相当多的果蔬未进入冷冻冷藏环节。大部分果蔬都只能在常温下储藏和运输,品质急速下降,造成很大的损耗。粗略估计,每年因腐烂、变质损失的水果、蔬菜分别为 20% 和 $10\%\sim30\%$。

2. 冷冻储藏中存在的问题

(1)冷库布局和数量不能适应冷藏链的要求。截至 1977 年,美、日、苏三国的冷库总容量分别为 186×10^4 t、61×10^4 t 和 160×10^4 t,人均拥有冷库容量分别为 87 kg、54 kg 和 23 kg。我国1981 年冷库容量为 22×10^4 t,人均拥有冷库容量为 2.2 kg。从数量上看,我国冷库容量远不能适应冷藏链的要求。从布局上看,冷库主要集中在城市,而果蔬产地很少。果蔬采收后,长时期处于常温时,容易腐烂、变质。

(2)库存食品的品种单一。商业系统的冷库储藏的主要是猪、牛、羊的白条肉,很少储藏成品和半成品。储藏白条肉很不经济,因为白条肉开头不规则、密度小,只有 $100\sim250$ kg/m³,从而浪费了冷库空间、增大了肉的干耗。

(3)库内码垛搬动主要靠人力,劳动强度大、工作效率低。国外冷冻食品多为小包装食品,其规格整齐,库内码垛搬运全部机械化,绝大部分货物放置在带框架或不带框架的标准托盘上,用电瓶叉车运输或提升。有的库房没有固定的或可移动的钢制货架以堆放托盘,也有少数冷库用吊车吊装、堆放集装箱,或用电子计算机控制巷道运输机装货或卸货,库房高度可达 16 m,在这方面国内相对较差。

3. 冷冻运输中存在的问题

近年来,我国的肉、蛋、奶、水产、果蔬等每年增产 10% 以上,其中 75% 为易腐食品。这些易腐食品主要靠铁路和公路运输。目前铁路冷藏车共有 5 400 多辆,能满足全国运量的 50% 左右。尽管随着公路和水路运量的增加,铁路运量从以前的 90% 减少到现在的 50%,但铁路运输为完善食品冷藏链起了重要作用,同时也存在下列问题。

(1) 铁路冷藏车数量仍显不足。例如,1992 年铁路部门共拥有铁路冷藏车 5 221 量,但其运货量仅占 1992 年铁路易腐食品总量的 20%,还有 80% 内销食品因得不到冷藏车运输,只能用敞篷车运输,造成了极大的损失。另外,60% 以上的铁路冷藏车为冰保温车,不利于食品质量的保持。

(2) 缺少预冷装置。世界各国为了食品的质量,对预冷相当重视。美国、欧洲一些国家 80%～100% 的易腐货物经过预冷后才进行运输。而我国 80% 的易腐货物不经过预冷就直接装车运输,特别是未冷却的水果和蔬菜的田间热、呼吸热都大,不经过预冷就直接装车运输,不但增加了运输工具的热负荷,而且使 30%～50% 的货物的质量明显降低。

(3) 负载运行期机械铁路冷藏车的车内温度难以控制在要求的温度($-18 \, ^\circ\text{C}$),严重影响冷冻食品运至终点时所要求的品质。

4. 销售中存在的问题

20 世纪 70 年代以前,我国易腐食品在农村集市上的销售都是常温销售,即使在大城市,用冷冻冷藏销售柜的也是少数。现在,凡有一定规模的商场一般都配有冷藏陈列柜。但是,大部分的冷藏陈列柜使用独立的风冷式制冷机组,在柜内降温的同时又向室内排放大于约 2 倍制冷量的热量,而这些热量又成为室内空调的一部分冷负荷,造成了很大的能源浪费。

在我国的食品冷藏链中,运输和销售是两个最薄弱的环节。随着我国经济的发展和经营管理的改善,用冷冻销售柜出售易腐食品的超级市场开始兴旺发展起来。我国冷藏链建设中存在的各种问题将会逐渐得到解决,冷藏链也将逐渐地完备,并将为提高我国人民的物质生活水平做出更大的贡献。

第二节　商业和家用冷冻冷藏设备

一、商业冷冻冷藏设备

1. 超市用冷藏陈列柜

在超市或零售商店中,用于陈列、销售冷冻冷藏食品的存放设备均称为冷藏陈列柜。冷藏陈列柜是菜场、副食品商场、超级市场等销售环节的冷藏设施,目前已成为冷藏链建设中的重要一环。为了达到冷藏和陈列商品的目的,对冷藏陈列柜提出以下要求:

(1) 维持适当的温度、湿度,在商品储藏期间能保持其品质;

(2) 结构形状应能使顾客看清商品且容易拿取,并与商店环境和谐一致;

(3) 向柜内补充商品方便,不必花费售货员太多时间;

(4) 柜内结构应方便清扫,食品陈列相应用符合卫生标准的材料制作;

(5) 噪声低,电气安全性能好,安装、操作简单,易维修;

(6) 结构牢固,受外力作用时不易变形;

（7）制造成本低、耗电量少。

因此，与其他制冷装置相比，冷藏陈列柜主要具有以下特点：

（1）陈列柜具有展示商品的功能，而一般的冷藏装置没有；

（2）根据其不同的用途，陈列柜的结构形状多种多样；

（3）陈列柜常采用透明玻璃，要防止玻璃上凝露和结霜；

（4）陈列柜要对储藏商品保持适宜的温度，所以不同用途的陈列柜可提供的温度范围不同；

（5）陈列柜的有效容积、冷冻能力比一般冰箱大许多，蒸发器的面积也较大，且要定期融霜。

2. 冷藏陈列柜的分类

冷藏陈列柜形式很多，很难准确地进行分类。从使用温度、制冷系统布置、外形结构等方面对陈列柜加以区分，如图 11-2 所示。

按使用温度不同，陈列柜可分为：

（1）冷藏式：主要用于储藏陈列水果、蔬菜、肉制品、鲜鱼、精肉、饮料等，其内部空气温度为 −6 ℃以上。

（2）冷冻式：主要用于储藏陈列冰淇淋、冻鱼、冻肉等冷冻食品，其内部空气温度为 −6 ℃以下。

（3）冷藏冷冻式（也称双温式）：兼有冷藏柜和冷冻柜的功能，同时储藏不同的食品。

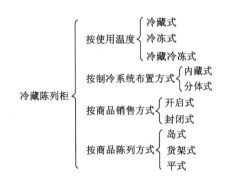

图 11-2　冷藏陈列柜的分类

按制冷系统的布置方式不同，陈列柜可分为内藏式和分体式。内藏式陈列柜制冷机组与柜体做成一体（一般制冷机组置于柜体底部），冷凝器靠店内空气冷却，从而增大商店空调系统的冷负荷，且噪声较大，但其结构紧凑、布置灵活，适合于中小型便利店和小规模改建或扩建的店铺使用；分体式陈列柜的制冷压缩机、冷凝器和电控柜与柜体分开设置，可以将压缩机、电控柜放在机房内，冷凝器放在室外通风良好的地方，也可以将压缩机、冷凝器均置于室外通风良好的地方，如悬挂在超市的外墙上，就像分体式空调器一样，所以噪声低、冷凝器散热对店内环境影响小，有助于创造一个良好的购物环境。分体式陈列柜可以是 1 台柜用 1 台压缩机和冷凝器，也可以几台柜共用 1 台压缩机和冷凝器，而且压缩机可以是单机头的（中小型店铺），也可以是多机头的（大型店铺用），从而有助于降低设备费用和运行费用。但其性能好坏与施工质量密切相关，而且一旦定位，再要移动就很困难，所以特别适合于大型超市使用。

按冷藏商品销售方式，陈列柜可分为封闭式和敞开式两种。封闭式陈列柜四周全封闭，但有多层玻璃做成门或盖供展示食品或顾客拿取食品用，如图 11-3 所示。封闭式陈列柜内的物品与外界隔离，冷藏条件好，适合于陈列对储藏温度条件要求高、对温度波动较敏感的食品，如冰淇淋、奶油蛋糕等，也用于陈列对存放环境的卫生要求较为严格的医药品。封闭式陈列柜能耗较低，用于客流量较小的店铺时可起到陈列和储藏的双重作用。敞开式陈列柜取货部位敞开，顾客能自由的接触或拿取货物，如图 11-4 所示。敞开式陈列柜能为顾客提供一个随意、轻松的购物环境，促进商品销售，所以特别适合于客流量较大、顾客频繁取用商品的大型超市,与闭式陈列柜相比,其能耗较大。

图 11-3 封闭式冷藏陈列柜

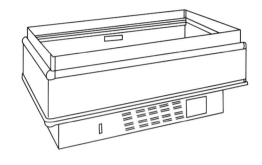

图 11-4 敞开式冷藏陈列柜

按陈列商品的方式不同,陈列柜又可分为货架式、岛式、平式等。货架式陈列柜柜体高于人体高度,后部板上设有多层搁架可增加展示面积,以体现商品的丰富多彩。岛式陈列柜四周都可以取货,一般布置在超市食品部的中间部位。多数岛式陈列柜四周设围栏玻璃,顾客无论从哪个位置都能看清柜内商品。平式陈列柜陈列面与地面平行,柜体低于人体高度。

3. 典型商业冷冻陈列销售柜的结构和特征

(1) 货架式陈列柜

货架式陈列柜又称壁式陈列柜,一般沿超市墙壁立放,它具有多层陈列货架用以展示食品。货架式陈列柜为满足食品陈列的技术要求和便于顾客取货,又有开式和闭式之分,如图 11-5 所示。

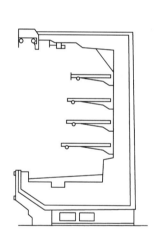

图 11-5 货架式陈列柜结构图

货架开式陈列柜正面是敞开的,顾客可随意地选择柜内食品。柜内食品在冷风幕作用下即可保持柜内一定的低温储藏环境,一般为 $-2 \sim 5$ ℃,又能隔断外界对温度的干扰。

货架闭式陈列柜,其四周全封闭,而正面有透明玻璃门,其食品储藏温度条件好、柜内温度比较稳定,较适合储藏对温度波动较敏感的食品,如奶油蛋糕等冷食品。

货架式陈列柜可以广泛地陈列、储藏各种食品,并根据食品陈列、储藏要求调节温度,如储藏蔬菜、水果温度为 $5 \sim 10$ ℃;储藏乳制品温度为 $2 \sim 8$ ℃;储藏鲜鱼、冷却精肉温度为

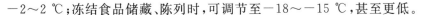

−2～2 ℃;冻结食品储藏、陈列时,可调节至−18～−15 ℃,甚至更低。

（2）岛式陈列柜

岛式陈列柜一般置于超市、食品市场的中央,顾客可以从四周取货选购,故称岛式。岛式陈列柜四周设有一定高度的金属或玻璃围栏,商品陈列视野清楚,方便选购,适合顾客多、食品销售量大的超市。岛式陈列柜有时也称作敞开卧式陈列柜,其基本结构如图 11-6 所示。岛式陈列柜具有良好的商品陈列、方便选择和销售等优点,必要时可多台呈一字形排列,从而方便市场布置,是超市应用较多的一种陈列柜。

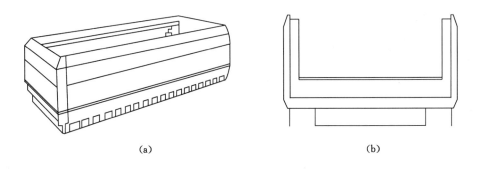

（a）　　　　　　　　　　　　　　　　（b）

图 11-6　岛式陈列柜的结构图

岛式陈列柜除多为敞开式外,有时也设计成封闭式,实际上即在敞开式陈列柜上加一玻璃透明罩。柜内食品与外界隔离,冷冻或冷藏温度条件稳定,既节能又清洁,加上顶部日光灯照明,更显露商品的新鲜、质嫩,其结构如图 11-7 所示。这类有封闭罩的岛式陈列柜更适合于陈列冰淇淋、冷冻小包装食品,柜内保持温度在−18 ℃。当作为冷藏用陈列柜时,根据需要可调节柜内温度为−2～5 ℃,适用于陈列新鲜食品,并具有良好的展示效果。

（3）平式陈列柜

平式陈列柜单面沿墙壁布置,类似货架壁式陈列柜,又类同于岛式陈列柜,有敞开的食品陈列平面。新型平式陈列柜,适于陈列新鲜鱼、肉制品,方便顾客选购,其结构如图 11-8 所示。

平式陈列柜多作为食品冷藏陈列,使冷藏食品保持−2～5 ℃的冷藏温度。

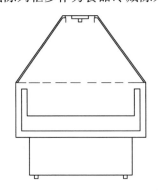

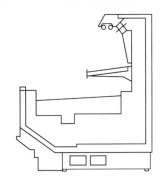

图 11-7　具有封闭罩的岛式陈列柜结构图　　　　　图 11-8　平式陈列柜的结构图

二、商业冷冻冷藏设备的制冷系统

超市用冷藏陈列柜的制冷方式多采用蒸汽压缩式制冷装置为陈列柜提供冷源。新型陈列柜已全部采用 R22 制冷工质。冷藏陈列柜的制冷机组分内藏式和分体式（外置式）两种基本类型。内藏式陈列柜的结构如图 11-9 所示，压缩机多为封闭式，冷凝器采用强制通风冷凝器，压缩机和冷凝器一般置于柜体底部，但为了保持冷凝器的冷却效果，冷却空气要过滤，即冷凝器前要设置空气过滤器。分体式陈列柜的结构如图 11-10 所示，压缩机一般采用半封闭式，且是几台压缩机并联成一个压缩机

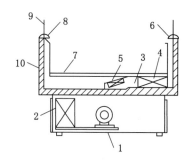

图 11-9 内藏式陈列柜的内部结构简图
1——压缩机；2——冷凝器；3——膨胀间；4——蒸发器；
5——风扇；6——出风口；7——搁板；8——回风口；
9——玻璃；10——保温层

组，为使用温度相同的多台陈列柜供冷，这样既便于制冷量的调节，压缩机备用条件又好。冷凝器可以是水冷或空冷，但一般以强制对流空冷冷凝器为多，布置在室外。在陈列柜中使用的蒸发器有铝制平板式、金属丝翅蛇盘管式、交叉翅盘管式和管板式等形式。陈列柜的节流机构通常采用热力膨胀阀，小型内藏式陈列柜有时也采用毛细管作为节流机构，此时制冷剂的充灌量要严格控制。

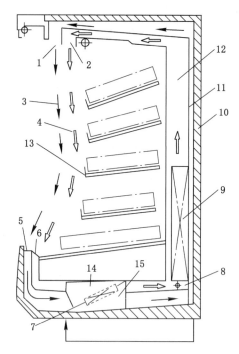

图 11-10 分体式陈列柜的内部结构简图
1——非冷风出风口；2——冷风出风口；3——非冷风风幕；4——冷风风幕；5——非冷风回风口；
6——冷风回风口；7——风扇；8——融霜加热器；9——蒸发器；10——保温层；11——非冷风道；
12——冷风道；13——搁板；14——冷风空气腔；15——非冷风空气腔

陈列柜的冷却方式基本上有两种,即盘管冷却和吹风冷却,柜内温度由温度控制系统给定。盘管冷却是把蒸发器的蒸发盘管直接贴于陈列柜内壁,借助空气自然对流换热,使陈列柜降温而冷却陈列食品。从柜内洁净和盘管保护,并充分利用内容积考虑,新型盘管冷却式陈列柜则把冷却盘管贴在陈列柜内壁板外侧。在外壁板定位后采用整体发泡。内壁板与蒸发器冷却盘管紧密结合,通过内壁板吸热使陈列柜降温,如图 11-11 所示。该形式陈列柜的压缩冷凝机组采用全封闭式压缩机。

对 2～3 道门的陈列柜多采用上机组布置。对于多门大容量的陈列柜,则采用下机组布置。盘管冷却式陈列柜结构简单、内容积利用率高、冷量损失小、柜内温度稳定,更适合陈列乳制品、冰淇淋及鲜花等对储存、展示环境要求较高的商品。

吹风冷却式近期广泛采用岛式、平式和货架式陈列柜,对闭式陈列柜吹风冷却的冷风在柜内循环,实现对柜内食品快速、均匀地冷却降温,如图 11-12 所示。

图 11-11 具有盘管冷却的拉门立式
陈列柜示意图

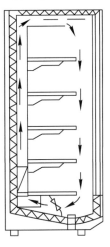

图 11-12 吹风冷却的闭式陈列柜冷
风循环示意图

另一种吹风冷却式又称风幕式陈列柜,风幕式吹风冷却最适用于开式陈列柜。风幕可以有效地减少商品与外界空气间的热交换和冷气的外流,并实现节能。敞开式陈列柜的风幕对其制冷性能有很大影响,通常应保证风幕气流平稳流动,减少柜内食品与外部空气的热、质交换及消除冷气溢流。按照陈列柜形式的不同,风幕有平式和立式两种。良好的平式风幕会在陈列柜的敞口处形成一层稳定的积存空气,使外部空气与柜内空气的热、质交换减小。另外,平式陈列相对容易受店堂辐射热的影响,为减少陈列商品表面的辐射热,最好使风幕略带波动,如图 11-13

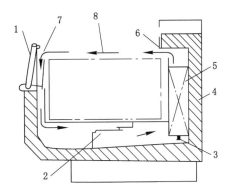

图 11-13 平式风幕结构示意图

1——玻璃;2——风扇;3——融霜加热器;4——保温层;
5——蒸发器;6——出风口;7——回风口;8——风幕气流

所示。平式风幕出风口风速不能太大,也不能太小。风速太大会使部分冷风不能回到吸风口,形成冷气外溢,从而造成冷损失,同时增强风幕与外界空气的质交换,增大风幕热负荷;风速太小时,敞口处形不成完整的风幕,从而起不到隔热的作用。

立式风幕是由向内弯曲的弓形空间形成的气流,带动柜内冷空气循环。立式风幕的气流不如平式风幕的平稳,与外界空气的动量、热量交换较大,所以一般采用二层或三层风幕。图 11-10 所示的陈列柜即为二层立式风幕。内层风幕是经过蒸发器的冷风幕,主要起对陈列商品的冷却作用;外层风幕是不经过蒸发器的循环风幕,主要起隔绝内、外空气的作用。与平式风幕一样,过高或过低的风速都将降低立式风幕的性能。但多层风幕的各层的风速和方向都有差异,外层风幕风道长、阻力大、风速低,以减少对外界空气卷吸和内层冷空气外溢;内层风幕风道短、阻力小、风速高,以增强对柜内商品冷却和防止柜内冷量外溢。

三、家用冷冻冷藏设备

在冷藏链中,电冰箱是最小的冷藏单位,也是冷藏链的终端。随着经济发展和人民生活水平的提高,电冰箱已大量进入普通家庭,对冷藏链的建设起到了很好的促进作用。

电冰箱的种类很多,其分类框图如图 11-14 所示。

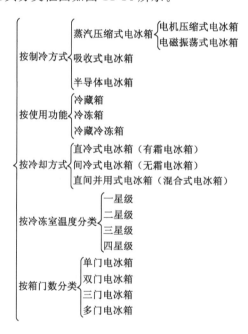

图 11-14　电冰箱分类框图

1. 按制冷原理分类

(1) 蒸汽压缩式电冰箱

蒸汽压缩式电冰箱在消耗电能的条件下,利用制冷剂(如氟利昂)在系统中蒸发来吸收大量箱内的热量,从而实现制冷的目的,其制冷循环原理如图 11-15 所示。

蒸汽压缩式制冷循环的原理是:利用物态变化过程中的吸热现象使气液循环并不断地吸热和放热,以达到制冷的目的,其具体过程是:通电后压缩机工作,将蒸发器内已吸热的低压、低温气态制冷剂吸入,经压缩后形成温度为 $55 \sim 58$ ℃、压强为 117 007 Pa 的高压、高温蒸汽,进入冷凝器后制冷剂降为室温时变为液态。然后通过毛细管进入蒸发器,由于毛细管的节流作用,压力急剧降低,液态制冷剂就立即沸腾蒸发并吸收箱内的热量变成低压、低温的蒸汽,再次被压缩机吸入。如此不断循环,将冰箱内部热量不断地转移到箱外。

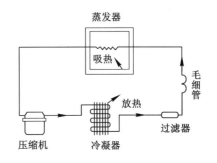

图 11-15　蒸汽压缩式电冰箱制冷循环原理图

按驱动压缩机的方式不同,蒸汽压缩式电冰箱有电动机压缩式电冰箱和电磁振动式电冰箱两种。

① 电机压缩式电冰箱:电冰箱压缩机由电动机驱动,并封闭在一个铁壳里,为全封闭式压缩机。电机压缩式电冰箱的理论和制造技术比较成熟,制冷和使用效果较佳,使用寿命一般为 10～15 年,是目前国内外产量最多,普及范围最广的电冰箱。

② 电磁振荡式电冰箱:电磁振荡式电冰箱是采用电磁振荡式制冷压缩机压缩制冷。其特点是:结构简单、紧凑、成本低,但功率在 100 W 以下,只适用于小型(30～100 L)电冰箱,且只能在电压稳定的地区使用。

(2) 吸收式电冰箱

吸收式电冰箱制冷循环的原理如图 11-16 所示。吸收式电冰箱的最大特点是:利用热源作为制冷原动力,没有电动机,所以无噪声、寿命长,且不易发生故障。家用吸收式电冰箱的制冷系统是由制冷剂、吸收剂和扩散剂组成的气冷连续吸收扩散式制冷系统,即连续吸收—扩散式制冷系统。它在不断地加热的情况下可以连续地制冷。吸收式电冰箱若把电能转换成热能,再用热能作为热源,其效率就不如压缩式电冰箱的效率高。但是,它可以使用其他热源,如天然气、煤气等。

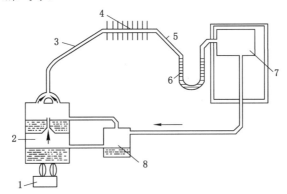

图 11-16　吸收式电冰箱制冷循环原理图

1——热源;2——发生器;3——精馏管和液封;4——冷凝器;

5——斜管;6——储液器;7——蒸发器;8——吸收器

在吸收式电冰箱的制冷系统中,注有制冷剂氨(NH_3)、吸收剂水(H_2O)和扩散剂氢(H_2)。在较低的温度下氨能够大量地溶于水形成氨液,但在受热升温后又要从水中逸出。吸收式电冰箱制冷系统工作原理是:若对系统的发生器进行加热,发生器中的浓氨液就会产生氨—水混合蒸汽(氨蒸汽为主)。当热蒸汽上升到精馏管处,由于水蒸气的液化温度高,所以先凝结成水并沿管道流回到发生器的上部。氨蒸汽则继续上升至冷凝器中,并放热冷凝为液态氨。液氨由斜管流入储液器(储液器为一段 U 形管,其中存留液氨以防止氢气从蒸发器进入冷凝器),然后进入蒸发器。液氨进入蒸发器吸收热后部分汽化,并与蒸发器中的氢气混合。氨向氢气中扩散(蒸发)并强烈吸热,从而实现制冷的目的。氨不断增加,使蒸发器中氨、氢混合气体的密度加大,于是混合气体在重力作用下流入吸收器中。吸收器中有从发生器上端流过来的水,水便吸收(溶解)氨、氢混合气体中的氨,形成浓氨液并流入发生器的下部,而氢气由于密度较轻又回到蒸发器中。这样就实现了连续吸收—扩散式的制冷循环。

吸收式电冰箱制冷效果低,无运动部件,其噪声低、振动小、使用寿命长(一般可达 20～25 年)、降温速度慢、不能用来速冻食品、多为小型冷藏箱。一般的容积为 20～200 L。

(3) 半导体冰箱

半导体冰箱是利用半导体材料的温差电效应以实现制冷具有体积小、质量轻、无噪声、无磨损、寿命长、无污染、冷却速度快且易于控制,但制冷效率低、需要直流电源、价格较高,适用于汽车、旅游车及实验室等小型冰箱和微型制冷。一般容积为 10～100 L。尚未达到家用的实用阶段。

2. 按使用功能分类

(1) 冷藏箱

冷藏箱没有冷冻功能,主要用以冷藏、保鲜,如冷藏食品、饮料和药品等。冷藏箱做成单门电冰箱多为直冷式,冷藏室内温度保持在 0～10 ℃。单门冷藏箱一般有 1 个由蒸发器围成小容积的冷冻室,温度为 −12～−6 ℃,可用来短期储存少量冷冻食品或制作冰块。

(2) 冷冻箱

冷冻箱只设温度在 −18 ℃ 以下的冷冻室,用以食品冷冻和储存冷冻食品,储存期可长达 3 个月。箱体形式有立式和顶开式。

(3) 冷藏冷冻箱

冷藏冷冻箱兼有冷藏保鲜和冷冻功能,一般设有 2 个或 2 个以上不同温度的储藏室,其中至少有 1 个间室为冷藏室或冷冻室,分别用于冷却储藏和冻结储藏食品。冷藏室和冷冻室之间彼此隔热且各自设置可开启的箱门。普通型冷藏冷冻箱的冷藏室温度为 0～10 ℃,冷冻室的温度为 −18～−12 ℃。这类冷藏冷冻箱一般做成双门或多门形式的电冰箱。

3. 按冷却方式分类

(1) 直冷式电冰箱

直冷式电冰箱又称为有霜电冰箱,因蒸发器直接吸收食品热量进行冷却降温而得名。它是依靠冷热空气的密度不同,使空气在箱内形成自然对流而冷却降温的。直冷式电冰箱的特点是:结构简单、冻结速度快、耗电少,但冷藏室降温慢、箱内温度不均匀、冷冻室蒸发器易结霜、除霜较麻烦,其结构如图 11-17 所示。

直冷式电冰箱的优点是:

① 箱内温度一般由冷藏室内的温控器进行温度调节。冷冻室一般采用人工除霜或半自动电加热除霜,冷藏室用自动化除霜,因此结构简单、制造方便。

② 由于箱内冷空气自然对流,因而空气流速低、食品干缩小。另外,冷冻室和冷藏室互

③ 冷冻室和冷藏室的蒸发器直接吸收物品中的热量,加之冷冻室内有相当一部分物品直接和蒸发器表相接触,从而加速了热量的传递,所以冷却速度较快。

④ 由于不需要循环风扇和除霜电热器,与同规格的间冷式电冰箱相比,其耗电略省。据测试,在 32 ℃室温条件下,每天可节电约 0.1 kW·h。

⑤ 结构简单、零部件少,因此,价格比一般同规格的间冷式电冰箱便宜 10%~15%。

直冷式电冰箱的缺点是:

① 由于箱内依靠空气自然对流冷却物品,因此,箱内的温度均匀性较间冷式电冰箱差。

② 冷冻室内会结霜,当霜层超过 5 mm 以上时,必须进行除霜。每次除霜时都要将物品从冷冻室中搬出,致使物品温度变化幅度较大,对食品的储藏不利;同时,除霜需人工操作,食品易被冻

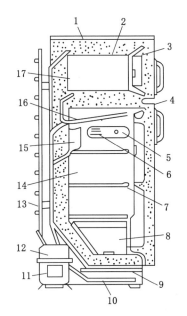

图 11-17　双门直冷式电冰箱

1——箱体;2——冷冻室蒸发器;3——冷冻室门;
4——冷藏室门;5——温控器;6——照明灯;
7——搁架;8——果菜盒;9——存水盘;
10——副冷凝器;11——启动器;12——压缩机;
13——冷凝器;14——冷藏室;15——接水杯;
16——冷藏室蒸发器;17——冷冻室

结在蒸发器上且表面结有霜层,这使得电冰箱使用时较不方便。

③ 直冷式电冰箱通常只设 1 个温控器,通过对冷藏室温度的检测来控制压缩机的开、停,因此不能对冷冻室温度和冷藏室温度分别进行调节控制,所以冷冻室和冷藏室的温度要高一起高,要低一起低。当冬季环境温度降低,由于冷藏室温度与环境温度相接近、压缩机的工作时间缩短,致使冷冻室温度出现偏高的现象。如果环境温度过低,甚至会出现压缩机无法启动的现象。为避免这种现象发生,必须在冷藏室蒸发器板上增设电加热器,以改善电冰箱在低温时的工作状况,但这样会使耗电量增加。

（2）间冷式电冰箱

间冷式电冰箱又称为无霜电冰箱。它是依靠箱内风扇强制使空气对流循环并与蒸发器进行热交换,实现对储藏食品的间接冷却而得名。间冷式电冰箱箱内水分被空气带到隔层中的蒸发器表面凝聚结霜,从蒸发器送出的是干燥的冷空气,所以箱内冷冻室和冷藏室内表面上都无霜,即霜只结在隔层中的蒸发器表面上,所以称无霜式电冰箱。其除霜方法采用自动化除霜或半自动化除霜。

间冷式电冰箱的优点是:

① 箱内冷却空气采用风扇强制循环,因而箱内温度的均匀性较好,而且箱内温度变化较小(不超过 5 ℃),对储藏食品十分有利。

② 冷冻室的温度靠温度控制器调节和控制,而冷藏室的温度高低靠风门开启的大小进

行调节。冷冻室和冷藏室的温度可通过调节冷风量分别进行控制,使用十分方便。

③ 冷冻食品不会冻结在冷冻室表面,取食品方便。

④ 由于水分都集中冻结在蒸发器的表面,结霜过多时就会阻碍冷空气的对流循环,使箱内温度偏高,甚至不能降温。因此,间冷式电冰箱配备了全自动除霜装置,一般每昼夜除霜一次,不需要人去管理,适合高湿度地区使用。

间冷式电冰箱的缺点是:

① 由于增加了 1 套完整的全自动除霜系统、1 个循环风扇和 1 个冷藏室风门调节器,使间冷式电冰箱的结构比直冷式电冰箱复杂。

② 由于部件增多、结构复杂,致使维修不便,其价格也比直冷式电冰箱高。

③ 由于增设风扇和除霜电热器等,耗电量比直冷式电冰箱高 15% 左右。

④ 由于箱内采用强制对流循环,从而冷空气对流风速较高、食品干缩较快,因此,存放的食品应装入食品袋内,以防止干缩。

（3）直冷、间冷并用式电冰箱

直冷、间冷并用式电冰箱又称混合式电冰箱。它是一种装有间冷式主蒸发器和直冷式速冻蒸发器的电冰箱,如图 11-18 所示。具有直冷式和间冷式两方面的优点,其特点是:具有速冻

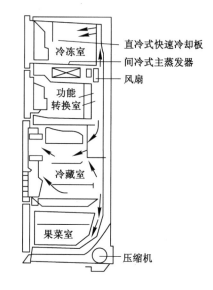

图 11-18　直冷、间冷并用式电冰箱

功能、可以制冰、冷冻室不结霜、主蒸发器可自动化霜、结构复杂、性能好、采用电子温控装置、价格贵,适用于大容积多门豪华型电冰箱。

4. 按冷冻室温度分类

国标规定,电冰箱按冷冻室所能达到的冷冻储存温度不同划分温度等级。温度等级是指冷冻食品储藏室所能保护温度的级别。温度等级用星号" * "表示。1 个" * "代表－6 ℃。电冰箱可分为一星级、二星级、高二星级、三星级和高三星级等。冷藏室温度一般为 0～10 ℃。不同温度级别的冷冻室温度和食品的大约储藏期见表 11-1。

表 11-1　　　　　　　　　　电冰箱冷冻室的星级规定

星级	星级符号	冷冻室温度	冷冻室食品的一般储藏期
一星级	*	＜－6 ℃	两星期
二星级	**	＜－12 ℃	1 个月
高二星级	**	＜－15 ℃	1.8 个月
三星级	***	＜－18 ℃	3 个月
高三星级	***	＜－18 ℃	3 个月

表 11-1 中,高二星级为日本标准,未纳入我国的国家标准中,其冷冻室温度在－15 ℃

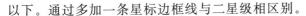

以下。通过多加一条星标边框线与二星级相区别。

5．按箱门数分类

（1）单门电冰箱

单门电冰箱只设一扇箱门，以冷藏保鲜为主，用于不需冷冻的食品、果蔬和饮料的冷藏。箱内上部有一间由蒸发器围成的冷冻室，温度为$-12\sim-6$ ℃，能制作少量冰块和短期储藏冷冻食品。冷冻室下面为冷藏室，由接水盘与蒸发器隔开。在冷藏室下面设有果菜保鲜盒。

（2）双门电冰箱

双门电冰箱有两个分别开启的箱门，多为立柜式，有上下开启和左右对开等形式，常见的为上下开启形式。双门电冰箱有两个隔间，分别为冷冻室和冷藏室。上面的冷冻室容积一般占冰箱总容积的$1/4\sim1/3$，可储存冷冻食品和制作冷饮、冷点、冷菜等；下面的冷藏室容积较大，在其下部还设有果菜盒，可存放宜低温保存的物品及饮料、蛋制品、新鲜果菜等。

（3）三门电冰箱

三门电冰箱有三个分别开启的箱门或三只抽屉。箱门的布置有多种形式：上下三门式、左右对开式（一边两扇门，一边一扇门）、上面一扇和下面两扇对开门式。三门电冰箱以上下三门式居多，其总容积在 200 L 以上，其中至少有 1 个冷冻室和 1 个冷藏室，此外可设果菜室、冷却室等。这种冰箱有三个不同温区，适合储藏不同温度要求的各种食品，使各间室的功能分开，食品生、熟分开，存取食品时各间室互不影响，从而保证了冷冻冷藏质量。

（4）多门电冰箱

国外发展大容积多门电冰箱容积在 250 L 以上，制冷方式为间冷式，多为抽屉式结构，具有设置不同温区以具备不同的功能，便于储存各种温度要求不同的食品。存取食品时拉动抽屉非常方便，也减少了取放食品时的冷量损失、不同食品间的串味，使食品生、熟分开放置。虽然多门电冰箱功能多、储藏容积大，但结构复杂、成本高、耗电量大。

单门、双门、三门及多门电冰箱其各室温度范围见表11-2。

表 11-2　　　　　　　　　　　　　　　　电冰箱各室温度范围　　　　　　　　　　　　　　单位：℃

电冰箱形式	冷藏室	冷冻室	其他室
单门电冰箱	$0\sim10$	$-12\sim-6$	
双门电冰箱	$0\sim10$	<-18	
三门电冰箱	$0\sim6$	<-18	果菜室 $6\sim10$
多门电冰箱	$3\sim4$	<-18	果菜室 $6\sim10$，冰温室 $-1\sim0$

6．电冰箱的规格与型号

（1）电冰箱的规格

电冰箱的规格是以箱内容积的大小进行划分的。电冰箱内的容积可用毛容积和有效容积两种方法来表示。毛容积又称公称容积、标称容积和名义容积，是指冰箱门（或盖）关闭后内壁所包围的容积，毛容积中包括一些不能用来储藏物品的容积，如门内的突出部分、蒸发器及蒸发器小门所占的容积等；而有效容积是指毛容积减去不能用于储藏食品的容积后所剩余的箱内实际可用容积。因此，毛容积数一般大于有效容积数。我国以前生产的电冰箱规格表示比较混乱,有的厂家采用有效容积表示,有的厂家则采用毛容积表示。现在,本着对用户负责和有利于用户选购的精神,国家标准规定,电冰箱的规格均采用有效容积表示,其单位用"L"表示。电冰箱有效容积值可从型号中查出。

电冰箱的规格在国标中并没有系列规定。目前,国外家庭对电冰箱的规格要求趋向于大型化。如日本家庭选购的电冰箱一般都是在 300 L 左右,美国家庭所选购的电冰箱则在 400 L 以上。目前,我国生产的电冰箱也开始向大型化、多门化及豪华无氟型化发展,有效容积超过 220 L 的电冰箱已大量进入市场。

(2)电冰箱的型号

国标规定,我国生产的 500 L 以下的电动机驱动压缩式电冰箱型号的表示方法及含义如图 11-19 所示。

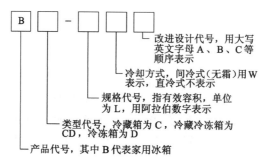

图 11-19　电动机驱动压缩式电冰箱形式表示方法

例如,型号 BC-158 指有效容积为 158 L 的家用冷藏箱;型号 BCD-185A 指工厂第一次改型设计、有效容积为 185 L 的家用冷藏冷冻箱;而型号 BCD-158W 指有效容积为 158 L 的间冷式冷藏冷冻箱。另外,我国电冰箱型号中的阿拉伯数字直接表示电冰箱的有效容积数。

第三节　冷藏运输技术和设备

食品由于受地理分布、气候条件以及其他因素的影响,原料产地、加工基地与消费中心往往相隔很远,为了满足各地消费需要、维持市场供应均衡,必须进行调度运输。尤其是易腐食品,其在自然条件下很快腐败变质而失去食用价值,因此其运输必须处在最适的温度和相对湿度条件下,即采用冷藏运输方式。

冷藏运输包括食品的中、长途运输及短途送货,是食品和冻结食品低温流通的主要环节,应用于冷藏链中食品从原料产地到加工基地和菜场冷藏柜之间的低温运输,也可应用于低温冷藏链中冷冻食品从生产工厂到消费地之间的批量运输,以及消费区域内冷库之间和销售店之间的运输。冷藏运输设备是指在保持一定低温的条件下运输冷藏食品所用的设备,是食品冷藏链的重要组成部分。从某种意义上说,冷藏运输设备是可以移动的小型冷藏库。冷藏运输设备有冷藏火车、冷藏汽车、冷藏船和冷藏集装箱。

一、冷藏运输的要求

1. 食品预冷和适宜的储藏温度

易腐食品在低温运输前应将食品温度预冷到适宜的储藏温度。如果将生鲜易腐食品在冷藏运输工具中进行预冷,则存在许多缺点:一方面,预冷成本成倍上升;另一方面,运输工具所提供的制冷能力有限,不能用来降低产品的温度,而只能有效地平衡环境传入的热负荷,维持产品的温度不超过所要求保持的最高温度,因而在多数情况下不能保证冷却均匀,而且冷却时间长、品质损耗大。因此,易腐食品在运输前应当采用专门的冷却设备和冻结设备,将食品温度降低到最佳储藏温度以下,然后再进行冷藏运输,这样更有利于保持储运食品的质量。

2. 运输工具中应当具有适当的冷源

运输工具中应当具有适当的冷源,如干冰、冰盐混合物、碎冰、液氮或机械制冷系统等,能产生并维持一定的低温环境,以保持食品的温度,利用冷源的冷量平衡外界传入的热量和货物本身散出的热量。例如,果蔬类在运输过程中,为防止车内温度上升,应及时排除呼吸热,而且要有合理的空气循环使冷量分布均匀,保证各点的温度均匀一致并保持稳定,最大温差不超过 3 ℃。有些食品怕冻,在寒冷季节里运输时还需要用加温设备(如电热器等)使车内保持高于外界气温的适当温度。在装货前应将车内温度降至所需的最佳储藏温度。

3. 良好的隔热性能

冷藏运输工具的货物间应具有良好的隔热性能,总的传热系数 K 要求小于 0.4 $W/(m^2 \cdot K)$,甚至小于 0.2 $W/(m^2 \cdot K)$,能够有效地减少外界传入的热量,从而避免车内温度的波动和防止设备过早老化。一般来说,K 值平均每年要递增 5% 左右。车辆或集装箱的隔热板外侧面应采用反射性材料,并应保持其表面清洁以降低对辐射热的吸收。在车辆或集装箱的整个使用期间应避免箱体结构的部分损坏,特别是箱体的边和角,以保持隔热层的气密性,并且应该定期对冷藏门的密封条、跨式制冷机组的密封、排水洞和其他孔洞等进行检查,以防止因空气渗漏而影响隔热性能。

4. 温度检测和控制设备

运输工具的货物间必须具有温度检测和控制设备。温度检测仪必须能准确、连续地记录货物间内的温度,温度控制器的精度要求高,(一般为 ± 0.25 ℃)以满足易腐食品在运输过程中的冷藏工艺要求,防止食品温度过分波动。

5. 车箱的卫生与安全

车箱内有可能接触食品的所有内壁必须采用对食品味道和气味无影响的安全材料。箱体内壁包括顶板和地板,必须光滑、防腐蚀、不受清洁剂影响、不渗漏、不腐烂、便于清洁和消毒。除了内部设备需要和固定货物的设施外,箱体内壁不应有凸出部分、箱内设备不应有尖角和褶皱使货物进出困难。在使用中,车辆和集装箱内碎渣屑应及时清扫干净,防止异味污染货物并阻碍空气循环。对冷板所采用的低温共晶溶液的成分及其在渗漏时的毒性程度应予以足够的重视。

此外,运输成本问题也是冷藏运输应该考虑的一个方面。应该综合考虑货物的冷藏工艺条件、交通运输状况及地理位置等因素,采用适宜的冷藏运输工具。

二、铁路冷藏车

在食品冷藏运输中,铁路冷藏车具有运输量大、速度快的特点,在食品冷藏运输中占有非常重要的地位。良好的铁路冷藏车应具有良好的隔热、气密性能,并设有制冷、通风和加热装置。铁路冷藏车能适应铁路沿线各个地区的气候条件变化,保持车内食品必需的储运条件,迅速地完成食品运送任务。它是我国食品冷藏运输的主要承担者,也是食品冷藏链的主要环节。

铁路冷藏车的主要类型有:加冰冷藏车、机械冷藏车、冷冻板式冷藏车、无冷源保温车、液氮和干冰冷藏车。

1. 铁路加冰冷藏车

冰制冷冷藏车是以冰或冰盐作为冷源,利用冰或冰盐混合物的融解热使车内温度降低,冷藏车内获得 0 ℃或 0 ℃以下的低温,由于冰的融解温度为 0 ℃,所以以纯冰作为冷源的加冰保温车只能运输储运温度在 0 ℃以上的食品——蔬菜、水果、鲜蛋之类。然而当采用冰盐混合物作为冷源的加冰保温车,由于在冰上加盐,盐随吸水形成水溶液并与未融冰形成两相(冰、水)混合物。因为盐水溶液的冰点低于 0 ℃,则使两相混合物中的冰亦在低于 0 ℃以下融解。实验证明,混合物的融解温度最低可降到 −21.2 ℃(加 NaCl 时)。所以,在冰内加盐将使加冰铁路冷藏车内获得 −8 ~ −4 ℃或更低的温度。此时,可以适应鱼、肉等的冷藏运输条件。

加冰铁路冷藏车一般在车顶装有 6~7 只鞍马形储冰箱,2~3 只为一组。为增加换热,冰箱侧面、底面均设有散热片。每组冰箱设有 2 个排水器,分左、右布置,以不断清除融解后的水或盐水溶液,并保持冰箱内具有一定高度的盐水水位。

图 11-20 为加冰铁路冷藏车制冷原理图。加冰铁路冷藏车车内的冰箱下面装有防水板,冷气靠自然对流在车内循环并使车内降温,从而得到均匀的气流分布。

加冰铁路冷藏车结构简单、造价低、冷源(冰和盐)价廉易购,但车内温度波动较大、温度调节困难、使用局限性较大,加上行车沿途加冰和加盐影响列车速度、冰盐水不断溢流排放腐蚀钢轨和桥梁等,近年来已被机械冷藏车等逐渐替代。

2. 机械制冷冷藏火车

机械冷藏车是以机械制冷装置为冷源的冷藏车,是目前陆上铁路运输发展的主要方向之一。机械制冷的冷藏火车有两种:一种是每一节车厢

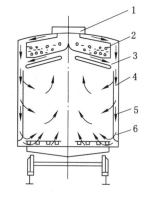

图 11-20　加冰铁路冷藏车制冷原理图
1——冰箱盖;2——冰箱;3——防水板;
4——通风槽;5——车体;6——离水格栅

都备有自己的制冷设备,而且用自备的柴油发电机驱动制冷压缩机。该冷藏火车可以单辆与一般货物车厢编列运行,制冷压缩机由自备的柴油发电机驱动,也可以由 5~20 辆冷藏火车组成机械列,由专用车厢装备的列车柴油发电机统一发电,向所有的冷藏车厢供电,驱动各辆冷藏火车的制冷压缩机。另一种冷藏火车的车厢中只装有制冷机组,没有柴油发电机。这种冷藏火车不能单辆与一般货物列车编列运行,只能组成单一机械列运行,由专用车厢中的一些油发电机统一供电来驱动压缩机。若停运时间较长,可由当地电网供电。

我国传统型铁路机械冷藏车(B18),以 10 辆车固定编组,其中 1 辆为机械发电车兼乘务员生活车;另有 9 辆货物车,货物车的制冷装置设在每辆车的两端,冷风机部分向两端插入车体内部,向车内吹送冷风,实现车箱内降温。制冷机组车外部分有外罩,外罩两侧面有冷凝器风机进、排风百叶窗,其端面还设有新风进口。典型的铁路机械冷藏车结构如图 11-21 所示。

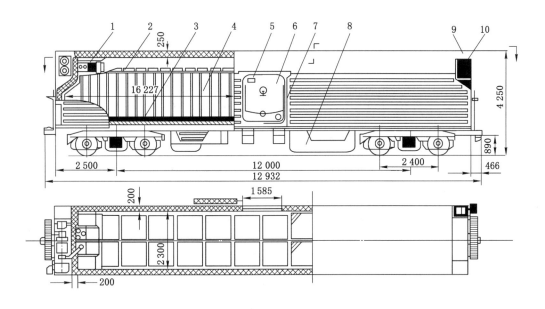

图 11-21 铁路机械冷藏车典型结构示意图

1——制冷机组；2——车顶通风风道；3——地板离水格子；4——垂直气流格墙；5——车门排气口；
6——车门；7——车门温度计；8——独立柴油发电机组；9——制冷机组外壳；10——冷凝器通风格栅

典型铁路冷藏车,每车选用单机双级 R12(或 R22)制冷压缩机两台,每台制冷量为 9.3 kW。为了给车内加温,装有 7.5 kW 的电加热器两组。制冷机组的工作是自动控制的。它按照预定的温度参数有三种工况:制冷、融霜和加温。

(1)制冷

铁路冷藏车制冷系统如图 11-22 所示。压缩机通过启动调节器和蒸发器单向阀,从蒸发器中吸入制冷剂气体。在三个低压缸内,从吸入压力压缩至中间压力,然后在一个高压缸内,从中间压力压缩至冷凝压力。排出的高压、高温制冷剂蒸汽通过油分离器,又经冷凝器单向阀进入冷凝器。制冷剂由两台冷凝器通风机通风冷却、冷凝。液体制冷剂经截止阀进入储液器,再流至截止阀、过滤-干燥器、电磁阀进入热力膨胀阀。经节流的低压制冷剂又经液体分配器(未标注)进入蒸发器中。在蒸发器中,制冷剂汽化并从两台蒸发器风机吹送的空气中吸热。冷却后的空气直接进入车辆货间,而汽化后的制冷剂气体再被压缩机吸入并重复循环。

(2)融霜

制冷系统采用热气融霜方法。蒸发器结霜过厚将导致蒸发温度和蒸发压力下降。此时,融霜压力开关动作,打开融霜电磁阀、关闭蒸发器和冷凝器的通风机,从而压缩机排出的一部分热蒸汽即通过融霜电磁阀和融霜管路进入蒸发器,于是蒸发器表面的霜层被融化。由蒸发器出来的制冷剂沿回气管路经过启动调节器和蒸发器单向阀进入压缩机。融霜时间由时间控制器给定,融霜 60 min 后时间控制器动作,关闭融霜电磁阀,制冷系统又恢复正常工作。

(3)加温

当冷藏车货间必须加热时,制冷设备不工作,只要接通蒸发器前的电加热器,加热后的空气即被蒸发器通风机送入货间。

冷藏车货间的温度可以在柴油发电机车内遥测,也可以用携带式测温计通过每辆车的开关箱上的测温插头进行测量。此外,每辆车的车门上装有膨胀式指针温度计指示温度。遥测温度计的测温元件是由1个测温敏感元件和保护罩组成,精度为1.5级,敏感元件装在货间侧墙壁表面,通过21个位置的转换开关可进行-20~20℃的温度遥测。

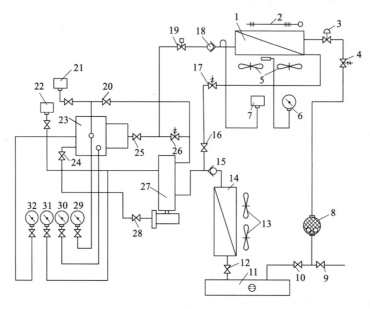

图 11-22　铁路冷藏车制冷系统示意图

1——蒸发器;2——加热器;3——热力膨胀阀;4——供液电磁阀;5——蒸发器风机;6——温度指示器;

7——融霜压力开关;8——过滤-干燥器;9——加制冷剂阀;10——供液阀;11——储液器;12——截止阀;

13——冷凝器风机;14——冷凝器;15——冷凝器单向阀;16——融霜手动截止阀;17——融霜电磁阀;

18——回气单向阀;19——启动调节器;20——压缩机排气阀;21——压缩机高压压力开关;

22——冷凝器风机压力开关;23——压缩机;24——压缩机回油阀;25——压缩机吸气阀;

26——旁通电磁阀;27——油分离器;28——排油阀;29——油压表;

30,31,32——压缩机中压、低压、高压压力表

铁路机械冷藏车具有制冷速度快、温度调节范围大、车内温度分布均匀和运送迅速,以及适应性强,能实现制冷、加热、通风换气和融霜自动化等特点。新型机械冷藏车还设有温度自动检测、记录和安全报警装置。但与加冰冷藏车相比,其车辆造价高、维修复杂、使用技术要求高。

3. 铁路冷冻板冷藏车

冷冻板冷藏车是在一辆隔热车体内安装冷冻板。冷冻板内充注一定量的低温共晶溶液,当共晶溶液充分冷冻结后即储存冷量,并在不断融解过程中吸收热量,实现制冷。铁路冷冻板车的冷冻板装在车顶或车墙壁,充冷时可以地面充冷,也可以自带制冷机充冷。低温共晶溶液可以在冷冻板内反复冻结、融化循环使用。冷冻板冷藏车制造成本低、运行费用小,目前我国铁路部门正对其进行开发研究。

4. 铁路液氮冷藏车

液氮冷藏车是在具有隔热车体的冷藏车上装设液氮储罐,利用罐中的液氮通过喷淋装置喷射出来,突变到常温常压状态并汽化吸热,造成对周围环境的降温。氮气在标准大气压下-196 ℃时液化,因此在液氮汽化时便产生-196 ℃的汽化温度,并吸收 199.2 kJ/kg 的汽化热而实现制冷。液氮制冷过程吸收的汽化热和温度升高吸收的热量之和即为液氮的制冷量,其值为 385.2~418.7 kJ/kg。液氮冷藏车兼有制冷和气调的作用,能较好地保持易腐食品的品质,在国外已有较大的发展,我国也已着手进行研制。

三、冷藏汽车

公路运输是目前冷藏运输中最普遍、最常见的重要方式。根据制冷方式,冷藏汽车可分为机械制冷、液氮制冷、干冰制冷及蓄冷板制冷等多种形式。在长途运输中,机械制冷是最常用的方法,因为从其重量、所占空间和所需费用考虑都是有利的。不倾向采用干冰或液氮的冷藏汽车的原因是操作费用较高、所需制冷剂沿途再补充有一定困难。对距离较短的运输来说,如果中途不开门,则可以采用无制冷装置的隔热保冷车,在这种情况下,应根据室外温度、隔热层的隔热效果和运输距离等因素将货物预冷,使温度在运输途中保持在所需的安全范围内。

1. 机械制冷冷藏汽车

机械制冷冷藏汽车车内装有蒸汽压缩式制冷机组,采用直接吹风冷却,车内温度实现自动控制,很适合短、中、长途或特殊冷藏货物的运输,其基本结构如图 11-23 所示。

大型货车的制冷压缩机配备专门的发动机(多数情况下用汽油发动机,以便利用与汽车发动机同样的燃油)。小型货车的压缩机与汽车共用一台发动机,其车体较轻,但压缩机的制冷能力与车行驶速度有关,车速低时,制冷能力小,通常用 40 km/h 的速度设计制冷机的制冷能力。为了在冷藏汽车停止状态下驱动制冷机组,有的冷藏车装备 1 台能利用外部电源的电动机。

空气冷却器通常安装在车厢前端,并采用

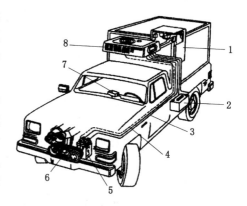

图 11-23　机械冷藏汽车基本结构
1——冷风机(蒸发器+风机);2——蓄电池箱;
3——制冷管路;4——电器线路;5——制冷压缩机;
6——传动带;7——控制盒;8——风冷冷凝器

强制通风方式。冷风贴在车厢顶部向后流动,从两侧及车厢后部下到车厢底面,然后沿底面间隙返回车厢前端。这种通风方式使整个食品货堆都被冷空气包围着,从而外界传入车厢的热流直接被冷风吸收,不影响食品的温度。为了形成上述冷风循环,食品要堆放在木板条上,在货垛的顶部和四周留有一定的间隙作为冷风循环通路。运输冷却水果、蔬菜时,果、蔬放出呼吸热,因此除了在货堆周围留有间隙以利通风外,还要在货堆内部留有间隙以便于冷风把果、蔬放出的呼吸热及时带走。运输冻结食品时,冷藏汽车壁面的热流量与外界温度、车速、风力及太阳辐射有关。停车时,太阳辐射的影响是最主要的;行车时,空气流动的影响是最主要的。最常用的隔热材料是聚苯乙烯泡沫塑料和聚氨酯泡沫塑料。厢壁的传热系数通常小于 0.6 W/(m² · K)。

机械制冷冷藏汽车的优点是车内温度比较均匀稳定、车内温度可调、运输成本较低,其缺点是结构复杂、易出故障、维修费用高、初始投资高、噪声大,大型车的冷却速度慢、时间长、需要融霜。

2. 液氮制冷冷藏汽车

液氮制冷冷藏汽车主要由汽车底盘、隔热车厢和液氮制冷装置构成。液氮制冷装置主要由液氮容器、喷嘴和温度控制器组成,利用液氮汽化吸热的原理,使液氮从－196 ℃汽化并升温至－20 ℃左右,吸收车厢内的热量,从而实现制冷并达到给定的低温。

图 11-24 为国内冷藏汽车中使用的液氮制冷冷藏汽车,主要由液氮容器、喷嘴和温度控制器组成。冷藏汽车装好货物后,通过控制器设定车厢要求的温度,而感温器则把测得的实际温度传回温度控制器。根据厢内温度,温控器自动地打开或关闭液氮通路上的电磁阀,调节液氮的喷射,使厢内温度维持在规定温度±2 ℃范围内。液氮汽化时,体积膨胀 650 倍,即使货堆密实、没有通风设施,也能使氮气进入货堆内,使车内温度均匀。为了防止车厢内压力升高,车厢上部装有排气管供氮气排出车外。由于车厢内空气被氮

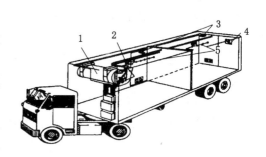

图 11-24　液氮冷藏汽车基本结构示意图
1——液氮罐；2——液氮喷嘴；3——门开关；
4——安全开关；5——安全通气窗

气置换,长途运输冷却水果、蔬菜时,可能对果、蔬的呼吸作用产生一定影响。运输冻结食品时,氮气置换了空气有助于减少食品的氧化,但由于运输时间一般不很长,因此减少食品氧化的优点并不明显。

使用液氮时应注意安全。工作人员进入车厢前,应敞开车门半分钟,使车内进入一定量的氧气。工作人员进入车后应停止喷射液氮,防止液氮喷射到人的皮肤上而发生冻伤。

液氮冷藏车的优点是:装置简单,初始投资少,降温速度快,外界气温 35 ℃时,在20 min 内可使车厢内温度降到－20 ℃,没有噪声,质量大大低于机械制冷装置。其缺点是:液氮成本高,运输途中液氮补充困难,长途运输时必须装备大的液氮容器或几个液氮容器,从而减少了运输车辆的有效载货量。

3. 干冰制冷冷藏汽车

干冰制冷冷藏汽车车厢中装有隔热的干冰容器,可容纳 100 kg 或 200 kg 干冰。干冰容器下部有空气冷却器,用通风使冷却后的空气在车厢内循环。吸热升华的气态二氧化碳由排气管排出车外。车厢中不会积蓄二氧化碳气体。

由空气到干冰的传热是以空气冷却器的金属壁为间壁进行的,干冰只在干冰容器下部与空气冷却器接触的一侧进行升华。根据车内温度,恒温器调节通风机的转速,即靠改变风量调节制冷能力。用这种方式可在－25～25 ℃范围内使车厢温度保持在规定温度±1 ℃内。

有的干冰制冷冷藏汽车在车厢中装置四壁隔热的干冰容器,干冰容器中装有氟利昂盘管。在车厢中吸热汽化的氟利昂蒸汽进入干冰容器中的盘管,被盘管外的干冰升华所冷却,重新凝结为氟利昂液体。液体氟利昂进入车厢内的蒸发器,再次吸收外界传入车厢的热量,使车厢内保持规定的温度。

干冰制冷冷藏汽车的优点是设备简单、投资费用低、故障率低、维修费用少、无噪声;缺

点是车厢内温度不够均匀、冷却速度慢、干冰成本高。

4. 蓄冷板制冷冷藏汽车

蓄冷板中装有预先冻结成固体的低温共晶溶液,外界传入车厢的热量被蓄冷板中的共晶溶液吸收,从而共晶溶液由固态转变为液态。只要蓄冷板的块数选择合理,就能保证运输途中车厢内维持规定的温度。

常用的低温共晶溶液有乙二醇、丙二醇的水溶液及氯化钙、氯化钠的水溶液。共晶溶液的成分不同,其共晶点也不同。要根据冷藏车所需要的低温,选择合适的共晶溶液。一般来说,共晶溶液的共晶点应比车厢规定的温度低 2～3 ℃。

蓄冷板内共晶溶液的冻结过程就是蓄冷板的蓄冷过程。当拥有的蓄冷板冷藏车数量很多时,一般设立专门的充冷站,利用停车时间或夜间使蓄冷板蓄冷,此时可利用如图 11-25 所示的蓄冷板。这种蓄冷板中装有制冷剂盘管,只要把蓄冷板上的管接头与制冷系统连接起来,就可使蓄冷板蓄冷,而且板可多块同时蓄冷,如果没有专门的充冷站,也可利用冷库冻结间进行蓄冷板蓄冷。此外,有的蓄冷板冷藏汽车上装有小型制冷板,停车时利用车外电源驱动制冷机使蓄冷板蓄冷。

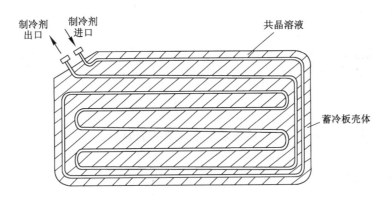

图 11-25 带制冷剂盘管的蓄冷板示意图

蓄冷板应距离车厢壁面 4～5 cm,以利于厢内空气自然对流。不过,蓄冷板冷藏车车内热量的传递主要以辐射为主。从有利于厢内空气对流来说,应将蓄冷板安装在车厢顶部,但这会使车厢重心升高,不平稳。蓄冷板本身质量很大,出于安全考虑,一般将蓄冷板安装在车厢两侧。蓄冷板也可安装在车厢内前端,用风机强制空气循环而保持厢内低温,如图 11-26 所示。

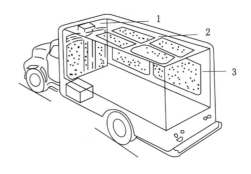

图 11-26 蓄冷板式冷藏汽车
1——前置型;2——顶置型;3——侧置型

蓄冷板冷藏车的优点是:设备费用比机械式制冷少,可以利用夜间廉价的电力为蓄冷板蓄冷而降低运输费用,无噪声,故障少。其缺点是:蓄冷板的块数不能太多,蓄冷能力有限,不适于长途运输冷冻食品,蓄冷板减小了汽车的有效容积和载货量,冷却速度慢。

为克服蓄冷板式冷藏汽车的缺点,出现了机械冷板式冷藏汽车,类似于机械冷藏汽车,其制冷机组采用小型氟利昂风冷压缩冷凝机组并安装在驾驶室顶上,压缩机和风机所需动力由地面电源供给。因此,当汽车靠站时可将制冷机组接到电源上运转,冻结共晶溶液即蓄冷;当汽车行驶时制冷机不工作,而蓄冷板向车厢供冷。

5. 保温汽车

保温汽车不同于以上四种冷藏汽车,没有制冷装置,仅在壳体上加设隔热层,因此不能进行长途运输冷冻食品,只能用于市内由批发商店或食品厂向零售商配送冷冻食品。

国产保温汽车的车体主要采用金属外壳,中间用聚苯乙烯泡沫塑料板作隔热层,传热系数为 $0.47\sim0.81$ W/(m² · K),装货量为 $2\sim7$ t。在我国,绝大部分企业主要用保温汽车将冷冻加工后的食品运往分配性冷库或零售商店,以及由分配性冷库送往销售网点或由港口冷库运到码头也主要靠保温汽车。

四、冷藏船

船舶冷藏包括海上渔船、商业冷藏船、海上运输船的冷藏货舱和船舶伙食冷库。另外,还有海洋工程船舶的制冷和液化天然气的储运槽船等。

渔业冷藏船通常与海上捕捞船组成船队。船上制冷装置对本船和船队其他船舶的渔获物进行冷却、冷冻加工和储存。商业冷藏船作为食品冷藏链中的一个环节,完成各种水产品或其他冷藏食品的转运、保证运输期间食品必要的运输条件。运输船上的冷藏货舱主要担负进出口食品的储运;船舶伙食冷库为船员提供各类冷藏的食品,满足船舶航行期间船员生活的必需。此外,各类船舶制冷装置还为船员提供在船上生活所需的冷饮和冷食。

船用制冷系统一般采用直接蒸发式,个别也有采用盐水系统,制冷剂通常为R22,双级压缩制冷。冷藏货舱内空气的循环通常采用冷风机强制对流,也有采用冷却盘管使空气自然对流的。图 11-27 为船舶典型冷藏货舱的布置图,该船和冷藏货舱均符合我国相关规范和国际造船通用技术要求。

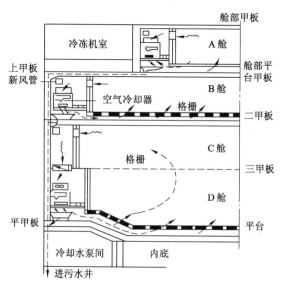

图 11-27　船舶典型冷藏货舱的布置图

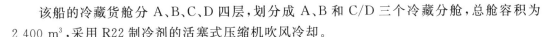

该船的冷藏货舱分 A、B、C、D 四层,划分成 A、B 和 C/D 三个冷藏分舱,总舱容积为 2 400 m³,采用 R22 制冷剂的活塞式压缩机吹风冷却。

五、冷藏集装箱

1. 冷藏集装箱的类型和定义

集装箱是一种标准化的运输工具,根据国际标准化组织的定义,它应具备下列条件:

(1) 具有足够的强度,可长期反复使用;

(2) 适用于一种或多种运输方式运送,途中转运时箱内货物不需换装;

(3) 具有快速装卸和搬运的装置,特别便于从一种运输方式转换到另一种运输方式;

(4) 便于货物装满和卸空;

(5) 具有 1 m³ 及其以上的容积。

冷藏集装箱是为运输易腐货物而专门设计制造的集装箱。它的箱体结构材料是采用钢、铝合金和薄钢板;箱体的主承力框架由高强度的钢材构成;壁面用薄钢板或铝合金板;内外壁面中间填入隔热材料,隔热层多采用聚氨酯硬质泡沫塑料现场发泡。箱体的平均传热系数为 0.4 W/(m² · K)。冷藏集装箱的分类和定义见表 11-3。

表 11-3　　　　　　　　　　　　冷藏集装箱的分类和定义

冷藏集装箱种类	定义
耗用冷剂式冷藏集装箱	指采用液态之类作制冷剂的带有或不带有蒸发控制的集装箱。此类集装箱指各种无需外接电源或燃料供应的保温集装箱
机械式冷藏集装箱	设有制冷装置的保温集装箱
制冷/加热集装箱	设有制冷装置(机械式制冷或耗用制冷剂制冷)和加热装置的保温集装箱
隔热集装箱	不设任何固定的临时附加的制冷和/或加热设备的保温集装箱
气调或调气装置的冷藏和加热式集装箱	设有冷藏和加热装置并固装一种调气设备,可以产生和/或维持一种修饰过的空气成分的保温集装箱

冷藏集装箱的尺寸在国际上已标准化,见表 11-4。

表 11-4　　　　　　　　　　　　冷藏集装箱的尺寸

类别	总质量/t	装载容积/m³	外形尺寸/m		
			长	宽	高
10″	10.0	14.0	2.990	2.435	2.435
20″	20.0	30.0	6.055	2.435	2.435
30″	30.0	63.0	12.190	2.435	2.620

2. 冷藏集装箱的典型应用

(1) 冰冷冷藏集装箱:采用冰或冰盐冷却的集装箱。在集装箱的顶部装有两个盛冰的冰箱且互相连通,从而使两个冰箱中的冰水或盐水保持同一水平。在集装箱顶部设有加冰口。

该集装箱结构简单、造价便宜。但由于用冰或冰盐作冷源,所以沿途需加冰;箱内空气循环依靠自然对流,箱内温度不易均匀且不易控制;箱内只能保持－8 ℃以上的温度。目前冰冷冷藏集装箱只在区域性短途冷藏运输中尚有使用,而在国际冷藏运输中已无使用并有逐渐淘汰的趋势。

(2)冷板式冷藏集装箱:冷板式冷藏集装箱类似于冷板式冷藏汽车,其特点是箱内设有一个提供冷源的冷板。运输易腐败货物时,用冷板散发的冷量抵消外界传入的热量,以保持箱内的低温状态。

冷板式冷藏集装箱有两种结构:一种是配置制冷机组,充冷时接上电源即可;另一种是不配置制冷机组,充冷工作在充冷站进行。

冷板式冷藏集装箱的优点是结构简单、冷源可靠、制造成本低、维修费用少,但由于中途需充冷,故只适用于短途运输。

(3)机械式冷藏集装箱:是指设有制冷装置(如制冷压缩机组、吸收式制冷机组等)的保温集装箱。制冷/加热集装箱是指设有制冷装置(机械式制冷或耗用制冷剂制冷)和加热装置的保温集装箱。在实际应用中,通常把这两类保温集装箱称为机械式冷藏集装箱。

机械式冷藏集装箱不仅有制冷装置,而且具有加热装置,可以根据需要采用制冷或加热手段,使冷藏集装箱的箱内温度控制在设定的温度范围内。一般机械式冷藏集装箱的箱内控制温度范围为$-38 \sim -18$ ℃。

机械式冷藏集装箱是当前技术最成熟、应用最广泛的一种冷藏运输工具,如图11-28所示。这种集装箱采用小型氟利昂风冷冷凝机组,放置在箱体一端。在箱内装有冷风机,冷风通过风道送入箱中各部位。若箱体过长,为了保证箱内温度均匀,可采用两端送风方式。压缩机和风机所需动力可由自备柴油发电机或外接电源供给。箱内温度由温控器控制,根据设定的温度值自动停开压缩机。蒸发器的融霜可采用定时电加热融霜的方式,还可以采用薄膜式空气微压差控制器,根据霜层厚度决定是否融霜。这种微压差控制器有两根感压管,分别放置在蒸发器前后。当蒸发器结霜过厚,空气阻力增大到控制器的压差设定值时自动停止压缩机,开启电加热器自动融霜。融霜结束后,自动切断电热器,制冷系统恢复正常工作。这种机械冷藏集装箱温控精度高,温度调节范围大,可在$-25 \sim 25$ ℃之间调控,但造价高。

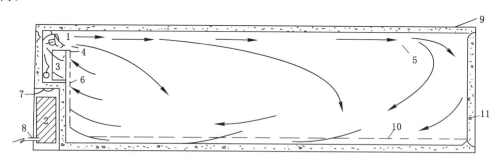

图 11-28　机械冷藏集装箱结构及冷风循环示图

1——风机;2——压缩-冷凝机组;3——空气冷却器;4——端部送风口;5——软风管;6——回风口;

7——新鲜空气入口;8——外电源引入;9——箱体;10——通风、离水格栅;11——箱门

(4)隔热集装箱:是指不设任何固定的、临时附加的制冷和/或加热设备的保温集装箱。隔热集装箱是一个具有良好隔热性能的集装箱。为实现其保温功能,必须要有外接制冷或加热设备,向箱内输送冷风或热风以达到保温目的。

隔热集装箱的特点是箱体本身结构简单、箱体货物有效装载容积率高、造价便宜,适合大批量、同品种冷冻或冷藏货物在固定航线上运输。缺点是缺少灵活性、对整个运输线路上的相关配套设施要求高。

(5)气调冷藏集装箱:主要由两个系统组成,即制冷系统和气调系统。制冷系统的作用是降低温度,抑制微生物繁殖;气调系统的作用是抑制果蔬类的呼吸作用、防止肉类脱水氧化。

采用气调冷藏运输具有保鲜效果好、储藏损失少、保鲜期长和对果蔬无任何污染的优点。但由于采用气调设备后,技术要求高、冷藏箱价格高、气调在大批量货物的储存和运输中更有优势,因此目前使用还不普遍。

(6)低压冷藏集装箱:是由制冷系统、真空系统和加湿系统三部分组成。制冷系统向箱内提供冷量以保持箱内温度的需要。箱内温度由温控器控制,调控范围为$-2\sim16\ ℃$。真空系统用于保持箱内的低压。箱内的气压为$10\sim80\ mmHg$,利用真空泵将箱内的空气抽出并排放到大气中。加湿系统由储水箱、过滤器和电加热器构成,箱内空气的相对湿度一般为$90\%\sim95\%$。

低压冷藏集装箱的优点是能控制箱内的气体成分和相对湿度、抑制果蔬的呼吸作用,缺点是果蔬经低压储藏后不能很好地成熟。

3. 冷藏集装箱的优点

(1)易保证货物的质量。易腐败货物可以在发货地点装入集装箱直接运到收货单位,而中途即使经过多种运输方式(如汽车、铁路、海运等)也无需对货物进行装卸。若不采用冷藏集装箱而将易腐物品从一种运输工具换装到另一种运输工具时不可避免地将货物暴露在高温的环境中,这易使货物的温度回升,增强了货物的呼吸作用以及微生物的繁殖,从而使货物的质量受到影响。

(2)可减少装卸费用。有利于装卸作业的机械化和自动化。易腐败货物从产地到市场销售一般要经过多种运输方式,由于途中多次装卸势必增加了装卸费用。采用冷藏集装箱在不同运输方式之间联运时,仅对集装箱换装,而箱内的货物不需要倒装。集装箱可采用托盘装货,使装卸作业的机械化程度提高。

(3)适用国际联运。随着世界海运事业的发展,船舶运输趋于专门化、大型化、自动化和装卸机械化。在船舶上有专门装运冷藏集装箱的货舱,有的船上有专供冷藏集装箱用电的电源插口,有的船上还有供给集装箱冷量的制冷设备。因此,利用冷藏集装箱进出口易腐货物很适合国际海运联运。

(4)适合小批货物的运输。小批货物的特点是量小,但对运输条件要求高。因此,采用冷藏集装箱可将这类货物高质量地从产地运到销售地或加工地。

六、利用冷藏运输设备的注意事项

(1)运输冻结食品时,为减少外界侵入热量的影响,要尽量密集堆放。装载食品越多,食品的热容量就越大,食品的温度就越不容易变化。运输新鲜水果蔬菜时,果、蔬有呼吸热放出,为了及时移走呼吸热,货堆内应留有空隙以利于冷空气在货堆内部循环。无论冻结食品还是新鲜食品,整个货堆与车厢或集装箱的围护结构之间都要留有空隙,供冷空气循环。

(2)加强卫生管理,避免食品受到异味、异臭及微生物的污染。运输冷冻食品的冷藏车,尽量不运其他货物。

（3）冷藏运输设备的制冷能力只用来排除外界侵入的热流量，不足以用来冻结或冷却食品。因此，冷冻运输设备只能用来运输已经冷冻加工的食品，切忌用冷冻运输设备运输未经冷冻加工的食品。

复习思考题

1. 食品冷藏链由哪些方面构成？

2. 简述冷藏陈列柜的分类和特点。

3. 简述商业冷冻冷藏设备的制冷系统的特点。

4. 简述蒸汽压缩式电冰箱的工作原理和优缺点。

5. 比较分析直冷式电冰箱和间冷式电冰箱的工作原理和特点。

6. 冷藏运输设备有哪些基本要求？

7. 铁路冷藏车有哪些基本类型？各有什么特点？

8. 公路冷藏车有哪些基本类型？各有什么特点？

9. 冷藏集装箱有哪些基本类型？各有什么特点？

10. 试简述冷藏集装箱的主要优点。

11. 试简要分析冷藏运输技术的发展趋势。

第十二章 制冰的原理和设备

第一节 冰的分类和制冰方法

根据冰的来源,冰可分为天然冰和人造冰。在寒冷季节或寒冷地区,当气温降至 0 ℃ 以下时,水天然冻结而成的冰称为天然冰。用人工制冷的方法将水或某些物质的水溶液冻结,或者将二氧化碳气体固化而制取的冰,称为人造冰。

天然冰的冻结、采集和储存因受自然条件的限制,来源十分有限。随着科学技术和社会经济的不断发展,使用冰的行业越来越多、冰的用量也越来越大,仅靠天然冰已无法满足需求,因而人造冰成为冰的主要来源。人造冰在冷藏车、冷藏船、渔轮、食品工业及其他部门的应用已日益广泛。

人造冰按设备和冰的大小、形状,可分为桶冰(盐水制冰)和碎冰(如管冰、片冰、雪冰等)。碎冰由专用制冰机制造,由于体积小、与空气接触面积大、冰堆容量少、储藏期间易黏连,用冰库储藏不太适合,因此随制随用,一般在商业网点、渔船、远洋船舶等场合使用较合适。桶冰具有冰块坚实、不易融化、便于搬运等特点,因此适合在冰库内储存,是目前国内应用最广的冰种。

冰的具体分类见表 12-1。

表 12-1　　　　　　　　　　　　　冰 的 分 类

分类方式	冰的名称	冰的制取特点或形式
按用途分类	工、农业用冰	用普通自来水或纯净海水冻结成的冰
	食用冰	用经过消毒的食用水制成的冰
按冰的形状分类	块冰	冻成的冰外形呈块(桶)状
	管冰	制成的冰外形呈管段形状,管段呈圆柱形(中间透空)
	片冰	制成的冰外形呈薄片状,厚度为 3～5 mm 的冰为片冰
	板冰	厚度为 5～10 mm 的平板形或圆弧形冰
	冰晶冰	在冷盐水中结晶形成的冰
	颗粒冰	有圆形、方形、异形、雪花和菱形等各种花色、形状的冰
	冰霜(泥冰)	霜和细小冰的混合物
按冰的颜色分类	白冰	水结成冰时,冰体中含有空气,使冰体不透明而呈乳白色,如桶式块冰
	透明冰	在白冰的生产过程中,增加"吹气"和"抽芯水"工艺所制得的冰
	彩色冰	在食用生产过程中,增加食用色素所制得的冰
按冰中有无添加剂分类	无味冰	用符合卫生条件的水,不加任何处理而制得的冰
	咸味冰	含有一定盐分的冰
	调味冰	在食用冰中含有适量调味品的冰,一般用于冷饮
	防腐冰	在水中加入消毒剂、防腐剂制成的冰,一般用于冰鲜鱼货

制冰的方法有两种:直接冷却和间接冷却。直接冷却制冰法是利用制冷剂的吸热蒸发直接将水冻结成冰;间接冷却制冰法在水和制冷剂之间增加载冷剂,如盐水等。先用制冷剂冷却载冷剂,再用冷却后的载冷剂将水冷却并冻结。制冰的方法不同,冰的质地也不一样。一般来说,直接法制出的冰较为酥脆,而间接法制出的冰则较为坚实,见表12-2。

表 12-2　　　　　　　　　　　　制冰方式的分类

分类方式	冰的名称	冰的制取特点或形式
按获取方式分类	天然冰	江、河、海水中的天然冰
	人造冰	通过各种人工制冷方式获得的冰
按制冷原理分类	直接蒸发制冷	各类快速制冰方式
	间接蒸发制冷	桶式盐水制冰装置
按制冰速度分类	快速制冰	片冰机、管冰机等
	慢速制冰	桶式盐水制冰装置
按使用对象分类	工、农业制冰	工、农业生产过程用冰,如建筑施工、冶炼等用冰
	商业制冰	餐饮业和冷饮品商店使用
	家庭制冰	家庭小型制冰机
按出冰方式分类	连续制冰	片冰机、结晶冰机等
	间歇制冰	板冰机、管冰机等

第二节　间接冷却制冰

间接冷却制冰法常用盐水(氯化钠或氯化钙溶液)作为载冷剂,把水的热能转移给制冷剂,从而使水结冰。虽然盐水制冰设备占地面积大、耗用金属材料多、维修费用高、需要配置大中型制冷系统和专业建筑、容易腐蚀和对环境不利,但由于制出的冰块坚实不易融化,易于码垛、储存,运输损耗少,所以在目前的国内冷库中使用比较普遍,制冰量较大的冷库或制冰厂,特别是水产冷库,仍多数采用盐水制冰设备制冰。

一、盐水的要求

盐水制冰装置使用的盐水可用食盐($NaCl$)配制,也可采用氯化钙($CaCl_2$)水溶液。前者的最低冻结温度为-21 ℃,后者的最低冻结温度可达-55 ℃。

盐水平均温度直接影响结冰速度和冰的质量。盐水平均温度降低,结冰速度加快,但制出的冰易融化,且要求蒸发温度较低,从而使制冷系数下降,是不经济的;盐水平均温度升高,则不利于盐水与冰桶之间的换热,使结冰速度减慢。一般盐水平均温度取-10 ℃,从而使盐水与冰桶的水在结冰过程中的温差为10 ℃。

盐水平均温度与蒸发温度的温差 Δt 取较大可加快盐水和制冷剂的换热,有利于盐水的降温。但随着 Δt 增大,必将要求更低的蒸发温度,从而导致压缩机单位功耗的增加。因此,蒸发温度与盐水温度之差一般取5 ℃。

要使盐水在制冰池中不断循环,就必须保证它在低温下不会冻结。如果盐水的凝固温度接近蒸发温度,盐水就有冻结的危险;如果盐水的凝固温度过低,则因盐水浓度的增加使搅拌器的功耗增大。因此,一般将盐水凝固温度定为比蒸发温度低 6～8 ℃。

　　盐水的温度和浓度的关系如图 12-1 所示。在图中共晶点的左侧,盐水凝固温度随浓度增大而下降;在共晶点的右侧,凝固温度随浓度的增大而上升。因此可根据确定的凝固温度,由氯化钠、氯化钙溶液特性表查取对应的盐水浓度。

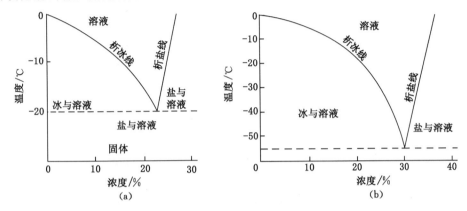

图 12-1　盐水的温度-浓度图
(a) NaCl 溶液;(b) CaCl$_2$ 溶液

　　盐水对金属的腐蚀性与盐水的 pH 值有关,一般带弱碱性为好,即 pH 值在 7～9 之间。如果 pH 值小于 7(显酸性)或大于 9(显强碱性),都会加剧对金属的腐蚀。为使盐水的腐蚀作用减弱,可向盐水中加缓蚀剂。常用的缓蚀剂由氢氧化钠(NaOH)和重铬酸钠(Na$_2$Cr$_2$O$_7$)配制,两者的质量比为 27∶100,即每 100 kg 重铬酸钠加 27 kg 氢氧化钠。盐水的种类和数量不同,加入的防腐剂量也不同,一般规定:1 m^3 的氯化钠水溶液加 0.86 kg 的氢氧化钠和 3.2 kg 的重铬酸钠;1 m^3 氯化钙水溶液加 0.43 kg 的氢氧化钠和 1.6 kg 的重铬酸钠。

　　因此,应根据制冰工艺要求和蒸发器的形式,选择盐的种类和正确地配制盐水的浓度。

二、盐水制冰工艺流程

　　在盐水制冰设备中,制冷剂在蒸发器内吸收制冰池中盐水溶液的热量,使盐水溶液降温并保持在－10℃左右。通过搅拌器的工作将盐水溶液循环于蒸发器与冰桶之间,以加速热量从制冰水传向制冷剂。当冰桶中的水冻结后,用吊车依次将冰桶组吊出制冰池,放进融冰槽融冰和倒冰架上脱冰,并经滑冰道送入冰库储存,或直接在月台、码头等处装走。脱冰后的空冰桶经注水后再放入制冰池中继续生产。因此,盐水制冰成套设备包括了制冷循环部分和制冰设备部分。盐水制冰工艺流程如图 12-2 所示。

三、盐水制冰装置

　　盐水制冰主要设备已有标准成套设备,根据生产能力有日产 3 t、5 t、10 t、15 t、20 t、30 t、60 t、120 t、180 t、240 t 等定型产品。

　　盐水制冰装置如图 12-3 所示,主要包括制冰、融冰、倒冰、运输、注水、起吊等设备。

　　1. 制冰池

　　制冰池用于盛装盐水溶液、蒸发器及制冰桶等。一般由 6～8 mm 厚的普通钢板和型钢焊接而成,为敞口的长方容器,高度为 1～4 m。一般沿池纵向焊有 1～2 块隔板将制冰池分

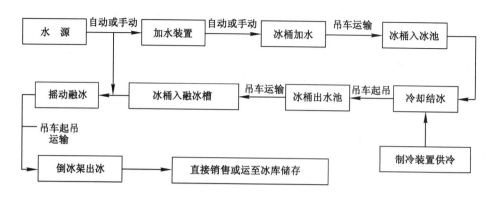

图 12-2　盐水制冰工艺流程图

隔成宽窄不等的几个部分:宽的部分用于放置,窄的部分装置蒸发器。在蒸发器的一端装有盐水搅拌器,另一端有盐水导向板,其敞口面在运行时应加盖木盖板或保温盖板,以减少冷量损失。木盖板用 50~80 mm 厚的双层木板制作,中间夹有防水油毡。制冰池的池壁和池底需敷设一定厚度的隔热层和防潮隔汽层,隔热层的外围应用砖或木板保护。为防止地坪冻结,可在池底设通风管道或做垄墙架空。制冰池的大小应根据日产量和冰桶组合后的尺寸确定。

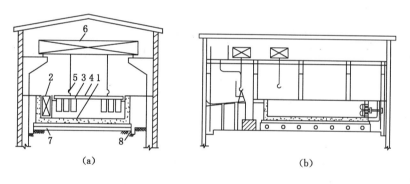

（a）　　　　　　　　　　　　　　（b）

图 12-3　制冰设备在制冰间的布置

（a）制冰间横剖面；(b) 制冰间纵剖面

1——制冰池;2——蒸发器;3——冰桶;4——冰桶架;5——起吊钩;6——吊车;7——通风管;8——排水沟

　　制冰池的一端装有螺旋搅拌器,强制盐水以较快的流速和一定的流向沿冰桶和蒸发器的表面流动,以增加传热效果和使池内盐水保持较均匀的温度。螺旋搅拌器分立式和卧式两种。卧式搅拌器装在池子的端壁处,其电动机和传动装置放在池外,搅拌头放在池内的盐水中。这种搅拌器的最大优点是推动盐水流动时的阻力小,但因其传动轴要穿池壁,存在盐水渗漏和安装检修不便等缺陷而被淘汰,被立式搅拌器取代。立式搅拌器装在池端头的上方,搅拌头朝下伸入盐水中,安装和维修都很方便,但推动盐水流动时的阻力较大。

　　制冰池中盐水循环方式分为横向循环和纵向循环。横向循环具有盐水流程短、温差小等优点,但盐水沿冰桶的短边流过时与冰桶的流动接触面小、冻结速度较为缓馒。纵向循环正好弥补了横向循环的不足,具有接触面积大、热交换强及冻结速度快的特点而被广泛采用。

2. 冰桶

冰桶由 1.5～2.0 mm 厚钢板焊接或铆接而成,为一上大、下小的倒棱台形容器(便于冰块从冰桶上口脱出)。制冰桶按照冰的质量分为 50 kg、100 kg、125 kg 和 135 kg 四种规格。

冰桶制作时应符合以下技术要求:

(1)焊接型冰桶的焊缝应设在短边中线处,铆接型冰桶的铆缝应设在长、短边搭接的中线处。

(2)冰桶的两个宽面应沿中线做一个向内凸起的肋槽。

(3)冰桶内表面应平整和光滑,无划痕、毛刺、锈斑或凹凸不平的现象(肋槽除外),并做好防锈、防腐处理。

(4)冰桶外表面的平面度用直尺做透光检查时,200 mm 长的范围内漏光长度不得超过 1 mm,制作的冰桶应做静置水试压检漏,不得渗漏水。

3. 冰桶架

冰桶架是搁置在制冰池上的钢制框架,用于搁置和提冰,架上设有吊环作提升冰桶时挂钩用。

冰桶架一般用两条扁钢作主体,按冰桶上口的宽度布置,中间用扁钢焊接连在一起,扁钢排列间距与冰桶上口厚度相同以便搁置冰桶,冰桶与冰桶架之间用螺栓和垫铁固定。冰桶架上一般还专设两个可供提冰行车挂钩的销轴,以便整排提冰和加水操作。

4. 蒸发器

蒸发器通常安装在池内的一侧或两侧的隔离槽中。制冰时,池内盛配制好的盐水,盐水中浸泡着装有原料水的冰桶。液态制冷剂在蒸发器内吸热蒸发,将盐水的热量带走,使盐水冷却并维持一定的低温。低温盐水流经冰桶时将桶内的水冷却并最终冻结。

常用的蒸发器有立式、V 形和螺旋形。目前应用最广的是螺旋管蒸发器。螺旋管由制造厂用专用工具弯成。用户单位自制蒸发器可用立管式或 V 形管式。

蒸发器在冰池中有分散式布置(即蒸发器与冰桶相间布置)和集中式布置两种。集中布置主要有以下两种方案:

(1)横向布置

将蒸发器布置在冰池的一端,盐水呈横向流动。其特点是盐水流程短、盐水温度均匀、结冰时间相差不大,但盐水流向平行于冰桶的短边,热交换较差。

(2)纵向布置

蒸发器布置在冰池的一侧、两侧或中央,使盐水呈纵向流动。这种布置使盐水与冰桶长边接触,因而热交换效果好,但盐水循环流程较长、单位时间循环次数少。

布置蒸发器时,应使其顶部淹没在冰池盐水面以下 100 mm,其左右与池壁及隔板间距以 30～40 mm 为宜,以保证蒸发器管间盐水的流速。为了便于放油,蒸发器的放油管应直接从冰池壁下部伸出接到放油桶,尽量避免出现垂直向上的管段。管和壁孔必须采用有效的密封措施。

蒸发器在工作时,若集油过多会影响传热,所以一旦发现集油过多,应及时放油。由于蒸发器的工作温度较低,使积存在其内的油的黏度增大,加之系统内的机械杂质和污垢混入油中,使放油困难。因此,在设计、安装和操作时,应采取一些必要的措施来提高油分离和放油效果。适当增大油管管径、缩短放油管长度、减少油管路上的阀门和弯头、加大放油管的坡度等,都可减小放油时的流动阻力;制作、安装制冷系统时,将管道、阀门和设备清洗干净可减少油垢的形成;更主要的是应采用高效油分离器,可提高油的分离效果。在气液分离器下部设置积垢、积油包都能有效地解决蒸发器积油过多的问题,使蒸发器保持良好的运行状态。

5.滑冰台

滑冰台用钢材或木材制作,也可用砖砌。砖砌的滑冰台的表面应覆盖一定厚度的钢筋混凝土。滑冰台应设置坡度并留出漏水缝,以避免出冰时冰桶内的融化水流入冰库。如果滑冰台距冰库或冰块出口较远,可用滑冰道延伸。

滑冰道是将冰桶中倒卸出来的冰块顺利滑入冰库、码头、月台的专用冰道。它利用冰块的重力,在一定坡度的滑道内输送冰块。滑冰道也应有坡度,为冰块能依靠自重滑行创造条件。滑冰道按输冰要求有平面输送和垂直输送两种形式。平面输送采用直行滑冰道,用于制冰间至冰库、月台等之间的冰块平面输送。垂直输送采用螺旋滑冰道,多用于制冰池建在冰库上方的制冰系统中。冰块靠重力沿螺旋滑冰道从制冰池滑至不同方向、不同标高的冰库中。各种滑冰道的结构尺寸取决于倒卸冰块的数量和大小、距冰库或其他用冰处的距离和滑冰道的形式。滑冰道各段的坡度是不同的,起始段坡度较大,可使冰块加速滑行;中间段坡度小些,使冰块等速滑行;末端坡度较小,使冰块减速滑行,从而避免碰撞损耗。

为减小冰块滑行的阻力,冰台和冰道的表面应采用光滑的材料,如钢材、竹片、瓷片等。在冰道的两侧应设置一定高度的导向护栏,使冰块在滑行时保持平稳,防止碰撞或滑出冰道。滑冰道尽可能采用直道,如条件所限必须采用弯道时,转弯处的弧度宜大不宜小。

6.倒冰架

倒冰架是将融冰后的冰桶翻倒,使块冰滑出冰桶的设备。倒冰架多用槽钢、角钢和钢板制作成形,可旋转一定角度,其两端通过轴承安装在支架上,为了减缓倒冰时的翻转速度和易于复位,在倒冰架的两端还装有平衡锤。当升降机将冰桶从融冰槽移至倒冰架上后,倒冰架带动冰桶旋转,将冰块倒到滑冰台上。倒冰架应靠近融冰池,底面高度既要保证倒冰的倾斜度要求,又要使加水操作方便。

7.搅拌器

盐水制冰设备中的搅拌器有立式和卧式两种。卧式搅拌器由外壳、轴承架、轴、叶轮以及填料压盖等组成,如图12-4所示。搅拌器伸进制冰池内,由安装在制冰池一端上部的电动机通过皮带轮带动工作,因而传动轴与制冰池壁面的密封性要求高,安装、维修麻烦,但卧式搅拌器工作时的阻力较小。立式搅拌器也是成套设备,由叶轮、主轴、电动机等组成,如图12-5所示。

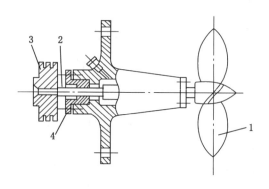

图 12-4　卧式搅拌器

1——叶轮;2——传动轴;3——带轮;4——填料压盖

立式搅拌器的电动机安装在制冰池一端上部,电动机与叶轮通过联轴器连接。工作时,盐水由斗形外壳的上面进入,通过叶轮搅拌从侧面的出水口送出。出水口设置在蒸发器底板下部,使盐水全部通过蒸发器。立式搅拌器不存在传动轴与制冰池壁面的密封问题,维修较方便,但立式搅拌器工作时阻力较大。

8. 融冰槽

融冰槽紧靠在制冰池的出冰端,是用钢板和型钢焊接而成的,或用混凝土浇筑的敞口长方体容器,尺寸应比冰桶架大一些。槽内盛有自来水或特制的 40 ℃温水用于冰块融脱。当冻结好的冰桶被升降机从制冰池移入融冰槽后,由于水温比冰桶温度高,将桶内壁面处的冰融化,使冰和冰桶脱开。通常在池中设摇摆架,以加快冰块脱模。池底部设有加水管和池上部设有泄水口,以便补充温水和排除冰水。

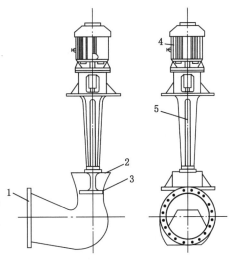

图 12-5　立式搅拌器
1——出水口;2——进水口;3——叶轮;
4——电动机;5——传动轴

制冰池、融冰槽焊好后,必须静置水试压检漏,表面不得渗漏水,并做好防锈、防腐处理。

9. 加水器

加水器是为冰桶注入原料水的装置,由钢制水箱和上水、注水、溢流和排污管路系统组成。水箱内按每组冰桶数分隔为容积相同的存水格,每格的容水量为单个冰桶容积的90%。为了保证注水器内存水容量的正确性,可以在注水器水格内装配液位控制设备,如温水管、水位控制器等。水箱的注水和向冰桶的加水有手动和自动两种方式。加水器向冰桶加水一般通过水格下的出水胶管,由手动摇杆操作。

在向冰桶注水时,只能注入冰桶容积 90% 的水量,不得超量。这是因为水冻结成冰后体积膨胀,而且注水易使冰桶内的水在冻结时向外溢出,流入冰池引起盐水浓度变化。

10. 吊车

吊车结构类似于行车结构,其机身可水平前、后移动,吊钩上、下移动,用于冰桶出冰、加水、入池时的吊运。常用的吊车有单梁和双梁桥式,前一种用于每次吊冰块数较少的场合,后一种用于每次吊冰块数较多的场合。吊车又可分为单钩、双钩,成排冰桶起吊时,应采用双钩使之稳定。吊钩的位置应正对着冰桶架上的两个起吊环。吊车的运行由操作人员手持开关盒控制。

提放冰桶时的操作应缓慢平稳,尽量避免急上急下和急行急停,以防冰桶摇晃将水溢出或将池内盐水溅起,以及引起冰桶脱架或冰桶架脱钩坠落。

盐水制冰装置通常安装在专门的制冰间内。设计和安装盐水制冰装置时,应留出适当的操作、检查和维修通道。制冰间的地面应排水顺畅。如果制冰间的面积较小,为了扩大冰池的利用面积和制冰能力,可采用无蒸发器的制冰池和盐水泵循环系统,将盐水冷却器装在机房或邻近制冰间的建筑物内。盐水循环管道应做好隔热保温,以减少冷量损失。

在使用盐水制冰装置时,盐水温度应控制好,过低易使冰块爆裂,过高会延缓冻结时间。

同样,在融冰时也应注意调整水温、适当降低融冰水的温度,有利于防止冰块爆裂,或者在融冰前让冰桶先在空气中停放一段时间,待桶内冰块表面与中心温度相平衡并适当升温后再放入融冰槽。爆裂使冰块损耗加大,爆裂后的冰块也不便堆放。

冻结过程中,如冰桶中的水不加任何搅动,则冻结形成的是不透明的白冰。如欲生产透明冰,可用小管伸进冰桶底部并连续地通入压缩空气,压缩气流在水中产生搅动足以清除掉冻结表面的小气泡。在水尚未全部冻结时,将中心部分杂质相对集中的未冻结水抽出,另外注入处理过的清水,冻结后便可得到透明冰。

由于空气中的水蒸气会溶于盐水中,以及在制冰操作中难免将冰桶或融冰槽中的水带入制冰池,使盐水的浓度下降和凝固点升高。这时,蒸发器表面就可能会出现结霜现象,使传热阻增大,不仅影响制冷系统的正常运行,而且还影响到冰的冻结速度和产冰量。因此,在制冰过程中要勤于检查盐水的浓度,发现浓度下降应及时补充盐,以保持其原定的浓度。

四、盐水制冰的有关计算

1. 冰块冻结时间计算

冰块冻结时间与盐水平均温度、冰块大小有关,可按式(12-1)计算。

$$t = -A\delta(\delta + B)/t_p \tag{12-1}$$

式中　t——水在冰桶中的冻结时间,h;

　　　δ——冰块上端厚度,m,见表 12-3;

　　　t_p——制冰池内盐水的平均温度(℃),一般情况下取 -10 ℃;

　　　A、B——系数,与冰块横断面长边和短边之比有关,见表 12-4。

表 12-3　　　　　三种冰块质量相对应的冰桶规格

冰块质量 /kg	冰桶内部尺寸/mm		
	上部	下部	高
50	400×200	375×175	985
100	500×250	475×225	1 180
125	550×275	525×250	1 190

表 12-4　　　　　系数 A、B 值

冰块横断面的长、短边之比	0	1.5	2	2.5
A	3 120	4 060	4 540	4 830
B	0.036	0.030	0.026	0.024

2. 冰桶数量

冰桶数量可按式(12-2)计算,并结合冰桶排数和每排冰桶的个数确定。

$$n = \frac{G_m(\tau + \tau_g) \times 1\,000}{24m} \tag{12-2}$$

式中　n——冰桶的个数,只;

　　　G_m——24 h 冰的生产能力,t;

　　　m——每块冰的质量,kg;

　　　τ——水在冰桶中冻结的时间,h;

τ_g——由制冰池提冰、脱冰、加水,再放入制冰池这些操作所需的时间,一般可取 0.1~0.15 h。

3. 盐水制冰负荷的计算

盐水制冰热量包括下列五项:

(1) 制冰池传热量

$$Q_1 = K(1 - t_p)\sum F \tag{12-3}$$

式中　Q_1——制冰池传热量,W;

　　　$\sum F$——制冰池底、壁、顶的面积之和,m²;

　　　K——制冰池的传热系数[W/(m²·K)],取 0.58;

　　　t——制冰间空气温度(℃),一般取 15~20 ℃;

　　　t_p——盐水平均温度,℃。

(2) 水冷却和冻结的热量

$$Q_2 = 1\,000G[c_1(t_s - 0) + L + c_2(0 - t_p)] \times 0.277\,8/24 \tag{12-4}$$

式中　Q_2——水冷却和冻结的热量,W;

　　　G——制冰池生产能力,t/h;

　　　c_1——水的比热容[kJ/(kg·K)],取 4.18 kJ/(kg·K);

　　　t_s——制冷用水的温度,℃;

　　　L——水的潜热(kJ/kg),可取取 334.9 kJ/kg;

　　　c_2——冰的比热容[kJ/(kg·K)],取 2.093 kJ/(kg·K);

　　　t_p——冰的终温(℃),一般比盐水温度高 2 ℃。

(3) 冰桶的热量

$$Q_3 = 1\,000Gg_d(t_s - t_p)c \times 0.277\,8/24g \tag{12-5}$$

式中　Q_3——冰桶的热量,W;

　　　G——制冰池生产能力,t/h;

　　　g_d——每个冰桶的质量,kg;

　　　t_s——原料水温度,℃;

　　　t_p——盐水平均温度,℃;

　　　c——钢的比热容,kJ/(kg·K);

　　　g——每块冰的质量,kg。

(4) 盐水搅拌器热量

$$Q_4 = 1\,000P \tag{12-6}$$

式中　Q_4——盐水搅拌器热量,W;

　　　P——搅拌器功率,W。

(5) 融冰的热量

$$Q_5 = 917F_b\delta Q_2/g \tag{12-7}$$

式中　Q_5——融冰的热量,W;

　　　F_b——每块冰的表面积,m²;

　　　δ——冰块融化层厚度(m),一般取 0.002 m;

Q_2——水冷却和冻结的热量,W;

g——每块冰的质量,kg。

盐水制冰冷负荷应与以上五项热量的总和相平衡,同时考虑冷桥及其他热量损失等因素,应留 15% 的余量,其计算公式为:

$$\sum Q = (Q_1 + Q_2 + Q_3 + Q_4 + Q_5) \times (1 + 15\%) \tag{12-8}$$

4. 盐水制冰蒸发器面积计算

盐水制冰蒸发器常用立管式、V 形管式和螺旋管式三种。蒸发器面积按式(12-9)计算。

$$F = Q/(K\Delta t_m) = Q/q_F \tag{12-9}$$

式中　F——蒸发器面积,m²;

　　　Q——蒸发器负荷,W;

　　　K——蒸发器传热系数,W/(m² · K);

　　　Δt_m——制冷剂与盐水之间的对数平均温差(℃),取 4~6 ℃;

　　　q_F——蒸发器单位面积负荷,W/m²。

5. 盐水搅拌器流量

盐水搅拌器流量可按式(12-10)计算:

$$q_v = w_r f \tag{12-10}$$

式中　q_v——盐水搅拌器流量,m³/s;

　　　w_r——盐水流速,蒸发器管间不小于 0.7 m/s,冰桶之间取 0.5 m/s;

　　　f——蒸发器部分或冰桶之间盐水流经的净断面积,m²。

注意:计算流量时或者按蒸发器部分的盐水流速和盐水流经净断面算,或者按冰桶部位计算,二者不能混算。

盐水制冰装置的应用已有近百年的历史。由于该装置具有制作简单、操作简便和制冰能力可大可小等优点,至今仍是一种主要的制冰设备。其不足之处是占地面积大、金属和盐的耗费量大,以及盐水对金属的腐蚀性。

五、提高制冰效率的讨论

(1)适当增加蒸发器换热面积

在以往理论计算中每日每吨冰配蒸发面积 2 m²,但由于盐水流速受各种因素的制约,往往达不到设计要求,所以应根据实际情况,增加到 3 m² 为宜,对特别炎热的地区,也可考虑为 4 m²。在设计对比中发现,虽初投资增加了少许,但使用效果显著提高,很快就可以收回增加的投入。

(2)做好冰池和低温设备与管道的隔热层

早期隔热层一般采用稻壳、玻璃纤维或软木,施工麻烦且质量得不到保证。目前多使用已成型的聚苯乙烯或现喷的聚氨酯进行保温,施工较方便且质量有保证。但是隔热层厚度推荐使用比所计算的防结露稍厚点的"经济厚度"较好,有利于日后长期运转的节能。

(3)原料水预冷

原料水预冷也是既能提高制冰效率又可以减少电耗的有效措施。如果制冰间空间有限,又可把预冷水池放在地下或吊在不影响吊车运行的制冰间空间,从经济角度考虑还是合算的,但需注意与土建专业配合好。

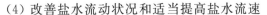

（4）改善盐水流动状况和适当提高盐水流速

制冰池每座设计 15 t/d 以上时，就应考虑采用 2 台搅拌器。设有导流体的搅拌器出水效果较好，另外还要注意蒸发器的摆放位置。冰池宽度较大时，在长度两端增设进出水调节门，投产前调好固定，尽量使盐水流经冰桶间的流速均衡。

（5）其他

降低盐水温度虽能缩短冰的冻结时间，但冰块易碎，且耗电高。当盐水温度低于 −16 ℃ 时，还应改用氯化钙盐水，从而加大了运行成本。所以氯化钠盐水温度保持在 （−10±2）℃ 还是理想的。空心冰的问题从产品质量上来说虽然不推荐，但在用冰高峰期实际上是普遍存在的。另外，要求操作工人做到"三勤"，也是提高制冰能力和降低电耗、提高经济效益的有效措施。

第三节　直接冷却制冰

直接冷却制冰为快速制冰，利用制冷剂直接在管道内或设备内蒸发使得管道或设备外的水冻结成冰，是制冰的发展方向。直接冷却制冰与盐水制冰相比，具有冻结快、设备小巧、占地小、投资少、无腐蚀、成套性强等优点，但是制出的冰较脆、冰块表面积大而容易融化，故目前只用于小型冷库食品加工厂或渔船上。

快速制冰设备主要有以下几种：桶式快速制冰机、管冰机、板冰机、片冰机等，以及其他形式的快速制冰机。

一、桶式快速制冰

1. 原理

桶式快速制冰采用指形蒸发器和冰桶组成的直接蒸发式冰桶，氨液在冰桶夹层和指形蒸发器内同时蒸发，直接吸收冰桶内水的热量，使冰桶内壁和指形蒸发管同时结冰，从而大大加速了冻结过程，达到快速制冰的目的。图 12-6 为 AJB-15/24 型快速制冰系统原理图。

2. 制冰工艺流程

（1）预冷水过程

当水箱充满一组冰桶所需要的水时，经装在水箱中的蒸发器吸热降温，使水降温至 6～10 ℃ 即可加入冰桶。

（2）冰桶加水过程

向冰桶加水以前，必须使冰桶底的弹簧活动底盖密封。因此，首先向冰桶中加少量的水使冰桶壁和底盖润湿，同时将多路阀转到"制冰"位置，使氨液进入桶壁夹层蒸发吸热，使桶壁和底盖的润湿水都冻结而起密封桶底的作用，然后徐徐将水加入冰桶。

（3）制冰过程

氨液连续不断由氨泵经多路阀送入冰桶夹层，经夹层顶部进入指形蒸发器顶部集氨器上夹层，再进入指形蒸发器内套管并转入内、外套管之间的夹层，然后上升至集氨器的下夹层，由回气管经多路阀进入氨液分离器。在此过程中，氨液逐渐蒸发吸热，冰桶内壁和"指形"或"管形"蒸发器外壁同时结冰并向周围发展，直到全部冻透结成冰块，大约需时 90～100 min。

（4）脱冰过程

当冰块结成以后，即可将多路阀转向"脱冰"位置，此时氨泵供液通路切断，热氨通路接

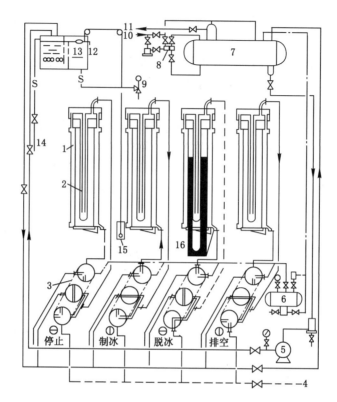

图 12-6　AJB-15/24 桶式快速制冰机原理图

1——冰桶;2——指形蒸发器;3——多路阀;4——热氨管;5——氨泵;6——排液桶;

7——低压循环桶;8——浮球阀;9——拉线给水阀;10——供液管;11——吸入管;

12——溢流阀;13——预冷器水箱;14——上水管;15——水位计;16——冰块

通,热氨经多路阀由冰桶组的回气管进入冰桶组,最后从冰桶组的进液管经多路阀将氨液排至排液桶。在此过程中,"指形"或"管形"蒸发器的外壁和冰桶内壁的冰层融化裂开,冰块借自重推开弹簧底盖落在托冰小车上。

（5）运冰过程

托冰小车载着一组冰桶脱细的 4 块冰,借运冰装置驱动将冰块运向翻冰架,冰块经滑道进入储冰间。

国产 AJB-15/24 桶式快速制冰机的产冰能力为 15 t/d,其产冰速度约每 110 min 循环出冰一次(24 h 内出冰 13 次),共 15 t 冰块的尺寸:上部断面 172 mm×268 mm,下部断面198 mm×288 mm,长 1 180 mm,内有 11 孔,重 50 kg/块。其生产条件:氨蒸发温度−16～−15 ℃;给水温度 25 ℃;预冷后水温 6～10 ℃;制冷量 8.7～10.5 kW;冰块温度−11 ℃。

桶式快速制冰优点为结冰速度快（每个生产周期约 2.5 h）、冰温较低（约−11～−10 ℃）、耗钢材少、占地面积小;缺点为冰块内存在许多细小气泡,冰块密度较小,质地较脆,容易融化,在储存、堆放和搬运时的损耗和使用效果都不如盐水间接冷却制造的冰块。

二、管冰机

1937 年,美国首先制造管冰,现在已经有很大的发展。管冰是在高约 4 m 的立式管壳式蒸发器中的冷却管内表面淋水,然后水沿着冷却管内表面结成空心管状冰,在脱冰过程中用切冰刀切割成高约 50 mm 左右的管状冰柱,叫作管冰。生产空心管冰的制冰设备称为管冰机,又称粒冰机。管冰的规格一般为:外径 30～50 mm,高 25～50 mm,壁厚 5～20 mm。制冷剂一般采用 R717 或 R22。

管冰机是一种间歇式制冰装置,由立式管壳满液式蒸发器、制冷系统、高温气体排液脱冰系统、给水循环系统及管冰切割机等部件构成,如图 12-7 所示。

管冰机的主体是一个立式管壳式的蒸发器,制冷剂在管外汽化吸热、水在管内放热结冰。蒸发器的形状与立式冷凝器相似,有一直立的圆筒形钢制外壳、两端有封板、封板之间焊有多根通径为 50 mm 的无缝钢管(即制冰管)。制冷剂在制冰圆筒内管壁之间蒸发吸热,制冰水从上部经

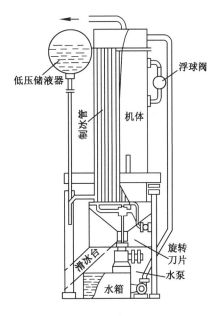

图 12-7 管冰机结构示意图

分流器沿管子内壁呈薄膜状往下流动,受管壁外面的制冷剂冷却而冻结成冰。开始时为冰壳,经不断制冷,冰壳层逐渐加厚成为冰管,如果继续结冰就成为冰柱。冰层达到需要的厚度时,停止供水,从而蒸发器停止供液,然后通入热氨气将蒸发器内氨液排入低压储液器,并开始用热氨脱冰,使管壁外的冰层融化,冰管脱离管壁后由于自重住下降落,此时在制冰机下部的旋转刀片作用下,往下落的冰管被切成一定长度的小冰管,通过滑冰台排出制冰机外。冰管全部下落后,将氨液从低压储液器压回蒸发器,对蒸发器重新供液,从而使蒸发器重新开始制冰。

管冰机的制冰过程是自动控制的,通过时间继电器和压力控制器来控制电机、电磁阀和水泵的动作而完成整个制冰过程。蒸发器内的供液与排液内浮球网和低压储液器等装置自动调节,制冰用水由水泵不断循环供给。制冰机蒸发器的高度为 3～4 m,生产的管冰外径 5 mm,壁厚 10～15 mm,长 50～80 mm。管冰的冻结时间约为 15 min,排液和脱冰时间约为 10 min。

由于管冰机的换热面积大,故所生产管冰的单位耗电量较其他制冰方式低。管冰机的每吨冰耗电量最低仅 37 kW·h。同时,管冰储藏温度在 −4～−2 ℃,较片冰、颗粒冰所需的低温储藏生产成本低。

管冰具有圆柱形表面,所以不易相互黏结在一起,运输和使用都很方便。而且可以堆高至 6～7 m 进行储藏,可节省冷库面积。管冰的厚度随结冰时间的加长而增厚。冰的厚度太大,结冰管可能出现冰塞、冻裂的情况;冰的厚度太小,会使融冰过程恶化。当管冰外径为 50 mm 时,推荐管冰厚度在 10～15 mm 之间。

管冰机结构紧凑、占地面积少、生产成本低、制冷效率高、节能效果好、安装周期短、操作方便。每一套管冰机可以由 1 个或多个制冰器组成,通过不同的制冰器规格和不同的制冰器组合可以得到各种产冰能力的设备。

三、片冰机

早在 1877 年,美国人丹尼尔·霍尔完成了制作薄片冰的制冰机,并把制造出来的薄片冰集中起来用压榨机将其压成 100 kg 重的冰块。

片冰机是连续式快速制冰装置,其形式繁多。按照制冰部位、刮刀和圆筒相对运动方式的不同,分为四种类型:圆筒外壁面制冰、刮刀旋转而圆筒固定不转型,圆筒外壁面制冰、刮刀固定不转而圆筒旋转型,圆筒内壁面制冰、刮刀旋转而圆筒固定不转型,圆筒内壁面制冰、刮刀固定不转而圆筒旋转型。

片冰机有立式和卧式两个系列。小型片冰机以卧式为主,大中型片冰机以立式为主。卧式机比立式机的单位耗冷量小。

立式片冰机的工作原理及结构如图 12-8 所示。低温低压制冷剂液体从结冰圆筒空心轴内部的进液管进入圆筒夹层,制冷剂在蒸发器中吸热汽化使外界的水得到冷却,低压蒸汽由空心轴的夹层回气至压缩机。如此不断地循环并产生连续的制冷效应。喷淋在转筒外壁的水被冻结成 2~4 mm 厚的薄冰层,多余的水流落水箱继续供循环使用。随着圆筒的旋转,冰层被冰刀轧碎落入储冰槽,再送入压冰机压制成形。片冰机的结构主要由结冰筒体、轧冰刀、传动机构、输水装置、配套部件和压冰机组成。

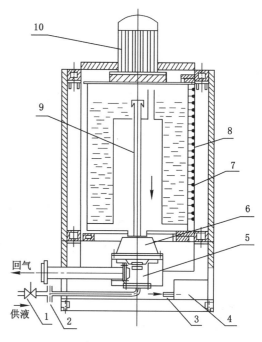

图 12-8 立式片冰机的结构

1——供液电磁阀;2——节流阀;3——供水管;4——水箱;
5——密封箱;6——轴承座;7——轧冰刀;8——结冰圆筒;
9——供液中心轴;10——电动机及减速器

1. 结冰筒体

结冰筒体是冰机的主要部件,起着蒸发器的功能,将其外部的水冻结成冰。采用双筒立式布置,立式旋转的结冰圆筒为一个夹套形结构,两端用不锈钢板封牢,由筒中心的空心轴支承,从而形成一个密闭的整体。圆筒的转动通过筒顶的球形滚珠轴承来带动,下面部分的轴向推力是通过一个槽形的滚珠轴承来缓冲,润滑油从油杯流下进行润滑。

2. 轧冰刀

转筒外表面上的冰层通过固定在机身前缘夹持器的一排轧冰刀将之刮落,因转筒并非完全是圆形,因此调节冰刀时应该旋转筒体,直至筒体外壁的最高点距离刀刃的间隙为 0.1 mm 为止,并使轴心与转筒轴平行。

3. 传动机构

传动机构是由双涡轮电动机带动减速器,减速器带动结冰圆筒旋转。减速器依据行星齿轮传动原理分两级输出结构,每一级内齿轮齿数差为 2,故称为双级双齿差减速器。

4. 水系统

水系统由供水管、下水管、水泵和水箱组成,制冰水由水泵输入淋水管至喷嘴,直接喷洒于圆筒外表面。若用软水或硬度较高的水(Ca^{2+}含量多时)制冰时,结出的冰会有较多的裂隙并且对转筒黏附很紧,从而刮冰刀不易将冰刮离筒表面并且刮落的冰也较细碎,为消除这种不利影响,必须在冷冻水中加入少量的盐。这就涉及一个盐定量装置:盛放盐水的混合槽与输水定量泵用软管相连并使混合槽高于定量泵,使之与冰机同时运行。水中加入盐量0～500 g/t,一般取 200 g/t,具体数量视水质而定。

5. 配套部件

配套部件主要是指制冷压缩机、冷凝器和低压储液器与辅助设备。

6. 压冰机

因片冰较为松散,所占空间大,而且融冰块不易储藏、运输,因此可根据需要选择压冰机。压冰机是个独立的设备,包括带液压油缸的冰块压缩室和一个完整的液压系统。当冰从筒表被刮落储冰槽,由螺旋进料传输带进入压实机的入口漏斗,再送入冰块压缩室进行压实成块,方便堆放、搬运和储存。

国产片冰机采用氨为制冷剂,由氨泵强制供液。进口的大多采用氟利昂制冷剂。但由于氟利昂在油中的溶解度较大(R13、R14 除外),当压缩机启动时,曲轴箱内的压力降至蒸发压力时,油中的氟利昂大量蒸发出来使油起泡,从而影响油泵的工作。所以较大容量的氟利昂制冷机在启动前,需启动曲轴箱内的电加热器 10～20 min。当停机时间较长时,为减少制冷剂的泄漏以防患事故,停机时将液体制冷剂抽回低压储液桶。具体操作是:逐级对压缩机卸载直至停机,关掉对转筒的供液,保证继续供水到结不出冰为止;关掉供水和转桶运转,此时大部分液体已回到储液桶中,然后关闭储液桶的所有进、出液阀门。其他设备按正常停机操作。

四、板冰机

板冰是指在冷却平板表面淋水而结成厚 15 mm 左右的平板状冰层,然后对平板加热而脱冰,使之形成 40 mm×40 mm 左右的碎冰块。

板冰机是间歇性工作的制冰机,其工作原理和上述制冰机类同,不同之处是其制冰器由一组平板式的换热器组成。板冰机有陆用和船用之分:陆用为淡水制冰,制冰水温为 18 ℃,设备冷凝温度和蒸发温度分别为 35 ℃和－18 ℃;船用为海水制冰,制冰水温为 20 ℃,设备冷凝温度和蒸发温度分别为 30 ℃和－23 ℃。

板冰机的构造形式有垂直平板双面淋水和倾斜平板单面淋水两种。平板中工质通路又分为只有制冷剂通路和制冷剂通路与热盐水通路交替排列两种。前者是用热制冷剂蒸汽脱冰,后者是用盐水脱冰。板冰机工作周期为 30 min,其中制冰时间为 20～25 min。板冰厚度可在 5～25 mm 之间调整,每吨冰耗冷量为 8.7 kW。

板冰机由冷却平板、制冷系统、淋水系统、脱冰系统和自动控制系统等组成,如图 12-9 所示。下面介绍冷却平板垂直放置双面淋水式板冰机的制冰过程。

启动制冷系统,制冷剂通过电磁阀、热力膨胀阀进入平板内吸热蒸发,使平板表面冷却。打开循环水泵,通过平板两侧多孔淋水管向冷却平板表面淋水,水沿平板表面流下结冰。未结冰的水落到平板下方的坡槽流回存水池。存水池由浮球阀控制水位。当结冰过程结束,淋水停止,使板冰层过冷,同时,受水槽等处流尽流水,平板内液体制冷剂多数汽化。这时,将高压气体管接通,高温制冷剂气体进入冷却平板,平板与冰层界面温度升至0℃以上,板冰在接近18℃的温差作用下迅速爆裂成小板冰块并脱落至受冰坡槽,然后滑过出冰槽,经过出冰口离开板冰机,从而完成一个制冰过程。接着再重新开启制冷剂、预冷冷却平板、启动循环水泵,进行板面淋水制冰,如此周而复始地进行板冰生产。这种脱冰方式必须保证供给足够数量的一定温度的气体,所以最好是多台板冰机并联工作,或借助高压储液器蓄能脱冰。

根据原料水的不同,板冰可分为海水冰和淡水冰。海水冰随其含盐量的增加,冰的融化温度降低,用其冷却、保鲜可取得较快的冷却速度、较好的鲜度和色泽效果,但其融化点却小于熔点为0℃的淡水冰。海水冰制冷系统蒸发温度低,所以机器制冷能力下降、单位制冷量电耗增加。

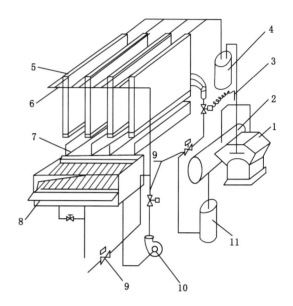

图 12-9 立式板冰机示意图
1——压缩机;2——冷凝器;3——热力膨胀阀;
4——气液分离器;5——冷却平板;6——淋水管;
7——水槽;8——存水池;9——电磁阀;
10——水泵;11——储液器

板冰机是间歇性工作的制冰机,其运转程序所需时间可根据原料水种类、温度、冰厚等参数调整设定,实现全自动控制。

板冰机在应用中应注意以下几点:

(1)室外安装时要避免风吹淋水而破坏均匀结冰。

(2)确保冷却平板内不积油。

(3)确保脱水供热量、保持高温脱冰,使板冰层爆裂迅速、均匀和减少板冰温升。

(4)需配备冰库在过冷状态下储冰。

管冰、壳冰、片冰和板冰设备除了机电一体化的制冰机之外,往往还配套储冰系统。储冰系统中,制冰机生产的冰直接进入冰库中可配置冰耙系统,通过称重、螺旋输送或气力输送系统把设定需要量的冰直接送至用冰点这一系列的过程完全是由 PLC 或电脑控制自动完成。

五、壳冰机

壳冰的性状介于管冰与片冰之间,它是在直径大于 100 mm 的直立管子表面所冻结形成的一定厚度的冰,脱冰时靠重力作用滑落而形成的,壳冰的厚度一般为 3～19 mm。壳冰机所制的冰是弧形的壳状。

壳冰机也是一种间歇式制冰装置,其工作原理和管冰机基本相同,但没有切冰器,蒸发器是双层的不锈钢蒸发管,制冰器由多个双层圆锥管组成。设备中所有与水接触的塑料和金属部件均符合食品卫生要求并易于清洗。设备还以 5 t/24 h 的制冰器为单元,采用模块式结构,组成产品系列;以 20 t/24 h 制冰量为界,小于或等于该制冰量的设备为整体式制冰机,现场连接电源和水路即可投入使用;大于 20 t/24 h 制冰量的设备为分体式制冰机,制冷管道和水电均需现场连接、安装。

壳冰机由压缩机、冷凝器、储液器、气液分离器、制冰器及连接管路、控制阀门和电控系统组成,整机组装可在制造厂完成。制冰器由多个双层圆锥管组成,下部设有水箱、水泵和出冰槽。壳冰机制冰时制冰水自动进入一个储水槽,然后经流量控制阀将水通过水泵送至分流头。在分流头处水喷淋到双层的不锈钢蒸发管壁上,像水帘一样流过蒸发管的内、外管壁,水被冷却至冰点,而没有被蒸发冻结的水则通过多孔槽流入储水槽重新开始循环工作。当冰达到所要求的厚度(厚度可任选),将压缩机排出的热气重新引回蒸发管夹壁内取代低温液体制冷剂。一层水薄膜在冰和蒸发管壁之间形成,可以使用机器将冰排出。

壳冰机的特点主要有以下几个方面:

(1)双层圆锥管结构使制冰效率提高,并且更有利于融冰和出冰。制冰器的模块式结构可根据今后用冰量的增加,方便而又非常经济地加以扩充。

(2)融冰时间长短由压力控制器来控制,而不是由时间继电器控制,从而使融冰过程与制冰过程紧密地衔接起来,即融冰过程刚结束,当制冰器内的压力降到压力控制器设定值时,即开始新一轮的制冰过程。这种控制方式可提高产量、降低每吨冰的耗电量。

(3)操作方便、控制先进,但价格较高。管冰机成本较低,但结构原理复杂;片冰机的结构简单,应用广泛,但其制冰器在加工方面要求精度高,且冰片较薄、储藏温度要求低;壳冰机兼有管冰机和片冰机的优点,且控制简单,但双层圆锥管需要进口,造价较高。

片冰、板冰和管冰生产装置均采用淋水直接制冰,且冰层较细,因而冰的质地透明坚实。由于制成品体积小,相对于块冰来说融化较快,一般是现用现制,不作储存。

六、冰晶冰制冰机

冰晶在水产业、食品加工业、宾馆、饭店、医疗以及冰蓄冷空调等行业均有广泛的应用。冰晶可用泵直接进行输送,与保鲜物体的接触面积可以达到 100%,对保鲜物体无任何不良影响,因此保鲜效果佳、使用非常方便。

冰晶冰制冰机是一种连续式的海水(或盐水)制冰装置,和其他制冰装置的主要区别是:其制冰器为一个卧式管壳式蒸发器,海水在蒸发器内流动受制冷剂直接蒸发制冷。在流动的海水中形成细小的冰晶,一定直径的冰晶被滤出后可用水泵输送到用冰点。这种制冰装置大都为船用或在海边所用,不需淡水,当地的海水就可用来制冰,应用十分方便,尤其是渔船,可避免靠岸加冰的麻烦,因此其捕鱼周期也可不受加冰量的限制。该类产品国内尚处于开发阶段。

真空制取冰浆的装置如图 12-10 所示,包括真空雾化腔室、供水系统和抽真空系统。真空式制冰机将水雾化喷入真空绝热腔室,在水滴表面形成的水蒸气被连续地抽出。水蒸气从水滴中吸收蒸发潜热,从而使水滴温度平稳地下降,直至水滴形成冰晶。冰浆的 IPF 可通过改变真空腔室的真空度和喷嘴的数目实现。雾化喷嘴平均直径为 $50~\mu\mathrm{m}$,喷射角为 $60°$,在喷射压力为 810 kPa 下的喷射流量为 $2\sim10$ L/h。真空腔室高 1.33 m,以致水滴在腔室内停留的时间不超过 0.002 s。制冰所用的水为含 7%乙烯的乙二醇水溶液。

随着技术的不断发展,制冰机呈现如下的发展趋势:

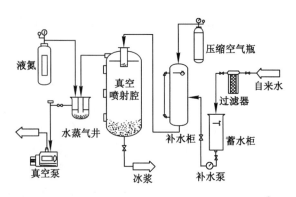

图 12-10　真空式制冰机

（1）提高成冰速率、缩短成冰时间。

（2）从制冰到脱冰实现全过程自动化控制，提高运行效率、节约人力资源。

（3）增加报警、保护装置，保证制冰机运行稳定、可靠，比如对水箱内水位、冷凝温度的高低、制冷剂不足、水泵的运行状况等的监控。

（4）通过强化传热手段提高制冷效率。

（5）注重节能，如对制冰用水实行预冷、对未冻结的制冰用水进行循环、利用热气脱冰等。

（6）采用新型材料减轻制冰机重量，减小制冰机体积，使得制冰机移动方便，不占空间。

第四节　冰 的 储 藏

一、人造冰的储藏

任何种类和形状的人造冰都是在低温条件下生产出来的。当存放人造冰的环境温度高于冰的熔点时，冰就要融化。在一定的温度范围内，冰的融化速率与环境温度成正比。在人类的生存环境中，大多数地区和一年中的多数季节，气温都是在 0 ℃以上，因此依靠自然环境储存人造冰是较为因难的，人造冰必须在低温环境中储藏。

人造冰的应用旺季是气温炎热的夏季，而此时恰恰是人造冰生产成本最高的季节。但在人造冰的应用淡季，尤其是冬季，相对来说生产成本较低。因此，在淡季多生产一些人造冰储藏起来供旺季使用是较为有利的。即使是那些一年四季气温偏高的地区，由于人造冰的产销很难做到平衡，往往出现产大于销或供不应求的现象，也需要有一定的储存手段来调节冰的供求矛盾。因此，冰的储存也是必要的。

用于储存冰的场所称为冰库。和食用冷藏库一样，冰库也是一种特殊的低温建筑物，其围护结构同样要求隔热保温和防潮隔汽。冰库一般要求紧靠制冰间，以便于生产出来的冰能及时入库，减少冰的融化损失。通常冰库与制冰间仅一墙之隔，在隔墙的适当位置开一个带保温门的洞口，沿冰道的终点正好与洞口对齐。这样从冰桶脱出的块冰可以直接由沿冰道送入冰库。如条件所限，冰库不能与制冰间相连，则只能用专门的运输机具将冰送入库内。

冰库的温度应不高于冰的熔点，以保证储存的冰不融化。库温的确定和控制与制冰方法、冰的种类、冰的形状大小有关。盐水制冰因冻结时间长、冰的质地比较坚实,库温要求控制在−6～−4 ℃即可;而快速制冰因冻结速度快、冰的质地较为松脆,库温相应低一些,一般要求在−10 ℃左右。淡水冰的熔点高,库温可相应高一些,海水冰的熔点低,库温应相应低一点为好。当然,冰库温度控制得越低对冰的储存更为有利,但过低的库温要增大电能的消耗,使储藏成本增加因而没有必要。

冰库的储量应根据制冰能力、冰的销量以及储存期的长短等因素确定。一般来说,制冰能力大、储存期要求长,其配套冰库容量应大一些;反之,冰库容量可小一些。

冰库的高度与冰块的堆码作业方式有关,如采用人工堆码作业,其空间高度应低一些;采用机械堆码,冰库可建高一些。冰库内的冷却设备一般采用顶排管,尽量少用墙排管,迫不得已采用墙排管时,其安装高度宜在冰垛高度以上,以防冰垛倒塌时砸坏排管。顶排管通常用光管制作,不用翅片管,这是由于排管结霜后不能用热工质融霜,只能用人工扫霜。热工质融霜时,霜层融化为水滴在冰垛上使冰块之间相互冻结在一起,给出冰造成困难。只有当冰库内的冰全部出完后,才允许用热工质融霜。另外,光滑管扫霜效果好且对排管无损坏;而翅片管扫霜困难且效果差,如操作不慎还会损坏翅片。

在冰的储存中,应注意以下几点:

(1)生产出的冰块及时送入冰库,尽量缩短在常温中的滞留时间以减少融化损失。

(2)在冰的运输、堆垛、装卸过程中,不能剧烈撞击冰块以减少不必要的破碎损失。

(3)由于冰块的温度低且表面光滑,人工作业十分不方便,应尽量使用机械作业以减少冰的损失和防止发生伤亡事故。

(4)为防止冰块堆垛或出冰时冰垛倒塌砸坏冰库的墙体,可在内墙面设置钢、木护栅,其高度与冰垛高度相同,有条件时应采用钢、木制成的盛冰筐、箱堆放,可保持堆垛时的稳定性和防止冰垛倒塌。

(5)储存中应保持库温的相对稳定,不得有较大的波动。库温波动较大易使冰块表面融冻加剧而使冰块相互冻结,给出冰造成麻烦。当不同形状或种类的冰混放在同一储冰间时,应以熔点低的冰的储存要求控制好储冰间温度。

二、储冰间容量的确定

储冰间容量是根据储冰量计量确定的,储冰量则根据冰的生产和使用情况而定,通常分长期储冰和短期储冰两种情况。短期储存一般存放为2～3天或一星期的产冰量,长期储存一般为15～20天产冰量,根据具体情况有时也储存30～40天的产冰量。片冰、板冰、管冰等是直接蒸发冷却制冰,基本上是随时制冰随时使用,不作长期储存。设计时,要根据具体情况进行确定。

三、储冰间设计

1. 储冰间的温度

储冰间的温度可根据冰的种类和制冰原料水的不同而确定。一般盐水间接冷却所制的淡水冰块,设计室温为−4 ℃;直接蒸发制取淡水冰块,设计室温取−8 ℃。储存淡水片冰的库温取−12 ℃以下;储存海水片冰的库温应在−20 ℃左右。

2. 储冰间的建筑要求

(1)储冰间的地面标高

储冰间和制冰间同层相邻布置时,进冰洞应与制冰间的滑冰台直接相通,储冰间地面的标高应低于滑冰台。进冰洞口下表面应是向内倾斜的斜面,水平高差不小于 20 mm,进冰和出冰共用一个洞口时,储冰间地面标高与进冰口下表面最低点标高取平。储冰间和制冰间不是相邻布置,且进出冰均是采用机械设备时,储冰间地面标高不受限制。

（2）储冰间的建筑高度

人工堆码冰垛时,单层库的净高宜采用 4.2～6 m,多层库的净高宜采用 4.8～5.4 m。冰堆顶部离顶排管或风管应留有 1.8～h(冰块侧高)m,以便人工操作。库内采用行车堆码时,建筑高度应不小于 12 m。

（3）储冰间地面排水

对于不是常年使用的储冰间,在空闲时不一定要维持使用时的温度。这时,排管的化霜水和冰屑的融化水必须及时排除,不应采用下水管排水的方法,可将地面设计有排水坡度,使水至门口排出,坡度不大于 1/100。

（4）储冰间出冰

由储冰间出冰应有单独的出路,尽量避免与其他冷间共用穿堂、走道,更不应与之交叉穿过。

3. 储冰间堆冰高度

冰的堆装高度应根据使用情况和堆冰条件确定。人工堆装不超 2.0～2.4 m;地面机械提升不超过 4.4 m;吊车提升不超过 6.0 m;碎冰的堆高不超过 3 m,因为堆放过高时冰的压力会使底部碎冰粒融化而结块。冰堆上表面到顶排管下表面应留 1.2 m 净空间以便操作。

4. 储冰间的冷却设备

储冰间一般应采用光滑顶管做冷却设备,而不宜采用墙排管,以避免冰剁倒塌时以及平时装卸时冰块的碰撞而危及排管。储冰间的建筑净高在 6 m 以下时可不设墙排管,但顶排管必须分散铺满储冰间顶棚。储冰间的建筑净高在 6 m 或高于 6 m 时,应设墙排管和顶排管。墙排管的高度应在冰堆高度以上。墙排管和顶排管不得采用翅片管,因翅片管需要经常融霜,融霜水下滴后会使冰块冻结在一起,顶排管在顶棚上必须铺开布置,顶管上层的中心线距平顶或梁顶的间距不小于 250 mm。

近年来,国内有大型单层冰库采用冷风机为主,铺以高墙管的冷分配方式。冷风机上配有条缝形喷风口的矩形变截面风道。这种冷库的库温均匀,10 m 高差中温差为 0.5～0.6 ℃,其管材消耗少、制作和安装容易,且操作管理方便。

5. 冰块的进出库与堆装

储冰间的门一般均需要上下设置。当库内冰块堆满时,人可从上面门出入。储冰间还需设置进、出冰门洞,门洞的大小视冰块的大小而定,一般高 600 mm、宽 400 mm。出冰洞的位置需配合碎冰机平台或公路站台的朝向和标高。

储冰库不论是否与制冰间同层,一般都要设置提冰和堆垛设备。块冰在库内的堆放,当制冰间高于储冰间时,可以利用螺旋滑道,根据库内存冰量的多少分层进冰;若储冰间与制冰间同高或高于制冰间时,可利用提冰机将冰块提升。提升方式有两种:一种是库外提升,然后根据库内存冰量分层进冰。二是在库内提升,在库内设置斜链式提冰机;也可在库内装设吊冰行车并加装吊冰架,先将冰块推入吊架内(每次 10～20 块),然后用行车起吊及做水平运输或堆装;也可以利用冰的光滑表面,采用真空吸冰装置,用真空吸盘将冰块吸住后再用行车运输堆装。

复习思考题

1. 什么是直接冷却制冰法？什么是间接冷却制冰法？各有何优缺点？

2. 盐水制冰工艺中对盐水有哪些要求？

3. 盐水制冰工艺中有哪些主要设备？各有何作用？

4. 简述桶式快速制冰的工艺流程。

5. 简述管冰机、壳冰机的工作原理。

6. 冰的储藏应注意哪些问题？

7. 储冰间的设计温度如何确定？

8. 储冰间的建筑方面有哪些要求？

第十三章　冷库技术的发展

第一节　装配式冷库

装配式冷库又称拼装式冷库或活动冷库,是近年发展起来的一种拼装快速、简易的冷藏设备。由于建筑材料和科学技术水平的限制,用传统营造方法建造的冷库,不仅有胖柱、重盖、探基、厚实的围护结构等,而且施工工期长。随着各种质优价廉的防腐金属板材和具有优良隔热性能的保温夹芯板的广泛应用,使得装配式冷库现已在全世界范围内得到迅速发展,各种规格的装配式冷库普遍应用到餐饮、农业、制药、工业、蔬果、物流、超市、宾馆等行业的生产、储藏、运销过程中。特别在中小型的冷库建筑中,装配式冷库逐渐取代了土建冷库。

装配式冷库一般为钢结构骨架,由预制的夹心隔热板拼装而成,即各种建筑构件和隔热板,由专门的工厂进行专业生产预制,然后在施工现场进行组装。目前大多数小型装配式冷库均可进行二次拆装。装配式冷库隔热层一般采用隔热性能优良的硬质聚氨酯泡沫塑料(也有用聚苯乙烯塑料),其保温主要由隔热壁板(墙体)、顶板(天井板)、底板、门、支承板及底座组成。它们是通过特殊结构的子母钩拼装、固定,以保证冷库良好的隔热、气密性能。装配式冷库的作用、使用条件和结构要求与土建式冷库相似,为食品冷却、冷藏及冷冻提供必要的条件,具有良好的隔热、防热性能和承载强度。

一、装配式冷库的特点

装配式冷库具有以下几个特点:

(1)装配式冷库隔热层采用的新型复合隔热板具有诸多优良的性能。装配式冷库隔热层为聚氨酯时,导热系数为 0.023 W/(m² · K);隔热层为聚苯乙烯时,导热系数为 0.04 W/(m² · K),导热系数低。该类材料防水性能好、吸水率低、外面覆以涂塑面板使其蒸汽渗透阻值 $H \to \infty$。因此,具有良好的保温隔热和防潮防水性能。

(2)隔热板不易霉烂、无虫蛀鼠咬、阻燃性能好。耐温温度范围大,使用范围可在 $-50 \sim 100$ ℃。

(3)抗压强度高、抗震性能好,具有良好的弹性。与一般的冷库相比,装配式冷库的质量轻,对基础的压力小,因而抗震性能好,当隔热板发生很大变形后仍能完全恢复。

(4)组合灵活、方便。装配式冷库是由多块复合隔热板拼装而成的,其各种构件均按统一的标准模数在工厂成套生产,只需简易的设备和工具连接组合库的隔热墙板,并可根据不同的安装场地拼装成不同的外形尺寸和高度的冷库,可随意分隔空间。安装和拆卸十分方便、建造工期短。

(5)可拆装搬迁、长途运输。用复合隔热板制成的构件可运输到很远的地方安装,拆装、搬迁都十分方便,损坏率很低,且可根据安装现场再次组装。

（6）可成套供应。装配式冷库在工厂内可批量生产，具有确定的型号和规格，制冷设备、电器组件也都设计配置完整，用户可根据需要定购。

二、装配式冷库的结构形式

装配式冷库按其容量、结构特点可分为室外装配式和室内装配式。

室外装配式冷库一般储藏容量较大，在 500~1 000 t 的范围内，适用于商业和食品加工业使用。室外装配式冷库均为钢结构骨架，并辅以隔热墙体、顶盖和底架，从而建成独立建筑，且应具有基础、地坪、站台、防雨棚、机房等辅助设施，库内的净高一般在 3.5 m 以上，其隔热、防潮及降温等性能要求类似于土建式冷库。

室内装配式冷库又称活动装配冷库，一般容量在 5~100 t 的范围内，必要时可采用组合装配，容量可达 500 t 以上。室内装配式冷库最适用于宾馆、饭店、菜场及商业食品流通领域。

室内装配式冷库基本结构如图 13-1 所示。冷库库体主要由各种隔热板组，即隔热壁板（墙体）、顶板（天井板）、底板、库门、支承板及底座等组成。它们是通过特殊结构的子母钩拼接、固定，以保证冷库良好的隔热和气密。冷库的库门除能灵活开启外，更应关闭严密、使用可靠。

室内装配式冷库常用 NZL 表示，根据库内温度控制范围，可分为 L 级、D 级和 J 级，见表 13-1。

室内装配式冷库的隔热板均为夹层板料，即由内面板、外面板和硬质聚氨酯或聚苯乙烯泡沫塑料等隔热芯材组成，隔热夹层板的面板应有足够的机械强度和耐腐蚀性。

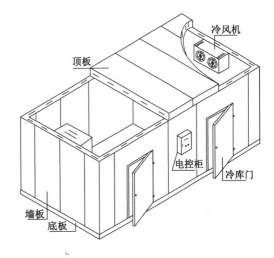

图 13-1 室内装配式冷库结构图

表 **13-1**　　　　　　　　　　　　　　**装配式冷库主要性能参数**

库级	L 级	D 级	J 级
库温范围/℃	−5~5	−18~−10	−20~23
公称比容积/(kg/m³)	160~250	160~200	25~35
进货温度/℃	≤32	热货≤32；冻货≤−10	≤32
冻结时间/h	18~24		
库外环境温度/℃	≤32		
隔热材料的热导率/[W/(m·K)]	≤0.028		
制冷工质	R12,R22		
电源	三相交流,(380±38) V,50 Hz		

装配式冷库的结构承重包括自承重、内承重和外承重。自承重式结构的库体,其宽度一般不超过 6 m,库体内、外均没有任何的支承结构,甚至蒸发系统机组都是由板材承载。这种结构的库体容积利用率很高、制冷设备的配风效果好、安装时间短、其尺寸变化灵活,适用于空间较小的各种场地,而且场地一般不需做任何特别处理。自承重多用于小型装配式冷库;大中型装配式冷库均采用内承重或外承重框架式结构。冷库的自重和货重由强度较大的钢结构和基础承受,如图 13-2 所示。

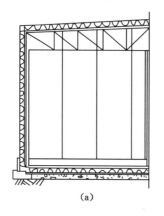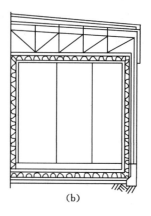

(a)   (b)

图 13-2　装配式冷库结构
(a) 内框架式;(b) 外框架式

内框架式装配式冷库的内框架安装、维修方便,钢结构处于恒温,框架变形小,结构维修工作量小,便于制冷、电气设备的依托安装,但冷库净容积小,外墙隔热板受外界气候条件的影响较大,需要在库外增设防雨、防晒等附加设施。其缺点是库内利用率受影响,屋架采用实腹工字木梁,使库房跨度受到限制,且影响制冷设备的配风效果、阻碍货物进出库体的灵活性。当跨度较大时,可采用连续支承柱,而托木梁可分段接驳。

外框架式装配式冷库的净容积相对较大,框架自身具有防雨、防晒设施。库内容积利用率高,有助于制冷设备的配风效果,屋架跨度大。由于固定基础做在库外,因此可做得相当紧固,也可同时用作屋面支承以保护库体。其缺点是:结构框架易受气候影响,变形较大,吊装隔热板的构件增多,现场安装工作量增大,板材的组合安装不灵活,库内冷却系统、电气设备的安装依托复杂。其支持柱基础可做成柱式,其他与内结构式基本相同。

装配式冷库屋顶隔热防潮层应带有隔热材料的瓦楞屋面板保护,为了防雨、防太阳辐射热,外墙上部可增设遮阳防雨瓦楞铁皮或瓦楞石棉板等。

装配式冷库库板的连接有拼装、锁键连接等多种形式。隔热板之间的连接结构有多种形式,主要采用三种连接方法:① 靠预制板中的预埋锁钩连接;② 现场灌泡沫塑料进行连接;③ 使用异形铝条进行接驳。此外,还有用角钢螺钉进行连接的。预埋锁钩连接的板材,其特点是安装简便,不受气候、环境的影响,但对板的制造精确度要求比较高,以保证板缝紧密而不跑冷。现场灌泡连接,其预制板的制造要求较低、连接较牢固,但增加了现场施工的工作量,而且由于受现场环境条件的限制,发泡的质量与预制板有一定的差距。

三、隔热板材料及性能

装配式冷库一般为单层结构,其隔热材料为由专门工厂制造的隔热预制板,由芯材和面板组合而成,既能隔热,又能隔汽。预制隔热板是装配式冷库中最基本的构件。因此其外形、尺寸的确定必须建立在同一基本准则上,从而有利于建筑工业化并取得较好的经济效果。

隔热预制板简称夹心板,是由三层或更多层材料连接成的一个整体。其工作原理是:面板材料承受主要弯曲应力,而芯材一方面把两面材连接在一起并防止其扭曲;另一方面起隔热保温作用,并承受剪切应力。

按预制板的性能要求,冷库分为室内型和室外型。室内型冷库高度较小,受外界影响小,承受的外界作用力也小,室外型冷库要求比较高,因此,其各个方面的技术性能应优于室内型。

隔热预制板可分为粘贴预制板和浇注预制板两大类。粘贴预制板时将两层面板与芯材粘贴在一起而制成。浇注预制板时在压力成型机下将两块压型或平整的钢板放置在模具里,在板间浇注聚氨酯而制成。浇注预制板应用比较广泛。

1. 面板

隔热夹层板的面板应有足够的机械强度和耐腐蚀性。预制板的面板从作用上来讲,外面起着隔汽层的作用,在外界风雨的作用下,其耐气候性要好,能防腐蚀,对芯材起保护作用。内面板处在低温下,且不受外界气候影响时,某些性能要求可低一些。所以有的预制板两面采用不同材料,但大部分预制板两面材料是相同的。是否使用不同的面板材料,使预制板的机械性能、使用寿命会有很大差异。

预制板的面板材料有镀锌钢板、喷塑复合板、铝合金板、胶合板和不锈钢板等,其面板一般做压筋处理。根据装配式冷库的隔热要求,厚度为 50～250 mm。

2. 芯材

两面板间的隔热芯材一般采用隔热性能优良的硬质聚氨酯泡沫塑料或聚苯乙烯塑料,多为聚氨酯泡沫塑料,其绝热性能好,具有良好的耐热性、耐寒性和耐湿性。材料的各个性能参数相互关联、相互影响,最重要的两个性能指标为容重与导热系数。

(1) 容重是隔热板隔热材料的重要性能指标之一。它对材料的导热系数、机械强度及原料的消耗量都产生直接的影响。就机械性能而言,隔热材料的容重越大,机械强度越高,其承重能力也就越强,但导热系数就越高,原材料的消耗量也越大;容重过小,则机械强度下降,导热系数也一定变小。就导热系数而言,较为理想的容重为 30～50 kg/m³。目前,从我国大部分厂家的产品性能看,容重取 40～50 kg/m³ 较为适宜。

(2) 当容重为 30～50 kg/m³ 时,聚氨酯隔热材料的导热系数 λ 值最小,但由于隔热材料的使用温度、使用年限、闭孔率、吸水率等对 λ 值有重要的影响,板件导热系数的实际使用值应取 0.02～0.028 W/(m·K) 较为合理。

室内型预制板由内、外面板和硬质聚氨酯泡沫塑料隔热芯材组成时,夹层隔热板芯材性能应符合表 13-2 的要求,夹层板应平整(平面度<0.002)、尺寸应准确(允许偏差±1 mm)、隔热层与内、外面板黏结应均匀牢固且不应有穿透性的空洞和局部脱泡泡现象。地坪隔热层应选用密度较大、能承重的硬质泡沫塑料芯材,隔热材料的密度可以用到 55 kg/m³。

表 13-2 夹层隔热板性能指标

密度 /(kg/m³)	导热系数 /[W/(m·K)]	抗压强度 /(N/cm²)	抗弯强度 /(N/cm²)	抗拉强度 /(N/cm²)	吸水性 /(g/100 cm²)	自熄性 /s
40～55	≤0.029	≥20	≥24.5	≥24.5	≤3	≥7

室外型预制板隔热芯材的技术要求同室内型。但对面板的材质、机械强度、耐腐蚀性能要求较高。所以比一般大中型装配式冷库的预制板的面板材料厚度要厚些,面板的防腐蚀涂层考虑得比较周到,通常对镀锌钢板进行磷化处理,再进行涂塑处理。如果面板使用铝合金板,则先进行电化处理,再涂漆防腐蚀。为了增加预制板的抗弯强度,面板大都滚压成波纹形。

在夹心板设计中,最重要的是面材与芯材之间的连接,黏结力必须和芯材本身能共同承受同样的剪切荷载。夹心板抵抗破裂的能力也应该很高,并且具有足以防止面层扭曲的抗拉强度。

四、装配式冷库的安装方法

冷库的安装分室内型和室外型,室内型冷库容量较小,一般为 2～20 t,安装条件要求高,比较简单;室外型冷库容量一般大于 20 t,为独立建筑结构,较复杂,有些还需对预制板进行再加工制作,使其满足安装要求。

下面以小型装配式冷库为例,说明具体的安装方法。冷库的外形和板块关系如图 13-3 所示。

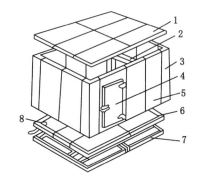

图 13-3 小型装配式冷藏库板块关系图

1——顶板;2——过梁;3——角板;4——门及门框组合;
5——立板;6——底板;7——底托;8——底楼组件

1. 冷库位置选择

(1)应无阳光直射、远离热源。

(2)应避免处于振动较大、粉尘较多或有腐蚀性气体的环境。

(3)应能就近供电和排放融霜水。

(4)冷库的四周距墙大于 0.5 m。

2. 底架的安装

底架应按对应容积的底架装配示意图,在选择好的位置上将底架用螺栓连接牢固,并使之保持水平。底架用螺栓连接牢固,并使之保持水平。

3. 排水系统的装配

排水系统由地漏、橡胶塞、垫圈、下水管卡子组成。首先把地漏装入地板的预留孔内,用螺母锁紧,把下水道套在地漏接口上,用卡子紧固。

4. 组装地板

组装地板时要注意板块的安装位置和方向,同时板块要轻拿轻放。第一块地板应是带水管的地板,把排水管从底架方孔中伸出,其他地板依次安装;两块地板之间要对正、贴紧、平整,用内六角扳手插入钩盒孔,顺时针方向锁紧,使板块之间连接牢固。

5. 组装墙根及角板

第一块组装板是角板，使角板下部凸槽对正地板凹槽，然后拧紧挂钩，不得漏挂、虚挂。之后安装其他墙板，最后一块应是角板。墙板全部安装完毕后，在确定安装机组位置的堵板上方按机组尺寸要求，用手锯开两个豁口以备机组安装用。

6. 装配过梁

过梁是用来支撑顶板的，安装时将支架插入墙板上部的隔热材料中，对中预留孔位置，用螺钉紧固，然后装配过梁，把过梁水平旋转在两个对应的支架上用螺栓连接，待顶板装配调整后紧固。

7. 组装顶板

顶板安装顺序按照步骤 4 和 5。注意 17 m^2 以上冷库顶板安装好后如与过梁有间隙，可用垫片进行调整，使两者贴紧为宜，预留机组下部件的一块顶板。

8. 安装制冷机组

制冷机组是由冷凝器、压缩机、蒸发器等整体连接的钢结构，安装时需将机组整体水平托起，使机组机架进入堵板预先开好的凹槽豁口内，然后将上道顶板安装工序的机组下部预留板插入机组底部装好，在机组底盘和顶板支架之间加入垫片，使之固定平稳。

9. 安装附件

感温探头一般安装在冷库中部上方为宜。库灯安装在门框上部的预留位置上。库内温度显示器可根据用户的需求安装。制冷系统控制装置安装在预定位置上，在蒸发器下部排水管上装好化霜水管。

10. 整理

库内堵板支架接触部位的间隙需要用橡胶密封条封堵或使用快干密封胶封堵，从而可减少冷损失。最后用干净软布擦一遍库壁，安装完毕。

组装后的冷库库体接缝应均匀、严密，接缝错位应不大于 1.5 mm，使用的密封材料应无毒、无臭、耐低温、耐老化，有良好的隔热性和防潮性。库体表面涂层应色泽均匀，光滑平整，无明显划痕、擦伤，与金属板结合应牢固，无锈蚀、剥落。

库门应开、关灵活，无变形，密封良好，并应装有安全脱扣的门锁。另外，冷库门内的木制件应经过干燥、防腐处理，冷库门要装锁和把手，同时要有安全脱锁装置，低温冷库门或门框上要安装电压 24 V 以下的电加热器以防止冷凝水和结露。库内装防潮灯，测温元件置于库内温度均匀处，其温度显示器装在库体外墙板易观察位置。所有镀铬或镀锌的镀层应均匀，焊接件、连接件必须牢固、防锈。冷库地板应有足够的承载能力，大型的装配式冷库还应考虑装卸运载设备的进出作业。

五、装配式冷库设计中的特点

1. 设计条件的选用

对于室内装配式冷库，设计条件选用如下：

(1) 冷库外的环境温度取 32 ℃，相对湿度为 80%。

(2) 冷库设计温度 L 级：−5～+5 ℃；D 级：−20～−10 ℃；J 级：−25 ℃。

(3) 食品进货温度 L 级：+30 ℃；D 级与 J 级：−5 ℃。

(4) 冷藏库的堆货有效容积为库内公称容积的 60%，储藏果蔬时再乘以 0.8 的修正系数。

（5）每天进库量为有效容积的 15%～20%。

（6）制冷压缩机工作时间系数为 50%～70%。

对于室内装配式冷库，有效容积的计算与室内型相同，其他设计条件与土建式冷库基本相同。

2. 冷负荷计算中的特点

装配式冷库冷却设备负荷的计算原理与土建式冷库基本相同，但其中有些内容应根据装配式冷库的特点进行修正。

库房的冷却设备的负荷为：

$$Q_q = \frac{1}{\varepsilon} Q_1 + P Q_2 + Q_3 + Q_4 + Q_5 \tag{13-1}$$

式中　Q_q——库房冷却设备热负荷，W；

　　　Q_1——围护结构的传热量，W；

　　　ε——板缝计算系数，取 1.1；

　　　Q_2——货物热量，W；

　　　Q_3——通风换气热量，W；

　　　P——负荷系数，冷却间和冷冻间的负荷系数应取 1.3，其他冷间取 1；

　　　Q_4——电机的运转热量，W；

　　　Q_5——操作热量，kW。

对于室内装配式冷库，其食品一般均为短期储藏，其通风换气量可以省略，所以式（13-1）可变为：

$$Q_q = \frac{1}{\varepsilon} Q_1 + P Q_2 + Q_4 + Q_5 \tag{13-2}$$

室内型装配式冷库一般可不考虑太阳的辐射热，所以围护结构的传热量 Q_1 可由式（13-3）计算：

$$Q_1 = K \cdot F \cdot (32 - t_n) \tag{13-3}$$

式中　K——围护结构的传热系数，W/（m²·K）；

　　　F——围护结构的传热面积，m²；

　　　t_n——库体内的计算温度，℃。

对于室外装配式冷库，渗入热按式（13-4）计算：

$$Q_1 = \alpha \cdot K \cdot F(t_w - t_n) \tag{13-4}$$

式中　t_w——室外计算温度，℃；

　　　α——温差修正系数，对于围护结构的外侧加设通风空气层，外墙 $\alpha=1.3$，屋顶 $\alpha=1.6$，对于外侧不加设通风空气层，外墙 $\alpha=1.53$，屋顶 $\alpha=1.87$。

中小型装配式冷库其货物进出频繁，进货温度较高，导致冷负荷变化较大，因而对此类冷库，其制冷压缩机负荷中的各项热量不再进行修正，但必须取一个安全系数，一般取1.1。

$$Q_j = 1.1 \left(\frac{1}{\varepsilon} Q_1 + P Q_2 + Q_4 + Q_5 \right) \tag{13-5}$$

式中　Q_j——冷库机械负荷，W。

3. 制冷设备的选择

装配式冷库制冷设备的配置应与其特点相适应。中小型装配式冷库应尽可能使用整体或分体空冷式（或水冷式）半封闭制冷压缩冷凝机组。全封闭或半封闭式制冷压缩机，由于电机安装在其内，具有结构紧凑、节能显著和噪声低、振动小、质量轻、传动密封处无制冷剂泄漏等优点，因而非常适合装配式冷库。制冷设备宜采用全自动控制。对于容量较大的冷库，宜采用多套且各套独立的制冷设备。室内型冷库使用的一般制冷工质为 F12、F22、F502。

光管蛇形蒸发排管由于体积笨重、耗管材多、除霜操作不方便、占空间大等缺点，所以不适用于中小型装配冷库。而强制对流冷风机具有结构紧凑、质量轻、库体降温速度快、除霜方便、安装快捷等的优点，因此，中小型装配冷库的冷却设备基本上都选择冷风机。

六、装配式冷库性能的测定

为保证装配式冷库各项性能指标达到标准规定的要求，应对其组成部分——面板，隔热材料和黏结层等分别进行物理性能、机械性能、传热性能等指标的测定。具体测试的项目有隔热材料的导热系数、密度、吸水性、抗压强度、抗弯强度、抗拉强度、相对挠度、与面板的黏结强度、传热系数等。

成套后的冷库应对其整体的传热性能进行测试，测定库体的传热系数、空库打冷降温的时间和停止运行后库温回升的时间，另外还需测定它的工作时间系数和进行凝露及除霜的时间。

第二节　夹套冷库

果蔬类食品的冷藏管理较肉、鱼、禽类等食品的冻结储存困难，因为其储存质量不但与冷藏温度有关，而且与湿度和空气的成分有关。夹套冷库对储存果蔬类食品具有较好的效果。夹套式冷库是由夹套式自然通风库演变而来，在国外已有近百年历史，我国于 20 世纪 80 年代曾将之列为国家攻关课题。它是机械冷藏在建筑设计中的一个新改进，主要用于减少食品冷藏期间的干耗和保持库内温、湿度稳定。

一、夹套库的特点

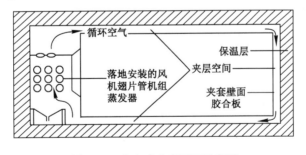

图 13-4　夹套式冷库平面示意图

图 13-4 为夹套式冷库的平面示意图，它与一般冷库的不同之处在于内墙与隔热保温层之间构成一个内夹套结构——冷气夹套，冷风机安装在库房外面，冷风不直接送入库内，而是在夹套间内循环流动，使得来自外部围护结构传入的热量能很快地直接被冷风所吸收，从而很难影响到库房内部，达到维持库房温度恒定的目的。同时，由于夹套壁的冷辐射，使库内能保持较均匀的温度，也使冷库内墙壁和库顶表面被均匀冷却，扩大库内热交换面积和均

匀的温度分布,使库内空气与墙壁之间保持较小的温差。库内食品不与来自蒸发器的干燥冷空气接触,房内的相对湿度不受制冷系统和隔热层性能的影响,从而能维持库内较高的相对湿度,使食品的干耗减小。另外,夹套式冷库解决了隔热层内水分的凝聚和冷却排管的着霜问题。因为夹套的内层即冷库内墙是隔汽的,而冷风机和隔热层均位于隔汽层之外,避免了食品和库内空气向低温排管的湿转移,因此蒸发器基本上不需要融霜。此外,夹套库的制冷系统的设计可以有较大的灵活性,可随时检查制冷设备运行而不必进入库内。

夹套式冷库可形象地理解为大库里面套小库。小库的四周库体、顶棚均与大库有 1 000～2 000 mm 的间距(称为夹套)。标准式夹套的小库地面也悬空 500～1 000 mm。其小库(内悬)和大库(外套)结构均按标准冷库方式施工。夹套库的应用同标准商业化冷库。夹套可形象地理解为风道,即蒸发冷气循环通道,使温度分布更均匀。小库为储藏间,预冷以后的库温主要靠冷渗透和冷气微循环调节,从而使小库内温度、湿度更加平稳,避免一般冷库直冷式送风,除霜期间库温、湿度的波动。

夹套库与普通冷库相比,具有以下优点:

(1) 库内温度均匀、相对湿度高、库内空气流速低、储存食品干耗小,适用于－18 ℃低温下长期储藏非包装冻结食品,也适用于 0 ℃条件下储藏肉类、果蔬、禽蛋等。

(2) 库内不设任何冷却设备或只设置少量冷却设备,堆垛不受限制,可充分利用库房面积。

(3) 冷却设备可设置在夹套内或库外,便于维修和融霜排水,避免除霜过程对库内影响。夹套式冷库特别适宜冷藏非包装的鱼、肉、果蔬,可以有效地防止食品表面干裂和皱缩等变质现象。

夹套式冷库的主要缺点是初投资和运转费用较高。

二、夹套库的形式

夹套库有单层和多层的,根据采用的冷却设备可分为空气强制循环式和空气自然循环式;根据夹套的结构形式可分为全夹套式、半夹套式和局部附加夹套式三种。

(1) 全夹套式

库房的 6 个面都设置夹套,冷风在夹套内流动,使得整个库房被冷风包围,库内不设置冷却设备。围护结构均采用玻璃纤维做隔热层,夹套的内壁均用胶合板且胶合板钉在垂直装在隔热墙上的 50 mm×50 mm 的方木上,板与隔热墙之间有 50 mm 作为夹套,两方木间距作为导风道。顶板用 150 mm 厚的方木支撑胶合板。地板用钢梁或混凝土梁支撑,其高度为 200 mm,两梁之间距作为导风道,库中设地沟作为回风之用,沟宽为1.2 m,外端深 1.2 m,内沟深 0.6 m。冷风机设在库内一端,冷风从顶板夹套通过墙夹套导风道流向地板夹套的导风道,然后通过地沟集中向冷风机回风。

(2) 半夹套式

库房的外墙和屋顶设有夹套,地板不设夹套。对于多层冷库的外墙,屋顶和不同温度之间的楼板均设置夹套,而同温楼板不设夹套,库内不设冷却设备。

(3) 局部附加夹套式

外墙和层顶都设夹套,为了调节库内热负荷,在内墙部分设附加夹套,另设冷风机,从而在需要时利用冷风平衡库内进货时带进的热负荷和开灯、开门和操作的热负荷。

以上三种夹套都属于窄夹套式,一般大型夹套冷库都做成宽夹套式,其夹套的厚度达

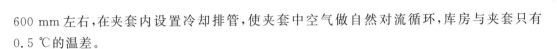

600 mm 左右,在夹套内设置冷却排管,使夹套中空气做自然对流循环,库房与夹套只有 0.5 ℃的温差。

三、夹套的构造

夹套是用来流通低温空气的,墙夹套内的一面是利用隔热墙(称夹套外墙),而另一面 (称夹套内墙)是设在库内。地板的夹套要具有承载能力,顶板的夹套要牢固地装设在顶板下,夹套内的两表面要求平整,以减小空气流动的阻力,还要求具有气密性,以防止水蒸气渗透。夹套的内墙也要有一定的热阻和热惰性,以减小夹套内冷空气温度波动时对库温的影响,并设置良好的隔汽层,因为穿过夹套外壁渗入夹套的水分会在蒸发器的冷却表面凝结积霜,从而增加除霜次数。

对于采用空气强制循环的夹套库,夹套必须装设牢固,特别是内墙和顶板、地板、墙角的连接处,既要防止空气渗漏,又要防止变形(收缩弯曲),缝隙处要用塑料胶黏剂(丁橡胶)嵌缝。夹套壁承受的风压可按夹套内气流速度和气流进入夹套口的最大风速来考虑,冷风从冷风机出口处的最大流速可达 10～14 m/s,在夹套内的平均流速为 0.8～4 m/s。

夹套内墙、顶板、地板以及它们的支撑材料可用木材、金属、塑料、混凝土、胶合板等。板材的尺寸视库内长度、高度而定,可以采用大块(接缝小)也可以采用小块。夹套的厚度,即夹套内空气流体的空间间距,是由空气循环量和需要的流动阻力决定。对于采用强制空气循环的夹套库,墙夹套厚度可采用 50 mm,地板、顶板夹套厚度可采用 200 mm,最小的压力损失为 2.45 Pa。采用空气自然对流的夹套库,其厚度要足以安装冷却排管,一般为 600 mm。

四、冷却设备及布置

(1)当夹套内的冷风采用自然对流时,冷却设备可采用翅片管排管或光滑管。对于墙夹套,排管布置在夹套的顶部。一般库房温度为 −18 ℃时,每米夹套长配 2.5 m² 的冷却面积,顶层的排管则布置在阁楼层内,每平方米的顶面积配 0.6 m² 的冷却面积。为了保证排管的降温效率,须设置氨融霜系统,夹套内应有排霜(水)设施。

(2)对于空气强制循环的夹套库,其冷却设备是采用冷风机。冷风机可以布置在库内,也可布置在库外。冷风机的通风机可以与蒸发器联合组装,也可以单独设置。对于多层夹套库,冷风机可以集中设置,也可以分层设置。

冷风机的风量由夹套内空气循环量确定。夹套内循环的冷空气所吸收的热量应与冷间的热负荷相平衡,即:

$$V - C \cdot (t_2 - t_1) \geqslant Q \tag{13-6}$$

式中　V——空气的循环量,m/s;

$\quad\quad$ C——空气的比热容,W/(m³·K);

$\quad\quad$ t_1、t_2——冷风机出口、进口的空气温度,℃;

$\quad\quad$ Q——冷间的热负荷,W。

通风机的能量除了保证所需的空气循环量外,还应能克服空气在夹套内流动的摩擦阻力,而空气进、出夹套的温差不大于 1～2 ℃。

在理想条件下,当夹套中冷空气循环处于均匀状态且库内没有发热物品时,库内空气的平均温度 t_m 为:

$$t_{m} = \frac{t_1 + t_2}{2} \qquad (13\text{-}7)$$

实际上,由于冷间内的照明、电气设备、库门的开启和夹套支撑部件的传入热量,使得库内温度比$(t_1 + t_2)/2$的数值高。

为了使冷风在夹套内均匀分配,夹套内应设置格栅,既作为内墙的支撑,又可在两格栅之间形成导风道,从而可以使冷风在夹套内有组织地流动。冷风的组织有多种形式,对于全夹套冷库,墙夹套的格栅是垂直布置,冷风通过冷风机从顶板夹套吹出,通过墙夹套进入地板夹套,然后流进地沟,最后回到冷风机;对于半夹套式冷库,格栅可做成水平式。

若需要夹套内的冷风来使库内降温,或库房还需要兼作冻结间使用时,可采取适当措施将夹套旁通,使冷空气部分或全部吹入库房内。这时要注意为了使得库内、外空气压力平衡,需要设置平衡管或平衡气窗。

由于夹套库在技术上有一定要求,使得其建设的投资费用要高一些。自然对流方式的夹套库的造价比普通冷库要高3%左右,强制循环方式的冷库的造价则比普通冷库要高10%左右。由于要维持夹套内的高速冷风,风机需连续不断运行,所以风机耗电比一般冷库多10%。近年来,由于食品储藏包装有了很大发展,使储藏期间食品干耗大大减少,所以夹套库的发展便受到限制。但一些专家认为,非包装食品采用夹套库储藏,由于传热系统的改善和除霜次数的减少所带来的节能和减少食品长期储存的损失仍然是提高食品经济效益的一项途径,虽然一次投资费用增加,但食品的储藏损耗可降低0.5%左右,因此仍能获得较好的经济效益。

第三节　气调冷库

气调储藏一词译自英文Controlled Atmosphere Storage(简称CA Storage)。气调储藏法于1918年由英国科学家Kidd和West创立,1928年首次应用于苹果商业储藏,之后在美国、日本、英国、法国、意大利等发达国家得到普遍推广,目前果蔬气调储藏已成为世界各国公认的一种先进方法。20世纪80年代,英国已有80%实现了气调储藏苹果,美国50%、意大利30%、法国17%。以色列的柑橘有50%利用气调储藏。

我国于20世纪70年代就已经引进该技术。自从20世纪80年代初以来,我国的冷藏库行业发生翻天覆地的变化。据统计,1980年我国冷藏库总容量为250万t/次。到2006年年底,冷藏库总容量已突破1 700万t/次,其中2001年统计果品蔬菜冷库为1 000万t/次,20多年来增长了几倍,发展是迅速的。而且,当前我国食品冷冻、冷藏企业的冷藏技术与装备正在逐步同国际的发展相接轨,各种先进的制冰设备、速冻设备等新产品以及先进的自动化控制技术正在大量应用。我国建造气调库的技术水平总体上已接近世界先进水平,其局部技术还具有独创性。

一、气调储藏的原理

果蔬收获后消耗体内营养进行呼吸,其呼吸强度直接影响其新鲜度,通过对储藏环境中温度、湿度、氧气、二氧化碳和乙烯浓度等条件的控制就能抑制果蔬的呼吸作用,减缓新陈代谢,减少水分丧失、腐烂及病虫害的发生,最大限度地保持果蔬产品的新鲜度和商品性,延长储藏期和销售的货架期。

果蔬的储藏保鲜方法很多,主要有简易储藏、通风库储藏、辐射保鲜、化学保鲜、冷库储藏及气调储藏等。简易储藏和通风库储藏的设备简单、投资少,但储藏效果差、储藏期短、腐烂损失大;辐射保鲜和化学保鲜在部分水果上有一定适用性,一般应与冷藏相结合,但存在辐射和化学残留污染问题,不是所有蔬菜、水果都能应用;冷库储藏是一种应用最为广泛的储藏方式,但储藏期仍不够理想,不能减少病虫害及水分丧失等问题。

气调储藏是当前较先进的果蔬保鲜储藏方法,其实质是在冷藏的基础上增加调节气体成分的功能。空气中含有78%的氮气、21%的氧气和0.03%的二氧化碳,氧气和二氧化碳的浓度影响果蔬呼吸强度,氮气属中性气体,对果蔬呼吸强度不会产生影响。气调储藏在低氧(一般氧气含量为1%~5%)和适当二氧化碳(体积分数不大于5%)含量条件下,可以大大抑制果蔬呼吸、有害菌繁殖生存,从而减少腐烂,保持果蔬新鲜度及优良的风味和芳香气味,还可抑制酶的活性和乙烯的产生、延缓后熟和衰老过程、延长储藏期和货架期。气调储藏最早被英国称为"气体冷藏",以此可以看出两者的相近之处,后来美国学者建议将其名称改为"气调储藏"并被广泛采纳。

在冷藏的基础上进一步提高储藏环境的相对湿度,并人为地造成特定的环境气体成分,在维持果蔬正常生命活动的前提下,有效地抑制呼吸、蒸发、激素作用及微生物的活动,延缓生理代谢,推迟后熟、衰老进程和防止腐败变质,从而减少储藏损失、延长保鲜期,使果蔬更长久地保持新鲜和优质的食用状态。这就是气调储藏的原理。

气调储藏是通过调节和控制各种环境因素达到果蔬长期保鲜、保质的目的。储藏环境中的气体不是单一成分的气体,而是多种气体的混合物。不能简单地把气调储藏理解为仅仅是气体成分的调节,还应包括温度和相对湿度的调节。气调储藏不仅存在单一气体或单一因素的影响,更重要的是多种气体和多种因素的综合影响。这种综合影响表现在两个方面:一是相互促进。一种有利因素所产生的效果会因另一种有利因素的同时存在而强化。如低氧抑制呼吸,加上适量的二氧化碳,抑制呼吸的效果就更好。或一种不利因素所产生的恶果会因另一种不利因素的同时存在而加剧。如二氧化碳浓度过高会引起果蔬中毒,若同时温度过低则会使中毒加重。二是相互制约。一种有利因素产生的效果会因另一种不利因素的同时存在而削弱。如高湿有助于抑制蒸发而减少水分损失,但如果同时二氧化碳浓度过高,又可能产生碳化腐蚀果蔬和引起褐变,造成新的损失。或一种不利因素所产生的危害会因另一种有利因素的同时存在而缓解。如乙烯加速后熟和衰老,但低氧或适当二氧化碳又能抑制内源乙烯的生成和抵消外源乙烯的危害。

气调储藏是在低温高湿和改变空气成分的环境中进行的。以往的储藏方法包括冷却是在空气中进行,两者有本质上的区别。气调储藏是一种果蔬长期保鲜的方法,其保鲜效果不仅取决于储藏环节,而且涉及果蔬采收、储藏、销售等采后处理全过程。储藏只是其中的一个主要环节,采后处理全过程中任一环节出现问题都会影响气调储藏的最终效果。

气调储藏具有以下特点:

(1)保鲜效果好

气调储藏的保鲜效果体现在能很好地保持新鲜果蔬原有的品质。果蔬经过长期储藏后很好地保持果蔬原有的形态、质地、色泽、风味、营养,与刚采收时相差无几。

气调储藏的保鲜效果是相对于常温储藏或冷藏而言。尽管气调储藏能使生理活动降到尽可能低的程度,但仍要进行一定程度的生理代谢,品质也会发生轻微的变化,只是这种变化比其他储藏方法小得多。以苹果为例,硬度是衡量苹果保鲜质量的重要指标。气调储藏的苹果在储藏过程中硬度的变化比冷藏小得多:气调储藏 5 个月的硬度变化值与冷藏 2 个月的变化值相当;气调储藏 7～8 个月的质量相当于冷藏 3～5 个月的质量。储藏时间越长(在有效储藏期内),两者的质量差别越大。

(2)储藏损失小

气调储藏抑制呼吸、减小蒸腾作用、明显降低损耗、气调损耗小于 5%(而普通冷藏损耗为 15%～20%);气调储藏与其他储藏方法相比,不仅可减小果蔬的质量损失,而且还可以减小重量和数量的损失。只要按要求管理好气调储藏的每个环节,储藏损失率一般不会超过 1%。

(3)保鲜期长

① 储藏期长。气调储藏有效地抑制了生理代谢,在达到同等保鲜效果的前提下,气调储藏的储藏期至少是冷藏的数倍。例如,气调储藏下,一些果蔬的储藏期为:蒜薹 240～270 天,苹果 180～240 天,梨、猕猴桃 150～210 天,葡萄 60～90 天,枇杷、嫩玉米棒 30～60 天。

② 货架期长。货架期是指果蔬结束储藏转入储后经营,最终为消费者食用的商品流通期。从经营和消费的实际出发,果蔬货架期越长越好。由于气调保鲜储藏长期受低氧和高二氧化碳含量的作用,解除气调状态后果蔬仍有一段很长时间的“滞后效应”或休眠期,货架期是普通冷藏的 2～3 倍。

(4)无污染

气调储藏采用的是物理方法,果蔬所接触到的是氧气、氮气、二氧化碳、水分。果蔬不用任何化学或生物剂处理,不存在污处或毒性残留问题,不会造成任何污染,达到卫生、安全、可靠,完全符合绿色食品标准。

(5)良好的社会和经济效益

气调储藏延长了果蔬的保鲜期,有利于长途运输和外销,同时较好地解决了果蔬“旺季烂、淡季盼”的供需矛盾,其社会效益很好。气调储藏提高了果蔬的商品率和优质率,延长了保鲜期,在果蔬淡季,“物稀为贵、优质优价”便带来较好的经济效益。气调储藏具有储藏时间长、储藏效果好等许多优点,从而可使许多果蔬品种能够达到季产年销,给生产者和经营者带来显著的经济效益。

气调储藏只能保持果蔬原有的品质,而不能提高品质,因此用于气调储藏的果蔬必须注重其储前的品质。

二、气调冷库的构造及系统

按照气调储藏技术的要求,气调冷库既具有冷库的“冷藏”功能,又具有冷库没有的“气调”功能。一座完整的气调冷库主要由库体结构、气调系统和制冷系统三大部分组成。

1. 库体结构

气调冷库的建筑结构可分为砖混式、装配式、夹套式三种类型。

装配式气调冷库采用的彩镀夹心保温板由工厂生产,在施工现场只需进行简单的拼装,所以其建设周期短,投资比砌筑式略高,并且使用金属夹心保温板做围护结构,保温板两面均为彩钢板,其蒸汽渗透率为零,气密性相当好,因此这种装配式气调冷库目前被广泛应用,是目前国内外新建气调冷库最常用的类型。

砖混式即土建库,建筑结构基本上与普通冷藏库相同,用传统的建筑保温材料砌筑而成,或者将冷藏库改造而成。在库体的内表面增加一层气密层,气密层直接敷设在围护结构上。这种砌筑式气调冷库相对投资较小,但施工周期长。

夹套式气调冷库一般是在原冷藏库内,用柔性或刚性的气密材料围起一个密闭的储藏空间,接通气调管路,利用原有制冷设备降温。果蔬放置在储藏空间内,隔热和气密分别由原库体结构和气密材料来实现。这种冷库的优点是简单实用、周期短,特别适用于传统冷库改造成气调冷库。其缺点是气密材料需定期更换,内、外温度有一定差异。

一个标准气调冷库由若干个小库组成,小库相互间密封隔离。各个小库通过气路与气调系统连接,通过管线与制冷加湿系统连接。小库的多少应根据储藏物品的种类多少、储藏时间长短确定。在欧美国家,气调冷库储藏间单间容积通常为 $50\sim200$ t,比如英国苹果气调冷库储藏单间的容积大约为 100 t,在欧洲约为 200 t,但蔬菜气调冷库的单间容积通常为 $200\sim500$ t,在北美单间容量更大,一般为 600 t 左右。根据我国目前的情况,以 $30\sim150$ t 为一个开间,一个建库单元最少两间。

管道进、出库房时,除了应做好隔热处理,还应做好气密处理。通常是先预置好穿墙塑料套管,套管与墙洞用聚氨酯发泡密封,穿透件与塑料套管之间应有 6 mm 以上空隙,套管内用硅树脂充填密封。

2. 气调系统

对一个气调冷库来说,气调系统是气调冷库的核心。通过一些专用的设备将冷库内的气体进行处理,这就是气体调节储藏,其基本构成如图 13-5 所示。气调设备主要包括:制氮(降氧)设备、二氧化碳脱除设备、乙烯脱除设备和加湿设备、气体检测设备、气调袋、安全阀及阀门管线等。这些气调设备通过管道与冷库相连,将库内的气体吸入到设备中进行处理,然后再排到库内,反复循环,直至气体达到要求。除此之外还包括气体分析设备、化学分析设备等,这些分析设备的准确与否是库内气体成分能否真正达到储存要求的基础。在这些气调设备中,制氮设备的利用率最高,所以显得尤为重要。

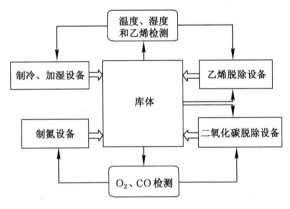

图 13-5　气调库的基本构成

（1）制氮机

气调冷库的氧气调节一般采用充气置换式,即通过制氮机制取浓度较高(一般含氮量不低于 95%)的氮气,并将其通过管道充入库内,在充氮的同时将含氧量较多的库内气体通过另一管道放空,如此反复充放即可将库内的氧含量降至 5% 左右,然后通过果蔬自身的呼吸继续降氧并提高二氧化碳浓度,以达到调节库内气体成分的目的。根据果蔬的生理特点,一般库内氧含量要求控制在 $1\%\sim4\%$ 不等,误差不超过 $\pm0.3\%$。为达到此目的,可通过制氮机快速降氧。一般开机 $2\sim4$ 天即可将库内含氧量降至预定指标,然后在果蔬耗氧和人工补氧之间建立一个相对稳定的平衡,从而达到控制库内含氧量的目的。

制氮机依其工作原理不同可分为三种:催化燃烧式制氮机、分子筛制氮机、中空纤维膜制氮机。

① 催化燃烧式制氮机。燃烧降氧气调法是利用燃料燃烧耗氧的原理将冷库中的氧气含量减少。此法因燃烧不宜控制,并且释放出大量的二氧化碳与热量,容易引起库内的温度波动和气体成分的改变,使二氧化碳的含量增加,因此必须与二氧化碳脱除机并用,且开机时间比较长而浪费能量比较大。

② 分子筛制氮机。该装置的工作原理是以空气或库气为原料,在常温 0.6 MPa 条件下通过对氧气和二氧化碳有高选择吸附性能的分子筛吸附剂,用变压吸附工艺产生各种纯度的氮气,然后用高纯度氮气置换库间内气体,以达到降低库间内氧气含量的目的。

其流程为:空气由压缩机增压到 0.6 MPa,经冷冻干燥机冷却,进入油分离器除油后被引入吸附系统。吸附系统由两个同样体积大小的吸附柱组成,吸附柱内装有颗粒状分子筛吸附剂,净空气经电磁阀从某一吸附柱下部进入柱内吸床层,氧气在压力条件下被吸附,同时二氧化碳也被吸附,从而氮气富集并从吸附柱顶部引出。当吸附剂吸附氧气和二氧化碳达到饱和后,空气被引入另一吸附柱内,同时在本吸附柱内进行解析,使吸附剂得以再生。如此两个吸附柱轮流操作,连续产氮送入库内。

分子筛式制氮机工艺简单、运转设备少、便于操作维护。缺点是配备有空压机、噪声较大、吸附筒内的吸附剂使用一定时期后需要更换。

③ 中空纤维膜制氮机。中空纤维膜制氮机是在 20 世纪 80 年代出现的,其核心部件是由上百万根像头发丝一样细的中空纤维并列缠绕而成的膜组。每根中空纤维壁为两层,一层起机械支撑和提供通道作用,另一层是起分离作用的分子膜组。压缩空气由纤维孔中流入,气体分子在压力作用下在膜壁上吸附、溶解、扩散、脱溶,然后逸出至膜外。

中空纤维膜制氮机是以空气或库气为原料,在一定的温度和压力下,利用薄膜扩散的原理,分离二氧化碳和氧气、产生氮气送入库内。有些高分子膜具有选择渗透的特性。气体分子首先被吸附并溶解于膜高压侧表面,然后借助浓度梯度在膜中扩散,最后从膜的低压侧解析出来,膜分离就是利用各种气体在高分子膜上渗透速率的不同进行气体分离,分离的推动力是气体在膜两侧的分压差。本装置由无油空压机、过滤器、加热器、膜、冷却器等部件组成。

中空纤维膜制氮机是近年来发展比较快的新技术,其最大的优点是没有相变,不需要再生、运动部件少、操作弹性大、便于维护。其缺点是必须配备无油压缩机,且处理的气体必须干燥、洁净,绝不可有油,因为中空纤维膜一旦被污染,将失去其渗透作用且无法恢复。与以上两种制氮机相比,在降氧量一定的条件下,中空纤维膜制氮机的造价相对要高一些。

(2) 二氧化碳脱除设备

根据储藏工艺要求,库内二氧化碳必须控制在一定范围内,否则将会影响储藏效果或导致果蔬产品二氧化碳中毒。因此,二氧化碳脱除机在气调储藏中是不可缺少的。二氧化碳脱除设备主要用于控制气调冷库中二氧化碳的百分比含量。

起初,人们是用化学的方式来降低二氧化碳的含量,虽然这种方式价格低廉,但是操作相当麻烦,并且具有危险性,使用后的化学药品难以处理。最近采用一种新的吸附二氧化碳的方法,即利用活性炭来吸附冷库中的二氧化碳,此法简便、易控制和操作。

二氧化碳脱除机的原理类似于变压吸附制氮机,依靠装入吸附罐中的活性炭将库中的二氧化碳吸附掉,然后用干净的空气吹洗,将已吸附饱和的活性炭解吸。但二氧化碳的吸附和解吸是在常压下进行的,利用一鼓风机作为动力源,将冷库中的空气强制流过装有活性炭的吸附罐,通过阀门的切换改变活性炭的吸附和解吸,因此二氧化碳的脱除带来的温度波动不大。

二氧化碳脱除装置分间断式(通常称为单罐机)和连续式(通常称为双罐机)两种。脱除机在工作时的吸附和脱附是交替进行的。库内二氧化碳浓度较高的气体被抽到吸附装置中,经活性炭吸附二氧化碳后再将吸附后的低二氧化碳浓度气体送回库房,达到脱除二氧化碳的目的。活性炭吸附二氧化碳的量是温度的函数,并与二氧化碳的浓度成正比。当工作一段时间后,活性炭因吸附二氧化碳达到饱和状态而再不能吸附二氧化碳,这时另外一套循环系统启动,将新鲜空气吸入,使被吸附的二氧化碳脱除并随空气排入大气,如此吸附、脱除交替进行即可达到脱除库内多余二氧化碳目的。

（3）乙烯脱除设备

由于一些水果在储藏期间对乙烯特别敏感,如香蕉、猕猴桃等当含量达到 2×10^{-6} 时,就大大缩短其储藏期,所以必须对乙烯进行脱除。乙烯的脱除方式有多种,有水洗法、稀释法、吸附法、化学法等。目前,被广泛用来脱除乙烯的方法主要有高锰酸钾氧化法和空气氧化法。

高锰酸钾氧化法是用饱和高锰酸钾水溶液(通常的使用浓度为 $5\%\sim 8\%$)浸湿多孔材料(如膨胀珍珠岩、膨胀蛭石、氧化铝、分子筛、碎砖块、泡沫混凝土等),然后将此载体放入库内、包装箱内或闭路循环系统中,利用高锰酸钾的强氧化性将乙烯氧化脱除。这种方法脱除乙烯虽然简单,但脱除效率低,一般用于小型或简易储藏。

在空气氧化法除乙烯装置中,其核心部分是特殊催化剂和变温场电热装置,所用的催化剂为含有氧化钙、氧化钡、氧化铬的特殊活性银。变温场电热装置可以产生一个从外向内温度逐渐升高的变温温场:即由 $15\ ℃\rightarrow 80\ ℃\rightarrow 150\ ℃\rightarrow 250\ ℃$,从而使除乙烯装置的气体进、出口温度不高于 $15\ ℃$,但是反应中心的氧化温度可达 $250\ ℃$,既能达到较理想的反应效果,又不给库房增加明显的热负荷。这种乙烯脱除装置一般采用闭环系统,可将脱除乙烯后的气体送入气调冷库,如此反复,从而完成脱除乙烯的过程。

空气氧化法的优点是可以长期使用,缺点是出口温度高,容易破坏气调冷库内的温度平衡,对制冷系统要求高,而且价格偏高。空气氧化法除乙烯装置和高锰酸钾氧化法除乙烯装置相比较,前者投资费用要高得多,但脱除乙烯的效率很高。

（4）加湿装置

果蔬适宜的储藏湿度一般为 $85\%\sim 95\%$ 。储存期间,由于蒸发器的结霜等原因使气调冷库内的湿度不断下降,引起果蔬失水、萎蔫,从而降低品质和商品价值。因此,应当对库内进行适当地加湿。

目前气调冷库的加湿器主要有离心式加湿器,其喷雾水滴为 $5\sim 10\ \mu m$ 且均匀,其维护简单但水滴较大,有时会引起果蔬表面浸水,从而诱发腐烂。还有一种是超声波加湿器,利用振动子的高频率振动将水以雾状喷出,水滴更微细,加湿效果更好,但维护较复杂且对水质要求较高。

作为果蔬储藏保鲜来说,温度是第一影响因素,而相对湿度也是一个较为重要的因素之一,但也是较容易忽视的内容。一般来说,果蔬失水5%以上就意味着新鲜程度的恶化,大部分果蔬储藏的相对湿度要求保持在85%~95%,仅凭库内、室内地面洒水只能使相对湿度维持在80%左右,难以防止果蔬失水萎蔫。因此,长时间储藏保鲜的情况下,地面洒水只可以作为一种辅助手段,对加湿器万一出现故障时起到延缓失水的出现,而要维持高湿度储藏环境最好配备合适的加湿设备。

(5)自动控制设备

气调冷库在整个储藏期内都必须精确测量和控制各间库的气体成分,气体检测设备分为检测控制设备和便携式检测仪两大类,其主要作用是:对气调冷库内氧气、二氧化碳气体进行连续检查、测量和显示,以确定是否符合气调技术指标要求,并进行自动(人工)的调节,使之处于最佳气调参数状态。在自动化程度较高的现代气调冷库中一般都使用自动检测控制设备,它由气体检测仪、单片微型计算机、显示、控制等电路组成。系统工作时,气体分析仪检测各库的氧和二氧化碳值并与设定值进行比较,如果库内二氧化碳值大于设定值,则由控制部分发信号启动二氧化碳脱除机开机工作;如氧含量低,则控制补氧,直至与设定值相等才停机。

便携式测试仪主要用于对各气调冷库气体参数进行抽样检查,人工控制气调设备的开启转换,也可用于与检控设备互相参照对比。目前国内外气调设备生产企业都设计制造出相应的自动控制设备,使测量和控制工作大部分实现了自动化,用1台计算机可控制30间左右气调间,每间气调间都可以按果品的品种设定各自的气调参数,并进行自动巡回检测和自动调节,也可通过显示器监控整个气调工艺流程,所有设定和实时测定的氧和二氧化碳浓度、温度、湿度等数据都具有显示、储存、查询、报警、打印等功能。

气调设备主要包括降氧设备、二氧化碳脱除设备、除乙烯设备,以及需要补充氧气和二氧化碳的设备。当然并不是所有的气调冷库都必须具备上述所有的设备,一个具体的气调冷库需要哪些设备由储藏的果蔬的种类决定。设备选型也取决于储藏品的呼吸强度,当所要储藏的果蔬品种确定后,就可以进行气调设备的配置。

表13-3列举了一些果蔬气调冷库气调设备的选配,可供参考。

表13-3　　　　　　　　典型的气调设备选择

储藏品种	降 O_2 设备	CO_2 脱除设备	除乙烯设备	补气设备	加 CO_2 设备
苹果	任选	必选		必选	
Cox苹果(橘苹)	必选	任选		必选	
金冠苹果(黄元帅)					
洋葱	必选			必选	
猕猴桃	必选	任选	必选	必选	
樱桃	必选			必选	必选
大白菜	任选	必选		必选	
番茄	必选	必选	必选	必选	

3. 制冷系统

气调冷库的制冷系统与高温冷藏库基本相同。气调冷库的制冷设备大多采用活塞式单级压缩制冷系统，以氨或 R22 作为制冷剂，冷却方式可以是制冷剂直接蒸发冷却，也可采用中间载冷剂的间接冷却，后者比前者效果理想。

现代的气调冷库设计，希望将库内温度波动控制在 ±0.5 ℃范围内，为此，除要求围护结构有较大的热阻以减小外界的影响外，在相同条件下，为减少库内储藏物品的干耗、减少蒸发器的结霜、维持库内较高的相对湿度，气调冷库的传热温差应为 2～3 ℃，即气调冷库蒸发温度和储藏要求温度的差值为 2～3 ℃，以减小蒸发器的结霜量。气调冷库通常选用传热面积比普通冷库大的冷风机，即气调冷库冷风机设计中采用所谓"大蒸发面积低传热温差"的方案。

冷风机蒸发器结构设计采用较大间距的翅片（6 mm）布置，以利于水冲霜和降低冲霜频率。用电冲霜会增加气调冷库的温度波动。蒸发器的风机最好采用双速风机或多个轴流风机可以独立控制的方式。在冷却阶段风量大一些，冷却速度加快；等库温降至设计值时，风量可减小，从而可以节能并减少水果的干耗。冲霜的水温应控制在 25 ℃左右，为进行冲水融霜，需要设置专用的融霜用淋水装置。为保证库房内的气密性，在接水盘放水管的后部需设置一段水封。

为了在气调过程中使制冷机能够经济运行，气调冷库围护结构的隔热层应比一般高温库厚。

4. 其他

（1）气调库门

气调库门与库体之间也应保证密封，而一般的冷库隔热门是达不到气密要求的。在气调库气密性实测中发现气调库门是整间库房的薄弱点。

早期气密门多为铰链转开式，目前则多为滑移门，其吊轨有坡度，门扇到了关闭位置会下降，依靠橡胶条与地面紧密接触。其余的气密做法有：在库门及门框周围均安装橡胶垫圈，有些还采用可充气垫圈；关门后，在门框四周用封泥或胶带封死；门框下部用水封等。

气调库的门为单扇推拉门，门上有一个 600 mm×760 mm 的小门用来在果蔬储藏期间供人进入库内观察果蔬储藏情况、了解风机运转情况、供分析取样等。该小门上一般设观察窗，以便于用肉眼观察库内果蔬样品、了解库内设备运转情况。沿门框和入孔门扇周边贴有一圈可充气的橡胶圈或软性橡胶圈，用专用的压紧螺栓沿门的周边将门扇紧紧地压在门框上以增加密封性。气调库一定要选用专门为气调库设计的气密门、密封窗。

（2）观察窗

观察窗可以用来观察储藏的食品情况和冷风机的运行情况。可在蒸发器的出风口处安装一个塑料风标，有助于确定气流通过盘管的程度，还可以观察冷风机冲霜周期的长短和冲霜效果。当维修人员进入库内检修时，还可用作安全监护。储藏期间，需要对果蔬的状态及制冷、加湿设备的运转情况进行观察。打开库门势必影响库内环境，所以每间库房均应安装观察窗。

观察窗一般为 500 cm×500 cm 双层玻璃真空透明窗，也有便于扩大视野的直径 500

cm 半球形窗,边缘应有防结雾电热丝。一般用聚丙烯制作成拱形,可以扩大观察视线。我国通常将其设置在靠技术走廊的气调库外墙上,如无技术走廊,可设置扶梯登高观察。另外,也有在气调库门上设置观察窗或可开启式观察门的做法,欧洲有些气调库的观察窗设置在天花板上。

(3) 压力安全装置

压力安全装置可以防止库内产生过大的正压或负压,使建筑结构及其气密层免遭破坏。在二氧化碳脱除机阀门失灵时和碳分子筛制氮机运行期间,如果没有压力安全装置或者压力安全装置的通气口没有打开,气调库的建筑结构就会遭到破坏。

水封型压力安全装置(安全阀)是一种结构简单、工作可靠、标有刻度的存水弯,它应该安装在气流干扰较小且便于观察的地方,可以将库内、外温度波动时库体承受的正压或负压限制在预定范围内。一旦超出该范围,阀内的水会被压入或压出库房,实现库内、外气体的窜流,从而减小库体所受压力。

在使用中要防止水的冻结和蒸发,必须定期进行加水。

气调储藏要求库内温度波动小于 0.5 ℃,经计算知两侧压差最高可达 183.384 Pa。根据这一要求,同时为了减少通过安全阀的气体窜流次数,国内将拟保持的库内、外压差定为 196 Pa。

当然,气体窜流会使库内气体浓度难以稳定,尤其是超低氧(ULO)储藏中的二氧化碳浓度。有些气调库还安装了手动放气阀门,在库内、外压差过大时打开,以便进行放气或进气。显然,库内、外气体的交换对储藏环境影响很大,且浪费能源。为了避免这种现象发生,要求提高温度控制精度并尽量减少化霜次数,避免出现过大的压差。

弹簧式加载止回阀也可以作为压力保护装置,该阀在 245 Pa 压差下动作而不需要像水封那样经常调整、维护。

选用压力安全装置时要与库房容积成比例,如果水封的横断面积过小而不能及时释放库内的压力,仍会造成建筑结构破坏。根据气调储藏水果的经验表明:28 m³ 库容积,压力安全装置的敞口面积为 6.45 cm²。

气调库在运行期间会出现微量压力失衡。引起微量压力变化的原因有:二氧化碳脱除机脱除了二氧化碳、制冷盘管除霜、室外大气压力的变化、冷风机周期性的开停等。

气调库比普通冷库需配备更多的设备,因此在建库的一次性投资上,要比普通冷库高出许多费用,尤其小型库气调设备的费用所占的比例更大。以 10 t 库为例,普通冷库只需 3 万元左右,而气调库要投入 7 万元。若建 1 000 t 库,普通冷库需要 320 万元,而气调设备投资只需要再增加 40~70 万元。因此,所建库容越大,气调设备的投资额相对减少。

气调库虽然投资较高,但产生的效益与普通冷库有较大差别。以 1000 t 库储存红元帅苹果为例,对苹果储存后上市的商品率一项内容进行比较。普通冷库储存 240 天后,红元帅的商品率为 83%,即入库 1 000 t,上市销售 830 t;气调保鲜库储存 240 天后,红元帅的商品率为 95%,即入库 1 000 t,上市销售 950 t。两项相比,差额为 120 t。按每千克 3 元的价格进行折算,仅此一项,气调库比普通库要增值 36 万元。若再考虑由于储存苹果的品质好、价格高、货架期长等优势,增值就非常可观。近年来,有的企业利用气调库储藏大樱桃、冬枣,可保鲜、保质 3 个月以上,经济效益良好。

三、气调库的操作管理

气调储藏的试验研究始于 19 世纪初,至今已有 200 多年的历史,而大规模的商业应用只是近几十年的事。气调库就是气调储藏技术发展到一定阶段的产物,是商业化、工业化气调储藏的象征和标志。

气调库不仅在储藏条件、建筑结构和设备配置等方面不同于果蔬冷却物冷藏间,而且在操作管理方面也有自己的特殊要求。操作管理中任一环节出现差错都将影响气调储藏的整体优势和最终储藏效果,甚至还会关系到气调库的建筑结构和操作人员的人身安全。

1. 果蔬储藏的生产管理

果蔬储藏的生产管理包括果蔬储前、储中、储后全过程的管理。

(1)果蔬储前的生产管理

储前生产管理是气调储藏的首要环节。入库果蔬质量好坏直接影响到气调储藏的效果,具体包括:果蔬成熟度的判定和选择最佳采摘期,尽快使采摘后的果蔬进入气调状态,减少采后延误,注重采收方法,重视果蔬的装卸、运输、入库前的挑选和库中堆码等环节,以及入库前应将库房、气调储藏用标准箱进行消毒等。

在保证入库果蔬质量的前提下,入库的速度越快越好。单个气调间的入库速度一般控制在 3～5 天,最长不超过 1 周,装满后关门降温。

(2)果蔬储中的生产管理

储中是指入库后到出库前的阶段。储中阶段生产管理的主要工作是按气调储藏要求,调节、控制好库内的温、湿度和气体成分,并搞好储藏果蔬的质量监测工作。具体要求如下:

① 储藏条件的调节和控制:包括库房预冷和果蔬预冷。预冷降温时应注意保持库内、外压力的平衡,只能关门降温,不可封库降温,否则可能因库内温度的升高(空库降温后因集中进货使库温升高)或降低(随冷却设备运行,库温回落),在围护结构两侧产生压差,对结构安全构成威胁。封库气调应在货温基本稳定在最适储藏温度后进行,且降氧速度应尽可能快。

② 气调状态稳定期的管理:是指从降氧结束到出库前的管理,这个阶段的主要任务是维持储藏参数的基本稳定。按气调储藏技术的要求,温度波动范围应控制在 ± 0.5 ℃以内;氧气、二氧化碳含量的变化也应在 $\pm 0.5\%$ 以内;乙烯含量在允许值以下;相对湿度应在 $90\% \sim 95\%$。

气调库储藏的食品一般整进整出、食品储藏期长、封库后除取样外很少开门、在储藏的过程中也不需通风换气、外界热湿空气进入少、冷风机抽走的水分基本来自食品,若库中的相对湿度过低,食品的干耗就严重,从而极大地影响食品的品质,使气调储藏的优势无法体现出来。所以,气调库中湿度控制也是相当重要的。

当气调库内的相对湿度低于规定值时,应用加湿装置增加库内的相对湿度。库内加湿可以用喷水雾化处理。

储藏中的质量管理还包括经常从库门和技术走廊上的观察窗进行观察、取样检测。从果蔬入库到出库,始终做好果蔬的质量监测是十分重要的,千万不要片面地认为,只要保证储藏参数基本稳定,果蔬的储藏质量就可保证。

（3）果蔬储后的生产管理

果蔬储后的生产管理包括出库期间的管理和确定何时出库。气调库的经营方式以批发为主，每次的出货量最好不少于单间气调库的储藏量，尽量打开一间、销售一间。果蔬出货时，要事先做好开库前的准备工作。为减少低氧对工作人员的危害，在出库前要提早 24 h 解除气密状态，停止气调设备的运行，通过自然换气使气调库内氧气浓度恢复到外界大气浓度。当库门开启后，要十分小心，在确定库内空气为安全值前，不允许工作人员进入。出库后的挑选、分级、包装、发运过程，应注意快、轻，尽量避免延误和损失，上货架后要跟踪质量监测。

2. 设备和库房管理

（1）果蔬入库储藏前

每年果蔬入库前都要对所有气调库进行气密性检测和维护。气密性标准可采用：当库内压力由 100 Pa 降到 50 Pa 时，所需时间不低于 10 min。

（2）果蔬储藏中

果蔬储藏中要对制冷、气调设备、气体测量仪等进行检查和试运行。操作人员应经常巡视机房和库房，检查和了解设备的运行状况和库内参数的变化，做好设备运转记录和库内温、湿度及气体成分变化记录，了解安全阀内液柱变化及库内、外压差情况，并根据巡视结果进行调节。

（3）果蔬全部出库后

果蔬全部出库后应停止所有设备运行，对库房结构、制冷、气调设备进行全面检查和维护，包括查看围护结构、温湿度传感器探头是否完好、机器易损件是否需更换、库存零配件的清点和购置等。

3. 气调库的安全运行

由于气调库的建筑和设备的特殊性，气调库的安全管理也是十分重要的工作。

（1）库房围护结构的安全管理

气调库是一种对气密性有特殊要求的建筑物，库内、外温度的变化以及在气调设备的运行中，都可能引起库房围护结构两侧压差变化。压差值超过一定限度就会破坏围护结构，不可因气调库设置了安全阀和调气袋就可以掉以轻心。

（2）人身安全管理

要求气调库的操作、管理人员一定要掌握安全知识。气调库内气体不能维持人的生命，不可像出入冷藏库那样贸然进入气调库，必须熟练掌握呼吸装置的使用。

为了更好地保证人身安全，必须制定下列管理措施以防止发生人身伤亡事故。

① 在每扇气调库的气密门上书写醒目的危险标志："危险！库内缺氧，未戴氧气罩者严禁入内！"。封库后，气密门及其小门应加锁，以防止闲杂人员误入。

② 进入气调库维修设备或检查储藏质量时，需两人同行，且均戴好呼吸装置后，一人入库，一人在观察窗外观察，严禁两人同时入库作业。

③ 至少要准备两套完好的呼吸装置，并定期检查其可靠性。

④ 开展经常性的安全教育，使所有的操作管理人员树立强烈的安全意识。

第四节　立体式自动化冷库

一、立体式自动化冷库概述

为了提高冷库货物的存放数量,采用堆垛的方式无疑比平摆在地面要优越得多。由于货物堆积起来,出库时需要从底部或上边取出货物,这必然要花费很多时间和劳动,要做到先入先出就更困难了。但把不同的货物均存放在标准的托盘里,然后将托盘存放到多层高位立体的货架上,这就解决了以上问题。

由于冷冻冷藏库环境的低温恶劣性,操作人员不可能在低温的环境下长期工作,这就要求实现货物的自动化进出,可以采用特殊的起重机(如巷道堆垛起重机)从指定的货格中提取或堆放货物托盘,并用平面输送带进行货物进、出库的自动化操作,操作人员无须进入库内。

因此,立体式自动化冷库指的是在冷库采用高层货架以货箱或托盘储存货物,主要依靠巷道式堆垛起重机及其他机械进行作业,由电子计算机进行管理和控制,不需要人工搬运而实现收发作业的冷库。也就是说,自动化立体冷库就是库内货物堆放高层立体化;机械设备和冷库管理进、出货物是以计算机为中心控制的自动化;进、出货物是以计算机程序操作的机械化。在国外也称为"无人冷库"或"信息冷库"。

2007年4月,当时亚洲最大的单体自动化立体冷库在宁波投产。一期冷藏量达2.5万t,单体冷藏能力居亚洲第一。三期工程全部完成之后,冷藏能力将达到8万t,单体冷藏能力居世界第一。该冷库是当时国内第一座自动化立体冷库,高24 m,采用国际上先进的冷藏工艺技术和全自动智能控制作业流程,运行效率是传统冷库的10倍,而占地面积仅为传统冷库的1/6。

二、立体自动化冷库的构成

立体自动化冷库由货物储存系统、货物存取和传送系统、自动控制和管理系统、库内冷却系统等组成。

1. 货物储存系统

货物储存系统由立体货架的货位(托盘或货箱)组成。立体货架机械结构可分为分离式、整体式和柜式三种,按高度分为高层货架、中层货架、低层货架。按货架形式分为货架、重力货架、活动货架和拣选货架等。货架按照层、列、排组合而成为立体仓存系统。

（1）货架

货架是自动化立体仓库中最主要的组成部分,提供托盘和货物自动存储的空间。常用的货架有悬臂货架、流动货架、货格式货架、水平或垂直旋转货架等。货架的结构及功能有利于实现仓库的机械化和自动化。由于货架是一种架式结构物,所以它可以充分得利用仓库空间、提高库容利用率、扩大仓库存储能力。存入货架中的货物互不挤压,可完全保证物资本身的功能,从而减少货物的损失。货架中的货物存取方便,便于清点和计算。

（2）托盘

托盘是用于集装、堆放、搬运和运输的放置货物的水平平台装置,其基本功能是装物料,同时还应便于叉车和堆垛机的叉取和存放。托盘是由两层面板中间夹以纵梁(或柱脚)或单层面板下设纵梁(垫板或柱脚)的一种平面结构。有钢、塑料、木制托盘,其中木托盘具有较高的性能价格比。为了提高出、入库效率和仓库的利用率，以及实现存储自动化作业，通常采用货物连带托盘的存储方法，托盘成为一种存储工具。

2. 货物存取和传送系统

货物存取和传送系统承担货物存、出入仓库的功能，由起重设备、出入库输送装卸机械等组成。

向货架堆放托盘的起重设备大致可分为以下三种：

（1）叉车

叉车的缺点是需要直角堆垛通道较宽，从而使冷库的有效面积、有效空间的利用率降低。另外，叉车的最大堆垛高度也有限，一般在 4 m 以下。因此，目前货架型立体冷库的堆垛作业逐渐被巷道堆垛机代替。

（2）桥式堆垛机

桥式堆垛机是桥式起重机和叉车起升门架的结合体，其直角堆垛通道缩小了，堆垛高度一般也可达 10 m，从而可使冷库的面积、空间利用率提高。但是，它有一个笨重的桥架，其运行速度也受到较大的限制，并且由于它横跨整个冷库，所以设置数量限制在 1～2 台。因此，此种形式仅适用于出、入冷库不太频繁的冷库和存放长形原材料及笨重货物的冷库。

（3）巷道式堆垛起重机

由于采用巷道式堆垛机，直角堆垛通道宽度被降低至最小范围，堆垛高度目前可达 40 m，从而使冷库面积和空间的有效利用率大大提高。更重要的是，由于通道专用化，操作简单化、顺序化，从而为自动化控制奠定了基础。

目前，在自动化立体冷库中应用最广泛的起重设备就是巷道式堆垛机。对于高层储藏显得更重要。

① 堆垛机

堆垛机是自动化立体仓库中的重要设备，主要用于自动搬运、存取货物，是实现托盘货物自动出、入库作业的主要工具。堆垛机一般用电力驱动，通过自动或手动控制，实现货物搬运。它在高层货架的巷道内来回穿梭运行，将位于巷道口的货物存入货格；或者相反，取出货格内的货物运送到巷道口。整机结构高而窄，由起升机构、运行机构、货叉、伸缩机构、机架以及电气部分等组成。它通常依靠运行机构、升降机构和货叉左右伸缩机构来完成空间三坐标的出、入库操作。

为了提高出、入库的效率，缩短作业周期，堆垛机的速度不断提高，但是为了保证位置的停止精度，要求停止前有较小的蠕动速度。为此，堆垛机的驱动电机应具有范围较宽的调速性能，通常调速的方法有：直流调速、可控硅交流调速、涡流制动器调速、双速电机及双电机等。

② 运输机系统

输送系统是库体的主要外围设备，负责将货物输送到堆垛机上、下料位置和货物出、入库位置。常见的有辊道输送机、链条输送机、升降台、分配车、提升机、皮带机等。其中入库输送系统主要由辊子输送机和链条输送机构成，出库输送系统则由链条输送机和穿梭小车构成。

近年来，AGV 系统即自动导向小车也较好地用于输送系统，根据其导向方式可分为感应式导向小车和激光导向小车。

3. 控制和管理系统

控制和管理系统一般采用计算机控制和管理,根据自动化立体仓库的不同情况采取不同的控制方式。有的仓库只采取对存取堆垛机、出入库输送机的单台 PLC 控制,机与机之间无联系;有的仓库对各台机械进行联网控制。更高级的自动化立体仓库的控制系统采用集中式控制、分离式控制和分布式控制,即由管理计算机、中央控制计算机和堆垛机、出入库输送机等直接控制的可编程序控制机械组成控制系统。

一般来说,自动化立体仓库控制和管理系统可分成三级,即管理级、监控级和设备控制级。

管理级系统是自动化立体仓库的管理中心,承担下发货物存取指令、入库管理、出库管理、盘库管理、账单数据查询、报表打印及显示、系统参数维护等功能。

(1)库存管理

它能迅速、及时地通过外部输出设备做出包括库存目录表、日报表、月报表、出库预定表、缺货文件目录表等库存管理所需要的文件报表。通过与计算中心之间的通信联系,可向生产、计划、调度等部门迅速而正确地提供库内的原始数据,组织全厂完整的数据处理。

(2)货架管理

对于高层货架冷库,在存放品种多时,能够正确迅速地指出哪一货位存放什么品种,哪一货位是空的,以及正确地选定出、入库的最宜货格,这对出、入库作业的效率是十分重要的。因为管理人员要爬到 20 多米高处去检查,将是十分困难的。计算机管理货架货位的功能比其自动化控制更为重要。在国外,有许多冷库内的计算机仅作货架管理及数据处理用。

(3)控制功能

计算机参与控制,可分为离线控制和在线控制两类,也就是间接或直接去控制职能机构,完成预定的某种动作。

监控级系统通过专用数据采集元件或设备将立体仓库内的相关信息采集到监控计算机内,通过工业监控软件的处理,将仓库内的信息以图表或数值的方式实时反映给仓库管理者,达到全面、实时地了解设备运行情况及远程控制自动化立体仓库的目的,可以实现对立体仓库中主要设备的自动化运行数据采集、监视和控制,使控制设备能够根据系统的要求进行高效、准确地工作,从而实现货物的自动存储和发送。

设备控制级系统主要根据管理级或监控级的命令控制堆垛机和输送机的动作,同时向监控层反馈各设备运行状态和任务完成情况。为了对起重机、运输机等职能机构进行远距离的顺序控制,保持控制器与职能机构之间的信息联系是必不可少的,即必须把现场物流的位置正确地检测出来,并通过传输向控制器报告。而经控制器逻辑运算后发出的作业指令又通过传输正确地送到职能机构。

三、立体自动化冷库的特点

(1)提高了工作效率,商品出入库迅速、准确,缩短了出、入周期,提高了冷库的储存周转能力。

(2)可确保库存商品按"先进先出"原则进行管理,使商品库存合理化,从而有利于商品周转,有利于提高商品储藏质量和减少损耗,大大降低储存费用。

(3)可以实现机械化、自动化。装卸作业迅速、吞吐量大,从而减轻劳动强度,从根本上解决了人背肩扛的问题。

（4）库内装卸、堆码机械作业、库温控制、制冷设备运行全部实现自动化，库内不需任何操作人员。采用计算机管理能随时提供库存货物的品名、数量、货位、库温履历、自动结算保管费用和开票等，提高了管理效率、管理水平，可以随时掌握冷库商品的流通情况，省去了名目繁多的账本，从而大大减少了管理人员。但是这种冷库初次投资费用较高，对操作管理人员的技术水平要求较高。

（5）能节约占地面积。仅以冷库面积 30 m×18 m，托盘尺寸 1 000 mm×1 000 mm 为例，在同样条件下，采用叉车、桥式堆垛机和巷道堆垛机三种不同形式所得冷库面积和空间的利用率不一样：巷道式堆垛起重机为叉车的 8.3 倍，为桥式堆垛机的 1.9 倍。

（6）改善了商品养护环境，提高了安全性，在有些自动化冷库中还同时解决了分检、包装和发送等作业。

另外，还附设自动防火、自动灭火、自动报警、自动照明和自动空调等设备，减少了商品的损耗。

四、立体式自动化冷库的设计特点

自动化立体冷库设备主要用于冷藏间接收、储存、发送已冷却（冻结）至所需储存温度的产品，具有以下特性：

1. 整体设施要求

依据存储货物要求的不同温域对设施有不同的要求，涉及选址、结构、制冷参数选择、执行设备材料的选用、组合结构的形式、给水和排水、采暖通风和地面防冻、电气、库内工艺及设备、制造工艺等方面。库房要保持低温环境，需高效制冷和保温，还需考虑执行设备表面结霜、结冰的预防和清除；库内设施要解决构件温度应力的预防和消除；地基要求采取防湿、防冻措施，还需具备足够的承载能力，同时还必须考虑由于低温库在除霜、除水时产生水流的排放，因此库内要有排水通道；穿堂要求合理配置，防止设施结构的冷桥效应。

在库内构件与库体连接部位，电缆的出、入通道应当连续而均匀地覆盖保温材料，如果在实际设计和施工中造成短路而形成冷桥，将导致该部位形成热交换源，致使建筑物的整体保温性能下降。冷桥的存在会造成冷凝现象，构件表面凝结的水滴会影响建筑中设备以及产品的安全，并导致金属表面腐蚀，从而影响建筑物的正常使用。

库房要保持低温环境，需高效制冷和保温，设施的设计和制造必须满足以上要求，同时要考虑设施表面结霜、结冰的预防和清除。对金属材料应用规范来讲，根据结构类型和载荷类型按照一定的温度界限选用。库内设施要解决构件温度应力的预防和消除、防止设施结构的冷桥效应。各种构件需要保证在低温状态下安全、可靠。

2. 执行设备要求

执行装备如堆垛机、输送机、穿梭车等设备必须适应冷态环境要求，保证在低温状态下正常运转。设施库材料的使用，必须避免采用低温冷脆性材料；制造工艺、构件的连接方式、构件的组装方式必须适应低温条件。

3. 热流控制要求

冷库内的热流量有多种形式：货物的输入造成热量的入侵，货物的呼吸、库内照明、库门的开闭，出、入通道形成热量的对流，作业热（如库内电器运转热、工作人员散热等）的散发，这些都会带来库内温度变化。要保持良好的低温环境，在设计结构布局、确定物流路径时必须考虑有效避免、降低热流干扰。

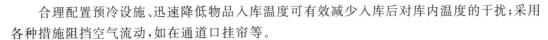

合理配置预冷设施、迅速降低物品入库温度可有效减少入库后对库内温度的干扰；采用各种措施阻挡空气流动，如在通道口挂帘等。

4. 电器控制要求

电器元件在低温状态下的安全性、可靠性是至关重要的。同时安装的工艺、配电柜、电器元件、滑导线运行机构的保温、防霜、防冻措施，电刷加热温度等均将直接影响使用效果。

5. 设备的维护要求

冷库中维修的快捷是必须考虑的因素，这就要求机械结构合理，具备快速更换、快速拆卸性能。同时，要考虑配备方便维修的辅助设施、工具。必要时，要具备实施快速出库的方式和泊位。

第五节　制冷装置的运行和维护

制冷系统投入使用以后，其操作管理尤为重要，它关系到能否延长机器设备的使用寿命，降低能耗，从而降低成本的问题，更涉及能否安全生产，以保证产品质量，保护员工安全的问题。要想很好地进行制冷系统的操作管理，必须做到：熟悉制冷系统的操作规程，懂得制冷系统的事故分析及制冷系统常见故障排除方法，掌握制冷系统的安全技术。

一、启动前的准备

设备在启动前的准备工作应包括以下内容：

（1）设备场地周围的环境清扫，设备本体和相关附属设备的清洁处理已经完成。

（2）检查电源电压、系统中各阀门通断情况及阀位，能量调节装置应置于最小挡位，以便于制冷设备空载启动。

（3）设备中制冷剂的补充。当系统完成了气密试验后，就可以开始对系统正式充注制冷剂。在充注前应仔细检查系统各部分，在充注中校正制冷剂，对各阀门进行调节，且须打开冷却水泵。

为了确定制冷剂的充注量，应根据系统中所用具体设备，先按表13-4找出容积充注量，再由设计条件厂各设备中制冷剂的密度求出质量充注量。表中未出现的设备，其充注量可忽略不计。如制冷剂为氨，从回氨调节器以液体充入；如为卤代烃，则从压缩机吸入阀的多用口充入饱和蒸汽。

表 13-4　　　　　　　　　各设备中制冷剂容积充占设备容积的百分比　　　　　　单位：%

设备名称	百分比	设备名称	百分比	设备名称	百分比
立式冷凝器	7	中间冷却器	30	墙排管	60
卧式冷凝器	15	低压循环储液器	30	顶排管	50
高压储液器	30	氨液分离器	30	冷风机	50
洗涤式油分离器	15～20	液体管	100	回热器管内	100

新建或大修后的制冷系统，必须经过试压、检漏、排污、抽真空、氨试漏后方可充氨。充氨站应设在机器间外面，充氨时严禁用任何方法加热氨瓶。充氨操作应在值班长的指导下进行，并严格遵守充氨操作规程。制冷系统中的充氨量和充氨前的氨瓶称重数据均须专门记录。

（4）向油冷却器等附属设备中提供冷却水。

（5）压缩机启动前的准备和检查工作。

① 打开冷凝器的冷却水阀门,启动水泵,若是风冷式冷凝器,则启动风机,并检查供水或风量是否正常。

② 检查和打开压缩机的吸、排气截止阀及其他控制阀门(除通大气外)。

③ 检查压缩机曲轴箱内油面高度,一般应保持在油面指示器的水平中心线上。

④ 用手盘动皮带轮或联轴器数圈,或外电源开关试启动一下即关,检听是否有异常杂声和其他意外情况发生,并注意飞轮旋转方向是否正确。

⑤ 经过仔细检查,认为一切正常后即可启动压缩机试运转。

二、制冷装置的启动

充入制冷剂后即可按压缩机说明书规定对开机程序进行制冷装置的运行,待压缩机运行稳定后,进行油压调节,然后根据冷负荷的变化情况进行压缩机的能量调节。制冷装置启动后把装置运行参数调整到所要求的范围内工作。启动后需检查下列项目:

（1）检查电磁阀是否打开(指装有电磁阀系统),可用手摸电磁阀线圈外壳,若感到热和微小震动,则说明阀已被打开。

（2）油泵压力是否正常。油泵出口压力应比吸气压力高 0.15～0.30 MPa。若不符合要求,应进行调整。对油压继电器的低油压差动做试验,检查油泵系统油压差值低于规定范围时,看油压继电器能否工作。

（3）润滑油的温度一般应在 5～60 ℃之间。油温过高会降低润滑油的黏度,从而影响润滑效果;油温过低、黏度太大,也会影响润滑效果。曲轴箱内的油面当为一个视孔时,应保持在该视孔的 1/3～2/3 范围内,一般在 1/2 处;当为两个视孔时,应保持在下视孔的 1/2 到上视孔的 1/2 范围内。

（4）注意压缩机的排气压力和排气温度。按照规定,排气压力 R12 不能超过 1.18 MPa,R22 和 R717 不能超过 1.67 MPa;排气温度 R12 不能超过 130 ℃,R22 和 R717 不能超过 150 ℃。排气温度过高会使润滑油结碳,缩短阀片寿命,从而加快汽缸和活塞磨损。

（5）氟利昂系统的吸气温度一般应不超过 15 ℃,吸气温度的增高会引起排气温度的升高,且油温也会升高。

（6）检查分油器的自动回油情况。正常情况下,浮球阀自动的周期性开启、关闭,若用手摸回油管,应该有时热时冷的感觉(当浮球阀开启时,油流回曲轴箱,回油管就发热,否则就发冷)。若发现回油管长时间不发热,就表示回油管有堵塞或浮球阀等故障,应及时检查排除。

（7）汽缸、曲轴箱内不应有异常声音,否则应停机检查,并及时排除故障。

（8）对备有能量调节装置的压缩机,应检查该机构的动作是否正常。

（9）检查整个系统的管路和阀门是否存在泄漏处。

启动过程中应注意的问题如下:

① 在设备启动过程中,必须在前一个程序结束且运行稳定正常后,方可进行下一个程序。不准在启动过程中,前一个程序还没结束、运行还不稳定的情况下就进行下一个程序的启动,以免发生事故。

② 在启动过程中要注意机组各部分运行声音是否正常,油压、油温及各部分的油面液

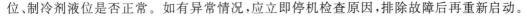

位、制冷剂液位是否正常。如有异常情况,应立即停机检查原因,排除故障后再重新启动。

三、制冷设备的运行调整

制冷系统是一个封闭系统,制冷剂在其中不断循环流动,其运行状况通过运行参数反映出来。这些参数包括温度、压力、流量、液位以及电流。

制冷系统的运行参数是进行操作调节的重要依据,对系统运行的经济性和安全性影响很大,其中比较重要的运行参数有:蒸发压力与温度、冷凝压力与温度、过冷温度、压缩机的吸气与排气温度、中间压力与温度等。其中,蒸发压力与温度和冷凝压力与温度是最主要的参数。

上述运行参数在设计制冷装置时,正确地选择和规定是十分重要的。在实际运行中,由于决定主要参数的因素是不断变化的,因此各个参数也是相应变化的。例如,环境气温的变化、机器和设备能力的变化、被冷却物体温度的变化,以及冷却水量和温度的变化等,都会引起各参数的变化。换言之,实际运行时的参数不可能和设计时的参数完全相同。制冷装置操作调整的目的就是要控制各个参数,使其在最经济、最合理的条件下运行,以求达到耗功最省、制取冷量最大和保证安全运行。

设备启动完毕投入正常运行以后应加强巡视,以便及时发现问题并处理,其巡视的内容主要是:制冷压缩机运行中的油压、油温、轴承温度、油面高度;冷凝器进口处冷却水的温度和蒸发器出口冷媒水的温度;压缩机、冷却水泵、冷媒水泵运行时电动机的运行电流;冷却水、冷媒水的流量;压缩机吸、排气压力值;整个制冷机组运行时的声响、振动等情况。

制冷设备运行记录记载着每个班组操作管理的基本情况,它是对设备进行经济考核和技术分析的重要依据。因此,要求运行记录填写要及时、准确、清楚,并按月汇总装订,作为技术档案妥善保管。运行记录的主要内容应包括:开机时间、停机时间及工作参数,每班组的水、电、气和制冷剂的消耗情况,各班组对运行情况的说明和建议以及交接班记录。

操作人员应根据设备的运行记录、观察到的制冷设备工况参数的变化等情况,及时采取措施,正确调节设备、降低消耗,提高制冷设备的工作效率,确保设备的安全运行。

四、停机程序和注意事项

正常停机的程序一般先停制冷压缩机电动机,再停蒸发器的冷媒水系统,最后停冷凝器的冷却水系统。

(1) 关闭节流阀或供液总阀,降低蒸发器的压力,以便下一次启动。关闭储液器或冷凝器的出液阀。

(2) 关吸入阀,当曲轴箱表压降到 0.03～0.05 MPa 时,切断电流。

(3) 将能量调节位置移向"0"位。

(4) 待 2～3 min 后,将冷却水系统和冷冻水系统关闭。停止搅拌机,记录停机时间。
在制冷设备停机过程中应注意的问题如下:

① 停机前应降低压缩机的负荷,使其在低负荷下运行一段时间,以免使低压系统在停机后压力过高。但也不能太低(不能低于大气压),以免空气渗入制冷系统。

② 在空调系统制冷运行阶段结束后,制冷设备停机后应将冷凝器中的冷却水、蒸发器中的冷媒水、压缩机油冷却器中的冷却水等容器中的积水排干净,以免冬季时冻坏设备。

③ 在停机过程中,为保证设备的安全,应在压缩机停机以后使冷媒水泵和冷却水泵再工作一段时间,以使蒸发器中存留的制冷剂全部汽化,冷凝器中的制冷剂全部液化。

在制冷设备运行中,遇到因制冷系统发生故障而停机称为故障停机;遇到系统突然发生冷却水中断或冷媒水中断,突然停电及发生火灾采取的停机称为紧急停机。下列情况 应作紧急停机处理(即不按正常停机程序进行)。

① 电源突然中断停机:应立即关闭调节站节流阀,停止向蒸发器供液,以免下次启动时因蒸发器液体过多而产生湿压缩,然后关闭制冷机吸、排气阀。对于氟系统条件下,可不作处理,拉下电源开关。检查停机原因,确认故障排除后可重新启动。

② 突然停水停机:由于检修管路或其他原因导致冷却水突然中断时,应立即切断电源,停止制冷机运转,避免冷凝压力过分升高,然后再关节流阀和制冷机吸、排气阀(对水冷式氟制冷机同样要切断电源)。经查明原因并消除之后,可再行启动。如因停水,系统或设备安全阀超压跳开还应对安全阀试压一次。

③ 遇火警停机:当与冷库相邻的建筑物发生火灾并危及冷库系统的安全时,应立即切断电源,迅速打开储液器、油分离器、蒸发器各放油阀,开启紧急泄氨器,以防因火灾蔓延而使制冷系统发生小爆炸事故。

第六节 冷库的管理和节能

一、冷库管理

冷库担负着提供食品加工、冷冻、冷藏等食品生产所需要的特定的空间环境。冷库结构复杂、技术性强,为满足使用要求、降低运行成本和延长使用寿命,冷库的使用、维修和管理必须严格按照科学办事。如果其管理工作做得不好,不仅会造成食品的变质、腐败、干耗大等质量问题,而且还会出现能耗大、设备故障多等问题,从而影响冷库的使用和管理部门的工作效率和经济效益。

1. 冷库的使用管理

(1)冷库是低温密封性建筑,其结构复杂、技术性强、造价高、库内外温差大,最忌有冰、霜、水、汽。因此,冷库的使用、维修和管理必须严格按照科学办事,认真执行国家颁布的有关标准和法规,以保证冷库正常生产、运转安全,延长建筑物和结构物的使用年限。冷库的使用应按设计要求,充分发挥冻结和冷藏能力,确保安全生产和产品质量,养护好冷库建筑结构。

(2)严防水、汽渗入隔热层。冷库是用隔热材料建成的,具有怕水、怕潮、怕热气、怕跑冷的特性,要把好冰、霜、水、门、灯五关,确保冷库正常使用。

穿堂和库房的墙、地、门、顶等都不得有冰、霜、水,有了要及时清除。库内排管和冷风机要及时扫霜、冲霜,以提高制冷效能。冷风机水盘内和库内不得有积水。冷库内严禁多水性作业。没有经过冻结的货物,不准直接进入冻结物冷藏间,以保证商品质量,防止损坏冷库。要严格管理冷库门,商品出、入库时,要随时关门,库门如有损坏要及时维修,做到开启灵活、关闭严密、防止跑冷。凡接触外界空气的门,均应设空气幕以减少冷、热空气对流。

(3)防止冷库建筑结构因冻融循环而损坏。各种库房应根据设计规定用途使用。高、低温库房不能混淆使用。原设计的两用库确定一种用途后,不得轻易改变。各种库房在空库时也要保持一定温度,冻结间和低温库在－5 ℃以下,高温库在露点温度以下,从而避免库内滴水受潮。原设计有经冷却工序的冻结间如改为直接冻结时,冻结间要有足够的制冷设备,同时还要控制进货数量和掌握库温,库房内不得出现滴水现象。

（4）防止地坪和楼板冻鼓和损坏。冷库对地坪和楼板在设计上都有规定,能承受一定的负荷,并铺有防潮和隔热层。如果地坪表面保护层被破坏,水分流入隔热层,会使隔热层失效。如果商品堆放超载,会使楼板产生裂缝,因此不得把商品直接铺在地坪上冻结,拆肉垛时不得采用倒垛的方法;脱钩和脱盘时,不准直接在地坪上摔击,以免砸坏地坪或破坏隔热层;商品堆垛及吊轨悬挂重量不得超过设计负荷标准;没有做地坪防冻措施的高温库房,其库内温度不得低于 0 ℃;冷库地下风道应保持畅通,不得积水、堵塞;如采用机械通风时,应有专人经常测量地坪下温度,做好记录并定时开启通风机。

（5）必须注意合理使用库房,提高库房利用率并不断总结和改进商品堆垛方法,安全、合理安排货位和堆放高度;在楼板负荷允许情况下,提高每立方米的堆货数量。货垛要牢固整齐,便于盘点、检查和进、出库。库内要留有合适的走道;库房宽度为 10～20 m,在库房中央留有走道,库房宽度超过 20 m 时,每 10 m 留一条走道,走道宽度为 1.2～1.8 m。

（6）库房要留有合理的走道,便于库内操作、车辆通过、设备检修,以保证安全。商品进、出库及库内操作,要防止运输工具和商品碰撞库门、电梯门、柱子、墙壁和制冷系统管道等工艺设备,在易受碰撞之处应加防护装置。

（7）库内电器线路要经常维护,防止漏电,出库房要随手关灯。

2. 冷库的商品质量管理

（1）冷库要加强卫生检查工作。库内要求无污垢、无霉菌、无异味、无鼠害、无冰霜等,并有专职卫生检查人员检查出、入库商品。肉及肉制品在进入冷库时,必须有卫检印章或其他检验证件,严禁未经检疫检验的社会零宰畜禽肉及肉制品入库。

（2）为保证商品质量,冻结、冷藏商品时,必须遵守冷加工工艺要求。商品深层温度必须降低到不高于冷藏间温度 3 ℃时才能转库,如冻结物冷藏间库温为－18 ℃,则商品冻结后的深层温度必须达到－15 ℃以下。长途运输的冷冻商品,在装车、船时的温度不得高于－15 ℃。外地调入的冻结商品温度高于－8 ℃时,必须复冻到要求温度后,才能转入冻结物冷藏间。

（3）根据商品特性,严格掌握库房温度和湿度。在正常情况下,冻结物冷藏间一昼夜温度升降幅度不得超过 1 ℃,冷却物冷藏间不得超过 0.5 ℃。在货物进、出库过程中,冻结物冷藏间温升不得超过 4 ℃,冷却物冷藏间不得超过 3 ℃。

（4）对库存商品,要严格掌握储存保质期限,定期进行质量检查,执行先进先出制度。如发现商品有变质、酸败、脂肪发黄现象,应迅速处理。

（5）商品入库前应检验或挑选,以保证产品质量。供应少数民族的商品和有强挥发性气味的商品应设专库保管,不得混放。

（6）要认真记载商品的进、出库时间、品种、数量、等级、质量、包装和生产日期等。要按垛挂牌,定期核对账目,出一批清理一批,做到账、货、卡相符。

（7）冷库必须做好个人、库房周围和库内外走廊、汽车和火车月台、电梯等场所的卫生工作。库内使用的易锈金属工具、木质工具和运输工具、垫木、冻盘等设备,要勤洗、勤擦、定期消毒,防止发霉、生锈。库内商品出清后,要进行彻底清扫、消毒,堵塞鼠洞,消灭霉菌。

3. 冷库的设备管理

（1）冷库中的制冷设备和制冷剂具有高压、易爆、含毒的特性,冷库工作人员要树立高度的责任感,认真贯彻预防为主的方针,定期进行安全检查。每年旺季生产之前,要进行一次重点安全检查,检查制度、各种设备的技术状况、劳动保护用品和安全设施的配置情况。

(2)要加强冷库制冷设备和其他设备的管理,提高设备完好率,确保安全生产。冷库的机房要建立岗位责任制度、交接班制度、安全生产制度、设备维护保养制度和班组定额管理制度等各项标准、技术规程,并严格执行。

(3)冷库所用的仪器、仪表、衡器、量具等都必须经过法定计量部门的鉴定,同时要按规定定期复查,确保计量器具的准确性。氨瓶的使用管理必须严格遵守相关规程中的有关规定。大中型冷库必须装设库温遥测装置,以保证冷库温度的稳定和设备的正常运转,从而降低能源消耗。

(4)操作人员要做到"四要""四勤""四及时"。"四要"是:要确保安全运行;要保证库房温度;要尽量降低冷凝压力;要充分发挥制冷设备的制冷效率,努力降低水、电、油、制冷剂的消耗。"四勤"是:勤看仪表;勤查机器温度;勤听机器运转有无杂音;勤了解进、出货情况。"四及时"是:及时放油;及时除霜;及时放空气;及时清除冷凝器水垢。

(5)冷库必须认真执行有关的维护检修制度。将冷库的定期检修和日常维护相结合,以日常维护为主,切实把建筑结构、机器设备等维护好,使其处于良好的工作状态。要按标准建立完善的设备技术档案。要定期对冷库屋面和其他各项建筑结构进行检查。冷库的机器设备发生故障和建筑结构损坏后,应立即检查、分析原因、制定解决办法和措施,并认真总结经验教训。

二、冷库节能

冷库属于生产性用电单位,耗电量较大,搞好节能工作将对冷库企业的经济效益提高发挥重要作用。冷库节能管理主要是现役冷库在生产使用过程中,通过科学的管理降低能耗,从而降低生产成本。

就总体来说,我国冷库行业起步较晚,全国现有冷库中属 20 世纪七八十年代建造的比例很高,且多数冷库仍采用以氨为制冷剂的集中式制冷系统,冷却设备耗金属量大,冷却效果也差,生产管理混乱,设备技术陈旧,自动化程度比较低,职工业务水平相对低下,能耗效率相对低下,使我国冷藏企业总体耗电量比较大,全国平均水平远低于国外同行业平均水平。这就使得探讨冷库节能途径变得尤为重要。

冷库的节能途径基本可以分为设计节能和管理节能两个方面。

1. 设计节能

(1)围护结构、隔热层的传热量占冷库总热负荷的 20%～35%,大型单层冷库约占 45%,所以减少围护结构的热负荷可以达到节能的目的。围护结构得热量与传热面积、传热系数和传热温差有关。当冷库建设库容一定的情况下,可以确定一个最佳面积,使得围护结构的得热量最小。围护结构热负荷与保温层厚度成反比,增加保温层厚度将减少冷库的运行费用,但这会增加初投资。保温层的经济厚度应从保温层的成本、折旧和制冷设备及其运行成本与折算之和保持最低来考虑。设计时,适当增加保温层的厚度可减少进入热量。另外,还应注意保温层及建筑构件的施工质量,防止保温材料在施工时受损,同时还要防止产生冷桥。

(2)合理确定制冷系统主要设计参数:

① 合理确定库房温度

不同的储藏物品,根据其种类、性质和储藏时间的不同,都有其适合的温度范围。冷库的库温并不是越低越好。在不影响储藏质量的前提下,设计时应选用较高的库温。库温高了,蒸发温度也相应提高,耗能也相应减少。根据估算,蒸发温度每降低 1 ℃,耗电增加3%～4%。提高库温还能减少库内冷量散失和减少干耗。制冷系统比较重要的运行参数有:蒸发压力与温度,冷凝压力与温度,过冷温度,压缩机的吸气温度、排气温度、中间压力与温度。

② 合理配备冷量

制冷系统设计应进行节能计算,在冷量计算时应根据实际使用情况,正确划分系统并优化组合,明确压缩机制冷系数和各蒸发温度系统的制冷系数,实现压缩机制冷量与冷库实耗冷量的合理匹配,避免出现"大马拉小车"或"小马拉大车"的现象。

③ 适当提高蒸发温度,能缩小传热温差、减少压缩机的功率消耗、提高制冷量

有资料表明,对于压缩机,蒸发温度每升高 1 ℃,每千瓦电机每小时的产冷量将提高2.4% 左右。一般制冷装置都是按满负荷条件下设计的,但在实际运行中很多情况不是满负荷运行,所以在制冷量减少时,提高蒸发温度,即减少传热温差,同样可以达到降温的效果。提高蒸发温度还可以减少食品的干耗、保证食品的新鲜度、减少营养成分的散失,所以在允许的情况下,根据食品的特性,尽量提高蒸发温度。在冷库制冷系统的设计中,冷却和制冰常用-15 ℃的蒸发温度;冷藏为-28 ℃或-30 ℃的蒸发温度;冻结使用-33 ℃或-40 ℃的蒸发温度。

④ 适当升高制冷装置冷凝温度

由于冷凝温度与冷凝压力相对应,冷凝温度升高时冷凝压力也升高,这将使制冷压缩机的排气温度升高、压缩比增大,从而使功耗增大、制冷系数下降。另一方面,压缩比增大使压缩机排气温度升高、压缩机的故障率增加、运行的安全可靠性降低。因此制冷压缩机的形式、所配的电动机功率和制冷装置的结构强度都限制了制冷装置的最高冷凝温度。在制冷量一定时,冷凝温度越高,制冷循环的耗功越大、效率越低,因此,应该尽可能使制冷装置在较低的冷凝温度下运行。但应该注意的是,在设计中选择低的冷凝温度将导致在实际运行中出现能耗增大、制冷装置效率低的情况。

(3)推广分散式制冷系统,不用冷库集中机房集中供冷,这样可使速冻过程中的蒸发温度由初降温到冻结结束前是逐渐降低,这样不但可使冻结速度加快,而且也达到定温供冷节能的效果。采用变温供冷可节约 20% 以上的能源。

目前我国冷库的制冷系统大多采用氨集中水冷却式制冷系统,其机组管道长、管道阻力大、阀门多且复杂,只要有一间库温上升,主、辅机就要全部运行,辅机水泵扬程高、总耗电量大。如果几个库无货,只要还有一个库有货,主、辅机全部要开,虽然主、辅机有容量控制装置以适应冷库的冷负荷变化,但由于电机固有的负载特性,其耗电量不随主机的制冷量成正比而增减,因而耗电量大。同时,冷却水系统包括循环水泵、泵房水池、立式冷凝器等,初投资大,并且对于水资源缺乏的地区更加不利。在保留土建工程设计的基础上,通过优化设计,可将制冷系统改为分散式制冷系统;原水冷却系统改为风冷系统;低温库取消了顶排管,使库房净空间增大;利用氨制冷系统的穿堂安放制冷机组;原有的机房、设备间、油处理间改为冷库,在建筑面积不变的条件下,使库容量增大,相应使单位造价降低。但整个冷库的装机容量仍然略低于氨制冷系统。分散式机组的节能体现在压缩机和风机的节能。平均每间库房的制冷能力加大 15%,这样配机的目的是为了在大量进货时有利于降温。

与氨制冷系统相比,所引进的分散式机组的特点还在于:

① 高、低温可调,转换工况操作简单。使冷库能够适应不同季节、不同年份货源的变化和市场经营高、低温货物的变化,提高满库率和经济效益。

② 自控程度高。可在集中控制平台上开、停各台制冷机,遥控和自动记录冷库的温度。一旦发生故障,安全保护系统启动并指明故障的部位,也能在每层就地操作。

③ 每间冷库自成独立的制冷系统。各库间温度不会相互影响,对不同冷藏温度要求的货物分库储存,非常适合批发商独家包租。

④ 机组氟利昂制冷剂。由于机组具有分散化和紧凑式的特点,每台机组注入氟利昂量仅为 45 kg 左右,一旦发生泄露,仅损失一个机组的氟利昂量,而且无毒、无臭。而氨制冷机组存有大量的氨,氨具有强烈的刺激性臭味。农产品批发市场人员密集、交通繁忙,市场堆满了各种蔬菜、水果、粮油食品,万一发生氨泄露,不仅损失严重,而且污染环境造成公害。

⑤ 节约用水。分散式机组采用风冷设备,可节省每年耗在机组冷却部分的水电费。更重要的一点是,在水源缺乏的地区可解决冷库建造上的一个难题。分散式氟利昂制冷机组使制冷系统小型化,实现对系统的全自动化控制,并使管道、冷却、电路等系统全面简化,充分利用了建筑面积,扩大了库容。在环境缺水、不能有污染性气体侵害、货源随季节变化等特定条件下,中小型冷库采用分散式制冷系统是可行的。

(4) 选择先进的节能制冷设备:

① 选择合适的压缩机。一个制冷系统是选择螺杆机、活塞机还是小型压缩机组,要根据冷库的规模和加工使用情况进行综合分析比较才能确定。设计人员在进行设计时必须掌握先进的技术和了解各种产品的特点和适用范围。一般来说,螺杆压缩机的 COP 要高于活塞机,尤其适合在负荷变化不大的低温工况使用;而小型压缩机组在高温或气调冷库中运行更方便,使用更节能。

② 优先选用蒸发式冷凝器。选用蒸发式冷凝器,不仅省去了水泵、冷却塔和水池的费用,而且其水流量仅为水冷的 10%,并节能省电。蒸发式冷凝器应尽量布置在通风良好的地方,避免太阳直射。

③ 选择合适的蒸发器。在冷却设备上,尽量选用冷风机代替顶排管。顶排管的使用不仅耗材,而且冷却效率差。蒸发器应尽量采用热气融霜或实现自动融霜,减少电能的损耗。推广应用新型和可再生能源,特别是太阳能、地源热泵、水源热泵等的应用。

(5) 在自动控制方面,设计方案推荐全自动或半自动冷库。据有关资料统计,冷库中实现自控与手控相比,不仅省了大量的人力、物力,而且可节能 10%～15%。选择节能的电器元件和产品,如在照明设计中优先选用节能灯具等。利用变频技术实现压缩机等设备的能量调节,开发节能制冷设备。

(6) 推荐冷库设计采用热气融霜。冷风机运行中由于霜层的逐渐增厚,传热系数下降、风量减少、风机功率增加、冷风机产冷量急剧下降。根据有关实验,当蒸发器管内、外温差为 10 ℃时,装置如果没有采取任何除霜措施,一个月后蒸发器的传热系数大约只有原来的 70%,因此冷风机运行一定时间后必须融霜。目前,我国以氨为工质的大中型冷库设计中大多采用水与热氨相结合的融霜方式,而实际操作中为了方便减少操作程序,更多采用单独的水冲霜法。

水冲霜虽然简单易行,但它存在着许多不足之处:

① 能耗大,库温回升快。水冲霜需要增加水泵电耗,除霜时对库内加热量大,库温上升快,一般除霜后需 1~2 h 降温才能恢复除霜前库温。

② 不能解决蒸发器内积油问题。

③ 若融霜中水溢出或溅到地面,将造成对地坪隔热层的破坏。

④ 融霜时间相对较长,因此建议尽量采用热氨融霜法。热氨融霜法因为加热融霜是从内部向外扩展,对库温影响小,融霜后降温快避免了水冲霜的不足,推荐使用。但是需在冷风机接水盘上增设电加热器,防止融下的霜水再结冰堵塞下水道,此外融霜期间应尽量避免开启库门。

(7) 加强冷库门的节能。冷库门的开闭将会引起很大的冷量散失,相关研究指出,冷藏门的性能不良可能使能耗增加 15% 或者更多,但很多单位没意识到问题的严重性,不注意冷库门的开闭,导致大量的热空气进入冷库。热、湿空气的结合容易在冷风机和蒸发器表面结霜,并且还会打破冷库温度场的平衡,加重制冷机组的负担。

减少冷库门的冷损耗应该注意以下几方面:

① 设计时应尽量减小冷库门的面积,特别注意降低冷库门高度。研究证明,冷库门高度方向的跑冷要比宽度方向大得多。

② 提高冷库门的自动化程度。目前最新高速电动冷藏门的开启速度可达到 1 m/s,双扇冷藏门的开启速度达到 2 m/s。

③ 增加风幕阻止冷库冷损耗,并且做到风幕和冷库门的智能化,即伴随着冷库门开闭的同时启动和关闭风幕。

2. 管理节能

(1) 搞好换热设备管理,对降低能耗有重要作用

在蒸发温度为 -10 ℃ 时,冷凝温度每下降 1 ℃,压缩机单位制冷量耗电减少 2.5%~3.2%;在冷凝温度为 30 ℃ 时,蒸发温度每提高 1 ℃,压缩机单位耗电量减少 3.1%~3.9%。可见,管理好换热设备,对降低能耗有重要意义。可以采取以下措施:

① 及时放油。油的热阻大大高于金属,是铁的 20 倍。换热器表面附油将使冷凝温度上升、蒸发温度下降,导致能耗增加。冷凝器表面附着 0.1 mm 油膜时,氨制冷压缩机制冷量下降 16%,用电量增加 12.4%;而蒸发器内油膜达到 0.1 mm 时,蒸发温度将下降 2.5 ℃,耗电量将上升 11%。同时,蒸发温度过低使油泥进入蒸发器后不易被带回低压循环桶,易造成蒸发器堵塞,应尽量避免油进入换热系统,并及时放出进入换热系统的油。

② 及时放空气。空气在冷凝器中会提高冷凝温度。当系统内空气分压力达到 0.2 MPa 时,耗电量将增加 18%,制冷量将下降 8%,因此应尽量防止空气渗入,并及时放出渗入的空气。

③ 定期清除水垢、清洗循环水池。水冷式冷凝器运行一定时间后,冷凝器的表面会形成水垢,导致冷凝器管壁的传热热阻增加,使冷凝器的冷凝效果恶化,结垢严重时还会使冷凝器管道堵塞。保持冷凝水清洁,冷凝器结垢 1.5 mm 时,耗电量将增加 9.7%。因此,在使用管理中,要保持传热设备良好的传热效果和充分利用传热面积,达到降低制冷的能量消耗的目的。所以,一般壳管式冷凝器使用 1~2 年以后必须除垢,从而保证制冷装置能正常、安全、经济地运行。冷凝器的除垢方法通常有手工清洗、机械清洗、电子除垢和化学清洗四种。为减小冷凝器内壁结垢的可能性,除了定期进行除垢处理外,对制冷装置的冷却水(包

括补给用水)必须做必要的水质处理。

④ 及时除霜。蒸发器表面结霜后,由于霜层热阻比铁大80倍,从而使传热恶化,导致蒸发温度下降、耗电量增加。冷库制冷装置运行一定时间后,库内空气中的水分会析出而凝结在蒸发器管壁上,如不及时除掉,会越积越厚,产生热阻。冰霜的导热系数要比蒸发器钢壁小80%以上,因此,霜层的存在将明显影响蒸发器的传热系数,致使制冷装置制冷量减少、耗功增大,特别是翅片管蒸发器,其霜层的影响更加明显,不仅增加导热热阻,而且使翅片管的传热面积减少、翅片间空气流动受阻、管外一侧的放热系数降低。根据相关研究,当蒸发器管内、外温差为10 ℃时,装置如果没有采取任何除霜措施,一个月后,蒸发器的传热系数大约只有原来的70%。所以及时除霜以保证蒸发器有高的传热系数,才能保证制冷装置正常运行,实现高效节能。建议尽量采用热氨融霜法,因为热氨融霜法加热融霜是从内部向外扩展,对库温影响小、融霜后降温快,避免了水冲霜的不足。

(2)增加夜间开机时间

在生产允许的前提下,尽量增加夜间开机时间以降低冷凝温度。目前,我国根据用电时段的不同实行不同的电费收费标准,各省市还根据实际情况进行了调整,峰、谷差别很大,因为冷库耗能大,所以可以利用夜间运行蓄冷,避开白天用电高峰期。

我国昼夜温差变化大,平均温差约10 ℃左右。根据有关资料,冷凝温度每下降1 ℃,可减少压缩机功耗1.5%。夜间运行时,由于周围环境温度和冷却水温的下降,冷凝温度随之下降。这样,在上述温差范围内可节能约15%以上。因此,在不影响企业生产及保证允许的库温波动范围情况下,尽量增加夜间开机时间,降低制冷装置运行时的冷凝温度,以达到节能的目的。当然,并不是冷凝温度(压力)越低越好,对某些制冰或高温储藏的直接膨胀或重力供液装置,当环境温度较低时,冷凝压力过低会造成供液困难,此时应该减少循环水泵或冷凝器风机的运行台数,以保证正常供液。

(3)制冷压缩机的维护

制冷压缩机能否经常处于完好的运转状态、保持高效率,除了合理使用外,还要做好日常的维护和修理工作。根据使用情况和压缩机磨损规律,一般压缩机运行10 000 h后应大修,5 000 h应中修,1 000 h应小修。在检修过程中要认真、细致,检查各零部件的允许公差和装配间隙。如活塞式制冷压缩机,在检修过程中要严格控制汽缸的余隙、活塞环的间隙等。否则的话,必将导致压缩机输气系数的减少,从而影响其制冷量。

(4)加强对库房管理

注意保持隔热材料的保温效果,更换部分已失去保温效果的隔热材料时,要同时检查防潮材料,如果是由于防潮材料的老化引起的隔热材料失效,要同时更换防潮材料。加强库门的维护和管理主要包括三个方面:① 对冷藏门进行有效地维护,定期检查密封条和电热丝的性能,随时处理冰霜水,确保冷藏门的无故障启闭和保持冷门的严密性;② 尽量减少开门时间和次数;③ 增设PVC软门帘或高效率空气幕,并建议增设回笼间,顶部用镀锌板覆盖,以便于定期除霜。

(5)加强技术管理,以保证节能措施的落实

在冷库制冷装置操作管理中,首先要有严格的管理体制,建立厂部、车间、班组的耗能核算指标,坚持车间日志记录制度,凡是涉及耗电、制冷剂、水、油等环节,都应有检测仪表,做到日清月结,统一制表核算。其次,应提高操作管理人员的技术素质,不断提高科学管理水

平。冷库制冷装置的节能措施不仅是提高装置制冷效率、减少能耗，还关系到冷冻食品加工企业的产品质量、企业生产能力和运行成本。

复习思考题

1. 装配式冷库有哪些特点？

2. 室内装配式冷库如何分级？

3. 简述装配式冷库隔热板的结构。

4. 装配式冷库冷负荷的计算有何特点？

5. 装配式冷库制冷设备如何选择？

6. 简述夹套式冷库的特点。

7. 什么是气调储藏？其原理是什么？

8. 气调储藏的特点是什么？

9. 简述气调储藏有哪些实现方式。

10. 气调冷库中有哪些主要气调设备？各有何的作用？

11. 简述气调冷库的特点。

12. 什么是立体式自动化冷库？

13. 简述立体式自动化冷库的构成和各部分的作用。

14. 简述立体式自动化冷库的特点。

15. 冷库制冷设备在运行中应注意哪些问题？

16. 冷库制冷设备在运行中如何进行维护？

17. 冷库在设计中有哪些节能途径？

18. 如何做好冷库的管理节能工作？

参 考 文 献

[1] 顾建中.我国制冰设备概述[J].制冷技术,2005(1):26-30.

[2] 郭庆堂.实用制冷工程设计手册[M].北京:中国建筑工业出版社,1994.

[3] 华泽钊,李云飞,刘宝林.食品冷冻冷藏原理与设备[M].北京:机械工业出版社,2002.

[4] 江琦华.果蔬冷藏库自动化管理技术发展趋势的探讨[J].制冷,2007,26(4):38-40.

[5] 李建华,王春.冷库设计[M].北京:机械工业出版社,2003.

[6] 李夔宁,王贺,吴治娟,等.冷库节能途径探讨[J].制冷技术,2008,28(2):1-4.

[7] 李敏.冷库制冷工艺设计[M].北京:机械工业出版社,2009.

[8] 李树林,南晓红,冀兆良.制冷技术[M].北京:机械工业出版社,2003.

[9] 刘恩海.低温冷风机结霜特性的研究及其融霜方法的改进[D].西安:西安建筑科技大学,2007.

[10] 刘信,周小强.果蔬气调库的设计[J].低温与特气,2004,22(2):28-31.

[11] 卢士勋,杨万枫.冷藏运输制冷技术与设备[M].北京:机械工业出版社,2006.

[12] 陆亚俊,马最良,姚杨,等.空调工程中的制冷技术[M].哈尔滨:哈尔滨工程大学出版社,2001.

[13] 申江.冷藏冻结设备与装置[M].北京:中国建筑工业出版社,2010.

[14] 申江.制冷装置设计[M].北京:机械工业出版社,2011.

[15] 申江.低温物流技术概论[M].北京:机械工业出版社,2013.

[16] 石文星,田长青,王宝龙.空气调节用制冷技术[M].北京:中国建筑工业出版社,2016.

[17] 时阳,米兴旺,姬鹏先,等.冷库设计与管理[M].北京:中国农业科学技术出版社,2006.

[18] 隋继学.制冷与食品保藏技术[M].北京:中国农业大学出版社,2005.

[19] 孙忠宇,程有凯.冷库现状及冷库节能途径[J].节能,2007,26(7):53-54.

[20] 谈向东.冷库建筑[M].北京:中国轻工业出版社,2006.

[21] 王春.冷库制冷工艺[M].北京:机械工业出版社,2009.

[22] 王莉,徐文轩,娄义平,等.常见中小型碎冰机设计研究[J].制冷与空调,2002,2(2):46-50.

[23] 王世清,姜文利,李凤梅,等.气调库与气调贮藏保鲜技术[J].粮油加工,2008(10):124-127.

[24] 王志明.气调库及冷藏保鲜库安全问题探讨[J].四川农业与农机,2008(4):36-37.

[25] 王志远.制冷原理与应用[M].北京:机械工业出版社,2009.

[26] 尉迟斌,卢士勋,周祖毅.实用制冷与空调工程设计手册[M].2版.北京:机械工业出版社,2011.

[27] 吴业正.小型制冷装置设计指导[M].北京:机械工业出版社,1999.

［28］谢晶.食品冷冻冷藏原理与技术［M］.北京:化学工业出版社,2005.

［29］杨世铭,陶文铨.传热学［M］.北京:高等教育出版社,2006.

［30］杨一凡.氨制冷技术的应用现状及发展趋势［J］.制冷学报,2007,28(4):12-19.

［31］叶海斌.浅述片冰机的结构原理和操作管理［J］.冷藏技术,1998(3):28-30.

［32］于学军,张国治.冷冻、冷藏食品的贮藏与运输［M］.北京:化学工业出版社,2007.

［33］余华明.冷库及冷藏技术［M］.北京:人民邮电出版社,2003.

［34］张建一,李莉.制冷空调节能技术［M］.北京:机械工业出版社,2011.

［35］张时正,王健,吴文历.冷库实用制冷技术［M］.北京:机械工业出版社,2011.

［36］张小松.制冷技术与装置设计［M］.重庆:重庆大学出版社,2008.

［37］赵家禄,黄清华,李彩琴.小型果蔬气调库［M］.北京:科学出版社,2000.

［38］中国就业培训技术指导中心.冷藏工［M］.2版.北京:中国劳动社会保障出版社,2014.

［39］中华人民共和国住房和城乡建设部,国家质量监督检验检疫总局.GB 50072—2010 冷库设计规范［S］.北京:中国计划出版社,2010.

［40］周秋淑.冷库制冷工艺［M］.北京:高等教育出版社,2002.

［41］庄友明.制冷装置设计［M］.厦门:厦门大学出版社,2006.

附 录 1

附表 1-1　　　　　　　　　R717 饱和液体及饱和蒸汽的热力性质

温度 t /℃	压力 p /kPa	比焓 /(kJ/kg)		比熵 /[kJ/(kg·K)]		比体积×10^{-3} /(m³/kg)	
		h_f	h_g	s_f	s_g	v_f	v_g
−60	21.99	−69.533	1373.19	−0.109 09	6.659 2	1.401	4 685.08
−55	30.29	−47.506 2	1 382.01	−0.007 17	6.545 4	1.412 6	3 474.22
−50	41.03	−25.434 2	1 390.64	−0.094 64	6.438 2	1.424 5	2 616.51
−45	54.74	−3.302	1 399.07	−0.190 49	6.336 9	1.436 7	1 998.91
−40	72.01	18.902 4	1 407.26	0.286 51	6.241	1.449 3	1 547.36
−35	93.49	41.188 3	1 415.2	0.380 82	6.150 1	1.462 3	1 212.49
−30	119.9	63.562 9	1 422.86	0.473 51	6.063 6	1.475 7	960.867
−28	132.02	72.538 7	1 425.84	0.510 15	6.030 2	1.481 1	878.1
−26	145.11	81.53	1 428.76	0.546 55	5.997 4	1.486 7	803.761
−24	159.22	90.537	1 431.64	0.582 72	5.965 2	1.492 3	736.868
−22	174.41	99.56	1 434.46	0.618 65	5.933 6	1.498	676.57
−20	190.74	108.599	1 437.23	0.654 36	5.902 5	1.503 7	622.122
−18	208.26	117.656	1 439.94	0.689 84	5.872	1.509 6	572.875
−16	277.04	126.729	1 442.6	0.725 11	5.842	1.515 5	528.257
−14	274.14	135.82	1 445.2	0.760 16	5.812 5	1.521 5	487.769
−12	268.26	144.929	1 447.74	0.795 01	5.783 5	1.527 6	450.971
−10	291.57	154.056	1 445.22	0.829 65	5.755	1.533 8	417.477
−9	303.6	158.628	1 451.44	0.846 9	5.740 9	1.536 9	401.86
−8	316.02	163.204	1 452.64	0.864 1	5.726 9	1.54	386.944
−7	328.84	167.785	1 453.83	0.881 25	5.713 1	1.543 2	372.692
−6	342.07	172.371	1 455	0.898 35	5.699 3	1.546 4	359.071
−5	355.71	176.926	1 456.15	0.915 41	5.685 6	1.549 6	346.046
−4	369.77	181.559	1 457.29	0.932 42	5.672 1	1.552 8	333.589
−3	384.26	186.161	1 458.42	0.949 38	5.658 6	1.556 1	321.67
−2	399.2	190.768	1 459.53	0.966 3	5.645 3	1.559 4	310.263
−1	414.58	195.381	1 460.62	0.938 17	5.632	1.562 7	299.34

温度 t /℃	压力 p /kPa	比焓 /(kJ/kg)		比熵 /[kJ/(kg·K)]		比体积 $\times 10^{-3}$ /(m³/kg)	
		h_f	h_g	s_f	s_g	v_f	v_g
0	430.43	200	1 461.7	1	5.618 9	1.566	288.88
1	446.74	204.625	1 462.76	1.016 79	5.605 8	1.569 4	278.858
2	463.53	209.256	1 463.8	1.033 54	5.592 9	1.572 7	269.253
3	480.81	213.892	1 464.83	1.050 24	5.58	1.576 2	260.046
4	498.59	218.535	1 465.84	1.066 91	5.567 2	1.579 6	251.216
5	516.87	223.185	1 466.84	1.083 53	5.554 5	1.583 1	241.745
6	535.67	227.841	1 467.82	1.100 12	5.541 9	1.586 6	234.618
7	555.67	232.503	1 468.78	1.116 67	5.529 4	1.590 1	226.817
8	574.87	237.172	1 469.72	1.133 17	5.517	1.593 6	219.326
9	595.28	241.848	1 470.64	1.149 64	5.504 6	1.597 2	212.132
10	616.25	246.531	1 471.57	1.166 07	5.492 4	1.600 8	205.221
11	637.78	251.221	1 472.46	1.182 46	5.480 2	1.604 5	198.58
12	659.89	255.918	1 473.34	1.198 82	5.468 1	1.608 1	192.196
13	682.59	260.622	1 474.2	1.215 15	5.456 1	1.611 8	186.058
14	705.88	265.334	1 475.05	1.231 44	5.441	1.615 6	180.154
15	729.29	270.053	1 475.88	1.247 69	5.432 2	1.619 3	174.475
16	754.31	274.779	1 476.69	1.263 91	5.420 4	1.623 1	169.009
17	779.46	279.513	1 477.48	1.280 1	5.408 7	1.626 9	163.748
18	805.25	284.255	1 478.25	1.296 26	5.397 1	1.630 8	158.683
19	831.69	289.005	1 479.01	1.312 38	5.385 5	1.634 7	153.804
20	858.79	293.762	1 479.75	1.328 47	5.374	1.638 6	149.106
21	886.57	298.527	1 480.48	1.344 52	5.362 6	1.642 6	144.578
22	915.03	303.3	1 481.18	1.360 55	5.351 2	1.646 6	140.214
23	944.18	308.081	1 481.87	1.376 54	5.339 9	1.650 7	136.006
24	974.03	312.87	1 482.53	1.392 5	5.328 6	1.654 7	131.95
25	1 004.6	316.667	1 483.18	1.408 43	5.317 5	1.658 8	128.037
26	1 035.9	322.471	1 483.81	1.424 33	5.306 3	1.663	124.261
27	1 068	327.284	1 484.42	1.440 2	5.295 3	1.667 2	120.619
28	1 100.7	332.104	1 485.01	1.456 04	5.284 3	1.671 4	117.103
29	1 134.3	336.933	1 485.59	1.471 85	5.273 3	1.675 7	113.708
30	1 168.6	341.769	1 486.14	1.487 62	5.262 4	1.68	110.43
31	1 203.7	346.614	1 486.67	1.503 37	5.251 6	1.684 4	107.263
32	1 239.6	351.466	1 487.18	1.519 08	5.240 8	1.688 8	104.206
33	1 276.3	356.326	1 487.66	1.534 77	5.23	1.693 2	101.248

续附表 1-1

温度 t /℃	压力 p /kPa	比焓 /(kJ/kg)		比熵 /[kJ/(kg·K)]		比体积×10⁻³ /(m³/kg)	
		h_f	h_g	s_f	s_g	v_f	v_g
34	1313.9	361.195	1 488.13	1.550 42	5.219 3	1.697 7	98.391 3
35	1 352.2	366.072	1 388.57	1.566 05	5.208 6	1.702 3	95.629
36	1 391.5	370.957	1 488.99	1.581 65	5.198	1.706 9	91.998 0
37	1 431.5	375.851	1 489.39	1.597 22	5.187 4	1.711 5	90.374 3
38	1 472.4	380.754	1 489.76	1.612 76	5.176 8	1.716 2	87.874 8
39	1 514.3	385.666	1 490.1	1.628 28	5.166 3	1.720 9	85.456 1
40	1 557	390.587	1 490.42	1.643 77	5.155 8	1.725 7	83.115
41	1 600.6	395.519	1 490.71	1.659 24	5.145 3	1.730 5	80.848 4
42	1 645.1	400.462	1 490.98	1.674 7	5.134 9	1.735 4	78.653 6
43	1 690.6	405.416	1 491.21	1.690 13	5.124 4	1.740 4	76.527 6
44	1 737	410.382	1 491.41	1.705 54	5.114	1.745 4	74.467 8
45	1 784.3	415.362	1 491.58	1.720 95	5.103 6	1.750 4	72.471 6
46	1 832.6	420.358	1 491.72	1.736 35	5.093 2	1.755 5	70.536 5
47	1 881.9	425.369	1 491.83	1.751 74	5.082 7	1.760 7	68.660 2
48	1 932.2	430.399	1 491.88	1.767 14	5.072 3	1.765 9	66.840 3
49	1 983.5	435.45	1 491.91	1.782 55	5.061 8	1.771 2	65.074 6
50	2 035.9	440.523	1 491.89	1.797 98	5.051 4	1.776 6	63.360 8
51	2 089.2	445.623	1 491.83	1.813 43	5.040 9	1.782	61.697 1
52	2 143.6	450.751	1 491.73	1.828 91	5.030 3	1.787 5	60.081 3
53	2 199.1	455.913	1 491.58	1.844 5	5.019 8	1.793 1	58.511 4
54	2 255.6	461.112	1 491.38	1.860 04	5.009 2	1.798 7	56.985 5

附表 1-2　　　　R12 饱和液体及饱和蒸汽的热力性质

温度 t /℃	压力 p /kPa	比焓 /(kJ/kg)		比熵 /[kJ/(kg·K)]		比体积×10⁻³ /(m³/kg)	
		h_f	h_g	s_f	s_g	v_f	v_g
−60	22.62	146.463	324.236	0.779 77	1.623 73	0.636 89	637.911
−55	29.98	150.808	326.567	0.799 9	1.605 52	0.642 26	491
−50	39.15	155.169	328.897	0.818 64	1.598 1	0.647 82	383.105
−45	55.44	159.549	331.223	0.839 01	1.591 42	0.653 55	302.683
−40	64.17	163.948	333.541	0.858 05	1.585 39	0.659 49	241.91
−35	80.71	168.369	335.849	0.867 76	1.579 96	0.665 63	195.398
−30	100.41	172.81	338.143	0.895 16	1.575 07	0.672	159.375
−28	109.27	174.593	339.057	0.902 44	1.573 26	0.674 61	147.275

温度 t /℃	压力 p /kPa	比焓 /(kJ/kg)		比熵 /[kJ/(kg·K)]		比体积×10⁻³ /(m³/kg)	
		h_f	h_g	s_f	s_g	v_f	v_g
−26	118.72	176.38	339.968	0.909 67	1.571 52	0.677 26	136.284
−24	128.8	178.171	340.876	0.916 86	1.569 85	0.679 96	126.282
−22	139.53	179.965	341.78	0.924	1.568 25	0.682 69	117.167
−20	153.93	181.764	342.682	0.931 1	1.566 72	0.685 47	108.847
−18	163.04	183.567	343.58	0.938 16	1.565 26	0.688 29	101.242
−16	175.89	185.374	344.474	0.945 18	1.563 85	0.691 15	94.278 8
−14	189.5	187.185	345.365	0.952 16	1.562 5	0.694 07	87.895 1
−12	203.9	189.001	346.252	0.959 1	1.565 21	0.697 03	82.034 4
−10	219.12	190.822	347.134	0.966 01	1.559 97	0.700 04	76.646 4
−9	227.04	191.734	347.574	0.969 45	1.559 38	0.701 57	75.115 5
−8	235.19	192.647	348.012	0.972 87	1.558 97	0.703 1	71.686 4
−7	243.55	193.562	348.45	0.946 29	1.558 22	0.704 65	69.354 3
−6	252.14	194.477	348.886	0.979 71	1.557 65	0.706 22	67.114 6
−5	260.96	195.395	349.321	0.983 11	1.557 1	0.707 8	64.962 9
−4	270.01	196.313	349.755	0.986 5	1.556 57	0.709 39	62.895 2
−3	279.3	197.233	350.187	0.989 89	1.556 04	0.710 99	60.907 5
−2	288.82	198.154	350.619	0.993 27	1.555 52	0.712 61	58.996 3
−1	298.59	199.076	351.049	0.996 64	1.555 02	0.714 25	57.157 9
0	308.61	200	351.477	1	1.554 52	0.715 9	55.389 2
1	318.88	200.925	351.905	1.003 35	1.554 04	0.717 56	53.686 9
2	329.4	201.852	352.331	1.006 7	1.553 56	0.718 24	52.048 1
3	340.19	202.78	352.755	1.010 04	1.553 1	0.720 94	50.47
4	351.24	203.71	353.179	1.013 37	1.552 64	0.722 65	47.949 9
5	363.55	204.642	353.6	1.016 7	1.552 2	0.724 38	47.485 3
6	374.14	205.575	354.02	1.020 01	1.551 76	0.726 12	46.073 7
7	382.01	206.509	354.439	1.023 33	1.551 33	0.727 88	44.712 9
8	398.15	207.445	354.856	1.026 63	1.550 91	0.729 66	43.400 6
9	410.58	208.383	355.272	1.029 93	1.550 5	0.731 46	42.134 9
10	423.3	209.323	355.686	1.033 32	1.550 1	0.733 26	40.913 7
11	436.31	210.264	356.098	1.036 5	1.549 7	0.735 1	39.735 2
12	449.62	211.207	356.509	1.039 78	1.540 31	0.736 95	38.597 5
13	463.23	212.152	356.918	1.043 05	1.548 93	0.738 82	37.499 1
14	477.14	213.099	357.325	1.046 32	1.548 56	0.740 71	36.438 2
15	491.37	214.048	357.73	1.049 58	1.548 19	0.742 62	35.413 3

温度 t /℃	压力 p /kPa	比焓 /(kJ/kg)		比熵 /[kJ/(kg·K)]		比体积×10⁻³ /(m³/kg)	
		h_f	h_g	s_f	s_g	v_f	v_g
16	505.91	214.998	358.134	1.052 84	1.547 83	0.744 55	34.423
17	520.76	215.951	358.135	1.056 09	1.547 48	0.746 49	33.465 8
18	535.94	216.906	358.935	1.059 33	1.547 13	0.748 46	32.540 5
19	551.45	217.863	359.333	1.062 58	1.546 79	0.750 45	31.645 7
20	567.29	218.821	359.729	1.065 81	1.546 45	0.752 46	30.780 2
21	583.47	219.783	360.122	1.069 04	1.546 12	0.754 49	29.942 9
22	599.98	220.746	360.514	1.072 27	1.545 79	0.756 55	29.132 7
23	616.84	221.712	360.904	1.075 49	1.545 47	0.758 63	28.348 5
24	634.05	222.68	361.291	1.078 71	1.545 15	0.760 73	27.589 4
25	651.62	223.65	361.676	1.081 93	1.544 84	0.762 86	26.854 2
26	669.54	224.623	362.059	1.085 14	1.544 53	0.765 01	26.144 2
27	687.82	225.598	362.439	1.088 35	1.544 23	0.767 18	25.452 4
28	706.47	226.576	362.817	1.091 55	1.543 93	0.769 38	24.784
29	725.5	227.557	363.193	1.094 75	1.543 63	0.771 61	24.136 2
30	744.9	228.54	363.566	1.097 95	1.543 34	0.773 86	23.508 2
31	764.68	229.526	363.937	1.101 15	1.543 05	0.776 14	22.899 3
32	784.85	230.515	364.305	1.104 34	1.542 76	0.778 45	22.308 8
33	805.41	231.506	364.67	1.107 53	1.542 47	0.780 79	21.735 9
34	826.36	232.501	365.033	1.110 72	1.542 19	0.783 16	21.180 2
35	847.72	233.498	365.392	1.113 91	1.541 91	0.785 56	20.640 8
36	869.48	233.499	365.749	1.117 1	1.541 63	0.787 99	20.117 3
37	891.64	235.503	366.103	1.120 28	1.541 35	0.790 45	19.609 1
38	914.23	236.51	366.454	1.123 47	1.541 07	0.792 94	19.115 6
39	937.23	237.521	366.802	1.126 65	1.540 79	0.795 46	18.636 2
40	960.65	238.535	367.146	1.129 84	1.540 51	0.798 02	18.170 6
41	984.51	239.552	367.487	1.133 02	1.540 24	0.800 62	17.718 2
42	1 008.8	240.574	367.825	1.136 2	1.539 96	0.803 256	17.278 5
43	1 033.5	241.598	368.16	1.139 38	1.539 68	0.805 92	16.851 1
44	1 058.7	242.627	368.491	1.142 57	1.539 41	0.808 63	16.435 6
45	1 084.3	243.659	368.818	1.145 75	1.539 19	0.811 37	16.031 6
46	1 110.4	244.696	369.141	1.148 94	1.538 85	0.814 16	15.638 6
47	1 036.9	245.736	369.461	1.152 13	1.538 56	0.816 98	15.256 3
48	1 163.9	246.781	369.777	1.155 32	1.538 28	0.819 85	14.884 4
49	1 191.14	247.83	370.088	1.158 51	1.537 99	0.822 77	14.522 4

温度 t /℃	压力 p /kPa	比焓 /(kJ/kg)		比熵 /[kJ/(kg·K)]		比体积 ×10^{-3} /(m³/kg)	
		h_f	h_g	s_f	s_g	v_f	v_g
50	1 219.3	248.884	370.396	1.161 7	1.537 7	0.825 73	14.170 1
52	1 276.6	251.004	370.997	1.168 1	1.537 12	0.831 79	13.493 1
54	1 355.9	253.144	371.581	1.174 51	1.536 51	0.838 04	12.850 9
56	1 397.2	255.304	372.145	1.180 93	1.535 89	0.844 51	12.241 2
58	1 460.5	257.486	372.688	1.187 38	1.535 24	0.851 21	11.662
60	1 525.9	259.69	373.21	1.194 84	1.534 57	0.858 14	11.111 3
62	1 593.5	261.918	373.707	1.200 34	1.535 87	0.865 34	10.587 2
64	1 663.2	264.172	374.18	1.206 86	1.533 13	0.872 82	10.088 1
66	1 735.1	266.452	374.625	1.213 42	1.532 35	0.880 59	9.612 34
68	1 809.3	268.762	375.042	1.220 01	1.531 53	0.888 7	9.158 44
70	1 885.8	271.102	375.427	1.226 65	1.530 66	0.897 16	8.725 02
75	2 087.5	277.1	376.234	1.243 47	1.528 21	0.920 09	7.722 58
80	2 304.6	283.341	376.77	1.260 69	1.525 26	0.946 12	6.821 43
85	2 538	289.879	276.985	1.278 45	1.521 64	0.976 21	6.004 94
90	2 788.5	296.788	376.748	1.296 91	1.517 08	1.011 9	5.257 59
95	3 056.9	304.181	375.887	1.316 37	1.511 13	1.055 81	4.563 41
100	3 344.1	312.261	374.07	1.337 32	1.502 96	1.113 11	3.902 8

附表 1-3　　　　　　　　　　**R22 饱和液体及饱和蒸汽的热力性质**

温度 t /℃	压力 p /kPa	比焓 /(kJ/kg)		比熵 /[kJ/(kg·K)]		比体积 ×10^{-3} /(m³/kg)	
		h_f	h_g	s_f	s_g	v_f	v_g
−60	37.48	134.763	379.114	0.732 54	1.878 86	0.682 08	537.152
−55	49.47	139.83	381.529	0.755 99	1.863 89	0.688 56	414.827
−50	64.39	144.959	383.821	0.779 19	1.85	0.695 26	324.557
−45	82.71	150.153	386.282	0.802 16	1.837 08	0.702 19	256.99
−40	104.95	155.414	388.609	0.824 9	1.825 04	0.709 36	205.745
−35	131.68	160.742	390.896	0.847 43	1.813 8	0.716 8	166.4
−30	163.48	166.14	393.138	0.869 76	1.803 29	0.724 52	135.844
−28	177.76	168.318	394.021	0.878 64	1.799 29	0.727 69	125.563
−26	192.99	170.507	394.896	0.887 48	1.795 35	0.730 92	116.214
−24	209.22	172.708	395.762	0.896 3	1.791 52	0.734 2	107.701
−22	226.48	174.919	396.619	0.905 09	1.787 79	0.737 53	99.936 2
−20	244.83	177.142	397.467	0.913 86	1.784 15	0.740 91	92.843 2

温度 t /℃	压力 p /kPa	比焓 /(kJ/kg)		比熵 /[kJ/(kg·K)]		比体积×10⁻³ /(m³/kg)	
		h_f	h_g	s_f	s_g	v_f	v_g
−18	264.29	179.376	398.305	0.922 59	1.780 59	0.744 36	86.354 6
−16	284.93	181.622	399.133	0.931 29	1.777 11	0.747 86	80.410 3
−14	306.78	183.878	399.951	0.939 97	1.773 71	0.751 43	74.957 2
−12	329.89	186.147	400.759	0.948 62	1.770 39	0.755 06	69.947 8
−10	354.3	188.426	401.555	0.957 25	1.767 13	0.758 76	65.339 9
−9	367.01	189.571	401.949	0.961 55	1.765 53	0.760 63	63.174 6
−8	380.06	190.718	402.341	0.965 85	1.763 94	0.762 53	61.095 8
−7	393.47	191.868	402.729	0.970 14	1.762 37	0.764 44	59.099 6
−6	407.23	193.021	403.114	0.974 42	1.760 82	0.766 36	57.182
−5	421.35	194.176	403.496	0.978 7	1.759 28	0.768 31	55.339 4
−4	435.84	195.335	403.876	0.982 97	1.757 75	0.770 28	53.568 2
−3	450.7	196.497	404.252	0.987 24	1.756 24	0.772 26	51.865 3
−2	465.94	197.662	404.626	0.991 5	1.754 75	0.774 27	50.227 4
−1	481.57	198.828	404.994	0.995 75	1.753 26	0.776 29	48.651 7
0	497.59	200	405.361	1	1.752 79	0.778 34	47.135 4
1	514.01	201.174	405.724	1.004 24	1.750 34	0.780 41	45.675 7
2	530.83	202.351	406.084	1.008 48	1.748 89	0.782 49	44.270 2
3	548.06	203.53	406.44	1.012 71	1.747 46	0.784 6	42.916 6
4	565.71	204.713	406.793	1.016 94	1.746 04	0.786 73	41.612 4
5	583.78	205.899	407.143	1.021 16	1.744 63	0.788 89	40.355 6
6	602.28	207.089	407.489	1.025 37	1.743 24	0.791 07	39.144 1
7	621.22	208.281	407.831	1.029 58	1.741 85	0.793 27	37.975 9
8	640.59	209.477	408.169	1.033 79	1.740 47	0.795 49	36.849 3
9	660.42	210.675	408.504	1.037 99	1.739 11	0.797 75	35.762 4
10	680.7	211.877	408.835	1.042 18	1.737 75	0.800 02	34.713 6
11	701.44	213.083	409.162	1.046 37	1.736 4	0.802 32	33.701 3
12	722.658	214.291	409.485	1.050 56	1.735 06	0.804 65	32.723 9
13	744.33	215.503	409.804	1.054 74	1.733 73	0.807 01	31.780 1
14	766.5	216.719	410.119	1.058 92	1.732 41	0.809 39	30.868 3
15	789.15	217.937	410.43	1.063 09	1.731 09	0.811 8	29.987 4
16	812.29	219.16	410.736	1.067 26	1.729 78	0.814 24	29.136 1
17	835.93	220.386	411.038	1.071 42	1.728 48	0.816 71	28.313 1
18	860.08	221.615	411.336	1.075 59	1.727 19	0.819 22	27.517 3
19	884.75	222.848	411.629	1.079 74	1.725 9	0.821 75	26.747 7

温度 t /℃	压力 p /kPa	比焓 /(kJ/kg)		比熵 /[kJ/(kg·K)]		比体积×10⁻³ /(m³/kg)	
		h_f	h_g	s_f	s_g	v_f	v_g
20	909.93	224.084	411.918	1.083 9	1.724 62	0.824 31	26.003 2
21	935.64	225.324	412.202	1.088 05	1.723 34	0.826 91	25.282 9
22	961.89	226.568	412.481	1.092 2	1.722 06	0.829 54	24.585 7
23	988.67	227.816	412.755	1.096 34	1.720 8	0.832 21	23.910 7
24	1 016	229.068	413.025	1.100 48	1.719 53	0.834 91	23.257 2
25	1 043.9	230.324	413.289	1.104 62	1.718 27	0.837 65	22.624 2
26	1 072.3	231.583	413.548	1.108 76	1.717 01	0.840 43	22.011 1
27	1 101.4	232.847	413.802	1.112 9	1.715 76	0.843 24	21.416 9
28	1 130.9	234.115	414.05	1.117 03	1.714 5	0.846 1	20.841 1
29	1 161.1	235.387	414.293	1.121 16	1.713 25	0.848 99	20.282 9
30	1 191.9	236.664	414.53	1.125 3	1.712	0.851 93	19.741 7
31	1 223.2	237.944	414.762	1.129 43	1.710 75	0.854 91	19.216 8
32	1 255.2	239.23	414.987	1.133 55	1.709 5	0.857 93	18.707 6
33	1 287.8	240.52	415.207	1.137 68	1.708 26	0.861 01	18.213 5
34	1 321	241.814	415.42	1.141 81	1.707 01	0.864 12	17.734 1
35	1 354.8	243.114	415.627	1.145 94	1.705 76	0.867 29	17.268 6
36	1 389.2	244.418	415.828	1.150 07	1.704 5	0.870 51	16.816 8
37	1 424.3	245.727	416.021	1.154 2	1.703 25	0.873 78	16.377 9
38	1 460.1	247.041	416.208	1.158 33	1.701 19	0.877 1	15.951 7
39	1 496.5	248.361	416.388	1.162 46	1.700 73	0.880 48	15.537 5
40	1 533.5	249.686	416.561	1.166 59	1.699 46	0.883 92	15.135 1
41	1 571.2	251.016	416.726	1.170 73	1.698 19	0.887 41	14.743 9
42	1 609.6	252.352	416.883	1.174 86	1.696 92	0.890 97	14.363 6
43	1 648.7	253.694	417.033	1.179	1.695 64	0.894 59	13.993 8
44	1 688.5	255.042	417.174	1.183 15	1.694 35	0.898 28	13.634 1
45	1 729	256.396	417.308	1.187 3	1.693 05	0.902 03	13.284 1
46	1 770.2	257.756	417.432	1.191 45	1.691 74	0.905 86	12.943 6
47	1 812.1	259.123	417.458	1.195 6	1.690 43	0.909 76	12.612 2
48	1 854.8	260.497	417.655	1.199 77	1.689 11	0.913 74	12.289 5
49	1 898.2	261.877	417.752	1.203 93	1.687 77	0.917 79	11.975 3
50	1 942.3	263.264	417.838	1.208 11	1.686 43	0.921 93	11.669 3
52	2 032.8	266.062	417.983	1.216 48	1.683 7	0.930 47	11.080 6
54	2 126.5	268.891	418.083	1.224 89	1.680 91	0.939 39	10.521 4
56	2 223.2	271.754	418.137	1.233 33	1.678 05	0.948 72	9.989 52

温度 t /℃	压力 p /kPa	比焓 /(kJ/kg)		比熵 /[kJ/(kg·K)]		比体积×10^{-3} /(m³/kg)	
		h_f	h_g	s_f	s_g	v_f	v_g
58	2 323.2	274.654	418.141	1.241 83	1.675 11	0.958 5	9.483 19
60	2 426.6	277.594	418.089	1.250 38	1.672 08	0.968 78	9.000 62
62	2 533.3	280.577	417.978	1.258 99	1.668 95	0.979 6	8.540 16
64	2 643.5	283.607	417.802	1.267 68	1.665 7	0.991 04	8.100 23
66	2 757.3	286.69	417.553	1.276 47	1.662 31	1.003 17	7.679 34
68	2 874.7	289.832	417.226	1.285 35	1.658 76	1.016 08	7.276 05
70	2 995.9	293.038	416.809	1.294 39	1.655 04	1.029 87	6.888 99
75	3 316.1	301.399	415.299	1.317 58	1.644 72	1.069 16	5.983 34
80	3 662.3	310.424	412.898	1.342 23	1.632 39	1.118 1	5.148 62
85	4 036.8	320.505	409.101	1.369 36	1.616 73	1.183 28	4.358 15
90	4 442.5	332.616	402.653	1.401 55	1.594 4	1.282 3	3.564 4
95	4 883.5	351.767	386.708	1.452 22	1.547 12	1.520 64	2.551 33

附表 1-4   **R502 饱和液体及饱和蒸汽的热力性质**

温度 t /℃	压力 p /kPa	比焓 /(kJ/kg)		比熵 /[kJ/(kg·K)]		比体积×10^{-3} /(m³/kg)	
		h_f	h_g	s_f	s_g	v_f	v_g
−40	129.64	158.085	328.147	0.835 7	1.565 12	0.683 07	127.687
−30	197.86	167.883	333.027	0.876 65	1.555 83	0.698 9	85.769 9
−25	241	172.959	335.415	0.897 19	1.551 87	0.707 33	71.155 2
−20	291.01	178.149	337.762	0.917 75	1.548 26	0.716 15	59.461 4
−15	348.55	183.452	340.063	0.938 33	1.545	0.725 38	50.023
−10	414.3	188.864	342.313	0.945 891	1.542 03	0.735 09	42.342 3
−8	443.04	191.058	343.197	0.967 14	1.540 92	0.739 11	39.674 7
−6	473.26	193.269	344.071	0.975 36	1.539 85	0.743 23	37.207 4
−4	504.98	195.497	344.936	0.983 58	1.538 81	0.747 43	34.922 8
−2	538.26	197.74	345.791	0.991 79	1.537 8	0.751 72	32.804 9
0	573.13	200	346.634	1	1.536 83	0.756 12	30.839 3
1	591.18	201.136	347.052	1.004 1	1.536 35	0.758 36	29.909 5
2	609.65	202.275	347.467	1.008 2	1.535 88	0.760 62	29.013 1
3	628.54	203.419	347.879	1.012 29	1.535 42	0.762 91	28.148 5
4	647.86	204.566	348.288	1.016 39	1.534 96	0.765 23	27.314 5
5	667.61	205.717	348.693	1.020 48	1.534 51	0.767 58	26.509 7
6	687.8	206.872	349.096	1.024 57	1.534 06	0.769 96	25.733

温度 t /℃	压力 p /kPa	比焓 /(kJ/kg)		比熵 /[kJ/(kg·K)]		比体积×10^{-3} /(m³/kg)	
		h_f	h_g	s_f	s_g	v_f	v_g
7	708.43	208.031	349.496	1.028 66	1.533 62	0.772 37	24.983 1
8	729.51	209.193	349.892	1.032 74	1.533 18	0.774 81	24.258 9
9	751.05	210.359	350.285	1.036 82	1.532 75	0.777 28	23.559 3
10	773.05	211.529	350.675	1.040 9	1.532 32	0.779 78	22.883 5
11	795.52	212.703	351.062	1.044 97	1.531 9	0.782 32	22.230 3
12	818.46	213.88	351.444	1.049 05	1.531 47	0.784 89	21.598 9
13	841.87	215.061	351.824	1.053 11	1.531 06	0.787 5	20.988 3
14	865.78	216.245	352.199	1.057 18	1.530 64	0.790 14	20.397 9
15	890.17	217.433	352.571	1.061 24	1.530 23	0.792 82	19.826 6
16	915.06	218.624	352.939	1.065 3	1.529 82	0.795 55	19.273 9
17	940.45	219.82	353.303	1.069 36	1.529 41	0.798 31	18.738 9
18	966.35	221.018	353.663	1.073 41	1.529	0.801 11	18.221
19	992.76	222.22	354.019	1.077 46	1.528 59	0.803 95	17.719 4
20	1 019.7	223.426	354.37	1.081 51	1.528 19	0.806 84	17.233 6
21	1 047.1	224.635	354.717	1.085 55	1.527 78	0.809 78	16.763
22	1 075.1	225.858	355.06	1.089 59	1.527 37	0.812 76	16.306 9
23	1 103.7	227.064	355.389	1.093 62	1.526 97	0.815 79	15.864 9
24	1 132.7	228.284	355.732	1.097 66	1.526 56	0.818 87	15.436 3
25	1 162.3	229.506	356.061	1.101 68	1.526 15	0.822	15.020 7
26	1 192.5	230.734	356.385	1.105 71	1.525 73	0.825 18	14.617 5
27	1 223.2	231.964	356.703	1.109 73	1.525 32	0.828 42	14.226 3
28	1 254.6	233.198	357.017	1.113 75	1.524 9	0.831 71	13.846 8
29	1 286.4	234.436	357.325	1.117 76	1.524 48	0.835 07	13.478 3
30	1 318.9	235.677	357.628	1.121 77	1.524 05	0.838 48	13.120 5
32	1 385.6	238.17	358.216	1.129 78	1.523 18	0.845 51	12.435 6
34	1 454.7	240.677	358.78	1.137 78	1.522 29	0.852 82	11.788 9
36	1 526.2	243.2	359.318	1.145 77	1.521 37	0.860 42	11.177 8
38	1 600.3	245.739	359.828	1.153 75	1.520 42	0.868 34	10.599 6
40	1 677	248.295	360.309	1.161 72	1.519 43	0.876 62	10.052 1
45	1 880.3	254.762	361.367	1.181 64	1.516 72	0.899 08	8.803 25
50	2 101.3	261.361	362.18	1.201 59	1.513 58	0.924 65	7.702 2
55	2 341.1	268.128	362.684	1.221 68	1.509 83	0.954 3	6.722 95
60	2 601.4	275.13	362.78	1.242 09	1.505 18	0.989 62	5.842 4
70	3 191.8	290.465	360.952	1.285 62	1.491 03	1.090 69	4.286 02
80	3 900.4	312.822	350.672	1.347 3	1.454 48	1.342 03	2.706 16

附表 1-5　　　　　　　　　R134a 饱和液体及饱和蒸汽的热力性质

温度 t /℃	压力 p /kPa	比焓 /(kJ/kg)		比熵 /[kJ/(kg·K)]		比体积×10⁻³ /(m³/kg)	
		h_f	h_g	s_f	s_g	v_f	v_g
−103.3	0.000 39	1 591.2	35.263	71.89	335.07	0.414 3	1.963 8
−100	0.000 56	1 581.9	25.039	75.71	337	0.436 6	1.945 6
−90	0.001 53	1 553.9	9.719 1	87.59	342.94	0.503 2	1.897 5
−80	0.003 69	1 526.2	4.250 4	99.65	349.03	0.567 4	1.858 5
−70	0.008 01	1 498.6	2.052 8	111.78	355.23	0.628 6	1.826 9
−60	0.015 94	1 471	1.077	123.96	361.51	0.687 1	1.801 6
−50	0.029 48	1 443.1	0.605 6	136.21	367.83	0.743 2	1.781 2
−40	0.051 22	1 414.8	0.360 95	148.57	374.16	0.797 3	1.764 9
−30	0.084 36	1 385.9	0.225 96	161.1	380.45	0.849 8	1.751 9
−28	0.092 68	1 380	0.206 82	163.62	381.7	0.860 1	1.749 7
−26	0.101 32	1 374.3	0.190 16	166.07	382.9	0.870 1	1.747 6
−26	0.101 64	1 374.1	0.189 61	166.16	382.94	0.870 1	1.747 6
−24	0.111 27	1 368.2	0.174 1	168.7	384.19	0.880 6	1.745 5
−22	0.121 6	1 362.2	0.160 1	171.26	385.43	0.890 8	1.743 6
−20	0.132 68	1 356.2	0.147 44	173.82	386.66	0.900 9	1.741 7
−18	0.144 54	1 350.2	0.135 97	176.39	387.89	0.911	1.739 9
−16	0.157 21	1 344.1	0.125 56	178.97	389.11	0.921 1	1.738 3
−14	0.170 74	1 338	0.116 1	181.56	390.33	0.931 1	1.736 7
−12	0.185 16	1 331.8	0.107 49	151.16	391.55	0.911	1.735 1
−10	0.200 52	1 325.6	0.099 63	186.78	392.75	0.950 9	1.733 7
−8	0.216 84	1 319.3	0.092 46	189.4	393.95	0.960 8	1.732 3
−6	0.234 18	1 313	0.085 91	192.03	395.15	0.970 7	1.731
−4	0.252 57	1 306.6	0.079 91	194.68	396.33	0.980 5	1.729 7
−2	0.272 06	1 300.2	0.074 4	197.33	397.51	0.990 3	1.728 5
0	0.292 69	1 293.7	0.069 35	200	398.68	1	1.727 4
2	0.314 5	1 287.1	0.064 7	202.68	399.84	1.009 7	1.726 3
4	0.337 55	1 280.5	0.060 42	205.37	401	1.019 4	1.725 2
6	0.361 86	1 273.8	0.056 48	208.08	402.14	1.029 4	1.724 2
8	0.387 49	1 267	0.052 84	210.8	403.27	1.038 7	1.723 3
10	0.414 49	1 260.2	0.049 48	213.53	404.4	1.048 3	1.722 4
12	0.442 89	1 253.3	0.046 36	216.27	405.51	1.057 9	1.721 5
14	0.472 76	1 246.3	0.043 48	219.03	406.61	1.067 4	1.710 7
16	0.504 13	1 239.3	0.040 81	221.8	407.7	1.077	1.719 9
18	0.537 06	1 232.1	0.038 33	224.59	408.78	1.086 5	1.719 1

温度 t /℃	压力 p /kPa	比焓 /(kJ/kg)		比熵 /[kJ/(kg·K)]		比体积×10⁻³ /(m³/kg)	
		h_f	h_g	s_f	s_g	v_f	v_g
20	0.571 59	1 224.9	0.036 03	227.4	409.84	1.096	1.718 3
22	0.607 77	1 217.5	0.033 88	230.21	410.89	1.105 5	1.717 6
24	0.645 66	1 210.1	0.318 9	233.05	411.93	1.114 9	1.716 9
26	0.685 31	1 202.6	0.030 03	235.9	412.95	1.124 4	1.716 2
28	0.726 76	1 194.9	0.028 29	238.77	413.95	1.133 8	1.715 5
30	0.770 08	1 187.2	0.026 67	241.65	414.94	1.143 2	1.714 9
32	0.815 3	1 179.3	0.025 16	244.55	415.9	1.152 7	1.714 2
34	0.862 5	1 171.3	0.023 74	247.47	416.85	1.162 4	1.713 5
36	0.911 72	1 163.2	0.022 41	250.41	417.78	1.171 5	1.712 9
38	0.963 01	1 154.9	0.021 16	253.37	418.69	1.180 9	1.712 2
40	1.016 5	1 146.5	0.019 99	256.35	419.58	1.190 3	1.711 5
42	1.072 1	1 137.9	0.018 9	259.35	420.44	1.199 7	1.710 8
44	1.13	1 129.2	0.017 86	262.38	421.28	1.209 1	1.710 1
46	1.190 1	1 120.3	0.016 89	265.42	422.09	1.218 5	1.709 4
48	1.252 7	1 111.3	0.015 98	268.49	422.88	1.227 9	1.708 6
50	1.317 7	1 102	0.015 11	271.59	423.63	1.237 3	1.707 8
52	1.385 2	1 092.6	0.014 3	274.71	424.35	1.246 8	1.707
54	1.455 3	1 082.9	0.013 53	277.86	425.03	1.256 2	1.706 1
56	1.528	1 073	0.012 8	281.04	425.68	1.265 7	1.705 1
58	1.603 3	1 062.8	0.012 12	284.25	426.29	1.275 2	1.704 1
60	1.681 5	1 052.4	0.011 46	287.49	426.86	1.281 7	1.703 1
62	1.762 5	1 041.7	0.010 85	290.77	427.37	1.291 3	1.701 9
64	1.846 4	1 030.7	0.010 26	294.08	427.84	1.303 9	1.700 7
66	1.933 4	1 019.4	0.009 7	297.44	428.25	1.313 6	1.699 3
68	2.023 4	1 007.7	0.009 17	300.84	428.61	1.323 4	1.697 9
70	2.116 5	995.6	0.008 67	304.29	428.89	1.333 2	1.696 3
72	2.213	983.1	0.008 18	307.79	429.1	1.343	1.694 5
74	2.312 7	970	0.007 72	311.34	429.23	1.353	1.692 6
76	2.415 9	956.5	0.007 28	314.96	429.27	1.363 4	1.690 5
78	2.522 7	942.3	0.006 86	318.65	429.2	1.373 3	1.688 1
80	2.633 1	927.4	0.006 46	322.41	429.02	1.383 7	1.685 5
85	2.925 9	886.2	0.005 5	332.27	427.91	1.410 5	1.677 5
90	3.244 5	836.9	0.004 61	343.01	425.48	1.439 2	1.666 3
95	3.591 6	771.6	0.003 74	355.43	420.6	1.472	1.649
100	3.972 1	646.7	0.002 65	374.02	407.08	1.520 7	1.609 3

附表 1-6 各主要城市部分气象资料

地名		台站位置北纬	夏季室外计算干球温度/℃		夏季空气调节室外计算湿球温度/℃	室外计算相对湿度/%		最大冻土深度/cm
			夏季空气调节日平均	夏季通风		最热月月平均	夏季通风	
北京市	延庆	40°27′	26	27	24	77	62	115
	密云	40°23′	29	29	26	77	62	69
	北京	39°48′	29	30	26	78	64	85
天津市	蓟县	40°02′	27	29	27	78	65	69
	天津	39°06′	27	29	27	78	65	69
	塘沽	38°59′	26	28	26	79	70	59
河北省	承德	40°58′	24	28	24	72	57	126
	张家口	40°47′	22	27	22	67	51	136
	唐山	39°38′	26	29	26	79	64	73
	保定	38°51′	27	31	27	76	62	55
	石家庄	38°02′	30	31	27	75	54	54
	邢台	37°04′	30	31	27	77	54	44
山西省	大同	40°06′	25	26	21	66	48	186
	阳泉	37°51′	27	28	24	71	46	68
	太原	37°47′	26	28	23	72	54	77
	介休	37°03′	27	28	24	72	54	69
	阳城	35°29′	28	29	25	75	54	41
	运城	35°02′	31	32	26	69	46	43
内蒙古自治区	海拉尔	49°13′	23	25	20	71	47	242
	锡林浩特	43°57′	24	26	20	62	44	289
	二连浩特	43°39′	27	28	19	49	34	337
	通辽	43°36′	27	28	25	73	55	179
	赤峰	42°16′	27	28	22	65	48	201
	呼和浩特	40°49′	25	26	21	64	49	143
辽宁省	开原	42°32′	27	27	25	80	65	143
	阜新	42°02′	27	28	25	76	59	140
	抚顺	41°54′	27	28	25	80	64	143
	沈阳	41°46′	27	28	25	78	64	148
	朝阳	41°33′	28	29	25	73	56	135
	本溪	41°19′	27	28	24	75	62	149
	锦州	41°08′	27	28	25	80	65	113
	鞍山	41°05′	28	28	25	76	64	118
	营口	40°40′	27	28	26	78	67	111

续附表 1-6

地名		台站位置北纬	夏季室外计算干球温度/℃		夏季空气调节室外计算湿球温度/℃	室外计算相对湿度/%		最大冻土深度/cm
			夏季空气调节日平均	夏季通风		最热月月平均	夏季通风	
辽宁省	丹东	40°03′	26	27	25	86	74	88
	大连	38°54′	26	26	25	83	76	93
吉林省	通榆	44°47′	27	28	24	73	55	178
	吉林	43°57′	26	27	25	79	64	190
	长春	43°54′	26	27	24	78	64	139
	四平	43°11′	26	27	25	78	64	148
	延吉	42°53′	25	26	24	80	64	200
	通化	41°41′	25	26	23	80	63	133
黑龙江省	爱辉	50°15′	24	25	22	79	63	298
	伊春	47°43′	24	25	22	78	59	290
	齐齐哈尔	47°23′	26	27	23	73	53	225
	鹤岗	47°22′	25	25	24	77	62	238
	佳木斯	46°49′	26	26	24	78	62	220
	安达	46°23′	26	27	24	74	57	214
	哈尔滨	45°41′	26	27	23	77	61	205
	鸡西	45°17′	25	26	23	77	53	255
	牡丹江	44°34′	25	27	24	76	57	191
	绥芬河	44°23′	23	23	22	82	61	241
上海市	崇明	31°37′	30	31	28	85	73	—
	上海	31°10′	30	32	28	83	67	8
	金山	30°54′	30	31	28	85	71	9
江苏省	连云港	34°36′	31	31	28	81	67	25
	徐州	34°17′	31	31	27	81	65	24
	淮阴	33°36′	30	31	28	85	70	23
	南通	32°01′	30	31	29	86	72	12
	南京	32°00′	31	32	28	81	64	9
	武进	31°46′	31	32	29	82	66	10
浙江省	杭州	30°14′	32	33	29	80	62	—
	舟山	30°02′	29	30	28	84	73	—
	宁波	29°52′	30	32	29	83	68	—
	金华	29°07′	32	34	28	74	56	—
	衢州	28°58′	32	33	28	76	58	—
	温州	28°01′	30	31	29	84	73	—

地名		台站位置北纬	夏季室外计算干球温度/℃		夏季空气调节室外计算湿球温度/℃	室外计算相对湿度/%		最大冻土深度/cm
			夏季空气调节日平均	夏季通风		最热月月平均	夏季通风	
安徽省	亳县	33°56′	31	31	28	80	61	18
	蚌埠	32°57′	32	32	28	80	60	15
	合肥	31°52′	32	32	28	81	63	11
	六安	31°45′	32	32	28	80	63	12
	芜湖	31°20′	32	32	28	80	63	—
	安庆	30°32′	32	32	28	79	62	10
	屯溪	29°43′	31	33	27	79	57	—
福建省	建阳	27°20′	30	33	28	79	57	—
	南平	26°39′	30	34	27	76	54	—
	福州	26°05′	30	33	28	78	61	—
	永安	25°58′	30	33	27	75	54	—
	上杭	25°03′	30	32	27	77	57	—
	漳州	24°30′	31	33	28	80	63	—
	厦门	24°27′	30	31	28	81	70	—
江西省	九江	29°41′	32	33	28	76	60	—
	景德镇	29°18′	31	34	28	79	56	—
	德兴	28°57′	31	33	28	79	59	—
	南昌	28°36′	32	33	28	75	58	—
	上饶	28°27′	32	33	29	74	—	—
	萍乡	27°39′	31	33	28	76	56	—
	吉安	27°07′	32	34	28	73	57	—
	赣州	25°51′	32	33	27	70	54	—
山东省	烟台	37°32′	28	27	26	80	74	43
	德州	37°26′	30	31	27	76	55	48
	莱阳	36°56′	28	29	27	84	66	45
	淄博	36°50′	30	31	27	76	57	48
	潍坊	36°42′	29	30	27	81	61	50
	济南	36°41′	31	31	27	73	54	44
	青岛	36°04′	27	27	26	85	72	49
	菏泽	35°15′	30	31	28	79	62	35
	临沂	35°03′	30	30	28	83	63	40

地名		台站位置北纬	夏季室外计算干球温度 /℃		夏季空气调节室外计算湿球温度 /℃	室外计算相对湿度 /%		最大冻土深度 /cm
			夏季空气调节日平均	夏季通风		最热月月平均	夏季通风	
河南省	安阳	36°07′	30	32	28	78	47	35
	新乡	35°19′	30	32	28	78	49	28
	三门峡	34°48′	30	31	26	71	46	45
	开封	34°46′	31	32	28	79	50	26
	郑州	34°43′	31	32	27	76	45	27
	洛阳	34°40′	31	32	28	75	45	21
	商丘	34°27′	31	32	28	81	53	32
	许昌	34°01′	31	32	28	79	50	18
	平顶山	33°43′	31	32	28	78	51	14
	南阳	33°02′	31	32	28	80	54	12
	驻马店	33°00′	31	32	28	81	58	16
	信阳	32°08′	31	32	28	80	62	8
湖北省	光化	32°23′	31	32	28	80	60	11
	宜昌	30°42′	32	33	28	80	60	—
	武汉	30°37′	32	33	28	79	63	10
	江陵	30°20′	31	32	29	83	68	8
	恩施	30°17′	30	32	26	80	58	—
	黄石	30°15′	32	33	29	78	61	6
湖南省	岳阳	29°27′	32	32	28	75	68	
	常德	29°03′	32	32	28	75	64	2
	长沙	28°12′	32	33	28	75	59	5
	株洲	27°52′	32	34	28	72	55	—
	芷江	27°27′	30	32	27	79	60	
	邵阳	27°14′	31	32	27	75	57	5
	衡阳	26°54′	32	34	27	71	54	
	零陵	26°14′	31	33	27	72	57	
	郴州	25°48′	31	34	27	70	53	
广东省	韶关	24°48′	31	33	27	75	57	—
	汕头	23°24′	30	31	28	84	73	—
	广州	23°08′	30	31	28	83	67	—
	阳江	21°52′	30	31	27	85	73	—
	湛江	21°13′	31	31	28	81	70	—

地名		台站位置北纬	夏季室外计算干球温度/℃		夏季空气调节室外计算湿球温度/℃	室外计算相对湿度/%		最大冻土深度/cm
			夏季空气调节日平均	夏季通风		最热月月平均	夏季通风	
广东省	海口	20°02′	30	32	28	83	67	—
	西沙	16°50′	30	30	28	82	78	—
广西壮族自治区	桂林	25°20′	31	32	27	78	61	
	柳州	24°21′	31	32	27	78	63	
	百色	23°54′	31	32	28	79	63	
	梧州	23°29′	30	32	28	80	62	
	南宁	22°49′	30	32	28	82	66	
	北海	21°29′	30	31	28	83	74	—
四川省	广元	32°26′	29	30	26	76	60	—
	甘孜	31°37′	17	19	14	71	50	95
	南充	30°48′	32	32	27	74	58	—
	万县	30°46′	32	33	28	80	57	—
	成都	30°40′	28	29	27	85	70	—
	重庆	29°35′	33	33	27	75	56	—
	宜宾	28°48′	30	30	28	82	66	—
	西昌	27°54′	26	26	22	75	61	—
贵州省	思南	27°57′	31	32	26	74	59	—
	遵义	27°42′	28	29	24	77	62	—
	毕节	27°18′	24	26	22	78	62	—
	威宁	26°52′	20	21	19	83	69	—
	贵阳	26°35′	26	28	23	77	64	—
	安顺	26°15′	24	25	22	82	70	—
	独山	25°50′	25	26	23	84	73	—
	兴仁	25°26′	25	25	22	82	66	—
云南省	邵通	27°20′	22	24	20	78	61	—
	丽江	26°52′	21	22	18	81	63	—
	腾冲	25°07′	22	23	21	90	76	—
	昆明	25°01′	22	23	20	83	64	—
	蒙自	23°23′	25	26	22	79	62	—
	思茅	22°40′	24	25	22	86	69	—
	景洪	21°52′	28	31	26	76	59	—

地名		台站位置北纬	夏季室外计算干球温度 /℃		夏季空气调节室外计算湿球温度 /℃	室外计算相对湿度 /%		最大冻土深度 /cm
			夏季空气调节日平均	夏季通风		最热月月平均	夏季通风	
西藏自治区	索县	31°54′	14	16	11	69	51	140
	那曲	31°29′	11	13	9	71	54	281
	昌都	31°09′	19	22	15	64	49	81
	拉萨	29°40′	18	19	14	54	44	26
	林芝	29°34′	18	20	15	76	57	14
	日喀则	29°15′	17	19	12	53	42	67
陕西省	榆林	38°14′	27	28	22	62	44	148
	延安	36°36′	26	28	23	72	52	79
	宝鸡	34°21′	29	30	25	70	54	29
	西安	34°18′	31	31	26	72	55	45
	汉中	33°04′	29	29	26	81	65	—
	安康	32°43′	31	31	27	75	59	7
甘肃省	敦煌	44°09′	28	30	20	43	29	144
	酒泉	39°46′	25	26	19	52	37	132
	山丹	38°48′	24	25	17	52	36	143
	兰州	36°03′	26	26	20	61	44	103
	平凉	35°33′	24	25	21	72	54	62
	天水	34°35′	27	27	22	72	50	61
	武都	33°24′	28	28	24	67	51	11
青海省	西宁	36°34′	21	22	16	65	47	134
	格尔木	36°25′	21	22	13	36	26	88
	都兰	36°18′	19	19	12	46	36	201
	共和	36°16′	19	20	14	62	47	133
	玛多	34°55′	11	11	9	68	52	—
	玉树	33°01′	15	17	13	69	52	＞103
宁夏回族自治区	石嘴山	39°12′	26	27	21	58	42	104
	银川	38°29′	26	27	22	64	47	103
	吴忠	37°59′	26	27	22	65	—	112
	盐池	37°47′	26	27	20	57	38	128
	中卫	37°32′	26	27	21	66	48	83
	固原	30°00′	22	23	19	71	48	114

地名		台站位置北纬	夏季室外计算干球温度/℃		夏季空气调节室外计算湿球温度/℃	室外计算相对湿度（%）		最大冻土深度/cm
			夏季空气调节日平均	夏季通风		最热月月平均	夏季通风	
新疆维吾尔自治区	阿勒泰	47°44′	27	26	19	47	38	＞146
	克拉玛依	45°36′	32	30	19	32	29	197
	伊宁	43°57′	26	27	21	58	44	62
	乌鲁木齐	43°47′	29	29	19	44	31	133
	吐鲁番	42°56′	36	26	24	31	24	83
	哈密	42°49′	31	32	20	34	25	127
	喀什	39°28′	29	29	20	40	28	66
	和田	37°08′	29	29	20	40	30	67
台湾省	台北	25°02′	31	31	27	77	—	—
	花莲	24°01′	30	30	27	80	—	—
	恒春	22°00′	29	31	28	84	—	—
香港	香港	22°18′	30	31	27	81	73	—

附表 1-7　　　　空气的比焓 h（压力为 101.325 kPa）

温度 t /℃	相对湿度 φ/%										
	0	10	20	30	40	50	60	70	80	90	100
−20	−20.097	−19.929	−19.72	−19.511	−19.343	−19.176	−18.966	−18.757	−18.589	−18.38	−18.213
−19	−18.841	−18.883	−18.673	−18.464	−18.255	−18.045	−17.878	−17.668	−17.459	−17.208	−17.04
−18	−18.087	−17.878	−17.626	−17.417	−17.208	−16.998	−16.747	−16.538	−16.287	−16.077	−15.868
−17	−17.082	−16.831	−16.58	−16.37	−16.161	−15.868	−15.617	−15.366	−15.114	−14.905	−14.654
−16	−16.077	−15.826	−15.553	−15.282	−15.031	−14.733	−14.486	−14.235	−13.942	−13.691	−13.44
−15	−15.073	−14.779	−14.486	−14.193	−13.816	−13.649	−13.356	−13.063	−12.77	−12.477	−12.184
−14	−14.068	−13.775	−13.44	−13.147	−12.812	−12.519	−12.184	−11.891	−11.556	−11.263	−10.928
−13	−13.063	−12.728	−12.393	−12.06	−11.723	−11.346	−11.011	−10.677	−10.341	−10.077	−9.672
−12	−12.058	−11.681	−11.304	−10.969	−10.593	−10.216	−9.839	−9.462	−9.085	−8.75	−8.374
−11	−11.053	−10.635	−10.258	−9.839	−9.462	−9.044	−8.667	−8.248	−7.829	−7.453	−7.034
−10	−10.048	−9.672	−9.253	−8.876	−8.457	−8.081	−7.704	−7.285	−6.908	−6.49	−6.113
−9	−9.044	−8.625	−8.164	−7.746	−7.327	−6.908	−6.448	−6.029	−5.61	−5.15	−4.731
−8	−8.039	−7.578	−7.118	−6.615	−6.155	−5.694	−5.234	−4.731	−4.271	−3.81	−3.308
−7	−7.034	−6.531	−6.129	−5.485	−4.982	−4.48	−3.936	−3.433	−2.931	−2.387	−1.884
−6	−6.029	−5.485	−4.899	−4.354	−3.768	−3.224	−2.68	−2.093	−1.549	−0.963	−0.419
−5	−5.024	−4.396	−3.81	−3.182	−2.596	−1.968	−1.34	−0.754	−0.126	0.502	1.13
−4	−4.019	−3.349	−2.68	−2.01	−1.34	−0.67	0	0.67	1.34	2.01	2.68
−3	−3.015	−2.303	−1.549	−0.837	−0.216	0.628	1.34	2.093	2.805	3.559	4.271
−2	−2.01	−1.214	−0.419	0.377	1.172	1.968	2.763	3.559	4.354	5.15	5.945
−1	−1.005	−0.126	0.712	1.591	2.428	3.308	4.187	5.024	5.903	6.783	7.62
0	0	0.921	1.884	2.805	3.726	4.689	5.61	6.573	7.494	8.457	9.378
1	1.005	1.884	3.015	4.019	5.024	6.029	7.076	8.081	9.085	10.132	11.137
2	2.01	3.098	4.187	5.275	6.364	7.453	8.541	9.63	10.718	11.807	12.895
3	3.015	4.187	5.359	6.49	7.662	8.834	10.007	11.179	12.351	13.565	14.738
4	4.019	5.275	6.531	7.788	9.044	10.3	11.556	12.812	14.068	15.324	16.58
5	5.024	6.364	7.704	9.044	10.383	11.765	13.105	14.445	15.826	17.166	18.548
6	6.029	7.453	8.918	10.341	11.807	13.23	14.696	16.161	17.585	19.05	20.515
7	7.034	8.583	10.132	11.681	13.23	14.779	16.329	17.878	19.469	21.018	22.567
8	8.039	9.713	11.346	13.021	14.696	16.329	18.003	19.678	21.352	23.069	24.744
9	9.044	10.802	12.602	14.361	16.161	17.92	19.72	21.52	23.321	25.121	26.921
10	10.048	11.932	13.816	15.742	17.668	19.552	21.478	23.404	25.33	27.256	29.224
11	11.053	13.063	15.114	17.166	19.176	21.277	23.279	25.33	27.424	29.475	31.569
12	12.058	14.235	16.412	18.589	20.767	22.944	25.163	27.382	29.559	31.778	33.967
13	13.063	15.366	17.71	20.013	22.358	24.702	27.047	29.391	31.778	34.164	36.551

温度 t /℃	相对湿度 φ/%										
	0	10	20	30	40	50	60	70	80	90	100
14	14.068	16.538	19.05	21.52	24.032	26.502	29.015	31.527	34.081	36.635	39.147
15	15.073	17.71	20.348	23.027	25.707	28.387	31.066	33.746	36.425	39.147	41.868
16	16.077	18.883	21.73	24.577	27.424	30.271	33.159	36.048	38.895	41.784	44.799
17	17.082	20.097	23.111	26.126	29.182	32.238	35.295	38.393	41.191	44.38	47.73
18	18.087	21.311	24.493	27.717	30.982	34.248	37.556	40.863	44.38	47.311	50.66
19	19.092	22.525	25.958	29.391	32.866	36.341	39.817	43.543	46.892	50.242	54.01
20	20.1	23.739	27.382	31.066	34.75	38.477	42.287	46.055	49.823	53.591	57.359
21	21.102	24.953	28.889	32.783	36.718	40.654	44.799	48.567	52.754	56.522	60.709
22	22.106	26.251	30.396	34.541	38.728	43.124	47.311	51.498	55.684	59.871	64.477
23	23.111	27.507	31.903	36.341	40.821	45.217	49.823	54.428	59.034	63.639	68.245
24	24.116	28.763	33.453	38.184	43.124	47.73	52.335	57.359	62.383	66.989	72.013
25	25.121	30.061	35.044	40.068	45.217	50.242	55.266	60.29	65.733	70.757	76.200
26	26.126	31.401	36.676	41.868	47.311	52.754	58.197	63.639	69.082	74.944	80.367
27	27.131	32.741	38.351	43.961	49.823	55.684	61.127	66.989	72.85	78.712	84.992
28	28.135	34.081	40.068	46.055	52.335	58.197	64.477	70.757	77.037	83.317	89.598
29	29.14	35.420	41.784	48.148	54.428	61.127	67.826	74.106	80.805	87.504	94.203
30	30.145	36.802	43.543	50.242	57.359	64.058	71.176	77.875	84.992	92.11	99.646
31	31.15	38.226	45.218	52.754	59.871	66.989	74.525	82.061	89.598	97.134	104.67
32	32.155	39.649	47.311	54.847	62.383	70.338	78.293	86.248	94.203	102.158	110.532
33	33.16	41.073	48.986	57.359	65.314	73.688	82.061	90.435	98.809	107.008	116.393
34	34.164	42.705	51.079	59.453	68.245	77.037	85.829	94.622	103.833	113.044	122.255
35	35.169	43.961	53.172	61.965	71.176	80.805	90.016	99.646	109.276	118.905	128.535
36	36.174	45.636	55.266	64.895	74.525	84.155	94.203	104.251	114.718	124.767	135.234
37	37.179	47.311	57.359	67.408	77.456	87.922	98.809	109.276	120.161	131.047	142.351
38	38.184	48.567	59.453	69.92	80.805	92.110	103.414	114.718	126.023	137.746	149.469
39	39.189	50.242	61.546	72.85	84.573	96.296	108.019	120.161	132.722	144.863	157.424
40	40.193	51.916	63.639	75.781	88.342	100.48	113.044	126.023	139.002	152.34	165.797

附表 1-8　　　　　　　　　　　冷库常用建筑材料热物理系数

序号	材料名称	规格	密度 ρ /(kg/m³)	测定时质量湿度 W_z /%	热导率测定值 λ /[W/(m·℃)]	设计采用热导率 λ /[W/(m·℃)]	热扩散率 $a \times 10^3$ /(m²/h)	比热容 c /[J/(kg·℃)]	蓄热系数 S_{24} /[W/(m²·℃)]	蒸汽渗透系数 μ /[g/(m·h·Pa)]
1	碎石混凝土		2 280	0	1.51	1.51	3.33	711.76	13.36	4.5×10^{-5}
2	钢筋混凝土		2 400	—	1.55	1.55	2.77	837.36	14.94	3.0×10^{-5}
3	石料 大理石、花岗岩、玄武岩		2 800	—	3.49	3.49	4.87	921.1	25.47	2.1×10^{-5}
	石灰石		2 000	—	1.16	1.16	2.27	921.1	12.56	6.45×10^{-5}
4	实心重砂浆、普通黏土砖砌体		1 800		0.81	0.81	1.85	879.23	9.65	1.05×10^{-4}
5	土壤、砂、碎石：亚黏土		1 980	10	1.17	1.17	1.87	1 130.44	13.78	9.75×10^{-5}
	亚黏土		1 840	15	1.12	1.12	1.72	1 256.04	13.65	
6	干砂填料		1 460	0	0.26	0.26	0.82	753.62	4.52	1.65×10^{-4}
			1 400	0	0.24	0.24	0.77	753.62	4.08	1.65×10^{-4}
7	水泥砂浆	中砂	2 030	0	0.93	0.93	2.07	795.49	10.35	9.00×10^{-5}
8	混合砂浆	粗砂	1 700	—	0.87	0.87	2.21	837.36	9.47	9.75×10^{-5}
9	石灰砂浆	1:2.5	1 600	—	0.81	0.81	2.19	837.36	8.87	1.20×10^{-4}
10	建筑钢材		7 800	0	58.15	58.15	58.28	460.55	120.95	0
11	铝		2 710	0	202.94	202.94	309	837.36	182.59	0
12	红松	热流方向顺木纹	510	—	0.44	0.44	1.4	2 219	6.05	3.00×10^{-5}
		热流方向垂直木纹	420	—	0.11	0.12	0.53	1 800.32	2.44	1.68×10^{-4}
13	炉渣		660	0	0.17	0.29	1	837.36	2.48	2.18×10^{-4}
			900	—	0.24	0.35	0.91	1 088.57	4.12	2.03×10^{-4}
			1 000		0.29	0.41	1.25	837.36	4.22	1.95×10^{-4}
14	炉渣混凝土	1:1:8	1 280	0	0.42	0.58	1.44	837.36	5.7	1.05×10^{-4}
		1:1:10	1 150	0	0.37	0.52	1.45	795.49	4.65	1.05×10^{-4}
15	胶合板	三合板	540	—	0.150～0.170	0.17	0.46	1 549.12	2.56	1.05×10^{-4}
16	纤维板		945	—	0.270	0.270	0.30	1 507.25	3.49	1.05×10^{-4}
17	刨花板		650	—	0.22	0.22	0.42	1 632.85	3.02	1.05×10^{-4}
18	聚苯乙烯泡沫塑料	普通型、自发型	18	—	0.036	0.047	6.23	1 172.3	0.23	2.78×10^{-5}

续附表 1-8

序号	材料名称	规格	密度 ρ /(kg/m³)	测定时质量湿度 W_z /%	热导率测定值 λ /[W/(m·℃)]	设计采用热导率 λ /[W/(m·℃)]	热扩散率 $a×10^3$ /(m²/h)	比热容 c /[J/(kg·℃)]	蓄热系数 S_{24} /[W/(m²·℃)]	蒸汽渗透系数 μ /[g/(m·h·Pa)]
		自熄型、可发型	19	—	0.035	0.047	5.52	1 214.17	0.23	$2.55×10^{-5}$
19	乳液聚苯乙烯泡沫塑料		37	—	0.034	0.044	3.06	1 088.57	0.31	—
20	聚氨酯泡沫塑料	硬质、聚醚型	40	—	0.022	0.031	1.65	1 256.04	0.28	$2.55×10^{-5}$
21	岩棉半硬板		.186	—	0.038	0.076	0.9	837.36	0.65	$4.88×10^{-4}$
			100	—	0.036	0.076	1.35	962.96	0.5	—
22	膨胀珍珠岩	Ⅰ类	70	5.8	0.052	0.087	2.11	1 297.91	0.58	
		Ⅱ类	150	0.6	0.056	0.087~0.105	1.18	1 046.7	0.81	—
		Ⅲ类	150~250		0.064~0.076	0.105~0.128				
23	水泥珍珠岩	1:12:1.6	380	0	0.086	沥青铺砌 0.116	0.91	879.23	1.51	$9.00×10^{-5}$
		1:5:1.45	540	0	0.116	沥青铺砌 0.150	0.92	879.23	2.04	—
24	水玻璃珍珠岩		300	0	0.078	沥青铺砌 0.100	1.12	837.36	1.28	$1.5×10^{-4}$
25	沥青珍珠岩	珍珠岩:沥青(压比)								
		1 m³: 75 kg (2:1)	260	—	0.077	0.093	0.75	1 381.64	1.42	$6.00×10^{-5}$
		1 m³: 100 kg (2:1)	380	—	0.095	0.116	0.55	1 632.85	2.06	—
		1 m³: 60 kg (1.5:1)	220	—	0.062	0.076	0.81	1 256.04	1.12	—
26	乳化沥青膨胀珍珠岩	乳化沥青:珍珠岩=4:1 压比=1.8:1	350	0.091	—	0.111	0.71	1 339.78	1.73	$6.90×10^{-5}$
27	加气混凝土	蒸汽养护	500	0	0.098	沥青铺砌 0.152	0.93	962.96	2.02	$9.98×10^{-5}$
28	泡沫混凝土		370	0	0.058	沥青铺砌 0.128	0.89	837.36	1.33	$1.8×10^{-4}$
29	软木		170	—	—	0.069	0.62	2 051.53	1.19	$2.55×10^{-5}$
30	稻壳		120	5.9	0.061	0.151	1.09	1 674.72	0.94	$4.5×10^{-4}$

附表 1-9　　　　　　　　　冷库常用防潮、隔气材料的热物理系数

序号	材料名称	密度 ρ /(kg/m³)	厚度 δ /mm	热导率 λ /[W/(m·℃)]	热阻 R /(m²·℃/W)	热扩散率 $a \times 10^3$ /(m²/h)	比热容 c /[J/(kg·℃)]	蓄热系数 S_{24} /[W/(m²·℃)]	蒸汽渗透系数 μ /[g/(m·h·Pa)]	蒸汽渗透阻 H /(m²·h·Pa/g)
1	石油沥青油毡(350 号)	1 130	1.5	0.27	0.005	0.32	1 590.98	4.59	1.35×10^{-6}	1 106.57
2	石油沥青或玛蒂脂一道	980	2	0.2	0.01	0.33	2 135.27	5.41	7.5×10^{-6}	226.64
3	一毡二油	—	5.5	—	0.026	—	—	—	—	1 639.86
4	二毡三油	—	9	—	0.041	—	—	—	—	3 013.08
5	聚乙烯塑料薄膜	1 200	0.07	0.16	0.001 7	0.28	1 423.51	3.98	2.03×10^{-8}	3 466.37

附　录　2

附表 2-1　　　　　　　　部分食品的比焓值　　　　　　　　单位：kJ/kg

食品温度/℃	牛禽肉类	羊肉	猪肉	肉类副产品	去骨牛肉	少脂鱼类	多脂鱼类	鱼片	鲜蛋	蛋黄	纯牛奶	奶油类	炼制奶油	奶油冰淇淋类	牛奶冰淇淋类	葡萄杏子樱桃	水果及其他浆果类	水果及糖浆浆果类	加糖的浆果类
−25	−10.9	−10.9	−10.5	−11.7	−11.3	−12.2	−12.2	−12.6	−8.8	−9.6	−12.6	−9.2	−8.8	−16.3	−14.7	−17.2	−14.2	−17.6	−22.2
−20	0	0	0	0	0	0	0	0	0	0	0	0	0	0	0	0	0	0	0
−19	2.1	2.1	2.1	2.5	2.5	2.5	2.5	2.5	2.1	2.1	2.9	1.7	1.7	3.4	2.9	3.8	3.4	3.8	5
−18	4.6	4.6	4.6	5	5	5	5	5.4	4.2	4.6	5.4	3.8	3.4	7.1	6.3	7.5	6.7	8	10
−17	7.1	7.1	7.1	8	8	8	8	8.4	6.3	6.7	8.4	5.9	5	11.3	9.6	11.7	10	12	15.5
−16	10	9.6	9.6	10.9	10.5	10.9	10.9	11.3	8.4	8.8	11.3	8	7.1	15.5	13.4	15.9	13.4	16.8	21
−15	13	12.6	12.2	13.8	13.4	14.2	14.2	14.7	10.5	11.3	14.2	10.1	9.2	19.7	17.6	20.5	17.2	21.4	26.8
−14	15.9	15.5	15.1	17.2	16.8	17.6	18	12.6	13.8	17.6	12.6	11.3	24.3	22.2	25.6	21	26.4	33.1
−13	18.9	18.4	18	20.5	20.1	21	20.5	21.8	15.1	15.9	21.4	15.1	13.4	29.3	27.2	31	25.1	31.4	39.8
−12	22.2	21.8	21.4	24.3	23.5	24.7	24.3	25.6	17.6	18.4	25.1	17.6	15.9	34.8	33.1	36.5	29.7	36.9	46.9
−11	26	25.6	25.1	28.5	27.2	28.9	28.1	29.7	20.1	21.4	28.9	20.5	18	40.6	39.8	42.7	34.4	43.2	54.9
−10	30.2	29.7	28.9	33.1	31.4	33.5	32.7	34.8	22.6	24.3	32.7	23.5	28.5	72.9	77.1	78.8	58.7	75.8	101
−9	34.8	33.9	33.1	38.1	36	38.5	37.3	40.2	25.6	28.5	37.3	26.4	23.5	54.1	55.7	57.8	44.8	56.6	73.7
−8	39.4	38.5	37.3	43.2	41.1	43.6	42.3	45.7	28.5	31	42.3	29.3	26	62.4	65.4	66.6	51.1	64.9	85.9
−7	44.4	43.6	41.9	48.6	46.1	49.4	47.8	51.5	31.8	34.4	48.2	32.7	28.5	71.9	77.1	78.8	58.7	75.8	101
−6	50.7	49.6	47.3	55.3	52.4	56.6	54.5	58.7	36	39	62.9	36.5	31.4	86.7	92.2	93.9	68.7	89.7	120.3
−5	57.4	55.7	54.5	62.9	59.9	74.2	61.6	67	41.5	44.8	62.9	40.6	34.4	105.6	111.9	116.1	82.1	108.1	147.5
−4	66.2	64.5	62	72.9	69.1	80.9	71.2	77.5	47.8	52	73.7	44.8	36.9	132	138.7	150	104.3	135.3	169.7
−3	75.4	77.1	73.7	88	83	89.2	85.7	93.9	227.9	63.3	88.8	50.7	39.8	178.9	181.4	202.8	139.1	180.6	173.5
−2	98.9	96	91.8	109.8	103.5	111.9	106.4	117	230.9	83.4	111.5	60.3	43.2	221.2	230	229.2	211.8	240.1	176.4
−1	186	179.8	170.1	204.5	194.4	212.4	199.9	225	234.2	142	184.4	91.8	49	224.6	233.4	233	268.2	243.9	179.8
0	232.5	224.2	212	261.5	243	266	249.2	282	237.6	264.4	319.3	95.1	52	227.9	236.7	236.3	271.9	247.2	182.7
1	235.9	227.5	214.9	264.8	246.4	269.8	253.1	285.8	240.5	267.7	323	98	55.3	231.3	240.1	240.1	275.7	251	186
2	238.3	230.5	217.9	268.6	249.7	273.2	256.4	289.1	243.9	271.1	326.8	101.4	58.2	234.6	243.3	243.4	279.5	254.3	189
3	242.2	233.8	221.2	271.9	253.1	277	259.8	292.9	246.8	274.4	331	104.8	61.2	238	247.2	249.7	283.2	258.2	192.3
4	245.5	236.7	224.2	275.3	256.4	280.3	263.1	296.7	250.1	277.8	334.8	107.7	64.1	241.3	250.1	250.6	287	261.5	195.3
5	248.5	240.1	227.1	279.1	259.8	283.7	266.5	300.4	253.1	281.6	339	111.5	67.5	244.7	253.9	254.3	290.8	266.5	198.6
6	251.8	243	230	282.4	263.1	287.4	269.8	303.8	256.4	284.9	342.7	114.4	70.8	248	257.3	257.5	294.6	268.6	201

续附表 2-1

食品温度/℃	牛禽肉类	羊肉	猪肉	肉类副产品	去骨牛肉	少脂鱼类	多脂鱼类	鱼片	鲜蛋	蛋黄	纯牛奶	奶油类	炼制奶油	奶油冰淇淋类	牛奶冰淇淋类	葡萄杏子樱桃	水果及其他浆果类	水果及糖浆浆果类	加糖的浆果类
7	255.2	246.4	233.4	285.8	266.5	290.8	273.2	307.5	259.4	288.3	346.5	117.7	74.2	251.4	260.6	260.6	298.3	272.4	204.9
8	258.5	249.3	236.3	289.5	269.4	295.4	277	311.3	262.7	291.6	350.7	121.5	77.5	254.8	264	264.8	302.1	275.6	207.8
9	261.5	252.6	239.2	292.9	272.8	297.9	280.3	314.1	265.6	295	354.2	125.7	81.3	258.1	267.3	268.6	305.9	279.6	211.2
10	264.8	255.6	242.2	296.2	275.1	301.3	283.7	318.4	269	298.7	358.7	129.9	85.5	261.5	270	271.9	309.6	282.8	214.5
11	268.2	258.9	245.5	300	279.5	305	287	322.2	271.9	302.1	362.4	134.1	90.1	264.8	274.4	275.5	313.4	286.6	217.5
12	271.1	261.9	248.5	303.4	282.8	308.4	290.4	326	275.3	305.5	366.6	138.7	95.1	268.2	277.8	279.1	317.2	289.6	220.4
13	274.4	265.2	251.4	306.7	286.2	312.2	293.7	329.3	278.6	308.8	370.4	144.1	100.6	271.5	281.1	282.2	321	293.7	223.7
14	277.8	268.2	254.3	310.5	289.5	315.5	297.1	333	281.6	312.2	374.6	148.9	106.4	274.9	284.5	286.6	324.7	297.1	226.7
15	280.7	271.5	257.3	313.8	292.9	318.9	300.8	336.9	284.9	315.9	378.8	155.4	112.3	278.2	287.9	289.5	328.5	300.8	230.3
16	284.1	274.4	260.6	317.2	296.2	322.6	304.2	340.8	287.9	319.3	382.5	161.3	118.6	281.3	291.2	293.4	332.3	304.2	233
17	287.4	277.8	263.6	321	299.6	326	307.5	344	291.2	322.6	386.7	166.8	124.9	284.9	294.6	297.1	336.5	308	236.2
18	290.4	280.7	266.5	324.3	302.9	329.8	310.9	347.8	294.1	326	390	172.2	130.3	288.3	297.9	300.4	339.5	313.4	239.2
19	293.7	284.1	260.4	327.7	306.3	331.1	314.3	351.5	297.5	329.3	394.9	177.7	136.2	291.6	301.3	304.2	343.6	315.1	242.6
20	297.1	287	272.8	331.4	309.6	336.5	317.6	355.3	300.4	333.1	398.8	182.7	141.2	295	304.5	307.5	347.8	318.4	245.5
21	300	290.4	275.7	334.8	313	340.2	321.4	358.3	303.8	336.5	402.7	187.6	146.2	298.3	308	311.3	351.5	322.2	248.9
22	303.4	293.3	278.6	338.1	315.9	343.6	324.7	362.4	307.1	339.8	406.8	192.3	150.8	301.3	311.3	315.1	354.9	325.6	251.9
23	306.7	296.7	281.6	341.9	319.3	346.9	328.1	366.2	310.1	342.2	410.6	196.5	155.4	305	314.7	318.4	358.7	329.3	255.2
24	310.1	299.6	284.9	345.3	322.6	350.7	331.4	369.6	313.4	346.5	414.8	200.7	159.6	308.4	318	321.8	362.4	332.7	258.1
25	313	302.9	287.9	349	326	354.1	334.8	373.3	316.3	350.3	418.6	204.9	163.8	311.4	321.4	325.6	366.2	336.5	261.5
26	316.4	305.9	290.8	352.4	329.3	357.8	338.1	377.1	319.7	—	422.8	208.7	167.6	315.1	325.1	328.9	370	339.8	264.4
27	319.7	309.2	293.7	356.2	332.7	361.2	341.5	380.9	322.6	—	426.5	212.4	171	318.4	328.5	332.7	373.8	343.6	267.3
28	322.6	312.2	297.1	359.5	336.0	365	345.3	384.2	326	—	430.7	215.8	174.3	321.8	331.9	336	377.5	344.4	270.7
29	326	315.5	300	362.9	339.4	368.3	348.6	388.0	328.9	—	434.5	219.1	177.7	325.1	352.2	339.8	381.3	350.7	273.6
30	329.3	318.4	302.9	366.6	342.7	371.7	352	391.8	332.3	—	438.7	222.9	181.4	328.5	338.6	343.2	385.1	354.1	277
31	332.7	321.8	305.9	370.0	346.1	375.4	355.3	395.5	335.2	—	442.5	226.7	185.2	331.9	341.9	346.9	388.8	357.8	280
32	335.6	324.7	209.2	373.3	349.5	378.8	358.7	398.9	338.6	—	446.2	230.45	189	335.2	345.3	350.2	392.6	361.2	283.2
33	339	328.1	312.2	377.1	352.9	382.6	362	402.7	341.5	—	450.4	234.2	192.3	338.6	348.6	354.1	396.4	365	286.2
34	342.3	331.0	315.1	380.5	356.2	385.9	365.8	406.4	344.8	—	454.2	237.6	195.7	341.9	352	357.4	400.2	368.3	290
35	345.7	334.4	318.0	384.2	359.1	389.3	369.1	409.8	347.8	—	458.4	240.5	198.6	345.3	355.7	361.2	403.9	372.1	292.5
36	348.6	337.3	321.4	387.6	362.4	393	372.5	413.6	351.1	—	462.2	243.4	201.1	348.6	359.1	364.6	407.7	375.4	295.8
37	352	340.7	324.3	390.9	365.8	396.4	375.8	417.3	354.1	—	465.9	246.4	203.6	352.8	362.4	368.3	411.5	379.2	298.8
38	355.3	343.6	327.2	394.7	369.1	400.2	379.2	421.1	357	—	470.1	248.9	206.2	355.3	365.8	371.7	415.5	382.6	302.1
39	358.7	347	330.2	398.1	372.5	403.5	381.3	424.5	360.3	—	473.9	251.4	208.2	358.7	369.1	375.4	419	386.3	305
40	361.6	349.9	333.5	401.4	375.8	406.9	385.9	428.2	363.3	—	477.7	253.9	210.8	362.0	372.5	378.8	422.8	389.7	308.4

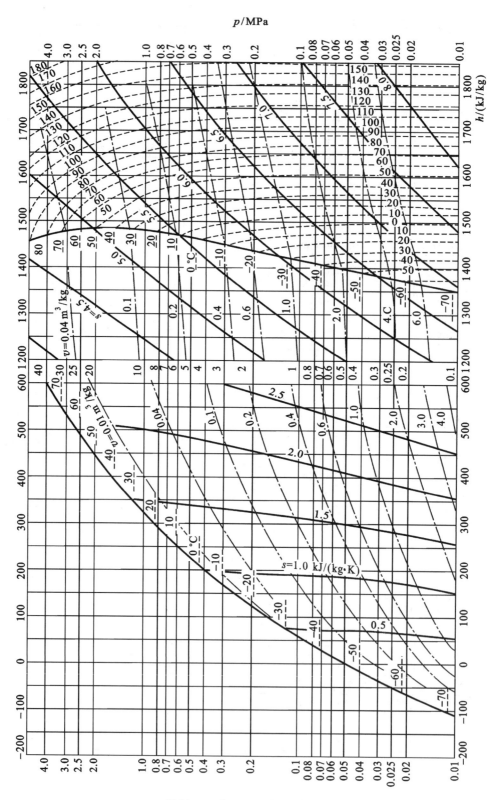

附图 2-1　氨（R717）的压-焓图

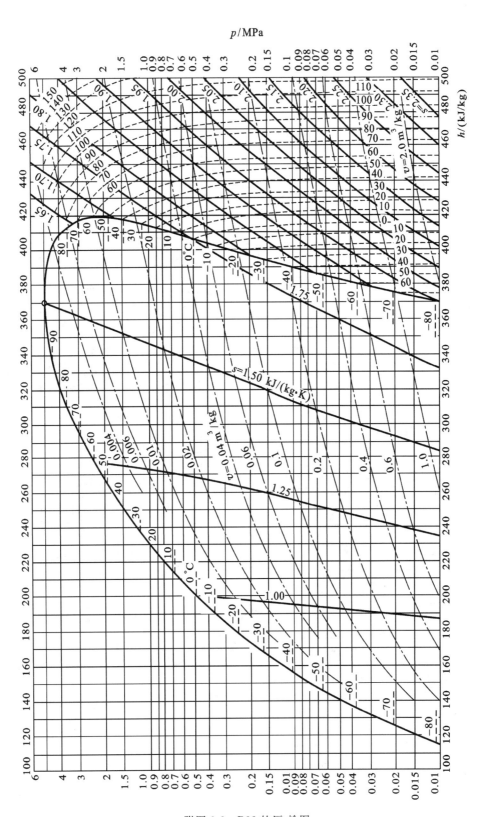

附图 2-2　R22 的压-焓图

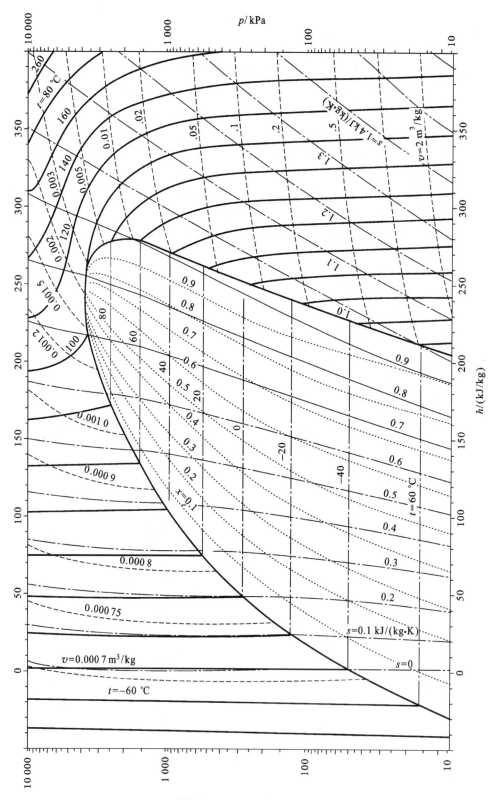

附图 2-3　R134a 的压-焓图

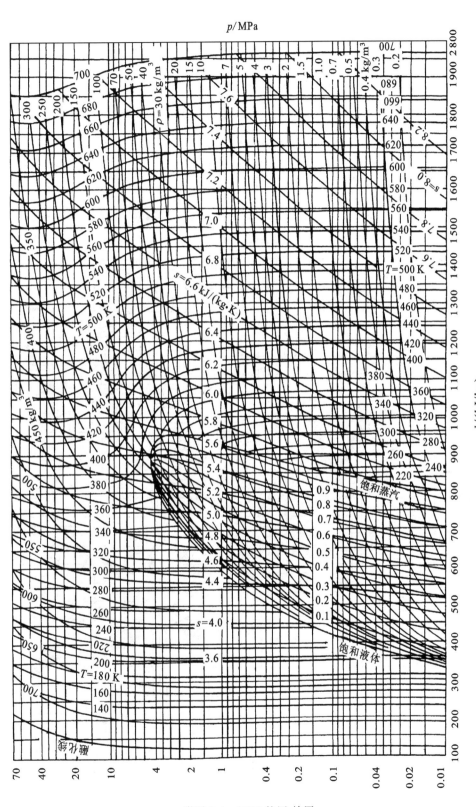

附图 2-4 R290 的压-焓图

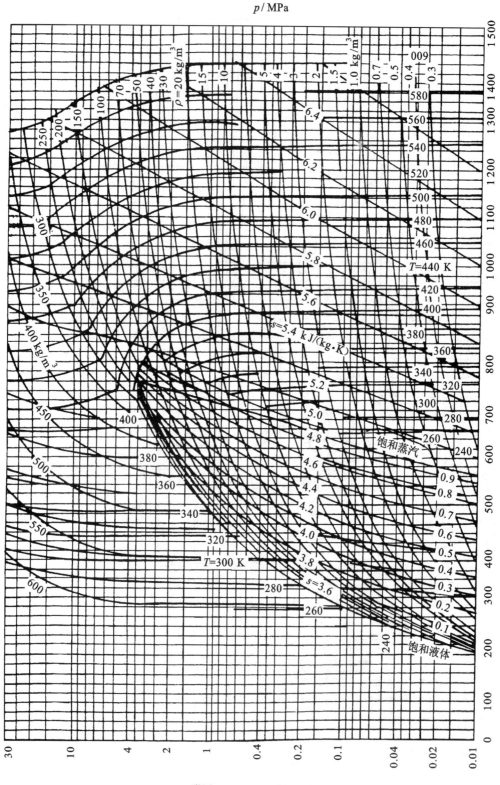

附图 2-5　R600a 的压-焓图

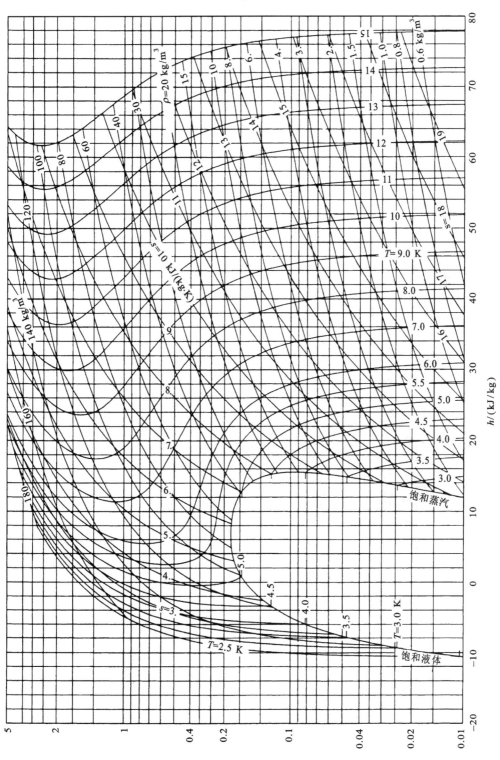

附图 2-6 氦的压-焓图（R704）

附图 2-7　氦的压-焓图（R728）

p /MPa

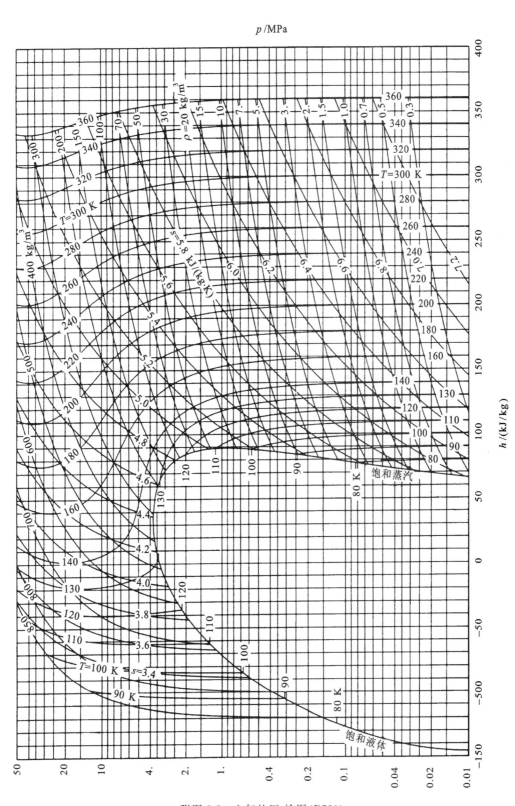

h /(kJ/kg)

附图 2-8　空气的压-焓图(R729)

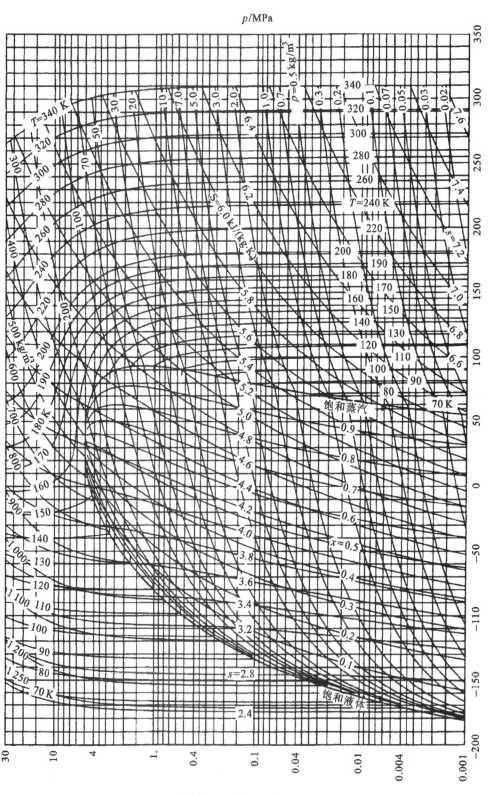

p/MPa

附图 2-9　氧的压-焓图（R732）

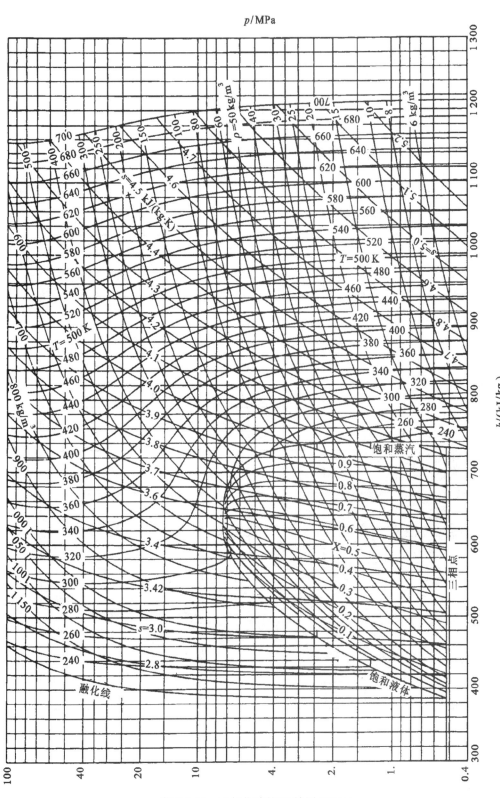

附图 2-10　二氧化碳的压-焓图（R744）

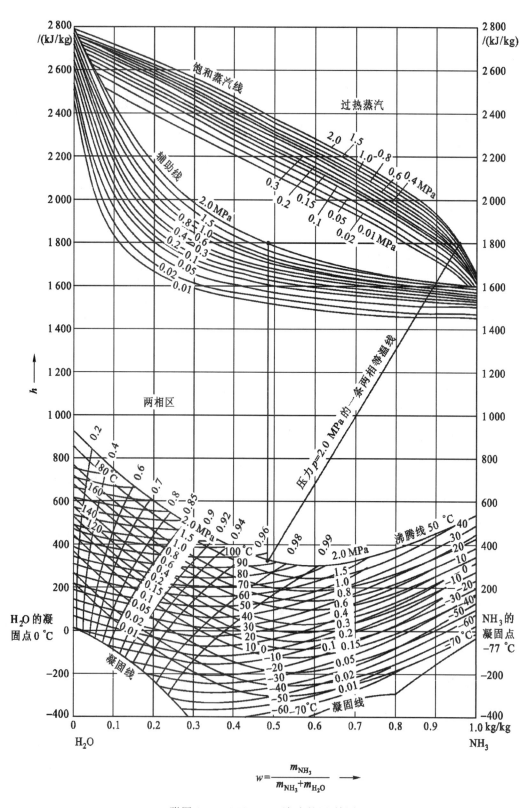

附图 2-11　NH₃-H₂O 溶液的压-焓图

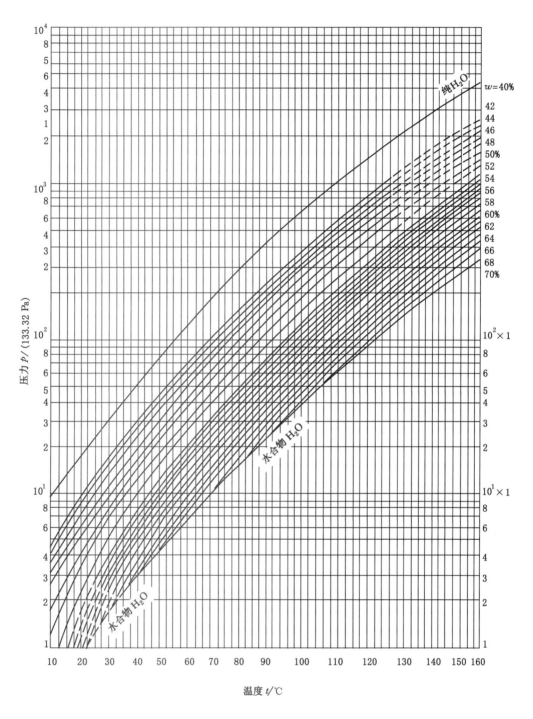

附图 2-12　LiBr-H_2O 溶液的压-焓图